住房城乡建设部土建类学科专业"十三五"规划教材

供 热 工 程

（供热通风与空调工程技术专业适用）

王宇清　主编

中国建筑工业出版社

图书在版编目（CIP）数据

供热工程/王宇清主编. —北京：中国建筑工业出版社，2018.2（2024.11重印）
住房城乡建设部土建类学科专业"十三五"规划教材（供热通风与空调工程技术专业适用）
ISBN 978-7-112-21666-6

Ⅰ.①供…　Ⅱ.①王…　Ⅲ.①供热工程-高等学校-教材
Ⅳ.①TU833

中国版本图书馆 CIP 数据核字（2017）第 316836 号

本书主要包括：识读、绘制室内热水供暖系统施工图；供暖系统设计热负荷的计算；散热器选择计算；附属设备的选择与布置；室内供暖系统的水力计算；识读室内蒸汽供暖施工图；蒸汽供暖系统的水力计算；识读集中热水供热系统施工图；集中热水供热系统的计算；集中蒸汽供热系统形式及水力计算；绘制热水网路的水压图；集中热水供热系统的水力工况；集中热水供热系统的供热调节；集中供热系统的热力站及管道的布置与敷设；集中供热管网的保温及主要设备。

本书主要用于建筑类高职高专学校供热通风与空调工程技术专业、建筑设备工程技术专业、通风空调与制冷技术专业、建筑水电技术专业的教学用书，也可用于从事相关专业工作的工程技术人员掌握专业知识的自学与培训用书。

责任编辑：朱首明　李　慧　张晨曦
责任校对：刘梦然

住房城乡建设部土建类学科专业"十三五"规划教材
供热工程
（供热通风与空调工程技术专业适用）
王宇清　主编

*

中国建筑工业出版社出版、发行（北京海淀三里河路 9 号）
各地新华书店、建筑书店经销
北京红光制版公司制版
建工社（河北）印刷有限公司印刷

*

开本：787×1092 毫米　1/16　印张：18¼　字数：441 千字
2018 年 2 月第一版　　2024 年 11 月第三次印刷
定价：**47.00** 元
ISBN 978-7-112-21666-6
（31520）

前　　言

《供热工程》课程是供热通风与空调工程技术专业、建筑设备工程技术专业、通风空调与制冷技术专业、建筑水电技术专业的一门主干专业课程。为了适应市场经济条件下工程建设工作的需要，满足高等职业技术教育教学和工程技术人员的需求，真正做到了理论与实践结合、学校和企业结合。编者在总结多年的教学与工程实践的基础上，根据教育部高等职业教育、建筑类高职"建筑设备技术"技能型紧缺人才及教学培养、培训指导方案的指导思想编写了这本以"工作过程"为导向的工学结合型教材。

本教材摒弃了传统学科体系的教材模式，坚持贯彻以素质为基础，以能力为本位，以实用为主导的指导思想，构建了以任务为载体的工学结合型教材。为了突出高等职业教育的特色，专业知识以必须、够用为度，教材所述内容贴近工程实际的需要，尽量做到理论联系实际。本教材符合专业教育标准和专业培养方案的要求，书中介绍的新设备、新工艺、新材料、新技术力求能适应和满足集中供热系统设计、施工的需求，具有一定的先进性。编写中遵循实用、全面、简明的原则，力求做到图文并茂，论述通俗易懂，内容符合专业需要，语言精练、准确、通畅，便于学习。所用名词、符号和计量单位符合现行国家和行业标准规定。

本书是以任务为载体，按照真实工程项目，以"工作过程"为导向编写的。全书共有15个学习任务，具体如下：任务1识读、绘制室内热水供暖系统施工图；任务2供暖系统设计热负荷的计算；任务3散热器选择计算；任务4附属设备的选择与布置；任务5室内供暖系统的水力计算；任务6识读室内蒸汽供暖施工图；任务7蒸汽供暖系统的水力计算；任务8识读集中热水供热系统施工图；任务9集中热水供热系统的计算；任务10集中蒸汽供热系统形式及水力计算；任务11绘制热水网路的水压图；任务12集中热水供热系统的水力工况；任务13集中热水供热系统的供热调节；任务14集中供热系统的热力站及管道的布置与敷设；任务15集中供热管网的保温及主要设备。

本教材由黑龙江建筑职业技术学院王宇清主编，黑龙江建筑职业技术学院边喜龙主审。全书由黑龙江建筑职业技术学院王宇清统稿。其中，任务1由黑龙江建筑职业技术学院毕轶编写；任务2由黑龙江建筑职业技术学院郑福珍编写；任务3、任务4由黑龙江建筑职业技术学院刘影编写；任务5～任务8由黑龙江建筑职业技术学院王全福编写；任务9～任务14由黑龙江建筑职业技术学院王宇清编写；任务15由黑龙江建筑职业技术学院石焱编写。

本书主要用于建筑类高职高专学校供热通风与空调工程技术专业、建筑设备工程技术专业、通风空调与制冷技术专业、建筑水电技术专业的教学，也可用于本专业工程技术人员自学与培训。

由于编者水平有限，难免存在疏漏与不妥之处，敬请广大读者批评指正。

目　　录

任务 1　识读、绘制室内热水供暖系统施工图 ·· 1

1.1　识读自然循环热水供暖系统形式 ··· 1

1.2　识读机械循环热水供暖系统形式 ··· 6

1.3　识读高层建筑热水供暖系统 ··· 10

1.4　室内热水供暖系统管路布置与敷设 ·· 12

1.5　识读、绘制供暖系统施工图 ··· 14

1.6　辐射供暖系统布置与敷设 ··· 23

1.7　分户热计量供暖系统布置与敷设 ··· 27

任务 2　供暖系统设计热负荷的计算 ·· 33

2.1　围护结构传热耗热量的计算 ··· 33

2.2　冷风渗透耗热量的计算 ·· 40

2.3　供暖设计热负荷实训练习 ··· 47

任务 3　散热器选择计算 ··· 57

3.1　散热器的选择与布置 ·· 57

3.2　散热器的计算 ··· 59

任务 4　附属设备的选择与布置 ·· 66

4.1　膨胀水箱的选择与布置 ·· 66

4.2　其他附属设备的选择与布置 ··· 69

4.3　温控计量装置的选择与布置 ··· 71

任务 5　室内供暖系统的水力计算 ··· 79

5.1　热水供暖系统管路水力计算的原理及方法 ···································· 79

5.2　机械循环热水供暖系统等温降法水力计算实际训练 ························ 82

任务 6　识读室内蒸汽供暖施工图 ··· 94

6.1　室内蒸汽供暖系统概述 ·· 94

6.2　识读室内低压蒸汽供暖系统 ··· 95

6.3　识读室内高压蒸汽供暖系统 ··· 99

6.4　室内蒸汽供暖系统的管路布置 ·· 102

任务 7　蒸汽供暖系统的水力计算 ··· 104

7.1　低压蒸汽供暖系统的水力计算 ·· 104

7.2　高压蒸汽供暖系统的水力计算 ·· 108

7.3　蒸汽供暖系统附属设备的工作原理、选择方法 ······························ 111

任务 8　识读集中热水供热系统施工图 ·· 119

8.1　集中热水供热系统形式 ·· 119

  8.2 识读集中热水供热系统施工图 ································· 124

任务 9 集中热水供热系统的计算 ································· 131
  9.1 集中热水供热系统的热负荷及年耗热量计算 ················· 131
  9.2 集中热水供热系统的水力计算 ··························· 135

任务 10 集中蒸汽供热系统形式及水力计算 ····················· 141
  10.1 集中蒸汽供热系统形式及特点 ·························· 141
  10.2 集中蒸汽供热系统的水力计算 ·························· 144

任务 11 绘制热水网路的水压图 ······························· 157
  11.1 绘制热水网路的水压图 ······························ 157
  11.2 热水供热系统的定压方式 ···························· 164
  11.3 循环水泵和补给水泵的选择 ·························· 166

任务 12 集中热水供热系统的水力工况 ························· 168
  12.1 热水供热系统的水力工况 ···························· 168
  12.2 热水供热系统的水力稳定性 ·························· 173

任务 13 集中热水供热系统的供热调节 ························· 175
  13.1 集中热水供热系统供热调节原理 ······················ 175
  13.2 直接连接热水供热系统的集中供热调节 ················· 178
  13.3 间接连接热水供热系统的集中供热调节 ················· 183

任务 14 集中供热系统的热力站及管道的布置与敷设 ············· 188
  14.1 集中供热系统的热力站 ······························ 188
  14.2 集中供热系统管道的布置与敷设 ······················ 191

任务 15 集中供热管网的保温及主要设备 ····················· 198
  15.1 集中供热管网的保温 ································ 198
  15.2 换热器 ··· 214
  15.3 补偿器 ··· 222
  15.4 室外供热管道支吊架 ································ 236
  15.5 室外供热管网附属设施 ······························ 240

附录 ·· 243
  附录 1 自然循环上供下回双管热水供暖系统中水在管路内冷却而产生的
     附加压力 Δp_{f} ··································· 243
  附录 2 居住及公共建筑物供暖室内计算温度 t_{n} ············· 244
  附录 3 辅助用室的冬季室内空气温度 t_{n} ················· 246
  附录 4 室外气象参数 ································· 247
  附录 5 温差修正系数 α 值 ·························· 253
  附录 6 一些建筑材料的热物理特性表 ···················· 253
  附录 7 常用围护结构的传热系数 K 值 ·················· 254
  附录 8 渗透空气量的朝向修正系数 n 值 ················ 254
  附录 9 一些铸铁散热器规格及其传热系数 K 值 ············ 256
  附录 10 60℃热水管道水力计算表 ····················· 256

附录 11　热水及蒸汽供暖系统局部阻力系数 ξ 值 ·························· 262

附录 12　热水供暖系统局部阻力系数 ξ＝1 的局部损失（动压力）值 ·········· 262

附录 13　供暖系统中沿程损失与局部损失的概略分配比例 α ·········· 263

附录 14　室内低压蒸汽供暖系统水力计算表 ·························· 263

附录 15　室内低压蒸汽供暖管路水力计算用动压头 ·························· 264

附录 16　蒸汽供暖系统干式和湿式自流凝结水管管径选择表 ·········· 264

附录 17　室内高压蒸汽供暖系统管径计算表 ·························· 265

附录 18　室内高压蒸汽供暖管路局部阻力当量长度 ·························· 267

附录 19　疏水器的排水系数 A_p 值 ·························· 268

附录 20　室外热水网路水力计算表 ·························· 269

附录 21　室外热水网路局部阻力当量长度表 ·························· 273

附录 22　热网管道局部损失与沿程损失的估算比值 ·························· 275

附录 23　室外高压蒸汽管路水力计算表 ·························· 276

附录 24　饱和水与饱和蒸汽的热力特性表 ·························· 278

附录 25　二次蒸汽数量 x_2 ·························· 278

附录 26　凝结水管水力计算表 ·························· 279

附录 27　各地环境温度、相对湿度表 ·························· 280

附录 28　全国主要城市实测地温月平均值 ·························· 282

参考文献 ·························· 284

任务 1 识读、绘制室内热水供暖系统施工图

【教学目的】通过项目教学活动，培养学生具备识读、绘制室内热水供暖系统施工图的能力，具备进行热水供暖系统管路的布置和敷设的能力；具备识读辐射供暖系统施工图的能力，具备进行辐射供暖系统管路的布置和敷设的能力；具备识读分户热计量供暖系统施工图的能力，具备进行分户热计量供暖系统管路的布置和敷设的能力。培养学生良好的职业道德、自我学习能力、实践动手能力和耐心细致地分析和处理问题的能力，以及诚实、守信、善于沟通和合作的专业素养。

【知识目标】

1. 掌握识读、绘制供暖系统施工图的方法。
2. 掌握热水供暖系统的管路布置和敷设的方法。
3. 掌握识读辐射供暖系统施工图的方法。
4. 掌握辐射供暖系统管路的布置和敷设的方法。
5. 掌握识读分户热计量供暖系统施工图的方法。
6. 掌握分户热计量供暖系统管路的布置和敷设的方法。

【主要学习内容】

1.1 识读自然循环热水供暖系统形式

1. 热水供暖系统的分类

热水供暖系统按热水参数的不同分为低温热水供暖系统（供水温度低于 $100℃$，设计供回水温度 $95℃$ 或 $70℃$）和高温热水供暖系统（供水温度高于 $100℃$，设计供回水温度为 $120\sim130℃$ 或 $70\sim80℃$）。

热水供暖系统按循环动力的不同，可分为自然（重力）循环和机械循环系统。目前，应用最广泛的是机械循环热水供暖系统。

2. 自然循环热水供暖系统的工作原理

图 1-1 为自然循环热水供暖系统的工作原理图。图中假设系统有一个加热中心（锅炉）和一个冷却中心（散热器），用供、回水管路把散热器和锅炉连接起来。在系统的最高处连接一个膨胀水箱，用来容纳水受热膨胀而增加的体积。

运行前，先将系统内充满水，水在锅炉中被加热后，密度减小，水向上浮升，经供水管道流入散热器。在散热器内热水被冷却，密度增加，水再沿回水管道返回锅炉。

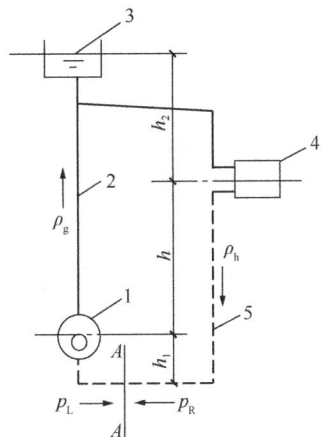

图 1-1 自然循环热水供暖
系统工作原理图
1—热水锅炉；2—供水管路；
3—膨胀水箱；4—散热器；
5—回水管路

在水的循环流动过程中，供水和回水由于温度差的存在，产生了密度差，系统就是靠供、回水的密度差作为循环动力的。这种系统称为自然（重力）循环热水供暖系统。

3. 自然循环热水供暖系统的形式特点

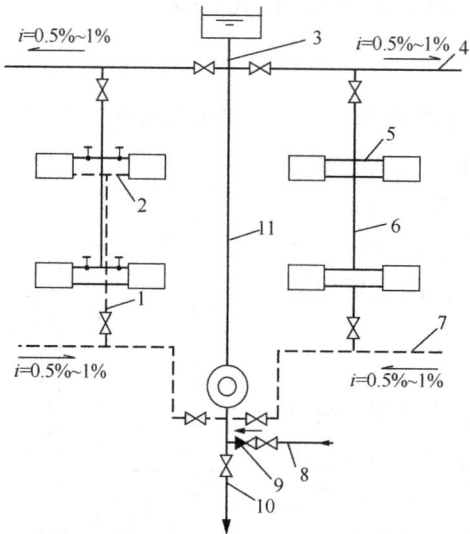

图 1-2 所示是自然循环热水供暖系统的两种主要形式，左侧立管为双管上供下回式系统；右侧立管为单管上供下回式系统。上供下回式系统的供水干管敷设在所有散热器之上，回水干管敷设在所有散热器之下。

（1）自然循环双管上供下回式系统，其特点是：各层散热器都并联在供、回水立管上，热水直接流经供水干管、立管进入各层散热器，冷却后的回水经回水立管、干管直接流回锅炉，如果不考虑水在管道中的冷却，则进入各层散热器的水温相同。分析该系统循环作用压力时，因假设锅炉是加热中心，散热器是冷却中心，可以忽略水在管路中流动时管壁散热产生的水冷却，认为水温只是在锅炉和散热器处发生变化。

（2）自然循环单管上供下回式系统，其特点是：热水进入立管后，由上向下顺序流过各层散热器，水温逐层降低，各组散热器串联在立管上。每根立管（包括立管上各组散热器）与锅炉、供回水干管形成一个循环环路，各立管环路是并联关系。

4. 计算自然循环上供下回式双管、单管热水供暖系统的循环作用压力

1）自然循环双管上供下回式系统

图 1-3 是自然循环双管上供下回式系统示意图，图中散热器 S_1 和 S_2 并联，热水在 a 点分配进入各层散热器，在散热器内冷却后，在 b 点汇合返回热源。该系统有两个冷却中心 S_1 和 S_2，它们与热源、供回水干管形成了两个并联的循环环路 aS_1b 和 aS_2b。

通过下层散热器 aS_1b 环路的作用压力 Δp_1 为

$$\Delta p_1 = g\, h_1(\rho_\mathrm{h} - \rho_\mathrm{g}) \tag{1-1}$$

图 1-2 自然循环热水供暖系统

1—回水立管；2—散热器回水支管；3—膨胀水箱连接管；
4—供水干管；5—散热器供水支管；6—供水立管；7—回水
干管；8—充水管（接上水管）；9—止回阀；10—泄水管
（接下水道）；11—总立管

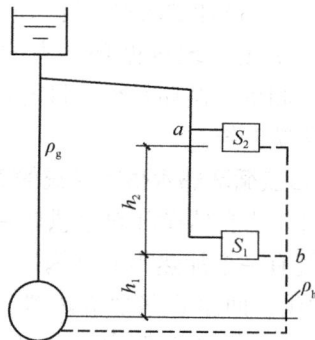

图 1-3 自然循环双管
上供下回式系统

式中 Δp_1——自然循环系统的作用压力（Pa）；

g——重力加速度（m^2/s）；

h_1——加热中心至冷却中心的垂直距离（m）；

ρ_h——回水密度（kg/m^3）；

ρ_g——供水密度（kg/m^3）。

通过上层散热器 aS_2b 环路的作用压力 Δp_2 为

$$\Delta p_2 = g(h_1 + h_2)(\rho_h - \rho_g) = \Delta p_1 + gh_2(\rho_h - \rho_g) \tag{1-2}$$

可以看出，通过上层散热器环路的作用压力比下层的大。

在双管自然循环系统中，虽然各层散热器的进出水温相同（忽略水在管路中的沿途冷却），但由于各层散热器到锅炉之间的垂直距离不同，就形成了上层散热器环路作用压力大于下层散热器环路的作用压力。如果选用不同管径仍不能使上下各层阻力平衡，流量就会分配不均匀，必然会出现上层过热、下层过冷的垂直失调问题。楼层越多，垂直失调问题就越严重。进行双管系统的水力计算时，必须考虑各层散热器的自然循环作用压力差，也就是考虑垂直失调产生的附加压力。

2）自然循环单管上供下回式系统

图 1-4 是自然循环单管上供下回式系统示意图，图中散热器 S_1 和 S_2 串联在立管上，该立管循环环路的作用压力为

$$\Delta p = g(h_1\rho_h + h_2\rho_1 - h_1\rho_g - h_2\rho_g) = gh_1(\rho_h - \rho_g) + gh_2(\rho_1 - \rho_g) \tag{1-3}$$

同理，当立管上串联几组散热器时，其循环作用压力的通式可写成

$$\Delta p = \sum gh_i(\rho_i - \rho_g) \tag{1-4}$$

式中 h_i——相邻两组散热器间的垂直距离（m）；当 $i=1$，也就是计算的是沿水流方向最后一组散热器时，h 表示最后一组散热器与锅炉之间的垂直距离。

ρ_i——水流出所计算散热器的密度（kg/m^3）。

ρ_g、ρ_h——供暖系统的供、回水密度（kg/m^3）。

式中的 ρ_i 可根据各散热器之间管路内的水温 t_i 确定，如图 1-5 所示。

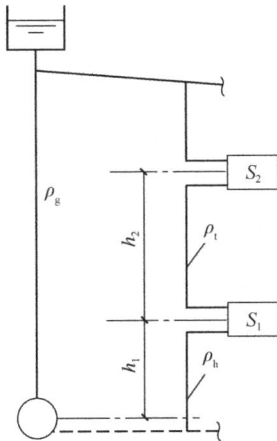

图 1-4　自然循环单管上
供下回式系统

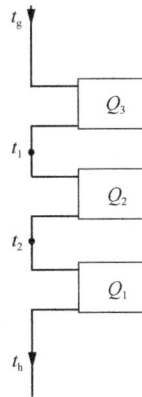

图 1-5　单管热水
供暖系统

其中

$$t_1 = t_g - \frac{Q_3(t_g - t_h)}{(Q_1 + Q_2 + Q_3)} \tag{1-5}$$

$$t_2 = t_g - \frac{(Q_2 + Q_3)(t_g - t_h)}{(Q_1 + Q_2 + Q_3)} \tag{1-6}$$

写成通式

$$t_i = t_g - \frac{\sum Q_{i-1}(t_g - t_h)}{\sum Q} \tag{1-7}$$

式中　　t_i——计算管段的水温（℃）；

$\sum Q_{i-1}$——沿水流方向计算管段前各层散热器的热负荷之和（W）；

$\sum Q$——立管上所有散热器热负荷之和（W）；

t_g——系统的供水温度（℃）；

t_h——系统的回水温度（℃）。

计算出各管段水温后，就可以确定散热器内水的密度，再利用式（1-4）计算自然循环单管系统的作用压力。

5. 计算示例

（1）某自然循环双管热水供暖系统有三层散热器，各层散热器之间的垂直距离以及底层散热器距锅炉的垂直距离均为3.2m，系统设计供水温度为95℃，回水温度为70℃。试计算：该系统各层散热器环路的自然循环作用压力。（计算时不必考虑水在管路中的冷却，相关数据见表1-1）

示例相关数据　　　　　　　　　　　　　　表 1-1

温　度 （℃）	密　度 （kg/m³）	温　度 （℃）	密　度 （kg/m³）	温　度 （℃）	密　度 （kg/m³）
70	977.81	80	971.83	90	965.34
75	974.29	85	968.00	95	961.92

【解】各管段密度 $\rho_{70℃} = 977.81 \text{kg/m}^3$；$\rho_{95℃} = 961.92 \text{kg/m}^3$。

系统的自然循环作用压力

$p_1 = gh_1(\rho_h - \rho_g) = 9.81 \times 3.2 \times (977.81 - 961.92)\text{Pa} = 498.82\text{Pa}$

$p_2 = g(h_1 + h_2)(\rho_h - \rho_g) = 9.81 \times 3.2 \times 2 \times (977.81 - 961.92)\text{Pa} = 997.64\text{Pa}$

$p_3 = g(h_1 + h_2 + h_3)(\rho_h - \rho_g) = 9.81 \times 3.2 \times 3 \times (977.81 - 961.92)\text{Pa} = 1496.46\text{Pa}$

（2）某单管顺流式热水供暖系统有三层散热器，如图1-5所示，各层散热器之间的垂直距离以及底层散热器距锅炉的垂直距离均为2.8m，各层散热器的热负荷均为2000W。系统设计供水温度为95℃，回水温度为70℃。试计算：该立管环路的自然循环作用压力。（计算时不必考虑水在管路中的冷却）

【解】① 计算各立管管段的水温

$$t_1 = t_g - \frac{\sum Q_{i-1}(t_g - t_h)}{\sum Q} = \left[95 - \frac{2000 \times (95 - 70)}{(2000 + 2000 + 2000)}\right]℃ = 86.67℃$$

$$t_2 = 95 - \left[\frac{(2000 + 2000) \times (95 - 70)}{(2000 + 2000 + 2000)}\right]℃ = 78.33℃$$

② 确定各管段密度

$$\rho_{70℃} = 977.81 kg/m^3;\quad \rho_{95℃} = 961.92 kg/m^3。$$

由内差法确定 $\rho_1 = 967.14 kg/m^3$；$\rho_2 = 972.86 kg/m^3$。

③ 系统的自然循环作用压力

$$
\begin{aligned}
p &= gh_1(\rho_h - \rho_g) + gh_2(\rho_1 - \rho_g) + gh_3(\rho_2 - \rho_g) \\
&= [9.81 \times 2.8 \times (977.81 - 961.92) + 9.81 \times 2.8 \\
&\quad \times (967.14 - 961.92) + 9.81 \times 2.8 \times (972.86 - 961.92)]Pa \\
&= 880.62 Pa
\end{aligned}
$$

6. 自然循环上供下回式热水供暖系统排空气及供回水干管的坡度设置

无论是自然循环还是机械循环热水供暖系统，都应考虑系统充水时，如果未能将空气完全排净，随着水温的升高或水在流动中压力的降低，水中溶解的空气会逐渐析出，空气会在管道的某些高点处形成气塞，阻碍水的循环流动。空气如果积存于散热器中，散热器就会不热。另外，氧气还会加剧管路系统的腐蚀。所以，热水供暖系统应考虑排空气的问题。

自然循环上供下回式热水供暖系统可通过设在供水总立管最上部的膨胀水箱排空气。在自然循环系统中，水的循环作用压力较小，流速较低，水平干管中水的流速小于 0.2m/s，而干管中空气气泡的浮升速度为 0.1～0.2m/s，立管中约为 0.25m/s，一般超过了水的流动速度。此外，自然循环上供下回式热水供暖系统的供水干管一般应设沿水流方向下降的坡度，坡度值为 0.5%～1.0%。散热器支管也应沿水流方向设下降坡度，坡度值为 1%，因此空气能够逆着水流方向向高处膨胀水箱处聚集排除。

回水干管应该有向锅炉方向下降的坡度，以便于系统停止运行或检修时，能通过回水干管顺利泄水。

7. 计算自然循环系统的综合作用压力

应注意前面计算自然循环系统的作用压力时，只考虑水温在锅炉和散热器中发生变化，忽略了水在管路中的沿途冷却。但实际上，水的温度和密度沿途是不断变化的，散热器的实际进水温度比上述假设的情况下低，这会增加系统的循环作用压力。

自然循环系统的作用压力一般不大，所以水在管路内产生的附加压力不应忽略，计算自然循环系统的综合作用压力时，应首先在假设条件下确定自然循环作用压力，再增加一个考虑水沿途冷却产生的附加压力，即

$$\Delta p_{zh} = \Delta p + \Delta p_f \tag{1-8}$$

式中　Δp_{zh}——自然循环系统的综合作用压力（Pa）；

　　　Δp——自然循环系统只考虑水在散热器内冷却产生的作用压力（Pa）；

　　　Δp_f——水在管路中冷却产生的附加压力（Pa）。

附加压力 Δp_f 的大小可根据管道的布置情况、楼层高度、所计算的散热器与锅炉之间的水平距离查附录 1 确定。

8. 自然循环热水供暖系统的优缺点

自然循环热水供暖系统结构简单，操作方便，运行时无噪声，不需要消耗电能。但自然循环系统的作用压力一般都不大，作用半径较小，为了提高系统的循环作用压力，锅炉的位置应尽可能地降低，作用半径以不超过 50m 为好。自然循环热水供暖系统所需管径

大，初投资较高。当循环系统作用半径较大时，应考虑采用机械循环热水供暖系统。

1.2 识读机械循环热水供暖系统形式

1. 机械循环热水供暖系统工作原理

如图 1-6 所示，机械循环系统靠水泵提供动力，强制水在系统中循环流动。循环水泵一般设在锅炉入口前的回水干管上，该处水温最低，可避免水泵出现气蚀现象。

机械循环系统膨胀水箱设在系统的最高处，水箱下部接出的膨胀管连接在循环水泵入口前的回水干管上。其作用除了容纳水受热膨胀而增加的体积外，还能恒定水泵入口压力，保证水泵入口压力稳定。

2. 分析机械循环热水供暖系统的压力分布

图 1-7 所示的机械循环热水供暖系统中，膨胀水箱与系统的连接点为 O。系统充满水后，水泵不工作系统静止时，环路中各点的测压管水头 $Z + \dfrac{P}{\gamma}$ 均相等。因膨胀水箱是开式高位水箱，所以环路中各点的测压管水头线是过膨胀水箱水面的一条水平线，即静水压线 j-j。

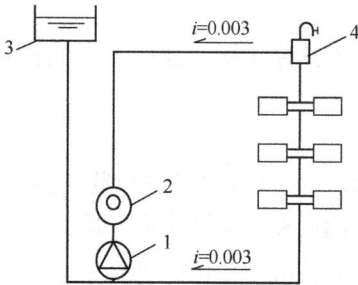

图 1-6　机械循环热水供暖系统
1—循环水泵；2—热水锅炉；
3—膨胀水箱；4—集气装置

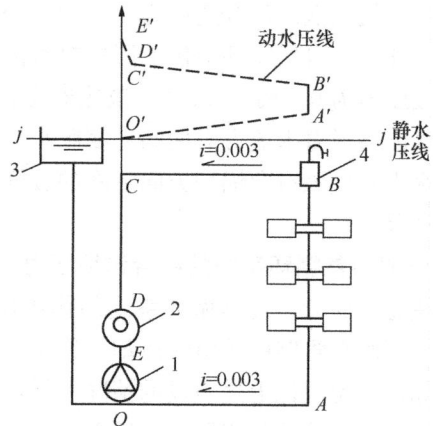

图 1-7　机械循环热水供暖系统压力分布
1—循环水泵；2—热水锅炉；
3—膨胀水箱；4—集气装置

水泵运行后，系统中各点的水头将发生变化，水泵出口处总水头 H'_E 最大。因克服沿途的流动阻力，水流到水泵入口处时水头 H'_o 最小。循环水泵的扬程 $H'_E - H'_o$ 是用来克服水在管路中流动时的流动阻力的。图中虚线 $E'D'C'B'A'O'$ 是系统运行时的动水压线。

如果系统严密不漏水，且忽略水温的变化，则环路中水的总体积将保持不变。运行时，开式膨胀水箱与系统连接点 O 点的压力与静止时相同，即 $H_o = H_j$，将 O 点称为定压点或恒压点。定压点 O 设在循环水泵入口处，既能限制水泵吸水管路的压力降，避免水泵出现气蚀现象，又能使循环水泵的扬程作用在循环管路和散热设备中，保证有足够的压力克服流动阻力使水在系统中循环流动。这可以保证系统中各点的压力稳定，使系统压力分布更合理。膨胀水箱是机械循环热水供暖系统中最简单的定压设备。

机械循环系统如果像自然循环系统那样，将膨胀水箱接在供水总立管上，如图1-8所示。此时定压点在图中 O 点处，定压点 O 处的静水压力（即 h_j 段水柱高度）较小，h_j 段水柱压力将用来克服管路系统中的流动阻力。因机械循环系统水流速度大，压力损失也较大，当供水干管较长，定压点压力 h_j 只够克服 OF 段阻力时，在 FD 段将产生负压，空气会从不严密处吸入。如果在 D 点装设集气罐或自动放气阀，此处不仅不能排除空气，反而会吸入空气。若该处压力低于水在供水温度下的饱和压力时，水就会汽化。这种错误的连接在运行中还会造成膨胀水箱经常满水和溢流，甚至导致系统抽空

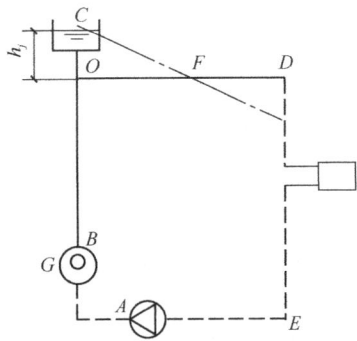

图 1-8 机械循环系统膨胀水箱
与系统的不正确接法

排空，不能正常工作。因此，机械循环热水供暖系统不能把膨胀水箱连接在供水总立管上。

3. 机械循环上供下回式热水供暖系统的排空气及供回水干管的坡度设置

机械循环系统中水流速度较大，一般都超过水中分离出的空气泡的浮升速度，易将空气泡带入立管引起气塞。所以，机械循环上供下回式系统水平敷设的供水干管应沿水流方向设上升坡度，坡度值不小于0.002，一般为0.003。在供水干管末端最高点处设置集气罐，以便空气能顺利地和水流同方向流动，集中到集气罐处排除。

回水干管应沿水流方向设下降的坡度，坡度值不小于0.002，一般为0.003，以便于集中泄水。

4. 机械循环热水供暖系统的形式及特点

1）垂直式系统

（1）上供下回式：如图1-9所示，上供下回式机械循环热水供暖系统也有单管和双管两种形式。

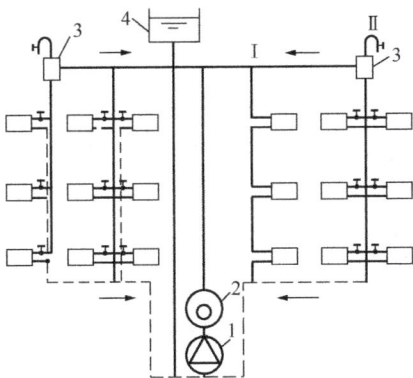

图 1-9 机械循环上供下回式热水供暖系统
1—循环水泵；2—热水锅炉；3—集气装置；
4—膨胀水箱

图1-9左侧两根立管为双管式系统，双管系统的垂直失调问题在机械循环热水供暖系统中仍然存在，设计计算时必须考虑各层散热器并联环路之间的作用压力差。

图1-9右侧为单管式系统，立管Ⅰ为单管顺流式，其特点是：热水顺序流过各层散热器，水温逐层降低。该系统散热器支管上不允许安装阀门，不能进行个体调节。立管Ⅱ为单管跨越式，立管中的水一部分流入散热器，另一部分直接通过跨越管与散热器的出水混合，进入下一层散热器。该系统可以在散热器支管或跨越管上安装阀门，可调节进入散热器的流量，适用于房间温度要求较严格，需要调节散热器散热量的系统上。《民用建筑供暖通风与空气调节设计规范》GB 50736（简称《暖通规范》）规定，垂直单管跨越式系统的楼层层数不宜超过6层。

机械循环单管上供下回式热水供暖系统，形式简单，施工方便，造价低，是一种被广泛采用的系统形式。

（2）双管下供下回式：双管下供下回式系统的供水干管和回水干管均敷设在所有散热器之下，如图1-10所示。当建筑物设有地下室或平屋顶建筑物顶棚下不允许布置供水干管时，可采用这种布置形式。

双管下供下回式系统运行时，必须解决好空气的排除问题，主要的排气方式有：如图1-10左侧立管，在顶层散热器上部设置排气阀排气；如图1-10右侧立管，在供水立管上部接出空气管，将空气集中汇集到空气管末端设置的集气罐或自动排气阀排除。应注意，集气罐或自动排气阀应设置在水平空气管下 h 米处，可以起隔断作用，避免各立管水通过空气管串流，破坏系统的压力平衡。h 值应考虑大于各立管上部之间的压力差，最小不应小于300mm。

与双管上供下回式系统相比，双管下供下回式系统具有如下特点：主立管长度小，管路的无效热损失较小；上层的作用压力虽然较大，但循环环路长，阻力也较大，下层作用压力虽然较小，但循环环路短，阻力也较小，这可以缓解双管系统的垂直失调问题；可安装好一层使用一层，能适应冬期施工的需要；排气较复杂，阀件、管材用量增加，运行维护管理不方便。

（3）中供式：如图1-11所示，中供式系统将供水干管设在建筑物中间某层顶棚之下。中供式系统用于顶层梁下和窗户之间的距离不能布置供水干管时采用。上部的下供下回式系统应考虑解决好空气的排除问题；下部的上供下回式系统，由于层数减少，可以缓和垂直失调问题。

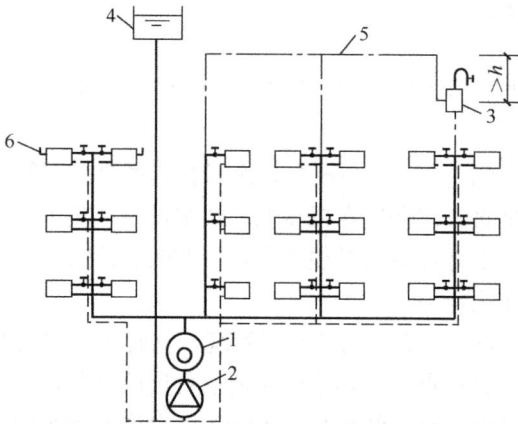

图1-10　机械循环双管下供下回式热水供暖系统
1—热水锅炉；2—循环水泵；3—集气装置；
4—膨胀水箱；5—空气管；6—放气阀

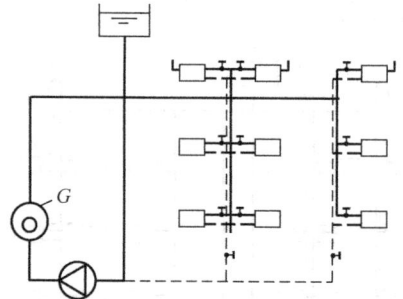

图1-11　机械循环中供式
热水供暖系统

（4）下供上回（倒流）式：如图1-12所示，机械循环下供上回式系统供水干管设在所有散热设备之下，回水干管设在所有散热设备之上，膨胀水箱连接在回水干管上。回水经膨胀水箱流回锅炉房，再被循环水泵送入锅炉。

该系统的特点是：水与空气的流动方向均为自下向上流动，有利于通过膨胀水箱排空气，不需要增设集气罐等排气装置；供水总立管较短，无效热损失少；底层散热器供水温度最高，可以减少底层房间所需的散热面积，有利于布置散热器；该方式比较适合于高温水供暖，由于温度低的回水干管在顶层，温度高的供水干管在底层，系统中的水不易汽化，可降低防止水汽化所需的水箱标高，便于用膨胀水箱定压，减少高架水箱的困难；下供上回式系统散热器内热媒平均温度远低于上供下回式系统，在相同的立管供、回水温度下所需的散热面积会增加；该系统多采用单管顺流式，热水自下向上顺序流过各层散热器，水温逐层降低。

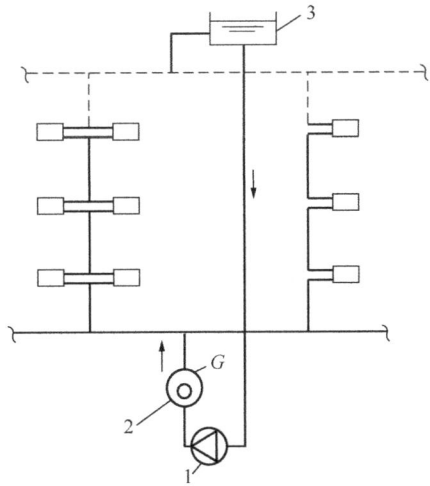

图 1-12　机械循环下供上回式
(倒流式) 热水供暖系统
1—循环水泵；2—热水锅炉；3—膨胀水箱

2）水平式系统

图 1-13 所示为水平单管顺流式系统。水平单管顺流式系统将同一楼层的各组散热器串联在一起，热水水平地顺序流过各组散热器，它同垂直顺流式系统一样，不能对散热器进行个体调节，只适用于对室温要求不高的建筑物或大的空间中。

图 1-14 所示为水平单管跨越式系统，该系统在散热器的支管间连接一跨越管，热水一部分流入散热器，一部分经跨越管直接流入下组散热器。这种形式允许在散热器支管上安阀门，能够调节散热器的进流量。《暖通规范》规定，水平单管跨越式系统的散热器组数不宜超过 6 组。

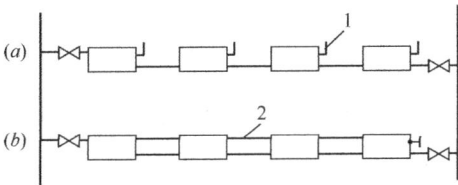

图 1-13　水平单管顺流式系统
1—放气阀；2—空气管

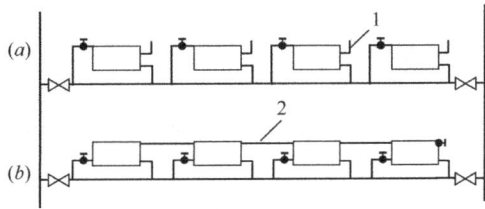

图 1-14　水平单管跨越式系统
1—放气阀；2—空气管

水平式系统结构形式简单，穿各层楼板的立管少，施工安装方便，顶层不必专设膨胀水箱间，可利用楼梯间、厕所等位置架设膨胀水箱，不影响建筑结构外形，且总造价比垂直式低。但该系统必须考虑好空气的排除问题，可通过在每组散热器上设放气阀排空气，如图 1-13(a)，图 1-14(a) 所示；也可在同一楼层散热器上部串联水平空气管，通过空气管末端设置的放气阀集中排气，如图 1-13(b)，图 1-14(b) 所示。水平式系统也是目前居住建筑和公共建筑中应用较多的一种形式。

5. 同程式和异程式热水供暖系统

异程式系统是指通过各立管的循环环路总长度不相等，如图 1-15 所示。前面介绍垂直式系统时列举的各种图示均是异程式系统。

由于机械循环系统的作用半径较大，各立管循环环路的总长度就可能相差很大，各并联环路的阻力不易平衡，离总立管最近的立管虽采用了最小管径 DN15，有时仍有过多的

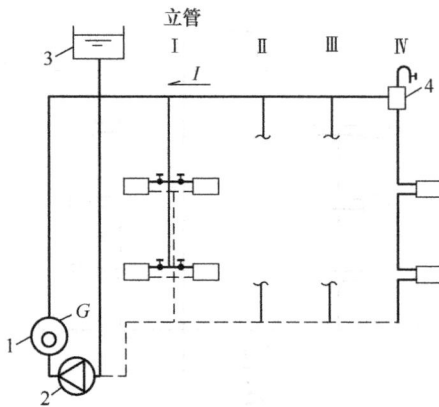

图 1-15 异程式系统

1—热水锅炉；2—循环水泵；3—膨胀水箱；4—集气罐

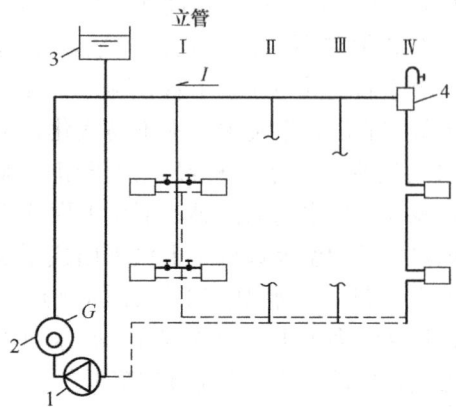

图 1-16 同程式系统

1—热水锅炉；2—循环水泵；3—膨胀水箱；4—集气罐

剩余压力，当初调节不当时，会出现远近立管流量的分配不均，造成近处立管分配的流量多，房间过热；远处立管分配的流量少，房间过冷的水平失调问题。

在大型的供暖系统中，为了减轻水平失调，使各并联环路的压力损失易于平衡，多采用同程式系统，同程式系统各立管的循环环路总长度相等，阻力易于平衡，如图 1-16 所示。但同程式系统会增加干管长度，需要精心考虑，布置得当。

1.3 识读高层建筑热水供暖系统

竖向分区式供暖系统

高层建筑热水供暖系统在垂直方向上分成两个或两个以上的独立系统称为竖向分区式供暖系统，竖向分区式供暖系统的低区通常直接与室外管网相连接，应考虑室外管网的压力和散热器的承压能力，决定其层数的多少。高区与外网的连接形式主要有以下几种：

(1) 设热交换器间接连接的分区式系统：图 1-17 中的高区水与外网水通过热交换器进行热量交换，热交换器作为高区热源，高区又设有循环水泵、膨胀水箱，使之成为一个与室外管网压力隔绝的、独立的完整系统。该方式是目前高层建筑供暖系统常用的一种形式，比较适用于外网水是高温水的供暖系统。

(2) 设阀前压力调节器直接连接的分区式系统：图 1-18 所示为设阀前压力调节器的分区式热水供暖系统，该系统高区水与外网水直接连接。在高区供水管上设加压水泵，水泵出口处设有止回阀，高区回水管上安装阀前压力调节器，阀前压力调节器可以保证系统始终充满水，不出现倒空现象。图 1-19 所示为阀前压力调节器结构示意图，只有当回水管作用在阀瓣上的压力 p_1 超过弹簧的平衡压力时，阀孔才开启，高区水与外网直接连接，高区正常供暖。网路循环水泵停止工作时，弹簧的平衡拉力超过用户系统的静水压力，阀前压力调节器的阀孔关闭，与安装在供水管上的止回阀一起将高区水与外网水隔断，避免高区水倒空。弹簧的选定压力应大于局部系统静压力 3~5mH₂O，这可以保证系统不倒空。

高区采用这种直接连接的形式后，高、低区水温相同，在高层建筑的低温水供暖用户中，可以取得较好的供暖效果，且便于运行调节。

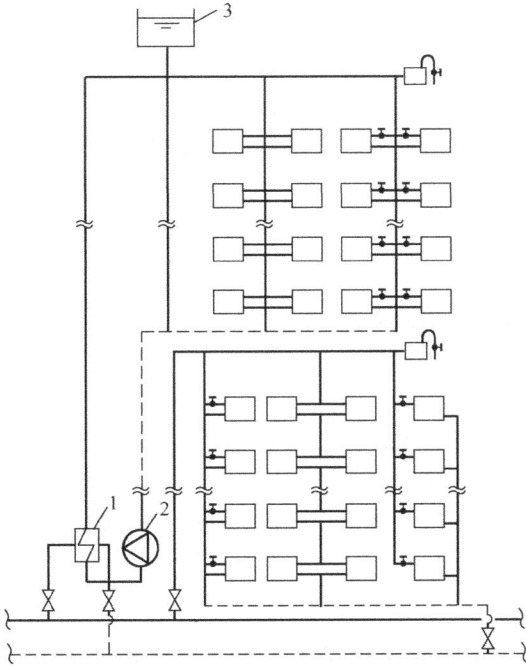

图 1-17　设热交换器的分区式热水供暖系统
1—热交换器；2—循环水泵；3—膨胀水箱

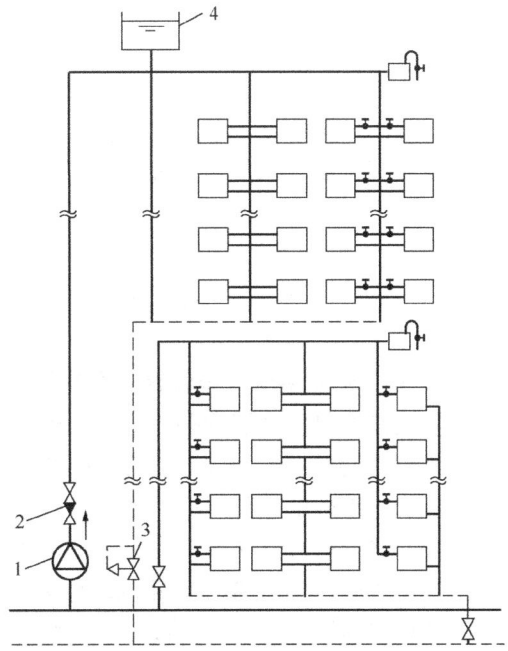

图 1-18　设阀前压力调节器的分区式
热水供暖系统
1—加压水泵；2—止回阀；3—阀前压力调节器；
4—膨胀水箱

（3）设混合水泵的直接连接系统：如图 1-20 所示。当建筑物用户引入口处外网的供、回水压差较小，不能满足水喷射器正常工作所需压差，或设集中泵站将高温水转为低温水向建筑物供热时，可采用设混合水泵的直接连接方式。

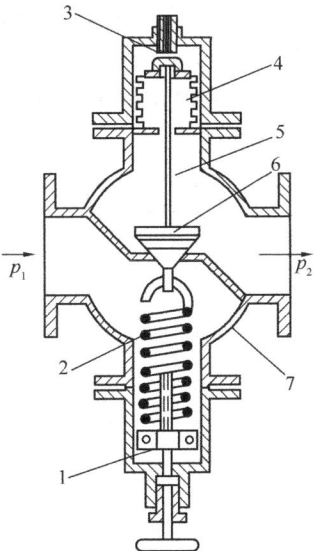

图 1-19　阀前压力调节器
1—调紧器；2—弹簧；3—调节杆；4—薄膜；
5—阀杆；6—阀瓣；7—阀体

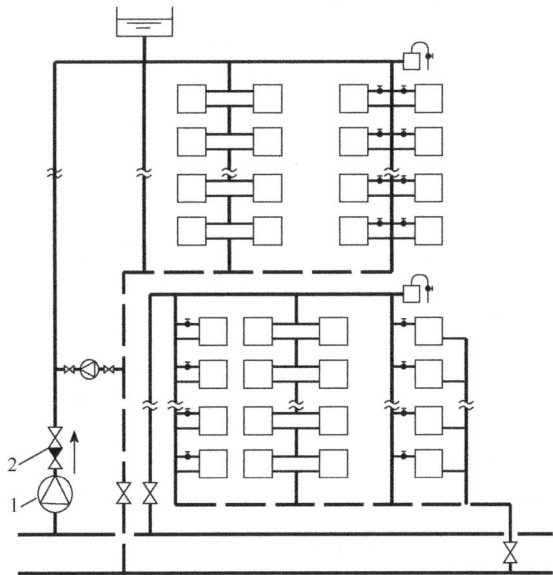

图 1-20　设混合水泵直接连接的分区式系统
1—加压水泵；2—止回阀

混合水泵设在建筑物入口或专设的热力站处，外网高温水与水泵加压后的用户回水混合，降低温度后送入用户供热系统，混合水的温度和流量可通过调节混合水泵的阀门或外网供回水管进出口处阀门的开启度进行调节。为防止混合水泵扬程高于外网供、回水管的压差，将外网回水抽入外网供水管，在外网供水管入口处应装设止回阀。设混合水泵的连接方式是目前高温水供热系统中应用较多的一种直接连接方式，但其造价较设水喷射器的方式高，运行中需要经常维护并消耗电能。

1.4 室内热水供暖系统管路布置与敷设

1. 室内热水供暖系统管路的布置要求

室内热水供暖系统管路布置的合理与否，直接影响工程造价和系统的使用效果，应综合考虑建筑物的结构条件和室外热网的特点，力求系统结构简单，使空气能顺利排出。管路应在合理布置的条件下尽可能地短，节省管材和阀件，便于运行调节和维护管理。应尽可能做到各并联环路热负荷分配合理，使阻力易于平衡。

2. 室内热水供暖系统常用的环路划分方法

室内供暖系统引入口的设置，应根据热源和室外管道的位置，并且还应考虑有利于系统的环路划分。环路划分就是将整个系统划分成几个并联的、相对独立的小系统。环路如果能合理划分，就可以均衡地分配热量，使各并联环路的阻力易于平衡，便于控制和调节系统。下面是几种常见的环路划分方法：图 1-21 所示为无分支环路的同程式系统。它适用于小型系统或引入口的位置不易平分成对称热负荷的系统中。图 1-22 所示为两个分支环路的异程

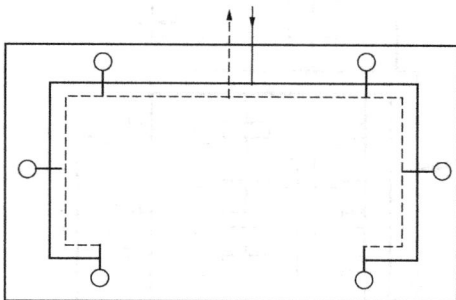

图 1-21 无分支环路的同程式系统

式系统，图 1-23 所示为两个分支环路的同程式系统。同程式与异程式相比，中间虽增设了一条回水管和地沟，但两大分支环路的阻力易于平衡，故多被采用。

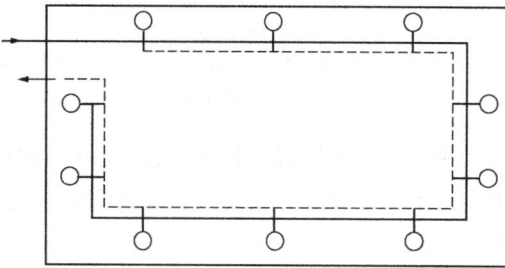

图 1-22 两个分支环路的异程式系统

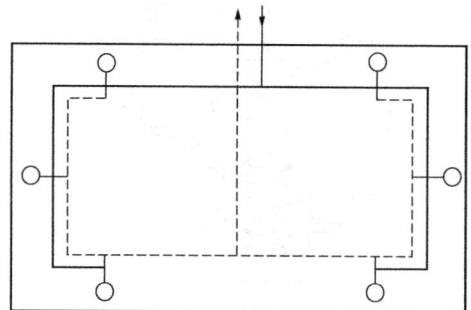

图 1-23 两个分支环路的同程式系统

3. 室内热水供暖系统管路的敷设要求

室内供暖系统管道应尽量明设，以便于维护管理和节省造价，有特殊要求或影响室内

整洁美观时，才考虑暗设。敷设时应考虑：

（1）上供下回式系统的顶层梁下和窗顶之间的距离应满足供水干管的坡度和集气罐的设置要求。集气罐应尽量设在有排水设施的房间，以便于排气。

回水干管如果敷设在地面上，底层散热器下部和地面之间的距离也应满足回水干管敷设坡度的要求。如果地面上不允许敷设或净空高度不够时，应设在半通行地沟或不通行地沟内。

（2）管路敷设时应尽量避免出现局部向上凸起，以免形成气塞。在局部高点处，应考虑设置排气装置。

（3）回水干管过门时如果下部设置过门地沟或上部设空气管，应考虑好泄水和排空气的问题。具体做法见图1-24和图1-25。两种做法中均设置了一段反坡向的管道，目的是为了顺利排除系统中的空气。

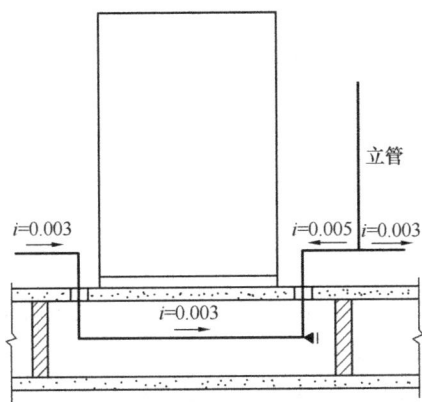

图1-24 回水干管下部过门　　　　图1-25 回水干管上部过门

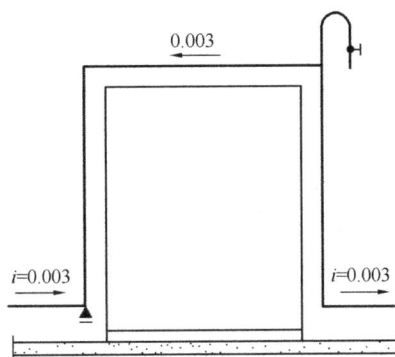

（4）立管应尽量设置在外墙角处，以补偿该处过多的热量损失，防止该处结露。楼梯间或其他有冻结危险的场所应单独设置立管，该立管上各组散热器的支管均不允许安阀门。

双管系统的供水立管一般置于面向的右侧。如果立管与散热器支管相交，立管应撅弯绕过支管。

（5）室内供暖系统的引入管、出户管上应设阀门；划分环路后，各并联环路的起、末端应各设一个阀门；立管的上下端应各设一个阀门，以便于检修、关闭。当有冻结危险时，立管或支管上的阀门至干管的距离，不应大于120mm。

（6）散热器的供、回水支管考虑避免散热器上部积存空气或下部放水时放不净，应沿水流方向设下降的坡度，坡度可取为0.01，如图1-26所示。或者当支管长度小于或等于500mm时，取坡降值为5mm；当支管长度大于500mm时，取坡降值为10mm；当一根立管双侧连接散热器支管时，如果一端长度大于500mm时，取坡降值均为10mm。

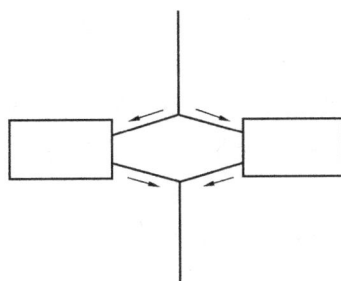

（7）穿过建筑物基础、变形缝的供暖管道，以及镶

图1-26 散热器支管的坡向

嵌在建筑结构里的立管，应采取防止由于建筑物下沉而损坏管道的措施。当供暖管道必须穿过防火墙时，在管道穿过处应采取固定和密封措施，并使管道可向墙的两侧伸缩。供暖管道穿过隔墙和楼板时宜装设套管。供暖管道不得同输送蒸汽燃点低于或等于120℃的可燃液体或可燃、腐蚀性气体的管道在同一条管沟内平行或交叉敷设。

(8) 供暖管道在管沟或沿墙、柱、楼板敷设时，应根据设计、施工与验收规范的要求，每隔一定间距设置管卡或支、吊架。为了消除管道受热变形产生的热应力，应尽量利用管道上的自然转角进行热伸长的补偿，管线很长时，应设补偿器，适当位置设固定支架。

(9) 供暖管道多采用水、煤气钢管，可采用螺纹连接、焊接和法兰连接。管道应按施工与验收规范要求作防腐处理。敷设在管沟、技术夹层、闷顶、管道竖井或易冻结地方的管道，应采取保温措施。

1.5 识读、绘制供暖系统施工图

1. 供暖系统施工图的组成

供暖系统的施工图包括系统平面图、轴测图、详图、设计施工说明和设备、材料明细表等。

2. 识读供暖平面图

平面图是利用正投影原理，采用水平全剖的方法，表示出建筑物各层供暖管道与设备的平面布置，应连同房屋平面图一起画出。内容包括：

(1) 标准层平面：应表明立管位置及立管编号，散热器的安装位置、类型、片数及安装方式。

(2) 顶层平面图：除了有与标准层平面图相同的内容外，还应表明总立管、水平干管的位置、走向、立管编号、干管坡度及干管上阀门、固定支架的安装位置与型号；膨胀水箱、集气罐等设备的位置、型号及其与管道的连接情况。

(3) 底层平面图：除了有与标准层平面图相同的内容外，还应表明引入口的位置，供、回水总管的走向、位置及采用的标准图号（或详图号），回水干管的位置，室内管沟（包括过门地沟）的位置和主要尺寸，活动盖板和管道支架的设置位置。

平面图常用的比例有1:50、1:100、1:200等。

3. 识读供暖系统图

供暖系统轴测图，又称系统图，是表示供暖系统的空间布置情况，散热器与管道的空间连接形式，设备、管道附件等空间关系的立体图。标有立管编号，管道标高，各管段管径，水平干管的坡度，散热器的片数及集气罐、膨胀水箱、阀件的位置、型号规格等。通过系统图，可了解供暖系统的全貌，其比例与平面图相同。

4. 供暖系统详图的内容

表示供暖系统节点与设备的详细构造及安装尺寸要求。平面图和系统图中表达不清，又无法用文字说明的地方，如引入口装置、膨胀水箱的构造与配管、管沟断面、保温结构等可用详图表示。如果选用的是国家标准图集，可给出标准图号，不给详图。常用的比例是1:10～1:50。

5. 设计、施工说明的内容

包括：说明设计图纸无法表达的问题，如热源情况，供暖设计热负荷，设计意图及系统形式，进出口压力差，散热器的种类、形式及安装要求，管道的敷设方式、防腐保温、水压试验要求，施工中需参照的有关专业施工图号或采用的标准图号等。

6. 常见供暖施工图例

见表 1-2。

常见供暖施工图例 表 1-2

序号	名 称	图 例	序号	名 称	图 例
1	供暖供水(汽)管 回(凝结)水管	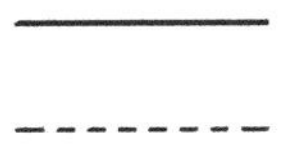	13	截止阀	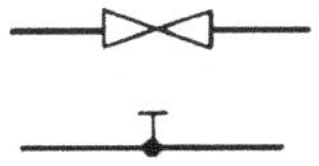
2	保温管		14	闸阀	
3	软管		15	止回阀（通用）	
4	方形伸缩器		16	安全阀	
5	套管伸缩器	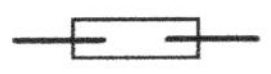	17	减压阀	
6	波形伸缩器		18	膨胀阀	
7	弧形伸缩器		19	散热器放风门	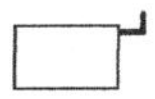
8	球形伸缩器	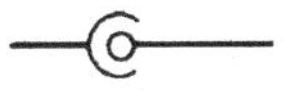	20	手动排气阀	
9	流向		21	自动排气阀	
10	丝堵		22	疏水器	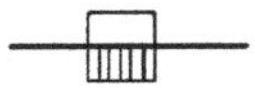
11	滑动支架	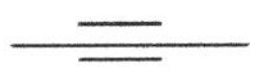	23	散热器三通阀	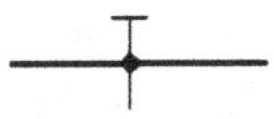
12	固定支架	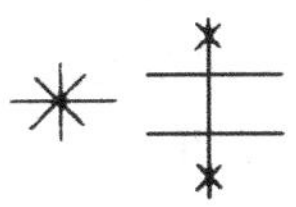	24	球阀	

序号	名　称	图　例	序号	名　称	图　例
25	电磁阀		31	集气罐	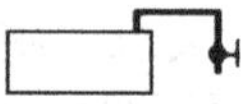
26	角阀	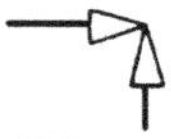	32	管道泵	
27	三通阀		33	过滤器	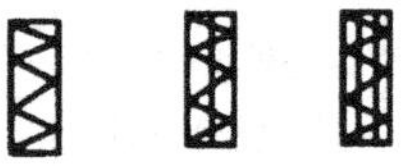
28	四通阀	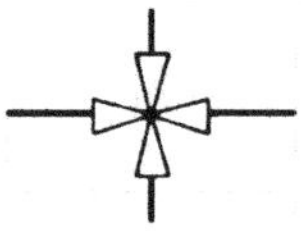	34	除污器	
29	节流孔板	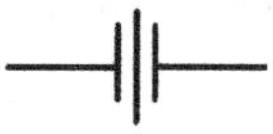	35	暖风机	
30	散热器				

7. 识读机械循环上供下回单管顺流式热水供暖系统供暖施工图训练

该设计为哈尔滨市某公司综合楼供暖工程设计，系统采用机械循环上供下回单管顺流式热水供暖系统，供水温度 85℃，回水温度 60℃。

因小区锅炉房建在该综合楼的北向，故供水引入管设在北向⑦号轴线左侧的管沟内，进入室内的供水总管沿外墙引至顶层顶棚下，在室内分成两个并联支环路。两个环路供水干管末端的最高点处设有集气罐，集气罐分别设在顶层卫生间内，集气罐的放气管引至卫生间内的洗涤盆上。

系统采用同程式系统形式，两并联环路的回水干管分别以东向为起端，在地沟内沿外墙敷设，在西向中部Ⓐ、Ⓒ轴线间汇合，再沿北向外墙内的室内地沟引至北向⑦号轴线左侧的管沟内，下降后与引入管使用同一地沟出户。

在本设计中供暖系统的引入管、出户管上各安装一个法兰闸阀；各并联环路的起、末端各安装一个法兰闸阀；各立管的上、下端各安装一个闸阀。

本设计的施工图纸包括：四层平面图，二层、三层平面图，一层平面图和系统图，比例为 1：100，施工图示例见图 1-27～图 1-30。

8. 绘制机械循环上供下回单管顺流式热水供暖系统供暖施工图训练

图 1-31、图 1-32 所示为某学校二层教学楼的建筑平面图，该建筑物层高 3.9m。采用机械循环上供下回单管顺流式系统，供水温度 95℃，回水温度 70℃。锅炉房建在该建筑物的北向。试绘制该建筑物的供暖系统一层、二层平面布置图和供暖系统图，平面图和系统图均采用 1：100 的比例。

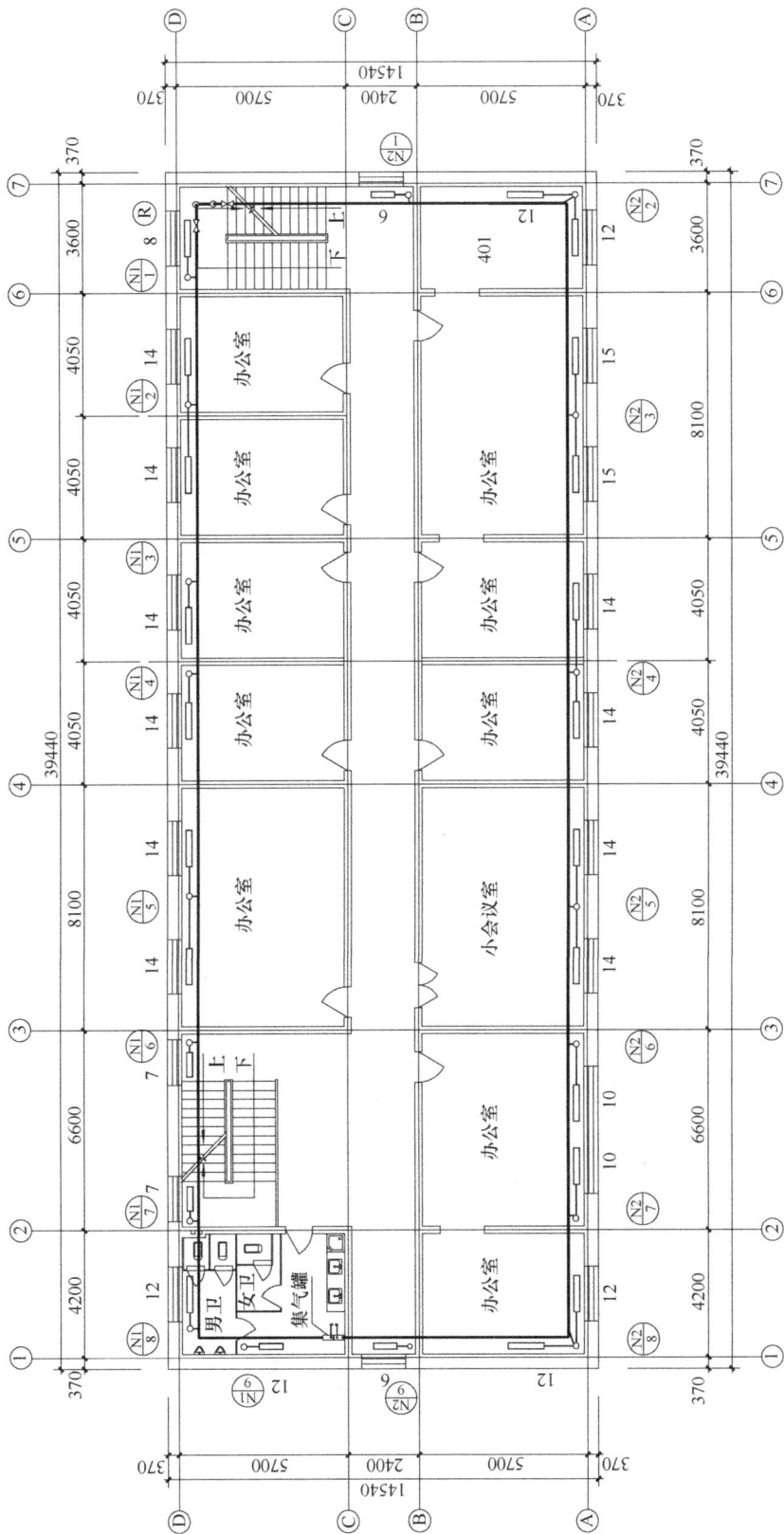

图 1-27　四层供暖平面图　1:100

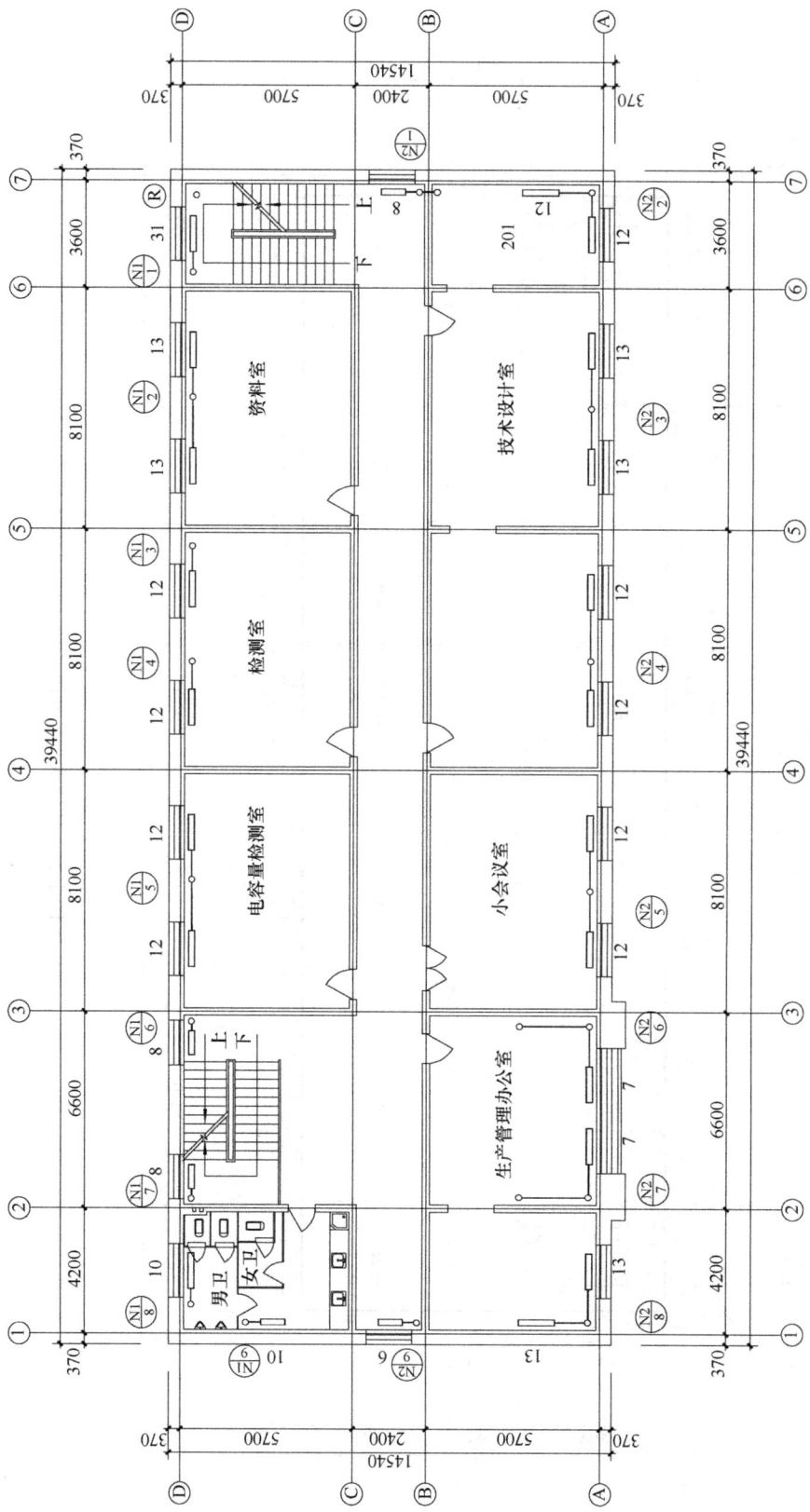

图 1-28 二层、三层供暖平面图 1:100

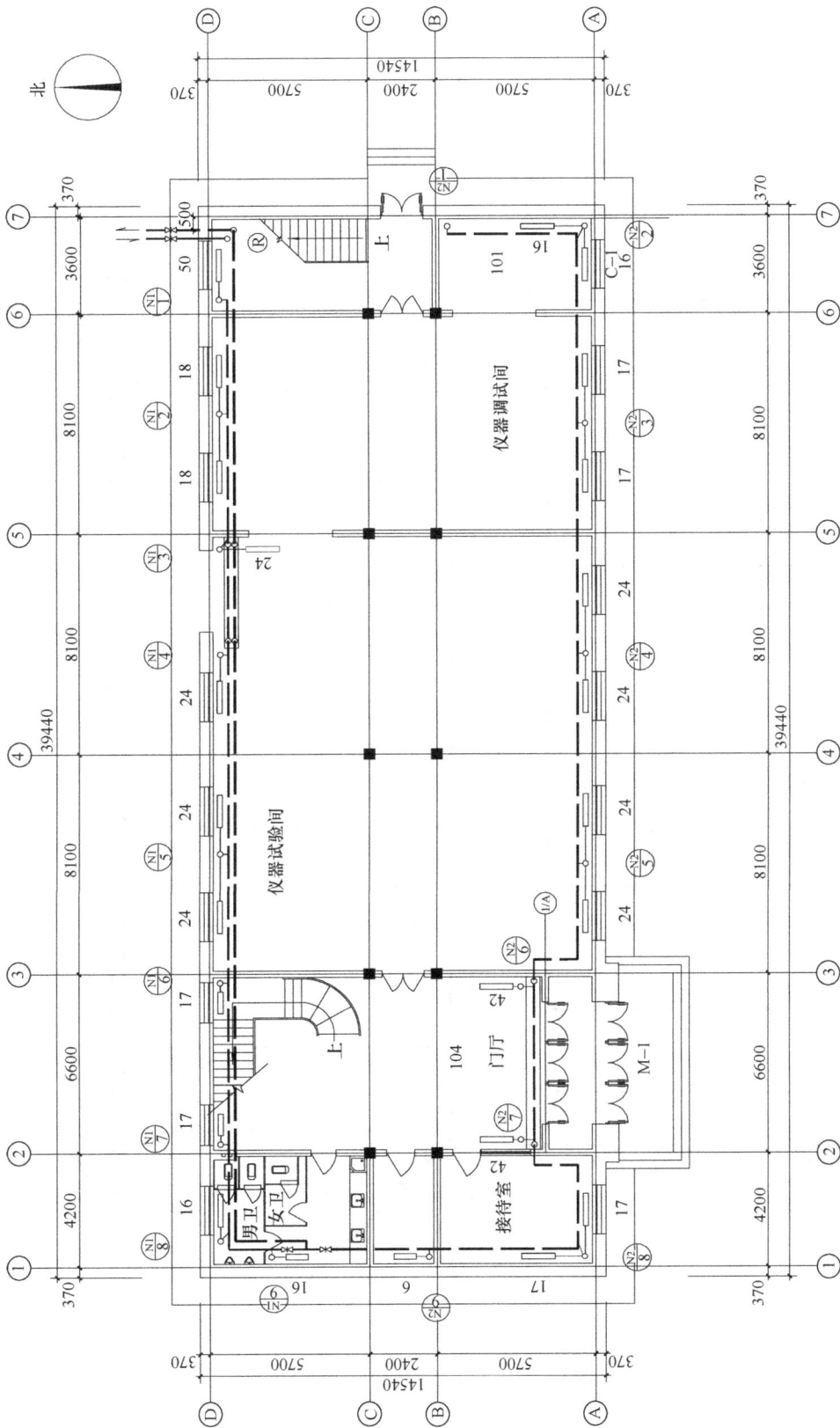

图1-29 一层供暖平面图 1：100

19

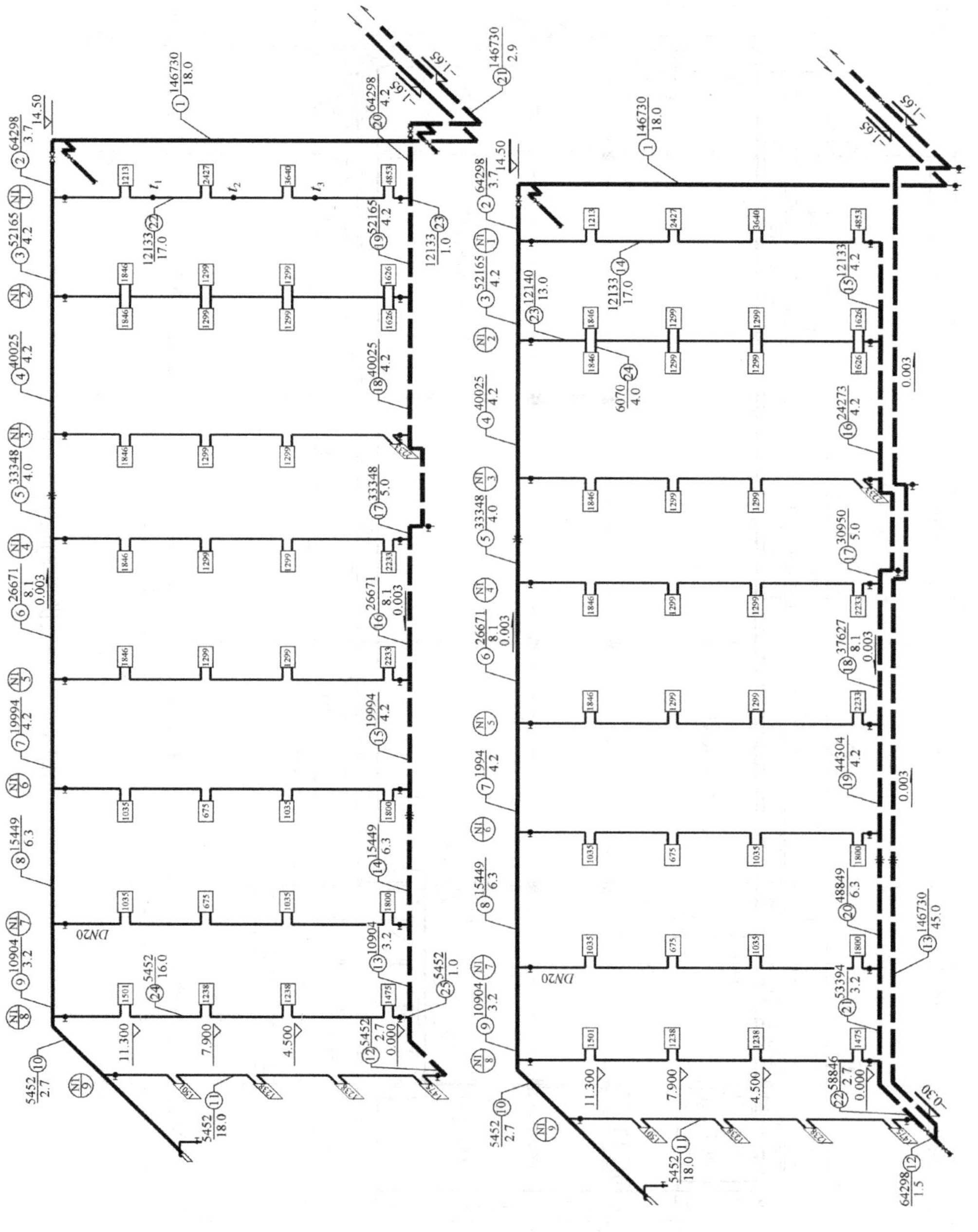

图 1-30 供暖系统图 1:100

20

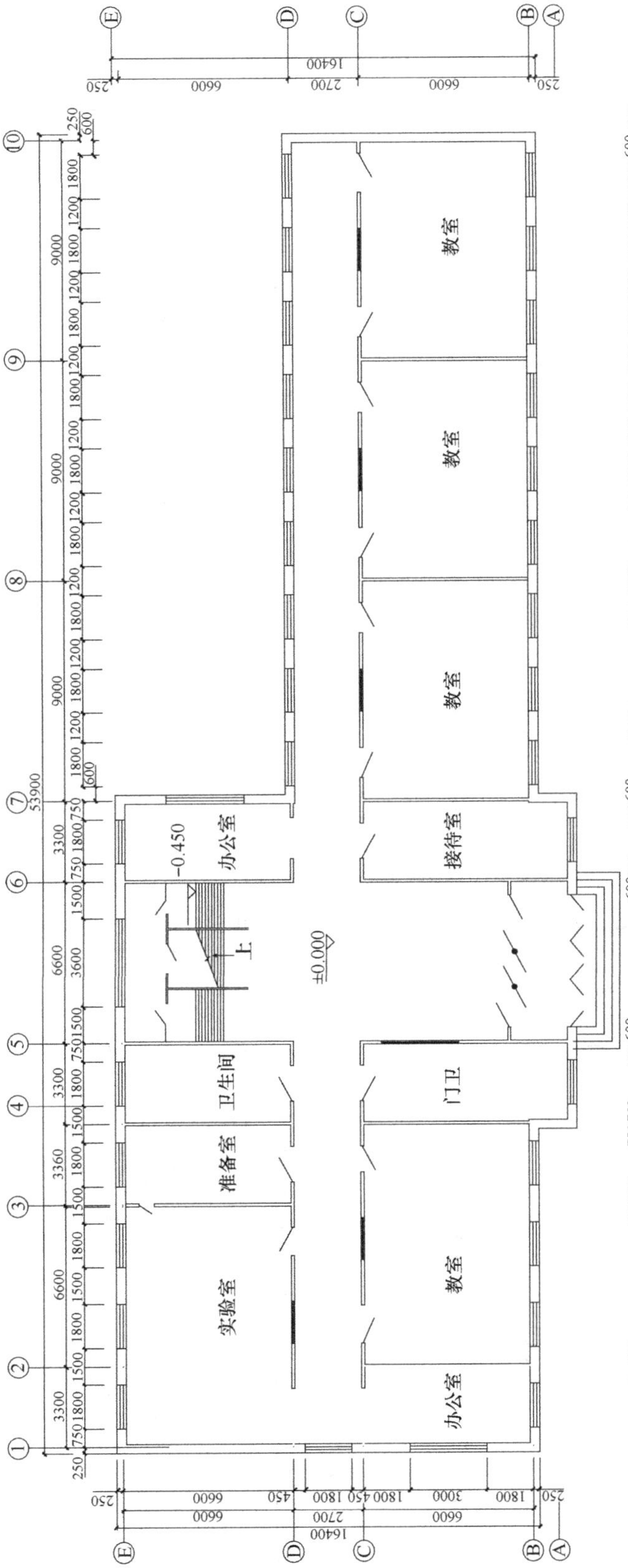

图 1-31 一层平面图 1∶100

教室

教室

教室

接待室

办公室

−0.450

上

±0.000

卫生间

准备室

实验室

门卫

教室

办公室

21

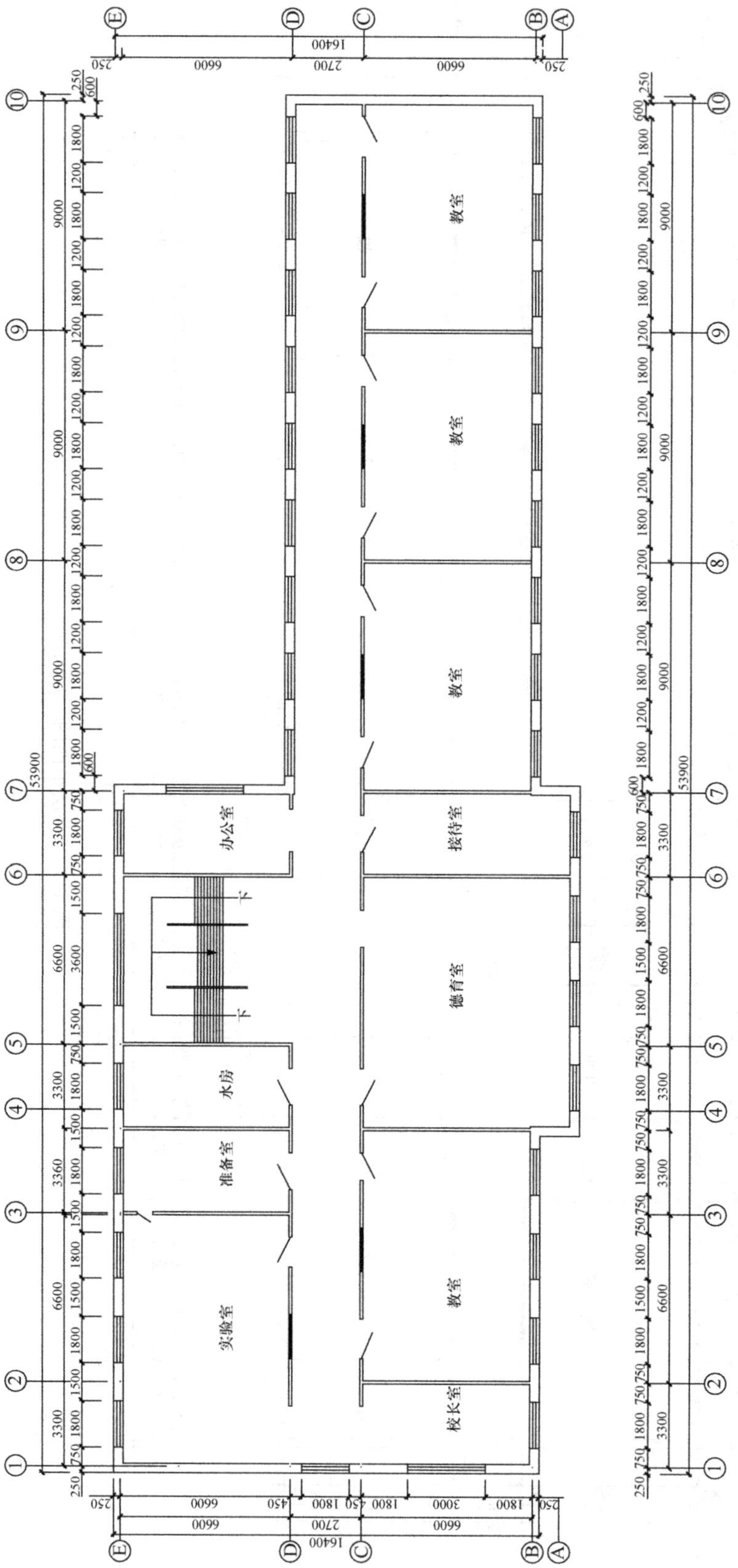

图 1-32 二层平面图 1：100

1.6 辐射供暖系统布置与敷设

1. 低温热水地板辐射供暖系统的特点

低温热水地板辐射供暖是一种卫生条件和舒适标准都比较高的供暖形式，和对流供暖相比，它具有以下特点：

(1) 辐射供暖时，人或物体受到辐射照度和环境温度的综合作用，人体感受的实感温度可比室内实际环境温度高 2~3℃ 左右，即在相同舒适感的前提下，辐射供暖的室内空气温度可比对流供暖时低 2~3℃，室温降低的结果可以减少能源消耗。

(2) 辐射供暖时，人体和物体直接接收辐射热，减少了人体向外界的辐射散热量。并且室温由下向上逐渐降低，给人以脚暖头凉的良好感觉，改善血液循环，促进新陈代谢。因此，辐射供暖时人体具有最佳的舒适感。

(3) 辐射供暖时沿房间高度方向上温度分布均匀，温度梯度小，房间的无效损失减小了。热媒传送温度低，传送时无效热损失小。辐射供暖方式较对流供暖方式热效率高。

(4) 辐射供暖系统由于地面层及混凝土层蓄热量大，间歇供暖时，室温波动小，热稳定性好。

(5) 地板辐射供暖系统方便于分户热计量和控制。系统供回水多为双管系统，可在每户的分水器前安装热量表进行分户热计量。还可通过调节分、集水器上的环路控制阀门，调节室温。用户还可采用自动温控装置，自行控制室温。

(6) 辐射供暖不需要在室内布置散热器，少占室内的有效空间，也便于布置家具。

(7) 辐射供暖减少了对流散热量，室内空气的流动速度也降低了，避免了室内尘土的飞扬，有利于改善卫生条件。

(8) 辐射供暖系统比对流供暖系统的初投资高。

2. 地板辐射供暖系统常用的加热盘管布置形式及特点

地板辐射供暖系统比较常用的加热盘管布置形式有三种：直列式、旋转式、往复式，如图 1-33 所示。直列式最为简单，但其板面温度随着水的流动逐渐降低，首尾部温差较大，板面温度场不均匀。旋转式和往复式虽然铺设复杂，但板面温度场均匀，高、低温管间隔布置，供暖效果较好。应根据房间的具体情况选择适合的系统形式，也可混合使用。热损失明显不均匀的房间，宜采用将高温管段优先布置于房间热损失较大的外窗或外墙侧的方式。为了使每个分支环路的阻力损失易于平衡，较小房间可几个房间合用一个环路，

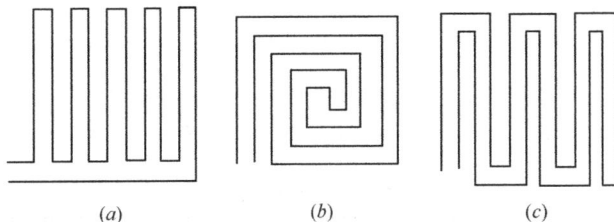

图 1-33 加热盘管常用布置形式

(a) 直列式；(b) 旋转式；(c) 往复式

较大房间可以一个房间布置几个环路，住宅的各主要房间，宜分别设置分支环路，不同标高的房间地面，不宜共用一个环路。

3. 低温热水地板辐射供暖系统的设计要求

图 1-34 所示为热水地板辐射供暖系统结构示意图，低温热水地板辐射供暖系统的阻力应计算确定，加热管内的水流速度不应小于 0.25m/s，每个环路供回水阀门以后（含阀门、加热管和热媒集配装置等构件）的阻力不宜超过 30kPa。同一集配装置的每个环路加热管长度应尽量接近，一般应控制每个环路的长度在 60～80m，最长不超过 120m。低温热水地板敷设供暖系统的供回水温度应计算确定，民用建筑的供水温度不应超过 60℃，宜采用 35～45℃，同一热源输配系统的各房间，应按相同的水温进行计算。辐射体表面平均温度如表 1-3 所示。

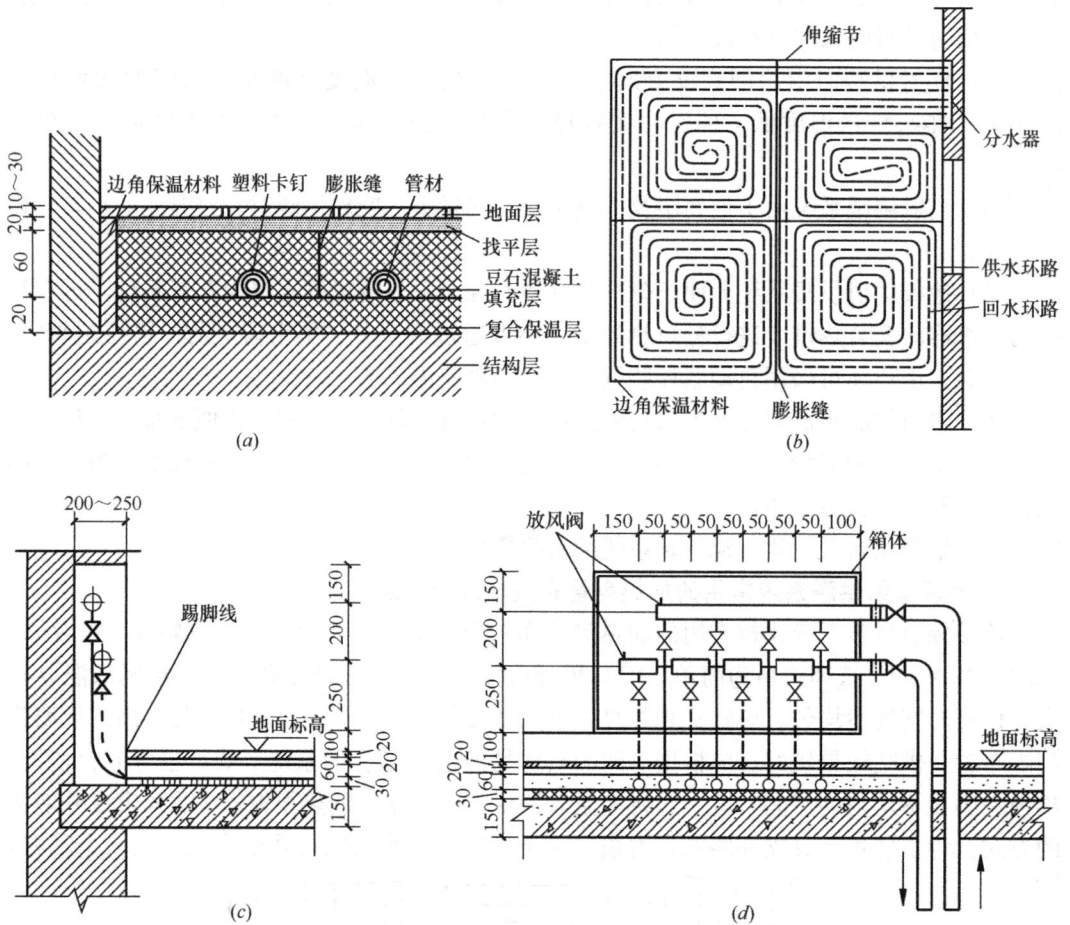

图 1-34 热水地板辐射供暖系统结构示意图

(a) 结构剖面图；(b) 环路平面图；(c) 分水器侧视图；(d) 分水器正视图

辐射体表面平均温度（℃） 表 1-3

设置位置	宜采用的温度	温度上限值
人员经常停留的地面	25～27	29

设置位置	宜采用的温度	温度上限值
人员短期停留的地面	28~30	32
无人停留的地面	35~40	42
房间高度 2.5~3.0m 的顶棚	28~30	—
房间高度 3.1~4.0m 的顶棚	33~36	—
距地面 1m 以下的墙面	35	—
距地面 1m 以上 3.5m 以下的墙面	45	—

低温热水地板辐射供暖系统每一集配装置的分支环路不宜多于 8 个，住宅每户至少应设置一套集配装置。分水器前应设阀门及过滤器，集水器后应设阀门，集水器、分水器上应设放气阀，系统配件应采用耐腐蚀材料。系统的工作压力不宜大于 0.8MPa，超过时应采取相应的措施。每个环路加热管的进出水口应分别与分水器、集水器相连接，分水器、集水器的内径不应小于总供回水管内径，一般不小于 25mm。每个分支环路供回水管上均应设置可关断阀门。在分水器的总进水管与集水器的总出水管之间宜设置旁通管，旁通管上应设置阀门。分水器、集水器上均应设置手动或自动排气阀。

辐射供暖系统应能实现气候补偿，自动控制供水温度。

4. 低温地板辐射供暖系统的结构特点

在地面或楼板内埋管时地板结构层厚度：公共建筑≥90mm，住宅≥70mm（不含地面层及找平层）。必须将盘管完全埋设在混凝土层内，管间距为 100~300mm，盘管上部应保持厚度不应小于 30mm 的覆盖层。覆盖层不宜过小，否则人站在上面会有颤感。覆盖层应设伸缩缝，伸缩缝的设置间距与宽度应由计算确定，一般在面积超过 30m² 或长度超过 6m 时，宜设置间距小于或等于 6m、宽度大于或等于 8mm 的伸缩缝，面积较大时，伸缩缝的间距可适当增大，但不宜超过 10m。伸缩缝宜从绝热层上边缘做到填充层的上边缘，缝槽内满填弹性膨胀膏。加热管穿过伸缩缝时，应设长度不小于 100mm 的柔性套管。加热管及其覆盖层与外墙、楼板结构层间应设绝热层，绝热层一般采用聚苯乙烯泡沫板，厚度不宜小于 25mm。供暖绝热层敷设在土壤上时，绝热层下应做防潮层，以保证绝热层不至于被水分侵蚀。在潮湿房间（如卫生间、厨房等）敷设盘管时，加热盘管覆盖层上应做防水层。

5. 识读低温地板辐射热水供暖系统供暖施工图训练

（1）能力及目标：经过该项训练能够熟练掌握低温地板辐射供暖系统施工图的绘制方法，并且具备绘制实际工程低温地板辐射供暖施工图的能力。

（2）施工图绘制示例：该设计为某住宅楼供暖工程设计，系统采用低温地板辐射热水供暖系统。

本设计的施工图纸包括：标准层平面图、分水器正视图、分水器侧视图和结构剖面图，比例为 1:100，施工图示例见图 1-35~图 1-38。

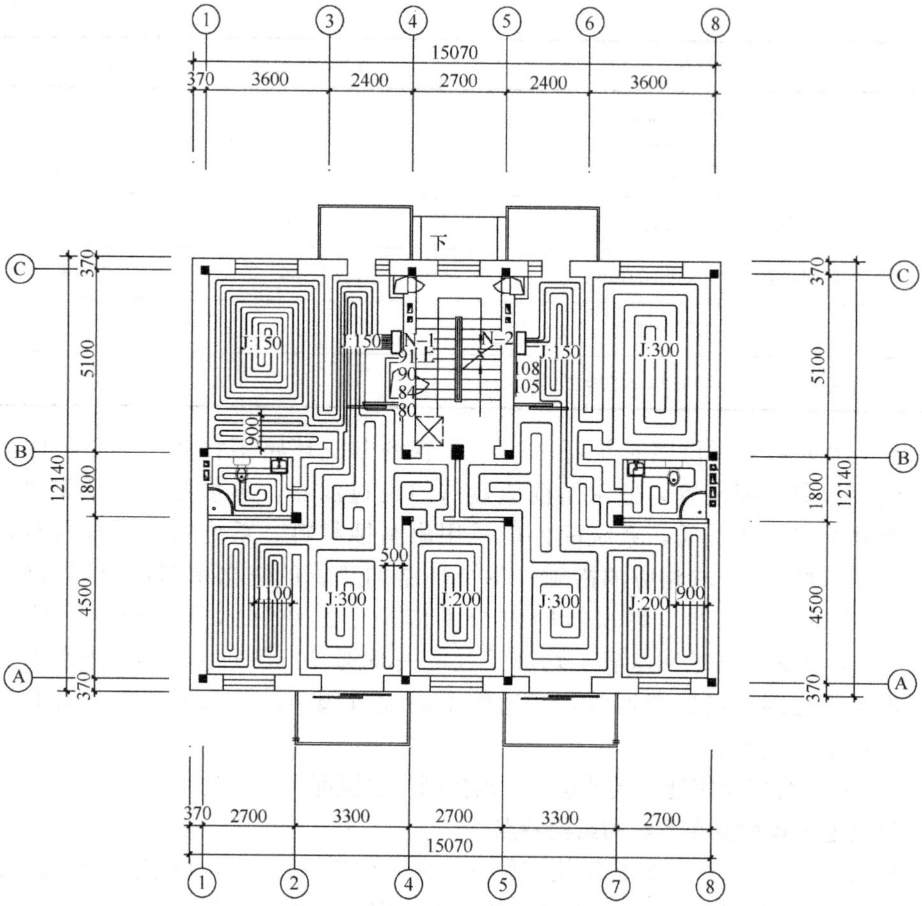

图 1-35　低温地板辐射热水供暖系统标准层平面图

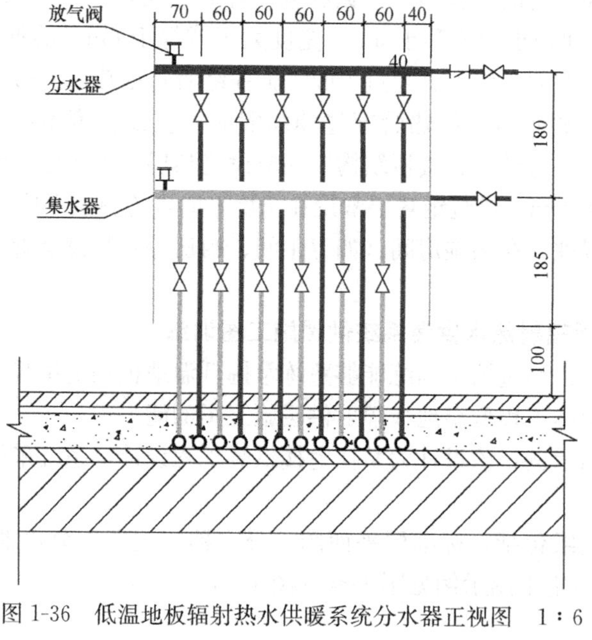

图 1-36　低温地板辐射热水供暖系统分水器正视图　1∶6

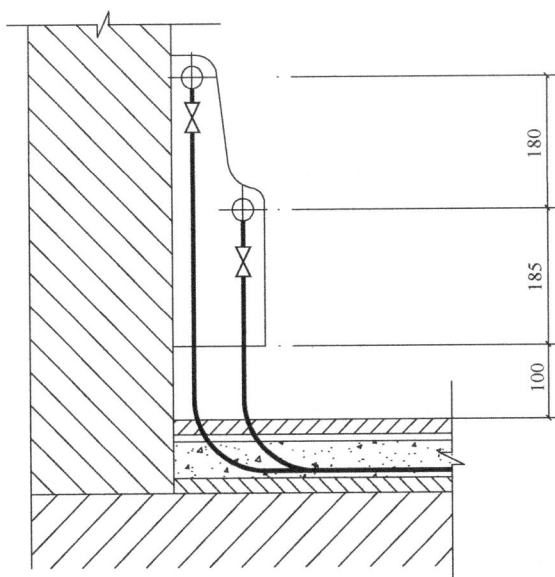

图 1-37　低温地板辐射热水供暖系统分水器侧视图

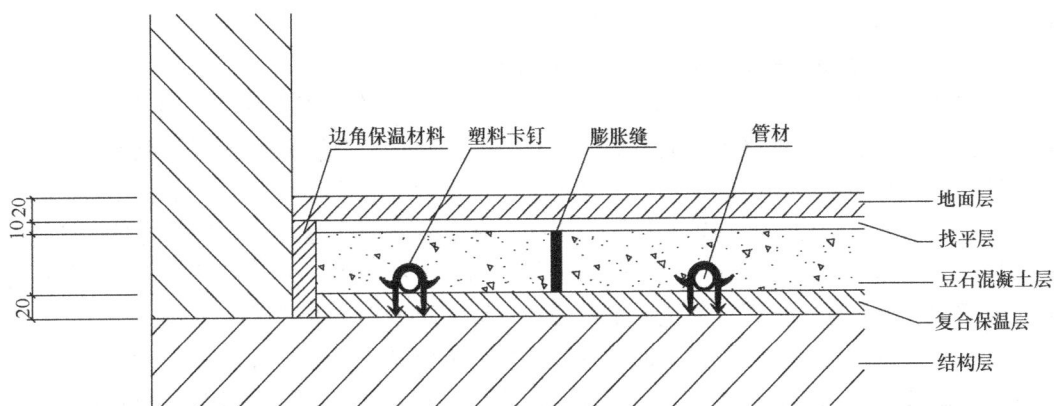

图 1-38　低温地板辐射热水供暖系统结构剖面图　1∶4

1.7　分户热计量供暖系统布置与敷设

1. 分户热计量供暖系统的管路设置

对于新建住宅分户热计量系统可在户外楼梯间设置共用立管,《暖通规范》规定,居住建筑室内供暖系统的制式宜采用垂直双管系统或共用立管的分户独立循环双管系统,也可采用垂直单管跨越式系统;公共建筑供暖系统宜采用双管系统,也可采用单管跨越式系统。因为双管系统具有良好的变流量特性和较好的调节特性,为了满足调节的需要,户内系统采用双管形式要优于单管跨越式形式。每户从共用立管上单独引出供、回水水平管,户内采用水平式供暖系统,每户形成一个相对独立的循环环路。设在住宅共用空间内的用户引入口装置中,应设户用热量表以计量用热量,为了保护热量表和散热器恒温阀不被堵塞,表前需设过滤器,如图 1-39 所示。

另外，为了便于管理和控制，在供水管上应安装锁闭阀，以便需要时关闭用户系统。在每栋或几栋住宅的热力入口处设一个总热量表，在满足室内各环路水力平衡和进行热计量的前提下，宜尽量减少建筑物热力入口的数量。这种方式便于调控和计量，可实现分户调节，舒适性较好，且户内系统的阻力较大，易于实现供暖系统的水力平衡和稳定。该系统可使用变频调速水泵，是一种变流量系统。建筑物需每层设置分集水器连接多户系统，一副共用立管每层连接的户数不宜多于 3 户。

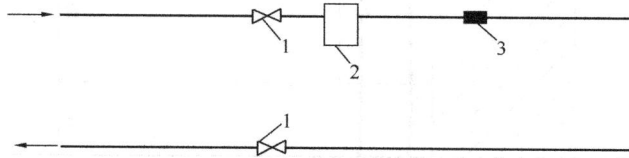

图 1-39　用户系统热力入口示意图

1—用户供、回水管阀门；2—过滤器；3—热量表

新建建筑物的共用供、回水立管及户内的引入口装置可设于住宅的共用空间（如楼梯间）的管道井内，管道井可单独设置，也可与其他专业合用，管道井上均应设置抄表及维修检修用的检查门；补建建筑，由于空间所限，可以不设置管道井，将立管和引入口装置直接置于楼梯间内，应采取保温、保护措施。

2. 分户热计量供暖系统户外共用立管的形式

分户热计量供暖系统户外共用立管的形式可以有：上供下回同程式、上供上回异程式、下供下回异程式、下供下回同程式，如图 1-40 所示。双管系统最大的问题是垂直失调问题，楼层越高重力作用的附加压力就越大，在不额外设置阻力平衡元件的情况下，应尽量减少垂直失调问题，实现较好的阻力平衡。在上供下回同程式系统和下供下回同程式系统中，各层循环环路在设计工况下阻力近似相同，上层作用压力大于下层的垂直失调问题无法解决。上供上回异程式系统，上层循环环路短阻力小，下层循环环路长阻力大，这会加剧垂直失调问题。只有下供下回异程式系统，上层循环环路长阻力大，刚好可以抵消上层较大的重力作用压力；而下层循环环路短阻力小，下层的重力作用压力也较小。因此，对于高层住宅分户热计量系统，在同等条件下，下供下回异程式双管系统是首选的系

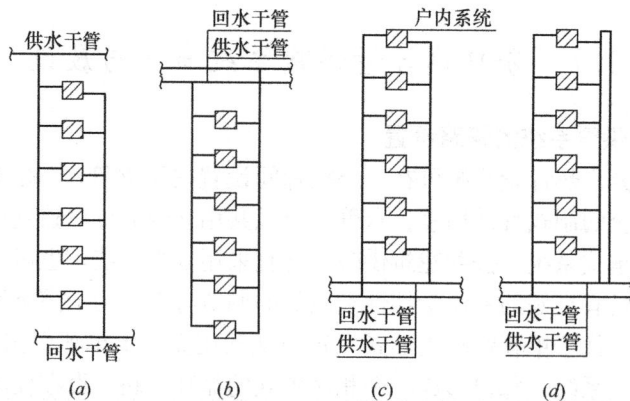

图 1-40　分户热计量系统共用立管形式

（a）上供下回同程式；（b）上供上回异程式；（c）下供下回异程式；（d）下供下回同程式

统形式。

3. 分户热计量系统户内采用地板辐射供暖的优缺点

户内供暖系统可采用地板辐射供暖系统和散热器供暖系统。因地板辐射供暖系统室内的供回水管为双管制式，只需在每户的分水器前安装热量表，就可实现分户计量。如在每个房间的支环路上设置恒温阀，便可实现分室控温。但应注意地板辐射供暖构造层热惰性较大，分室调节流量后达到稳定所需时间会较长。

4. 分户热计量系统户内采用散热器供暖时的形式及特点

户内散热器供暖系统的形式主要有：①章鱼式双管异程式系统，户内设小型分、集水器，散热器之间相互并联，布管方式成放射状，如图1-41所示。章鱼式系统全部支管均为埋地敷设，管材一般采用PB管或交联聚乙烯塑料管，一般均外加套管，造价相对较高。套管外径一般采用25mm，埋设在垫层内，其作用既可以保温，又可以保护管道，还可以解决管道的热膨胀问题。②户内所有散热器串联或并联成环形布置。常用系统形式包括下分式双管系统（图1-42）、下分式单管跨越式系统（图1-43）、上分式双管系统（图1-44）、上分式单管跨越式系统（图1-45）。这几种形式均可在每组散热器上设置温控阀，可灵活调节室温，热舒适性较好，但住户室内水平管路数目较多。

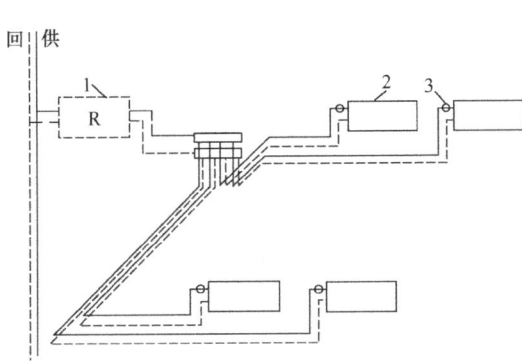

图1-41 章鱼式双管异程式系统示意图
1—户内系统热力入口；2—散热器；3—温控器

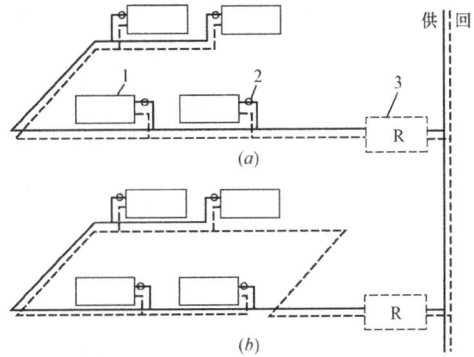

图1-42 下分式双管系统示意图
(a) 下分式双管异程系统；(b) 下分式双管同程系统
1—散热器；2—温控器；3—户内系统热力入口

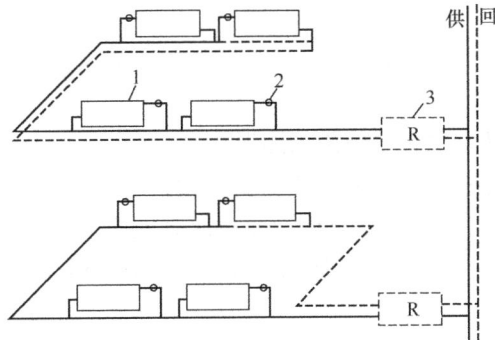

图1-43 下分式单管跨越式系统示意图
1—散热器；2—温控器；3—户内系统热力入口

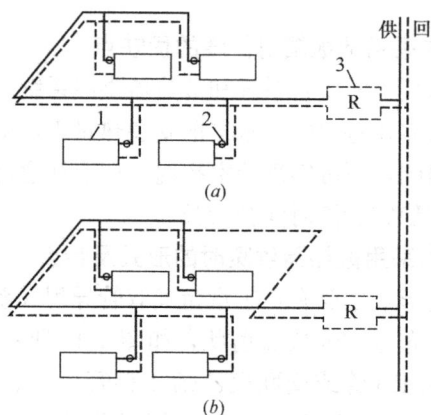

图 1-44　上分式双管系统示意图

(a) 上分式双管异程系统；(b) 上分式双管同程系统

1—散热器；2—温控器；3—户内系统热力入口

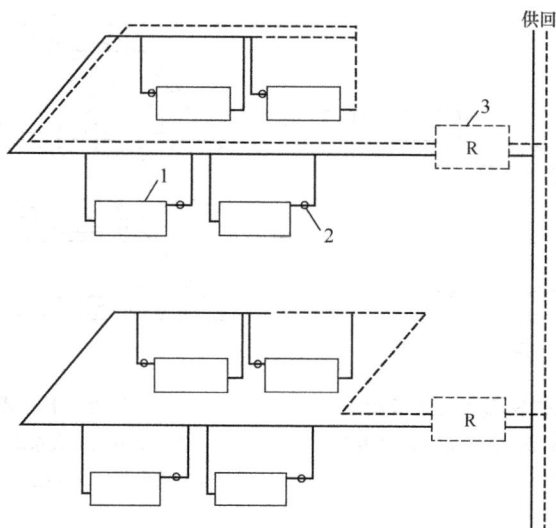

图 1-45　上分式单管跨越式系统示意图

1—散热器；2—温控器；3—户内系统热力入口

5. 识读分户热计量热水供暖系统施工图训练

(1) 能力及目标：经过该项训练能够熟练掌握分户热计量热水供暖系统施工图的绘制方法，并且具备绘制实际工程分户热计量热水供暖系统施工图的能力。

(2) 施工图绘制示例：该设计为某住宅楼供暖工程设计，系统采用低温分户热计量热水供暖系统。

本设计的施工图纸包括：底层供暖平面图、标准层供暖平面图和供暖系统图，比例为1∶100，施工图示例如图 1-46～图 1-48 所示。

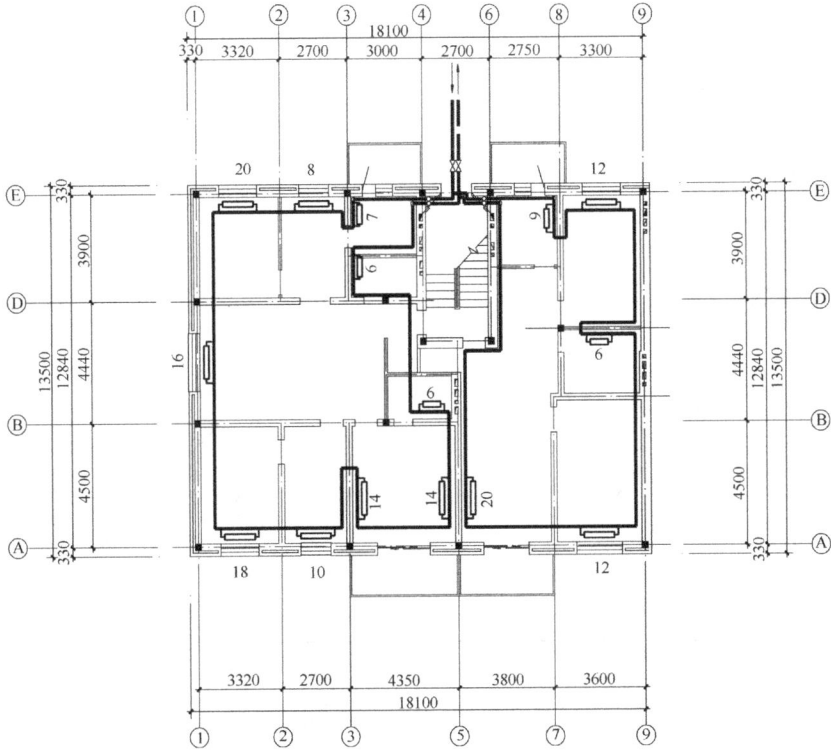

图 1-46　分户热计量系统底层供暖平面图

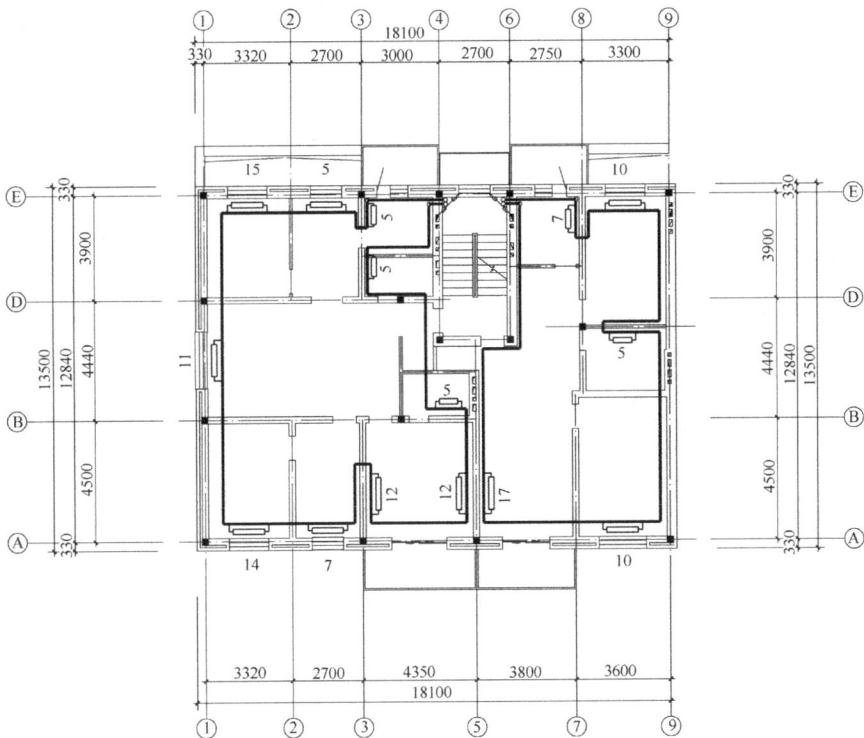

图 1-47　分户热计量系统标准层供暖平面图

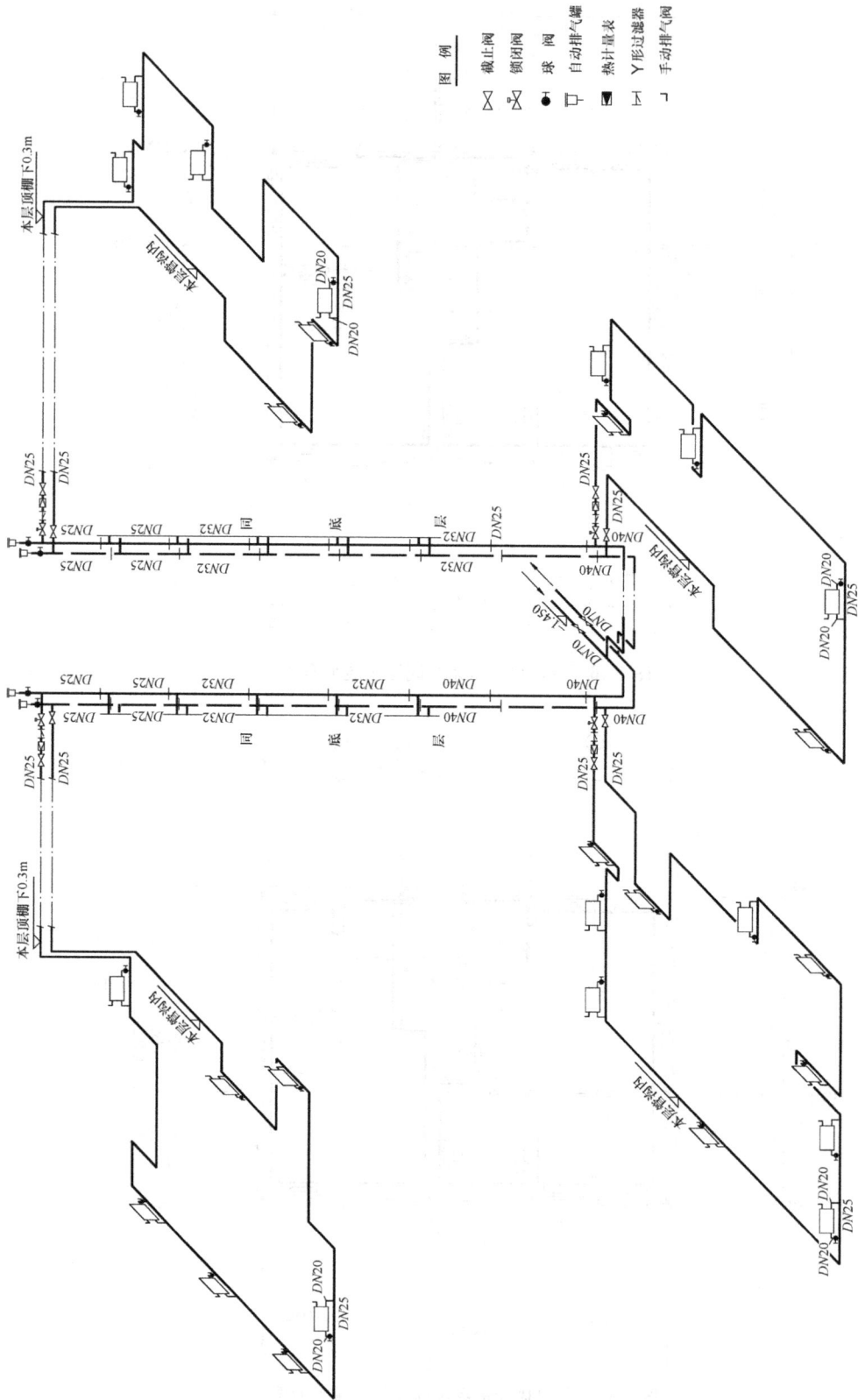

图 1-48 分户热计量供暖系统图

任务 2 供暖系统设计热负荷的计算

【教学目的】通过项目教学活动，培养学生具备进行供暖系统设计热负荷计算的能力。培养学生良好的职业道德、自我学习能力、实践动手能力和耐心细致的能够分析和处理问题的能力，以及诚实、守信、善于沟通和合作的专业素养。

【知识目标】掌握进行供暖系统设计热负荷计算的方法。

【主要学习内容】

2.1 围护结构传热耗热量的计算

1. 确定供暖系统的设计热负荷

人们进行生产和生活时要求保持一定的室内温度。一个房间或建筑物会得到各种热量，也会产生各种热量损失，在冬季，当失热量大于得热量时，就需要通过室内设置的供暖系统以一定方式向室内补充热量，以维持所要求的室温，在该室温下达到得热量和失热量的平衡。累年日平均温度稳定低于或等于5℃的日数大于或等于90天的地区，应设置供暖设施，并宜采用集中供暖。

供暖系统的设计热负荷是指在供暖室外设计计算温度 t_{wn} 下，为保证所要求的室内温度 t_n，供暖系统在单位时间内向房间供应的热量 Q。供暖系统设计热负荷应根据房间得、失热量的平衡进行计算，即

$$房间设计热负荷＝房间总失热量－房间总得热量$$

2. 供暖房间的得失热量

房间的失热量包括：①围护结构传热耗热量 Q_1；②加热由外门、窗缝隙渗入室内的冷空气的耗热量 Q_2，简称冷风渗透耗热量；③加热由外门开启时经外门进入室内的冷空气的耗热量 Q_3，简称冷风侵入耗热量；④水分蒸发耗热量 Q_4；⑤加热由外部运入的冷物料和运输工具的耗热量 Q_5；⑥通风耗热量 Q_6，即通风系统将空气从室内排到室外所带走的热量；⑦其他散热量 Q_7。

房间的得热量包括：⑧生产车间最小负荷工艺设备散热量 Q_8；⑨非供暖系统的热管道和其他热表面的散热量 Q_9；⑩热物料的散热量 Q_{10}；⑪太阳辐射进入室内的热量 Q_{11}；⑫其他得热量 Q_{12}。

对于民用建筑或产生热量很少的工业建筑，计算供暖系统的设计热负荷时，失热量只考虑围护结构的传热耗热量、冷风渗透耗热量和冷风侵入耗热量；得热量只考虑太阳辐射进入室内的热量。其他得失热量不普遍存在，只有当其经常而稳定存在时，才能将其计入设计热负荷中，否则不予计入。

3. 围护结构传热耗热量

围护结构传热耗热量是指当室内温度高于室外温度时，通过房间的墙、门、窗、屋

顶、地面等围护结构由室内向室外传递的热量。常分成两部分计算，即围护结构的基本耗热量和附加耗热量。

基本耗热量是指在设计的室内、外温度条件下通过房间各围护结构稳定传热量的总和。附加（修正）耗热量是指考虑气象条件和建筑结构特点的影响而对基本耗热量的修正，包括朝向修正、风力附加、外门附加和高度附加等耗热量。

4. 计算围护结构的基本耗热量

室内散热设备的散热量不稳定，而且室外空气温度随季节和昼夜不断变化，围护结构的传热实际上是一个不稳定的过程。但不稳定传热的计算非常复杂，所以在工程设计中，对于室温允许有一定波动幅度的建筑物，围护结构的基本耗热量可以按一维稳定传热进行计算，即假设在计算时间内，室内外空气温度和其他传热过程参数都不随时间发生变化，这样可以简化计算，而且计算结果基本正确。

围护结构稳定传热时，基本传热量可按下式计算：

$$Q = aKF(t_n - t_{wn}) \tag{2-1}$$

式中　K——围护结构的传热系数 $[W/(m^2 \cdot ℃)]$；

　　　F——围护结构的面积（m^2）；

　　　t_n——冬季室内计算温度（℃）；

　　　t_{wn}——供暖室外计算温度（℃）；

　　　a——围护结构的温差修正系数。

将房间围护结构按材料、结构类型、朝向及室内外温差的不同，划分成不同的部分，整个房间的基本耗热量等于各部分围护结构耗热量的总和。

此外，如果两个相邻房间的温差大于或等于5℃时，或通过隔墙和楼板等的传热量大于该房间热负荷的10%时，应计算通过隔墙和楼板的传热量。

5. 确定供暖室内计算温度 t_n

供暖室内计算温度 t_n 通常指距地面 2m 以内人们活动地区的平均空气温度。这个区域的温度对人的冷热感觉有直接影响，应根据建筑物的用途考虑满足人们生活和生产的工艺要求而确定。依据我国国家标准《暖通规范》设计集中供暖系统时，冬季室内计算温度 t_n 应根据建筑物的用途而定，按下列规定采用：

严寒和寒冷地区主要房间应采用 18～24℃，夏热冬冷地区主要房间宜采用 16～22℃，设置值班供暖房间不应低于5℃。根据国内外有关研究结果，当人体衣着适宜，保暖量充分且处于安静状态时，室内温度 20℃ 比较舒适，18℃ 无冷感，15℃ 是产生明显冷感的温度界限。

居住及公共建筑的室内计算温度 t_n 见附录2。

生产厂房的工作地点温度：轻作业不应低于 15℃；中作业不应低于 12℃；重作业不应低于 10℃。

应注意，对于空间高度超过 4m，室内设备散热量大于 $23W/m^3$ 的生产厂房，由于对流作用，热空气上升的影响，房间上部空气温度高于下部温度，使上部围护结构的散热量增加。因此，室内计算温度 t_n 有如下规定：

（1）计算地面传热量时，采用工作地点温度 t_g，即 $t_n = t_g$。

（2）计算屋顶、天窗传热量时采用屋顶下的温度 t_d，即 $t_n = t_d$。屋顶下的温度，可按

已有的类似厂房进行实测，也可按温度梯度法确定，即

$$t_d = t_g + \Delta t(H-2) \tag{2-2}$$

式中 H——屋顶距地面的高度（m）；

    Δt——温度梯度（℃/m），应根据车间散热设备的散热情况而定，通常取 $\Delta t = 0.3 \sim 1.5$℃/m。

    （3）计算墙、门和窗传热量时采用室内的平均温度 t_p，即

$$t_p = (t_g + t_d)/2$$

对于散热量小于 23W/m³ 的生产厂房，当温度梯度不能确定时，可先用工作地点温度计算围护结构耗热量，再用高度附加的方法进行修正，增加其计算耗热量。

辅助建筑物及辅助用室的冬季室内计算温度 t_n 值，见附录 3。

6. 确定供暖室外计算温度 t_{wn}

按稳定传热计算围护结构基本传热耗热量时，室外温度应取一个定值，即供暖室外计算温度 t_{wn}。合理地确定供暖室外计算温度对供暖系统的设计有重要的影响，我国的《暖通规范》采用了不保证天数的方法确定北方城市的供暖室外计算温度 t_{wn}，即人为允许每年有几天的实际室外温度低于规定的供暖室外计算温度值，也就是这几天的实际室内温度可以稍低于室内计算温度值。《暖通规范》规定："供暖室外计算温度值，应采用历年平均不保证 5 天的日平均温度"（宜取 30 年，不少于 10 年，即 1971 年 1 月 1 日～2000 年 12 月 31 日）。采用这种方法确定的 t_{wn} 值，降低了供暖系统的设计热负荷，节约了费用，只要供暖系统在室外温度低于或等于 t_{wn} 时能按设计工况正常、合理地连续运行，就会取得良好的供暖效果，这对人们的舒适感也不会有太大的影响。

我国主要城市的供暖室外计算温度 t_{wn} 值，见附录 4。

7. 供暖室内计算温度与供暖室外计算温度的温差修正

如果供暖房间的外围护结构不直接与室外空气接触，中间隔着不供暖的房间（图 2-1）或空间（如地下室），该围护结构传热量的计算公式为

$$Q = KF(t_n - t_h) \tag{2-3}$$

图 2-1　计算温差修正系数示意图

式中 t_h——传热达到平衡时，非供暖房间或空间的温度。

因 t_h 值不易确定，计算与大气不直接接触的外围护结构基本耗热量时，可采用下式：

$$Q' = KF(t_n - t_h) = aKF(t_n - t_{wn})$$

$$a = \frac{t_n - t_h}{t_n - t_{wn}} \tag{2-4}$$

围护结构温差修正系数 a 值的大小取决于非供暖房间或空间的保温性能和透气状况，若其保温性能差，且容易与室外空气流通，则 t_h 值就越接近于 t_{wn}，温差修正系数就越接近于 1。

各种条件下的温差修正系数见附录 5。当已知或可求出冷侧温度时，t_{wn} 一项可直接用冷侧温度值代入，不再进行 a 值修正。

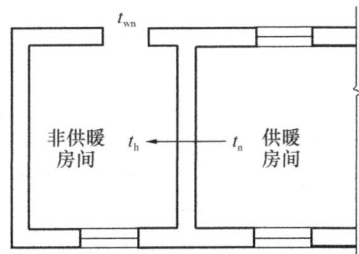

8. 确定多层匀质材料平壁结构的传热系数

一般建筑物的外墙和屋顶属于多层匀质材料组成的平壁结构，其传热系数 K 可用下式计算：

$$K = \frac{1}{R} = \frac{1}{R_n + \Sigma R_i + R_w} = \frac{1}{\frac{1}{\alpha_n} + \Sigma \frac{\delta_i}{\lambda_i} + \frac{1}{\alpha_w}} \tag{2-5}$$

式中　R——围护结构的传热热阻 $[(m^2 \cdot ℃)/W]$；

R_n、R_w——围护结构的内、外表面热阻 $[(m^2 \cdot ℃)/W]$；

R_i——由单层或多层材料组成的围护结构各材料层热阻 $[(m^2 \cdot ℃)/W]$；

α_n、α_w——围护结构的内、外表面换热系数 $[W/(m^2 \cdot ℃)]$；

δ_i——围护结构各层材料的厚度（m）；

λ_i——围护结构各层材料的导热系数 $[W/(m \cdot ℃)]$。

内表面换热系数 α_n 与换热热阻 R_n 值见表 2-1。

外表面换热系数 α_w 与换热热阻 R_w 值见表 2-2。

一些建筑材料的导热系数 λ 值，见附录 6。

常用围护结构的传热系数 K 值可从附录 7 中直接查用。

内表面换热系数 α_n 与换热热阻 R_n　　　　　　表 2-1

围护结构内表面特征	α_n $[W/(m^2 \cdot ℃)]$	R_n $[m^2 \cdot ℃)/W]$
墙、地面、表面平整或有肋状突出物的顶棚，当 $h/s \leqslant 0.3$ 时	8.7	0.115
有肋状突出物的顶棚，当 $h/s \geqslant 0.3$ 时	7.6	0.132

注：表中 h 为肋高（m）；s 为肋间净距（m）

外表面换热系数 α_w 与换热热阻 R_w　　　　　　表 2-2

围护结构外表面特征	α_w $[W/(m^2 \cdot ℃)]$	R_w $[(m^2 \cdot ℃)/W]$
外墙与屋顶	23	0.04
与室外空气相通的非供暖地下室上面的楼板	17	0.06
闷顶和外墙上有窗的非供暖地下室上面的楼板	12	0.08
外墙上无窗的非供暖地下室上面的楼板	6	0.17

9. 围护结构中设置封闭的空气间层时，空气间层的传热系数

围护结构中如果设置封闭的空气间层，间层中空气的导热系数比围护结构其他材料的导热系数小，这可以增大围护结构的热阻，减少传热量，提高保温效果，如双层玻璃、复合墙体的空气间层等。空气间层热阻值难以用理论公式确定，在工程设计中，可按表 2-3 选用。

空气间层热阻值 R' $[(m^2 \cdot ℃)/W]$　　　　　　表 2-3

位置、热流状况	间层厚度 δ（cm）						
	0.5	1	2	3	4	5	6 以上
热流向下（水平、倾斜）	0.10	0.14	0.17	0.18	0.19	0.20	0.20
热流向上（水平、倾斜）	0.10	0.14	0.15	0.16	0.17	0.17	0.17
垂直空气间层	0.10	0.14	0.16	0.17	0.18	0.18	0.18

空气间层热阻值，与间层厚度、间层设置的方向、形状和密封性等因素有关。空气间层厚度超过 5cm 左右以后，由于传热空间增大，反而易于空气的对流换热，热阻的大小几乎不再随厚度的增加而增大，因此空气间层厚度不是越厚越好，应适当选择。

带空气间层围护结构的传热系数，仍可按式（2-5）计算，只是计算时，在分母项中增加一项空气间层热阻。

10. 确定非匀质材料围护结构的传热系数

工程中有的围护结构在宽度和厚度方向上是由两种以上不同材料组成的非匀质围护结构，如各种空心砌块、保温材料的填充墙等。在这种结构中，热量传递时，不仅在平行热流方向上有传热，而且在垂直热流方向不同材料的接触面上也存在传热，如图 2-2 所示。

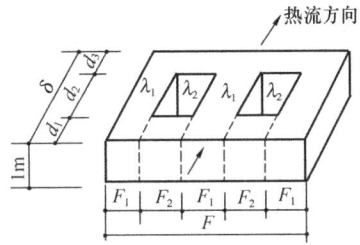

图 2-2　非匀质材料围护结构
传热系数计算图示

非匀质围护结构的平均传热阻可按下式计算：

$$R_{pj} = \left[\frac{F}{\sum \frac{F_i}{R_i}} - (R_n + R_w) \right] \phi \qquad (2-6)$$

式中　R_{pj}——平均传热阻 $[(m^2 \cdot ℃)/W]$；

　　　F——垂直热流方向的总传热面积（m^2），见图 2-2；

　　　F_i——平行热流方向划分的各个传热面积（m^2），见图 2-2；

　　　R_i——传热面积 F_i 上的总热阻 $[(m^2 \cdot ℃)/W]$；

R_n，R_w——围护结构内、外表面换热阻 $[(m^2 \cdot ℃)/W]$；

　　　ϕ——平均传热阻修正系数，见表 2-4。

平均传热阻修正系数 ϕ　　　　　　　　　　　　表 2-4

序号	λ_2/λ_1 或 $(\lambda_2+\lambda_3)/2\lambda_1$	ϕ	序号	λ_2/λ_1 或 $(\lambda_2+\lambda_3)/2\lambda_1$	ϕ
1	0.09～0.19	0.86	3	0.40～0.69	0.96
2	0.20～0.39	0.93	4	0.70～0.99	0.98

注：1. 当围护结构由两种材料组成时，λ_2 应取较小的导热系数，λ_1 为较大的导热系数，ϕ 由比值 λ_2/λ_1 确定。

　　2. 当围护结构由三种材料组成时，ϕ 应由比值 $(\lambda_2+\lambda_3)/2\lambda_1$ 确定。

　　3. 当围护结构中存在圆孔时，应先将圆孔折算成同面积的方孔，然后再进行计算。

11. 确定地面的传热系数

室内的热量通过地面传至室外，传热量的多少与地面距外墙的距离有关，距外墙近的地面向室外传递的热量多，热阻小而传热系数大；距外墙远的地面传热量少，热阻大而传热系数小。地面距外墙距离超过 8m 后，传热量基本不变，工程上采用近似计算的方法，把距外墙 8m 以内的地面沿与外墙平行的方向分成四个地带。具体计算方法如下：

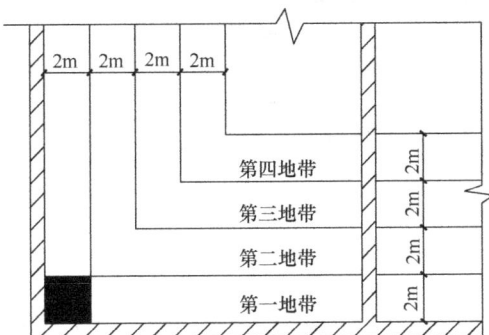

图 2-3　地面传热地带的划分

直接铺在土壤上的非保温地面［组成地面各层材料的导热系数 λ 均大于 1.16W/(m·℃)］，从外墙内表面起 2m 为一个地带，第一地带靠近墙角处的面积（如图 2-3

中的阴影部分所示）需计算两次，以补偿外墙角处较多的热量损失。各地带的传热系数和传热热阻见表2-5。

工程计算中，也可直接查阅相关的设计手册，确定各房间地面的 $\sum K_{di}F_{di}$ 值，再计算其传热量。

非保温地面的传热热阻和传热系数　　　　　　　　　　　　　　表 2-5

地带	R_o [(m² · ℃)/W]	K_o [W/(m² · ℃)]	地带	R_o [m² · ℃)/W]	K_o [W/(m² · ℃)]
第一地带	2.15	0.47	第三地带	8.60	0.12
第二地带	4.30	0.23	第四地带	14.20	0.07

直接铺在土壤上的保温地面〔组成地面的各层材料中，有一层或数层导热系数 λ 小于 1.16W/(m · ℃) 的保温层〕，各地带热阻为

$$R'_o = R_o + \sum \frac{\delta_i}{\lambda_i} \tag{2-7}$$

式中　R'_o——保温地面的传热阻〔(m² · ℃) /W〕；

　　　R_o——非保温地面的传热阻〔(m² · ℃) /W〕；

　　　δ_i——保温层的厚度（m）；

　　　λ_i——保温层的导热系数〔W/(m · ℃)〕。

铺设在地垄墙上的保温地面，各地带传热系数按下式计算：

$$K''_o = \frac{1}{R''_o} = \frac{1}{1.18R'_o} \tag{2-8}$$

12. 围护结构传热面积的丈量

不同围护结构传热面积的测量方法如图2-4所示。

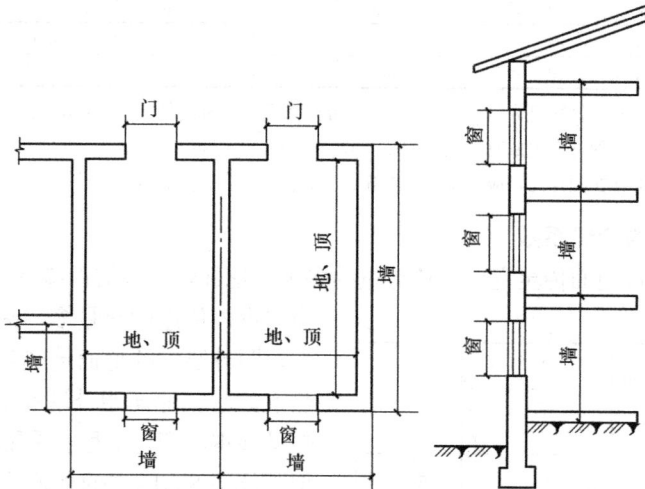

图 2-4　围护结构传热面积的丈量

门窗面积按外墙外表面上的净空尺寸计算。

外墙面积：高度从本层地面算到上层地面（底层除外，如图2-4所示）。平屋顶的建筑物，顶层的高度是从顶层地面算到平屋顶的上表面。有闷顶的斜屋面，应从顶层地面算

到闷顶保温层的上表面。外墙的平面长度，拐角房间应从外墙外表面算到内墙中心线；非拐角房间应计算两内墙中心线间的距离。

闷顶和地面面积可从外墙内表面算至内墙中心线或按两内墙中心线丈量。平屋顶的顶棚面积按建筑物外廓尺寸计算。

地下室面积：把地下室外墙在室外地面以下的部分看做地下室地面的延伸，采用与地面相同的地带法进行计算。也就是从与室外地面齐平的墙面开始划分第一地带，顺延到地下室地面，共划分四个地带，如图 2-5 所示。

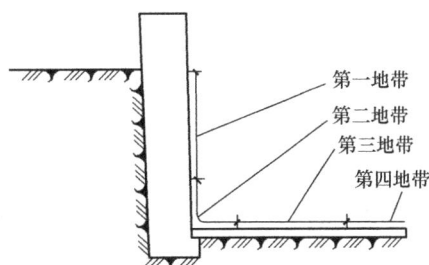

图 2-5　地下室面积的丈量

13. 围护结构基本耗热量的修正

围护结构的基本耗热量是指在稳定传热条件下，由于室内外温差的作用，通过围护结构产生的热量损失。实际传热时，气象条件和建筑物的结构特点都会影响基本耗热量使之增大或减小，这就需要对基本耗热量进行修正，包括朝向修正、风力附加、外门附加和高度附加等。

14. 围护结构基本耗热量的朝向修正

考虑太阳辐射的影响，朝南房间能够得到较多的太阳辐射热，而且围护结构比较干燥，围护结构的热量损失会减少，而朝北房间反之，这就需要对围护结构的基本耗热量进行修正。将垂直外围护结构（门、窗、外墙及屋顶的垂直部分）的基本耗热量乘以朝向修正率，可得到该围护结构的朝向修正耗热量。太阳辐射热实际上是一种得热量，因此朝向修正率一般取为负值。朝向修正率可按表 2-6 选用。

朝向修正率

表 2-6

朝　向	修正率	朝　向	修正率
北、东北、西北	$0\sim10\%$	东南、西南	$-10\%\sim-15\%$
东、西	-5%	南	$-15\%\sim-30\%$

选用朝向修正率时应考虑当地冬季日照率、建筑物的使用和被遮挡情况。对于日照率小于 35% 的地区，东南、西南、南向的朝向修正率应采用 $0\%\sim10\%$，其他朝向可不修正。

15. 围护结构基本耗热量的风力附加

考虑风速增大时，围护结构外表面的对流换热会增强，围护结构的基本耗热量也随之加大，需要对垂直的外围护结构的基本耗热量进行风力修正，修正系数应为正值。计算围护结构基本耗热量时，外表面换热系数 α_w 是在室外风速为 4m/s 时得到的，我国冬季各地平均风速一般为 $2\sim3$m/s，因此《暖通规范》规定：一般建筑物不必考虑风力附加，只对设在不避风的高地、河边、海岸、旷野上的建筑物，以及城镇中明显高出周围其他建筑物的建筑物，才对其垂直外围护结构宜附加 $5\%\sim10\%$。

16. 冷风侵入耗热量的计算（即对外门基本耗热量进行附加）

冬季，在风压和热压的作用下，大量的冷空气从室外或相邻房间通过外门、孔洞侵入室内，被加热成室温所消耗的热量称为冷风侵入耗热量。冷风侵入耗热量可采用外门附加

的方法计算，即

$$冷风侵入耗热量＝外门基本耗热量×外门附加率$$

外门附加率的确定方法为：

对于民用建筑和工厂辅助建筑物短时间开启的外门（不包括阳台门、太平门和设有空气幕的外门）：

一道门为 $65n\%$；二道门（有门斗）为 $80n\%$；三道门（有两个门斗）为 $60n\%$。其中，n 为楼层数。

公共建筑和工业建筑主要出入口的外门附加率为 500%。

对于开启时间较长的外门，应根据工业通风原理首先计算冷风的侵入量，再计算其耗热量。

17. 围护结构基本耗热量的高度附加

由于室内空气对流作用的影响，房间上部空气温度高于室内计算温度，使围护结构上部实际传热量大于按室内计算温度计算的传热量，为此需要进行高度修正，修正系数应为正值。《暖通规范》规定：建筑（除楼梯间外）的围护结构耗热量高度附加率，散热器供暖房间高度大于 4m 时，每高出 1m 应附加 2%，但总的附加率不应大于 15%；地面辐射供暖的房间高度大于 4m 时，每高出 1m 宜附加 1%，但总附加率不宜大于 8%。

楼梯间不考虑高度附加，是因为散热器布置时已考虑了高度的影响，散热器已尽量布置在底层。另外，如果生产厂房选取室内计算温度时已考虑了高度的影响，则不必进行高度附加。地面供暖的，也要考虑高度附加，其附加值约按一般散热器供暖计算值 50% 取值。

2.2 冷风渗透耗热量的计算

1. 冷风渗透耗热量常用的计算方法

在风压和热压共同作用下室内、外产生了压力差，室外冷空气从门窗缝隙渗入室内，被加热后逸出，使这部分冷空气被加热到室温所消耗的热量称为冷风渗透耗热量。

计算冷风渗透耗热量时，应考虑建筑物的高低、内部通道状况、室内外温差、室外风向、风速和门窗种类、构造、朝向等影响，凡暴露于室外的可开启的门窗均应计算这部分耗热量。

计算冷风渗透耗热量的常用方法有缝隙法、换气次数法和百分数法。

2. 用缝隙法计算冷风渗透耗热量

缝隙法是计算不同朝向门窗缝隙长度及每米缝隙渗入的空气量，进而确定其耗热量的一种方法，是常用的较精确的一种方法。

多层和高层民用建筑渗入冷空气所消耗的热量 Q_2 可按下式计算

$$Q_2 = 0.28 C_p \rho_{wn} L (t_n - t_{wn}) \tag{2-9}$$

式中　Q_2——冷风渗透耗热量（W）；

C_p——冷空气的定压比热容，$C_p = 1 kJ/(kg \cdot \text{℃})$；

ρ_{wn}——供暖室外计算温度下的空气密度（kg/m^3）；

L——冷空气的渗入量（m^3/h）；

0.28——单位换算系数，$1kJ/h=0.28W$。

在工程设计中，多层（6层或6层以下）的建筑物计算冷空气的渗入量 L 时主要考虑风压的作用，忽略热压的影响。而超过6层的多层建筑和高层建筑（层数10层及10层以上的住宅建筑，建筑高度超过24m的其他民用建筑）则应综合考虑风压和热压的共同影响。

3. 计算冷空气的渗入量时，热压的作用

冬季建筑物的室内、外空气温度不同，室内、外空气间存在密度差，室外的冷空气从下部一些楼层的门窗缝隙渗入室内，通过建筑物内部的竖直贯通通道（如楼梯间、电梯井等）上升，从上部一些楼层的门窗缝隙排出，这种引起空气流动的压力称为热压。

热压主要是由于室外空气与竖直贯通通道内空气之间的密度差造成的。假设建筑物各层之间完全畅通，忽略流动时阻力的存在，建筑物内、外空气密度差和高度差作用下形成的理论热压差可按下式计算

$$p_r = (h_z - h)(\rho_w - \rho_n')g \qquad (2\text{-}10)$$

式中　p_r——理论热压差（Pa）。

　　　ρ_n'——形成热压的室内竖直贯通通道内空气的密度（kg/m^3）；

　　　h——计算层门窗中心距室外地坪的高度（m）；

　　　h_z——房屋中和面距室外地坪的高度（m）；中和面是指室内、外压差为零的界面，通常在纯热压作用下，可以近似取为建筑物高度的一半，即 $h_z = \frac{1}{2}H$（H 为建筑物高度）。

　　　g——重力加速度，$g=9.81m/s^2$。

从公式中可以看出，当门窗中心处于中和面以下时，热压差为正值，室外空气压力高于室内空气压力，冷空气由室外渗入室内；当门窗处于中和面以上时，室内空气压力高于室外空气压力，热空气由室内渗出室外。图2-6所示为热压作用原理图。

上式计算的只是理论热压差 p_r。建筑物门窗缝隙两侧的实际有效热压差 Δp_r 与建筑物门、窗、楼梯间、电梯井等的设置以及建筑物内部隔断和上下部通风等状况有关，也就是与空气从建筑物下部渗入，从上部渗出流通路径的阻力状况有关。

有效热压差 Δp_r 可按下式计算

$$\Delta p_r = C_r p_r = C_r(h_z - h)(\rho_w - \rho_n')g \qquad (2\text{-}11)$$

式中　Δp_r——热压作用下，门窗缝隙两侧产生的实际有效作用压差，简称有效热压差（Pa）；

　　　C_r——热压系数，表示在纯热压作用下，缝隙内外空气的理论热压差与有效热压

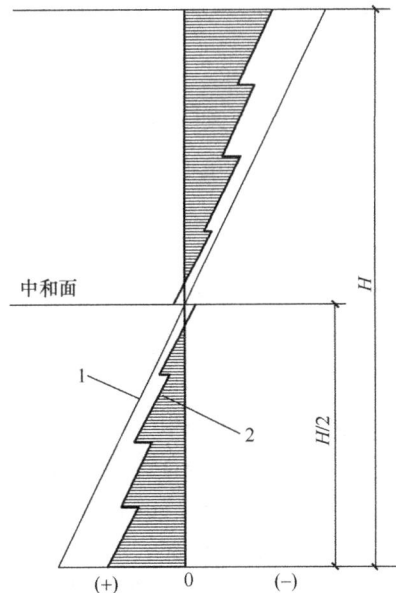

图 2-6　热压作用原理图
1—楼梯间及竖井热压分布线；2—各层外窗热压分布图

差的比值。热压系数 C_r 的取值，当无法精确计算时，按表 2-7 采用。

热压系数 C_r
表 2-7

内部隔断情况	开敞空间	有内门或房门		有前室门、楼梯间门或走廊两端设门	
		密闭性差	密闭性好	密闭性差	密闭性好
C_r	1.0	1.0～0.8	0.8～0.6	0.6～0.4	0.4～0.2

4. 计算冷空气的渗入量时，风压的作用

当风吹过建筑物时，空气从迎风面门窗缝隙渗入，被室内空气加热后，从背风面门窗缝隙渗出，冷空气的渗入量取决于门窗两侧的风压差，室外风速会随着高度的增加而增大，冷风渗透耗热量也会随之增加。

我国气象部门规定，风速观测的基准高度是 10m，规范给出的各城市气象参数中的冬季风速 v_o 是对应基准高度 $h_o=10m$ 的数据。

考虑风速随高度的变化，任意高度 h 处的室外风速 v_h，可用下式表示

$$v_h = v_o \left(\frac{h}{h_o} \right)^{a'} \tag{2-12}$$

式中　v_h——高度 h 处的风速（m/s）；

　　　v_o——基准高度冬季室外最多风向的平均风速（m/s）；

　　　a'——幂指数，与地面的粗糙度有关，可取 $a'=0.2$。

式（2-12）又可写成

$$v_h = v_o \left(\frac{h}{10} \right)^{0.2} = 0.631 v_o h^{0.2}$$

门窗两侧产生的理论风压差就是空气具有恒定风速 v_h 时的动压，即

$$p_f = \frac{1}{2} \rho_w v_h^2 \tag{2-13}$$

式中　p_f——理论风压差（Pa）。

上式计算的只是理论风压差 p_f，门、窗两侧的实际风压差 Δp_f 还与空气从迎风面渗入，从背风面渗出，穿过该楼层流通途径的阻力分布状况有关，也就是与该层建筑物内部的隔断情况有关。

有效风压差 Δp_f 可用下式计算

$$\Delta p_f = C_f p_f = C_f \frac{\rho_w}{2} v_h^2 = C_f \frac{\rho_w}{2} (0.631 v_o h^{0.2})^2 \tag{2-14}$$

式中　Δp_f——风压作用下，门窗缝隙两侧产生的有效作用压差，简称有效风压差（Pa）；

　　　C_f——风压差有效作用系数，简称风压差系数。表示在纯风压作用下，门窗缝隙内外空气的有效风压差与理论风压差的比值，当风垂直吹到墙面上，且建筑物内部气流流通阻力很小的情况下，风压差系数的最大值，可取 $C_f=0.7$；当建筑物内部气流流通阻力很大时，风压差系数 C_f 值降低，约为 0.3～0.5。

计算门窗中心线标高为 h 时，风压单独作用下每米缝隙每小时渗入的空气量 L_h 可用下式计算

$$L_h = \alpha \Delta p_f^b = \alpha \left[C_f \frac{\rho_w}{2} (0.631 h^{0.2} v_o)^2 \right]^b = \alpha \left(\frac{\rho_w}{2} v_o^2 \right)^b (0.631^2 C_f h^{0.4})^b \quad (2-15)$$

设 $$L_o = \alpha \left(\frac{\rho_w}{2} v_o^2 \right)^b \quad C_h = 0.631^2 C_f h^{0.4} \approx 0.3 h^{0.4}$$

则 $$L_h = C_h^b L_o \quad (2-16)$$

式中 L_h——计算门窗中心线标高为 h 时，风压单独作用下，每米缝隙每小时渗入的空气量 $[m^3/(h \cdot m)]$；

L_o——在基准高度 $h_o = 10m$，单纯风压作用下，不考虑朝向修正和建筑物内部隔断情况时，通过每米门窗缝隙进入室内的理论渗透冷空气量 $[m^3/(h \cdot m)]$；

C_h——高度修正系数，计算门窗中心线标高为 h 时单位渗透空气量，相对于 $h_o = 10m$ 时基准渗透空气量 L_o 的高度修正系数（因为 10m 以下时，风速均为 v_o，渗入的空气量均为 L_o，所以 $h \leqslant 10m$ 时应按 $h = 10m$ 计算 C_h 值）；

α——外门窗缝隙渗风系数 $[m^3/(m \cdot h \cdot Pa^b)]$，当无实测数据时，可根据建筑外窗空气渗透性能分级的相关标准，按表 2-8 采用；

外门窗缝隙渗风系数下限值 α 　　　　表 2-8

建筑外窗空气渗透性能分级	I	II	III	IV	V
α $[m^3/(m \cdot h \cdot Pa^b)]$	0.1	0.3	0.5	0.8	1.2

b——门窗缝隙渗风指数，$b = 0.56 \sim 0.78$，当无实测数据时，可取 $b = 0.67$。

在风压单独作用下，计算建筑物各层不同朝向门窗单位缝长渗入量时，应考虑由于各地主导风向的作用，不同朝向门窗渗入的空气量是不相等的，应对式（2-16）中的 L_h 值进行朝向修正。

L_h 值表示在主导风向 $n = 1$ 时，门窗中心线标高为 h 时单位缝长渗透的空气量。同一标高，其他朝向（$n < 1$）门窗单位缝长渗透的空气量 L_h' 应为

$$L_{h(n<1)}' = nL_h \quad (2-17)$$

式中 n——单纯风压作用下，渗透空气量的朝向修正系数。

渗透空气量的朝向修正系数 n 是考虑门窗缝隙处于不同朝向时，由于室外风速、风温、风频的差异，造成不同朝向缝隙实际渗入的空气量不同而引入的修正系数，我国主要集中供暖城市的 n 值见附录 8。

在工程设计中，多层（6 层或 6 层以下）的建筑物计算冷空气的渗入量 L 时主要考虑风压的作用，忽略热压的影响，多层建筑任意朝向门窗冷空气的渗入量 L 可按下式计算

$$L = L_h' l = n C_h^b L_o l \quad (2-18)$$

式中 L——多层建筑任意朝向门窗冷空气的渗入量（m^3/h）；

l——门窗缝隙长度（m），建筑物门窗缝隙长度按各朝向所有可开启的外门窗缝隙丈量。

将式（2-18）代入式（2-9）中，可计算多层建筑冷风渗透耗热量 Q。

5. 计算超过六层的多层建筑和高层建筑的冷风渗透耗热量

计算超过六层的多层建筑和高层建筑（层数 10 层及 10 层以上的住宅建筑，建筑高度

超过 24m 的其他民用建筑）门窗缝隙的实际渗透空气量时，应综合考虑风压与热压的共同作用。

任意朝向门窗由于风压与热压共同作用产生的冷空气渗入量 L 可按下式计算

$$L = m^b L_o l \tag{2-19}$$

式中　m——风压与热压共同作用下，考虑建筑体形、内部隔断和空气流通等因素后，不同朝向、不同高度的门窗冷风渗透压差综合修正系数，可按下式计算

$$m = C_r C_f (n^{1/b} + C) C_h \tag{2-20}$$

式中　C——热压作用下在计算门窗两侧产生的有效热压差与风压作用下在计算门窗两侧产生的有效风压差之比，简称压差比，可按下式计算

$$C = 70 \frac{h_z - h}{C_f v_o^2 h^{0.4}} \cdot \frac{t'_n - t_{wn}}{273 + t'_n} \tag{2-21}$$

式中　t'_n——建筑物内部形成热压的空气温度，简称竖井温度（℃）。

式中的 h 表示计算门窗的中心线标高，分母中的 h 是计算风压差时的取值，当 $h \leqslant 10m$ 时，仍应按基准高度取 $h = 10m$。

式中各符号的意义同前所述。

计算 m 值和 C 值时，应注意：

（1）如果计算得出 $C \leqslant -1$，即 $(1+C) \leqslant 0$，表示在该计算楼层的所有各朝向门窗，即使处于主导风向 $n=1$ 时，也已无冷空气渗入或已有室内空气渗出，此时该楼层所有朝向门窗的冷风渗透耗热量均取零值。

（2）如果计算得出 $C > -1$，即 $(1+C) > 0$，在此条件下再计算 m 值时，若：

$m \leqslant 0$，表示所计算的给定朝向的这个门窗已无冷空气的渗入或已有室内空气渗出，此时该层该朝向门窗的冷风渗透耗热量取零值。

$m > 0$，该朝向门窗应采用前述各计算公式计算其冷风渗透耗热量。

6. 估算多层民用建筑的冷风渗透耗热量

多层民用建筑的渗透空气量 L（m^3/h），当无相关数据时，可按下式估算

$$L = kV \tag{2-22}$$

式中　V——房间体积（m^3）；

　　k——换气次数（次/h），当无实测数据时，可按表 2-9 采用。

渗入冷空气所消耗的热量 Q_2 可按式（2-9）计算。

换气次数 表 2-9

房间类型	一面有外窗房间	两面有外窗房间	三面有外窗房间	门厅
k（次/h）	0.5	0.5~1.0	1.0~1.5	2

7. 估算工业建筑的冷风渗透耗热量

百分数法是工业建筑计算冷风渗透耗热量的一种估算方法。可根据建筑物高度及玻璃窗层数按表 2-10 进行估算。

冷风渗透耗热量占总耗热量的百分率（%）

表 2-10

建筑物高度（m）		<4.5	4.5~10.0	>10
玻璃窗层数	单层	25	35	40
	单、双层均有	20	30	35
	双层	15	25	30

8. 哈尔滨市某 15 层办公楼南向底层、10 层东北向、15 层北向窗户的冷风渗透耗热量的计算训练

已知条件：哈尔滨市某 15 层办公楼层高 3m，冬季室内计算温度各房间均为 $t_n=18℃$，楼梯间和走廊内的平均温度为 $t_n'=10℃$，每间办公室都有一双层木窗，缝隙长度均为 $l=12m$。

【解】 15 层办公楼，应综合考虑风压与热压的共同作用。查附录 4，哈尔滨供暖室外计算温度 $t_{wn}=-24.2℃$，供暖室外计算温度下的空气密度为 $\rho=1.4kg/m^3$；基准高度冬季室外最多风向的平均风速 $v_o=3.7m/s$。取风压差系数 $C_f=0.7$，热压差系数 $C_r=0.5$。

该建筑物中和面位置 $h_z=\dfrac{H}{2}=\dfrac{3\times15}{2}m=22.5m$

（1）南向底层

设该层窗的中心线在层高的一半处，计算热压时取 $h=1.5m$；计算风压时取 $h'=10m$（因 $h<10m$）。哈尔滨南向的朝向修正系数 $n=1.0$。

求压差比 C，根据公式（2-21）：

$$C=70\frac{h_z-h}{C_f v_o^2 h'^{0.4}}\cdot\frac{t_n'-t_{wn}}{273+t_n'}=70\times\frac{(22.5-1.5)\times(10+24.2)}{0.7\times3.7^2\times10^{0.4}\times(273+10)}=7.6>-1$$

高度修正系数 $C_h=0.3h^{0.4}=0.3\times10^{0.4}=0.75$

风压与热压共同作用下，冷风渗透压差综合修正系数

$$m=C_rC_f(n_1/b+C)C_h=0.5\times0.7\times(1+7.6)\times0.75=2.26>0$$

基准高度单纯风压作用下每米门窗缝隙进入室内的理论渗透冷空气量

$$L_o=\alpha\left(\frac{\rho_w}{2}v_o^2\right)^b$$

查表 2-8，$a=0.5$，取 $b=0.67$

$$L_o=0.5\times(1.4/2\times3.7^2)^{0.67}m^3/(h\cdot m)=2.27m^3/(h\cdot m)$$

冷空气的渗入量

$$L=L_o lm^b=2.27\times12\times1.53^{0.67}m^3/h=36.22m^3/h$$

渗入冷空气所消耗的热量

$$Q_2=0.28C_p\rho_{wn}L(t_n-t_{wn})=0.28\times1\times1.4\times36.22\times(18+24.2)W=599.17W$$

（2）10 层东北向

设该层窗的中心线在 10 层层高的一半处，计算热压时取 $h=(3\times9+3/2)m=28.5m$；计算风压时取 $h'=28.5m$（因 $h>10m$）。哈尔滨东北向的朝向修正系数 $n=0.15$。

求压差比 C，根据公式（2-21）

$$C=70\frac{h_z-h}{C_f v_o^2 h'^{0.4}}\cdot\frac{t_n'-t_{wn}}{273+t_n'}=70\times\frac{(22.5-28.5)\times(10+24.2)}{0.7\times3.7^2\times28.5^{0.4}\times(273+10)}=-1.39<-1$$

10 层东北向冷风渗透耗热量均为零。

(3) 15 层北向

该层窗的中心线标高，计算热压时取 $h = (3 \times 14 + 3/2)\ \mathrm{m} = 43.5\mathrm{m}$；计算风压时取 $h' = 43.5\mathrm{m}$（因 $h > 10\mathrm{m}$）。

求压差比 C，根据公式 (2-21)

$$C = 70\,\frac{h_z - h}{C_f v_o^2 h^{0.4}} \cdot \frac{t'_n - t_{wn}}{273 + t'_n} = 70 \times \frac{(22.5 - 43.5) \times (10 + 24.2)}{0.7 \times 3.7^2 \times 43.5^{0.4} \times (273 + 10)} = -4.10 < -1$$

15 层各朝向所有门窗冷风渗透耗热量均为零。

9. 建筑物采用全面辐射供暖时，供暖热负荷常用的计算方法

全面辐射供暖热负荷常用的计算方法有两种。

1）修正系数法

$$Q_f = \phi Q_d \qquad\qquad (2\text{-}23)$$

式中　Q_f——辐射供暖热负荷（W）；

　　　　Q_d——对流供暖热负荷（W），参见前述计算方法；

　　　　ϕ——修正系数，低温辐射供暖系统 $\phi = 0.9 \sim 0.95$（寒冷地区取 0.9，严寒地区取 0.95）。

2）降低室内温度法

该方法将室内计算温度取值降低 2℃后，按前述对流供暖热负荷的计算方法进行计算。

计算局部辐射供暖的热负荷时，可用整个房间全面辐射供暖的热负荷乘以该区域面积与所在房间面积的比值，再乘以表 2-11 中所规定的附加系数确定（局部供暖的面积与房间总面积的比值大于 0.75 时，按全面供暖热负荷的计算方法进行计算）。

局部辐射供暖热负荷附加系数　　　　　　　　表 2-11

供暖区面积与房间总面积比值	0.55	0.4	0.25
附加系数	1.30	1.35	1.5

10. 全面辐射供暖热负荷计算时应注意的问题

(1) 低温辐射供暖热负荷计算中不计算地面的热损失。

(2) 低温辐射供暖的各项热损失应计算确定，应考虑室内设备、家具及地面覆盖物等对有效散热量的折减。当人均居住面积较小，家具所占面积相对较大时，目前有以下两种可行方法：室内均匀布置加热管，但在计算有效散热量时，应对面积乘以小于 1.0 的系数；加热管尽量布置在通道及有门的墙面等处，即通常不布置在有设备、家具的地方，其他地方少设或不设加热管。

(3) 散热器系统应在每组散热器安装散热器恒温阀或者其他自动阀门（如电动调温阀门）来实现室内温控；通断面积法可采用通断阀控制户内室温。散热器恒温控制阀具有感受室内温度变化并根据设定的室内温度对系统流量进行自力式调节的特性。正确使用散热器恒温控制阀可实现对室温的主动调节以及不同室温的恒定控制。散热器恒温控制阀对室内温度进行恒温控制时，可有效利用室内自由热、消除供暖系统的垂直失调从而达到节省室内供热量的目的。

11. 建筑物采用分户热计量供暖系统时，供暖热负荷计算应注意的问题

设置分户热计量系统的建筑物，其热负荷的计算方法与前已叙述的对流供暖热负荷的计算方法是基本相同的。热计量系统用户的室内设计计算温度，宜比常规供暖系统有所提高，这是考虑到分户热计量系统允许用户可以根据自己的生活习惯、经济能力及其对舒适性的要求对室温进行自主调节。目前比较认可的看法是：分户热计量系统的室内设计计算温度宜比国家现行标准的规定值提高2℃。如现行标准中规定，普通住宅的卧室、起居室和卫生间的室内设计计算温度不应低于18℃，则分户热计量系统应按20℃计算。《大连市住宅供暖（分户计量）工程技术暂行规定》中规定住宅室内设计计算温度：居室、客厅、餐厅为20～22℃，厨房为16℃，洗浴间为25℃，按此规定进行计算的设计热负荷将会增加7%～10%。

另外，用户自主调节在运行过程中，可能由于人为节能造成邻户、邻室温差过大，由于热量传递，引起某些用户室内设计温度得不到保证。计算房间热负荷时，必须考虑由于邻户调温而向邻户传递的热量，即户间热负荷。

因此，分户热计量系统房间的热负荷应为常规供暖房间热负荷与户间热负荷（或邻室传热附加值）之和。

户间传热对供暖负荷的附加量的大小不影响外网，热源的初投资在实施室温可调和供热计量收费后也对运行能耗的影响较小，只影响到室内系统的初投资。附加量取得过大，初投资增加较多，依据模拟分析和运行经验，户间传热对供暖负荷的附加量不宜超过计算负荷的50%。

对于户间热负荷的计算，目前规范尚未给出统一的计算方法，某些地方规程对此作了一些规定。主要有两种计算方法：第一种方法按邻户间实际可能出现的温差计算传热量，再乘以可能同时出现的概率；第二种方法按常规方法计算围护结构的传热耗热量，再乘以一个附加系数。第二种方法附加系数确定较困难，目前使用第一种计算方法的较多。邻户间的传热温差，从理论角度考虑，是假设某一房间不供暖，而周围房间正常供暖，按稳定传热经热平衡计算确定的值。不供暖房间的温度既受周围房间温度的影响，又受室外温度的影响，不同城市的户间传热温差会有所不同。即使室外温度相同，各建筑物的围护情况和节能情况不同时，户间传热温差也不会相同。而户间热负荷的大小直接取决于户间温差，因此必须选定合理的户间温差。这需要经过较多工程的设计计算及工程实践的验证，方可提出相对可靠的简化计算方法。新建建筑户间楼板和隔墙，不应为减少户间传热面积作保温处理。

《供热计量技术规程》提供户间传热负荷计算方法供参考：

（1）计算通过户间楼板和隔墙的传热量时，与邻户的温差，宜取5～6℃。

（2）以户内各房间传热量取适当比例的综合，作为户间总传热负荷。该比例应根据住宅入住率情况、建筑围护结构状况及其具体采暖方式等综合考虑。

2.3 供暖设计热负荷实训练习

哈尔滨市某公司综合楼101办公室、201办公室、401办公室、104门厅的供暖设计热负荷计算实际训练。

图2-7～图2-9为哈尔滨市某公司综合楼平面图。其围护结构的已知条件为：

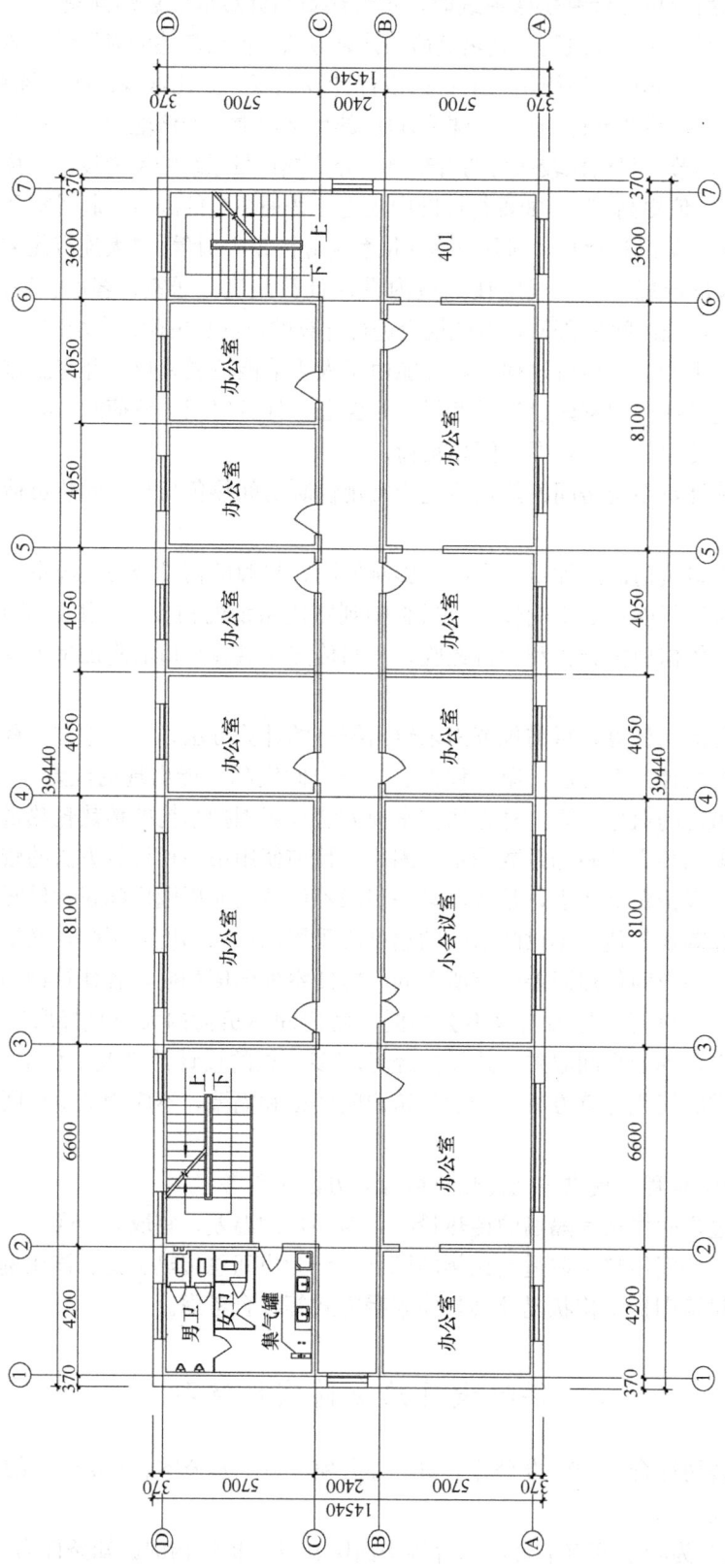

图 2-7 四层供暖平面图 1 : 100

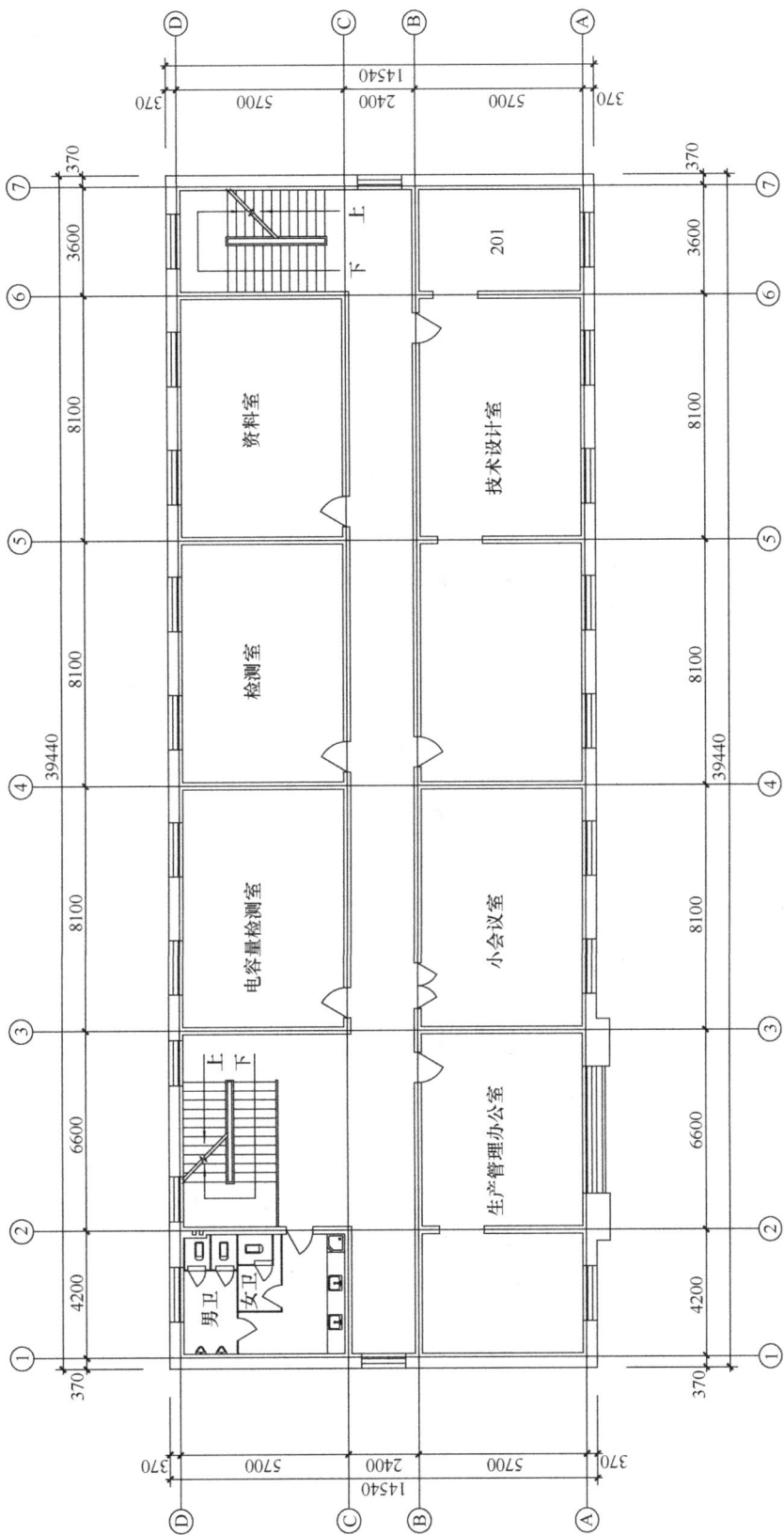

图 2-8 二层、三层供暖平面图 1 : 100

男卫 女卫

资料室

检测室

电容量检测室

技术设计室

小会议室

生产管理办公室

201

上 下

上 下

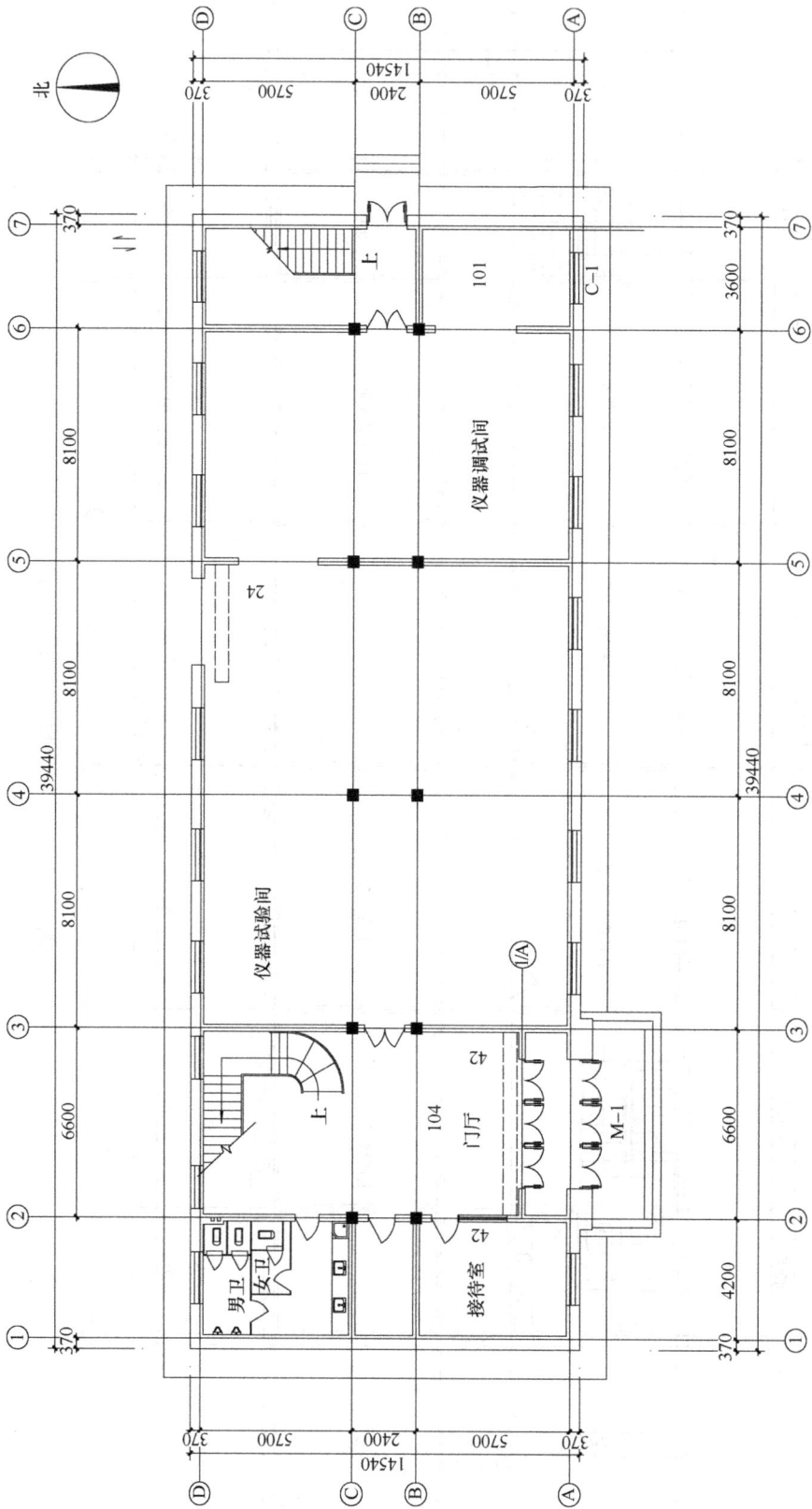

图 2-9 一层供暖平面图 1∶100

外墙：二砖墙，外表面水泥砂浆抹面；内表面水泥砂浆抹面，白灰粉刷，厚度均为 20mm。

外窗：双层木框玻璃窗 C-1，尺寸 1800mm×2100mm。

楼层高度：各层均为 3.6m。

外门：双层木框玻璃门 M-1，尺寸 4500mm×3300mm。

地面：不保温地面。

屋面：构造如图 2-10 所示。

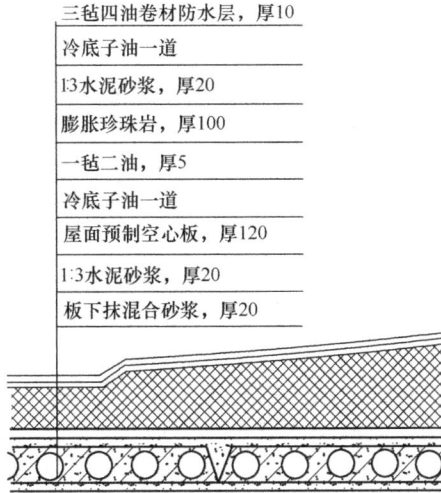

图 2-10　屋面构造

计算步骤：

1) 确定围护结构的传热系数

(1) 外墙：查表 2-1、表 2-2 和附录 6 得到：围护结构内表面换热系数 $\alpha_n = 8.7$W/$(m^2 \cdot ℃)$；外表面换热系数 $\alpha_w = 23$W/$(m^2 \cdot ℃)$；外表面水泥砂浆抹面导热系数 $\lambda_1 = 0.87$W/$(m \cdot ℃)$；内表面水泥砂浆抹面、白灰粉刷导热系数 $\lambda_2 = 0.87$W/$(m \cdot ℃)$；红砖墙导热系数 $\lambda_3 = 0.81$W/$(m \cdot ℃)$。

用式 (2-5) 计算外墙传热系数

$$K = \frac{1}{\frac{1}{\alpha_n} + \Sigma \frac{\delta_i}{\lambda_i} + \frac{1}{\alpha_w}} = \frac{1}{\frac{1}{8.7} + \frac{0.49}{0.81} + \frac{0.02}{0.87} + \frac{0.02}{0.87} + \frac{1}{23}} \text{W/}(m^2 \cdot ℃) = 1.24 \text{W/}(m^2 \cdot ℃)$$

(2) 屋面：其构造如图 2-10 所示，查表 2-1、表 2-2 和附录 6 得到：内表面换热系数 $\alpha_n = 8.7$W/$(m^2 \cdot ℃)$；板下抹混合砂浆 $\lambda_1 = 0.87$W/$(m \cdot ℃)$，$\delta_1 = 20$mm；屋面预制空心板 $\lambda_2 = 1.74$W/$(m \cdot ℃)$，$\delta_2 = 120$mm；1：3 水泥砂浆 $\lambda_3 = 0.87$W/$(m \cdot ℃)$，$\delta_3 = 20$mm；一毡二油 $\lambda_4 = 0.17$W/$(m \cdot ℃)$，$\delta_4 = 5$mm；膨胀珍珠岩 $\lambda_5 = 0.07$W/$(m \cdot ℃)$，$\delta_5 = 100$mm；1：3 水泥砂浆 $\lambda_6 = 0.87$W/$(m \cdot ℃)$，$\delta_6 = 20$mm；三毡四油卷材防水层 $\lambda_7 = 0.17$W/$(m \cdot ℃)$，$\delta_7 = 10$mm；外表面换热系数 $\alpha_w = 23$W/$(m^2 \cdot ℃)$。

屋面传热系数为

$$K = \cfrac{1}{\cfrac{1}{\alpha_n} + \Sigma \cfrac{\delta_i}{\lambda_i} + \cfrac{1}{\alpha_w}}$$

$$= \cfrac{1}{\cfrac{1}{8.7} + \cfrac{0.02}{0.87} + \cfrac{0.12}{1.74} + \cfrac{0.02}{0.87} + \cfrac{0.005}{0.17} + \cfrac{0.1}{0.07} + \cfrac{0.02}{0.87} + \cfrac{0.01}{0.17} + \cfrac{1}{23}} W/(cm^2 \cdot ℃)$$

$$= 0.55 W/(m^2 \cdot ℃)$$

（3）外门、外窗：查附录 7 可知，双层木框玻璃门 $K = 2.68 W/(m^2 \cdot ℃)$；双层木框玻璃窗 $K = 2.68 W/(m^2 \cdot ℃)$。

（4）地面：可采用地带法进行地面传热耗热量的计算，也可以查阅相关设计手册确定各房间地面的平均传热系数，再计算地面的传热耗热量。

2）101 办公室供暖设计热负荷的计算

101 房间为办公室，查附录 2，冬季室内计算温度 $t_n = 18℃$。查附录 4，哈尔滨供暖室外计算温度 $t_{wn} = -24.2℃$。

（1）计算围护结构的传热耗热量 Q_1

南外墙：传热系数 $K = 1.24 W/(m^2 \cdot ℃)$，温差修正系数 $\alpha = 1$，传热面积 $F = [(3.6 + 0.37) \times 3.6 - 1.8 \times 2.1] m^2 = 10.51 m^2$。

南外墙基本耗热量 $Q_1' = \alpha K F(t_n - t_{wn}) = 1 \times 1.24 \times 10.51 \times (18 + 24.2)W = 549.97W$

查表 2-6，哈尔滨南向的朝向修正率取 $\sigma_1 = -17\%$

朝向修正耗热量为 $Q_1'' = 549.97 \times (-0.17) W = -93.49W$

本综合楼建设在市区内，不需要进行风力修正；层高未超过 4m，不需要进行高度修正。

南外墙实际耗热量 $Q_1 = Q_1' + Q_1'' = (549.97 - 93.49) W = 456.48W$

南外窗：南外窗传热系数 $K = 2.68 W/(m^2 \cdot ℃)$，温差修正系数 $\alpha = 1$，传热面积 $F = 1.8 \times 2.1 m^2 = 3.78 m^2$

基本耗热量 $Q_1' = \alpha K F(t_n - t_{wn}) = 1 \times 2.68 \times 3.78 \times (18 + 24.2)W = 427.50W$

朝向修正耗热量 $Q_1'' = 427.50 \times (-0.17) W = -72.68W$

南外窗实际耗热量 $Q_1 = Q_1' + Q_1'' = (427.50 - 72.68) W = 354.82W$

以上计算结果列于表 2-12 中。

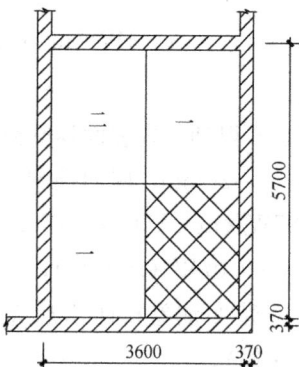

图 2-11 划分地带

东外墙：计算方法同上，计算结果见表 2-12。

地面：将 101 房间的地面划分地带，如图 2-11 所示。

第一地带：传热系数 $K_1 = 0.47 W/(m^2 \cdot ℃)$

传热面积 $F_1 = (3.6 - 0.12) \times 2 + (5.7 - 0.12) \times 2 m^2 = 18.12 m^2$

第一地带传热耗热量

$$Q_1 = KF(t_n - t_{wn})$$
$$= 0.47 \times 18.12 \times (18 + 24.2)W$$
$$= 359.39W$$

第二地带：传热系数 $K_2 = 0.23 W/(m^2 \cdot ℃)$

传热面积 $F_2 = (3.6-0.12-2) \times (5.7-0.12-2) \text{m}^2 = 5.30 \text{m}^2$

第二地带传热耗热量

$$\begin{aligned} Q_2 &= KF(t_n - t_{wn}) \\ &= 0.23 \times 5.30 \times (18+24.2)\text{W} \\ &= 51.44\text{W} \end{aligned}$$

因此，101 房间地面的传热耗热量为　$Q = Q_1 + Q_2 = (359.39 + 51.44)$ W $= 410.83\text{W}$

101 房间围护结构的总耗热量为　$Q = (456.48 + 354.82 + 1143.37 + 410.83)$ W $= 2365.5\text{W}$

（2）计算 101 房间的冷风渗透耗热量（按缝隙法计算）

南外窗，如图 2-12 所示，外窗为三扇，带上亮，两侧扇可开启，中间扇固定。

南外窗缝隙长度为 $l = (1.5 \times 4 + 0.6 \times 8)\text{m} = 10.8\text{m}$（包括气窗）

查附录 8，哈尔滨的朝向修正系数南向 $n=1$，高度修正系数

$$C_h = 0.3h^{0.4} = 0.3 \times 10^{0.4}$$
$$= 0.75 (h < 10\text{m}, 取 h = 10\text{m})$$

基准高度单纯风压作用下每米门窗缝隙进入室内的理论渗透空气量

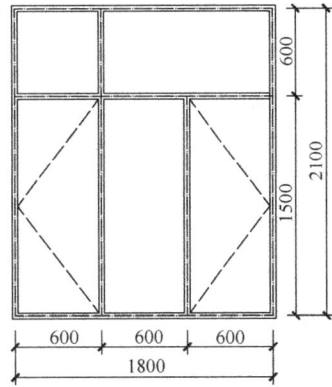

图 2-12　外窗构造

$$L_o = \alpha \left(\frac{\rho_w}{2} v_o^2 \right)^b$$

查表 2-8，取 $a = 0.5$，又取 $b = 0.67$

根据 $t_{wn} = -24.2℃$，查得 $\rho_w = 1.4\text{kg/m}^2$

查附录 4，哈尔滨基准高度冬季室外最多风向的平均风速 $v_o = 3.7\text{m/s}$

因此，$L_o = 0.5 \times (1.4/2 \times 3.7^2)^{0.67} \text{m}^3/(\text{h} \cdot \text{m}) = 2.27\text{m}^2/(\text{h} \cdot \text{m})$

南外窗的冷空气渗入量　$L = nC_h^b L_o l = 1 \times 0.75^{0.67} \times 2.27 \times 10.8\text{m}^3/\text{h} = 20.21\text{m}^3/\text{h}$

南外窗的冷风渗透耗热量

$Q_1 = 0.28L\rho_w c_p(t_n - t_{wn}) = 0.28 \times 20.21 \times 1.4 \times 1 \times (18+24.2)\text{W} = 334.32\text{W}$

因此，101 办公室的总耗热量为　$Q = (2365.5 + 334.32)$ W $= 2642.65\text{W}$

3）201 办公室供暖设计热负荷的计算

201 办公室的室内计算温度 $t_n = 18℃$，计算结果见表 2-12。

201 办公室的总耗热量为 $Q = 2397.99\text{W}$。

401 办公室供暖设计热负荷的计算

4）401 办公室的室内计算温度 $t_n = 18℃$；外墙高度从本层地面算到保温结构上表面，$h = 3.9\text{m}$；计算冷风渗透耗热量时，高度修正系数 $C_h = 0.3h^{0.4} = 0.3 \times 12.75^{0.4} = 0.83$（$h > 10\text{m}$，取 $h = 12.75\text{m}$）。计算结果见表 2-12。

401 办公室的总耗热量为 $Q=2767.38\text{W}$。

5）104 门厅供暖设计热负荷的计算

104 房间为门厅，查附录 2，冬季室内计算温度 $t_n=15℃$。查附录 4 可知，哈尔滨供暖室外计算温度 $t_{wn}=-24.2℃$。

（1）计算围护结构的传热耗热量 Q_1

南外墙：传热系数 $K=1.24\text{W}/(\text{m}^2 \cdot ℃)$，温差修正系数 $a=0.7$，传热面积 $F=(6.6×3.6-4.5×3.3)\text{m}^2=8.91\text{m}^2$。

南外墙基本耗热量 $Q_1'=KF(t_n-t_{wn})a=1.24×8.91×(15+24.2)×0.7\text{W}=303.17\text{W}$

查表 2-6，哈尔滨南向的朝向修正率取 $\sigma_1=-17\%$

朝向修正耗热量为 $Q_1''=303.17×(-0.17)\text{W}=-51.54\text{W}$

本综合楼建设在市区内，不需要进行风力修正；层高未超过 4m，不需要进行高度修正。

南外墙实际耗热量 $Q_1=Q_1'+Q_1''=(303.17-51.54)\text{W}=251.63\text{W}$

南外门：传热系数 $K=2.68\text{W}/(\text{m}^2 \cdot ℃)$，温差修正系数 $a=0.7$，传热面积 $F=4.5×3.3\text{m}^2=14.85\text{m}^2$

基本耗热量 $Q_1'=KF(t_n-t_{wn})a=2.68×14.85×(15+24.2)×0.7\text{W}=1092.06\text{W}$

朝向修正耗热量 $Q_1''=1092.06×(-0.17)\text{W}=-185.65\text{W}$

南外门的外门附加率为 500%

南外门的冷风侵入耗热量 $Q=5×1092.06\text{W}=5460.3\text{W}$

南外门实际耗热量 $Q_1=Q'+Q''=(1092.06-185.65+5460.3)\text{W}=6366.71\text{W}$

地面：将 104 房间的地面划分地带

第一地带：传热系数 $K_1=0.47\text{W}/(\text{m}^2 \cdot ℃)$，传热面积 $F_1=6.6×2\text{m}^2=13.2\text{m}^2$

第一地带传热耗热量 $Q_1=KF(t_n-t_{wn})=0.47×13.2×(15+24.2)\text{W}=243.2\text{W}$

第二地带：传热系数 $K_2=0.23\text{W}/(\text{m}^2 \cdot ℃)$，传热面积 $F_2=6.6×2\text{m}^2=13.2\text{m}^2$

第二地带传热耗热量 $Q_2=KF(t_n-t_{wn}')=0.23×13.2×(15+24.2)\text{W}=119.01\text{W}$

第三地带：传热系数 $K_3=0.12\text{W}/(\text{m}^2 \cdot ℃)$，

传热面积 $F_3=6.6×(6.9-2.1-0.12-2×2)\text{m}^2=4.49\text{m}^2$

第三地带传热耗热量 $Q_3=KF(t_n-t_{wn})=0.12×4.49×(15+24.2)\text{W}=21.12\text{W}$

因此，104 房间地面的传热耗热量为 $Q=Q_1+Q_2+Q_3=(243.2+119.01+21.12)\text{W}=383.33\text{W}$

104 房间围护结构的总耗热量为 $Q=(251.63+6366.71+383.33)\text{W}=7001.67\text{W}$

（2）计算 104 房间的冷风渗透耗热量（按缝隙法计算）

南外门，如图 2-13 所示，外门为六扇，带上亮，每两扇可对开。

南外门缝隙长度为 $l=(2.1×9+4.5×2)\text{m}=27.9\text{m}$

南外门的冷空气渗入量 $L=nL_h l=nC_h^b L_0 l$

查附录 8，哈尔滨的朝向修正系数南向 $n=1$

高度修正系数 $C_h=0.3h^{0.4}=0.3×10^{0.4}=0.75$

基准高度单纯风压作用下每米门窗缝隙进入室内的理论渗透空气量

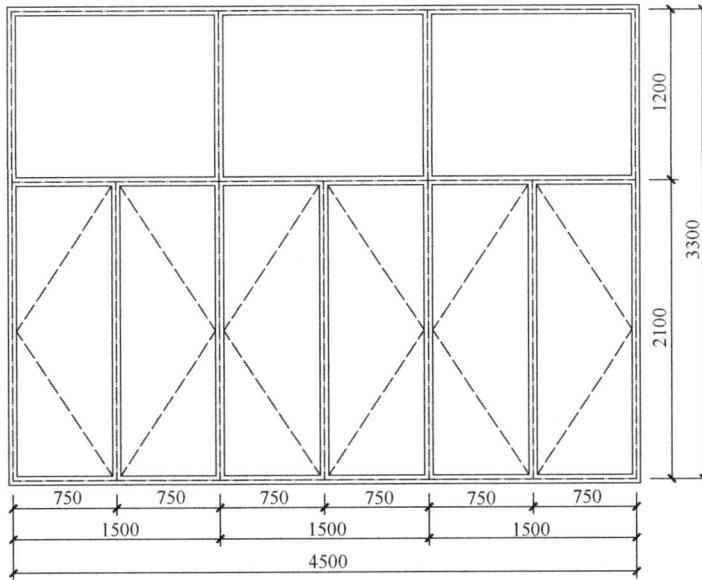

图 2-13 外门构造

$$L_o = \alpha\left(\frac{\rho_w}{2}v_o^2\right)^b$$

查表 2-8，取 $a=0.5$，又取 $b=0.67$

根据 $t_{wn}=-24.2℃$，查得 $\rho_w=1.4\text{kg/m}^2$；查附录 4，哈尔滨基准高度冬季室外最多风向的平均风速 $v_o=3.7\text{m/s}$

因此，$L_o=0.5\times(1.4/2\times3.7^2)^{0.67}\text{m}^3(\text{h}\cdot\text{m})=2.27\text{m}^3/(\text{h}\cdot\text{m})$

南外门的冷空气渗入量　$L=nC_h^b L_o l=1\times0.75^{0.67}\times2.27\times27.9\text{m}^3/\text{h}=52.23\text{m}^3/\text{h}$

南外门的冷风渗透耗热量

$Q_1=0.28L\rho_w c_p(t_n-t_{wn})=0.28\times52.23\times1.4\times1\times(15+24.2)\text{W}=802.59\text{W}$

因此，104 门厅的总耗热量为　$Q=(7001.67+802.59)\text{W}=7804.26\text{W}$

房间热负荷计算表见表 2-12。

表 2-12

房间热负荷计算表

房间编号	房间名称	围护结构 名称及朝向	尺寸(m) 长×宽	面积 F (m²)	室内计算温度 (℃)	室外计算温度 (℃)	计算温差 (℃)	温差修正系数 a	围护结构传热系数 K [W/(m²·℃)]	基本耗热量 Q (W)	附加 朝向	附加 风力	附加 高度	附加 外门	修正后耗热量 Q (W)	冷风渗透耗热量 Q (W)	实际耗热量 Q (W)
101	办公室	南外墙	(3.6+0.37)×3.6-1.8×2.1	10.51	18	-24.2	42.2	1	1.24	549.97	-17%				456.48		
		南外窗	1.8×2.1	3.78					2.68	427.50	-17%				354.82		
		东外墙	(5.7+0.37)×3.6	21.85					1.24	1143.37	-5%				1086.20		
		地面一	(3.6-0.12)×2+(5.7-0.12)×2	18.12					0.47	359.39					359.39		
		地面二	(3.6-0.12-2)×(5.7-0.12-2)	5.30					0.23	51.44					51.44		
															2308.33	334.32	2642.65
201	办公室	南外墙	(3.6+0.37)×3.6-1.8×2.1	10.51	18	-24.2	42.2	1	1.24	549.97	-17%				456.48		
		南外窗	1.8×2.1	3.78					2.68	427.50	-17%				354.82		
		东外墙	(5.7+0.37)×3.6	21.85					1.24	1143.37	-5%				1086.20		
															2063.67	334.32	2397.99
401	办公室	南外墙	(3.6+0.37)×3.9-1.8×2.1	11.70	18	-24.2	42.2	1	1.24	612.24	-17%				508.16		
		南外窗	1.8×2.1	3.78					2.68	427.50	-17%				354.83		
		东外墙	(5.7+0.37)×3.9	23.67					1.24	1238.60	-5%				1176.67		
		屋面	(5.7-0.12)×(3.6-0.12)	19.42					0.55	450.74					450.74		
															2490.4	357.98	2767.38
104	门厅	南外墙	6.6×3.6-4.5×3.3	8.91	15	-24.2	39.2	0.7	1.24	303.17	-17%				251.63		
		南外门	4.5×3.3	14.85					2.68	1092.06	-17%			500%	6366.71		
		地面一	6.6×2	13.2				1	0.47	243.2					243.2		
		地面二	6.6×2	13.2					0.23	119.01					119.01		
		地面三	6.6×(6.9-2.1-0.12-2×2)	4.49					0.12	21.12					21.12		
															7001.67	802.59	7804.26

任务3　散热器选择计算

【教学目标】通过演示、讲解与实际训练，使学生具备进行散热器选择、计算的能力。培养学生良好的职业道德、自我学习能力、实践动手能力和耐心细致分析和处理问题的能力，以及诚实、守信、善于沟通和合作的专业素养。通过计划、实施、检查工作过程，培养学生的专业能力、方法能力和团队合作能力。

【知识目标】

1. 掌握散热器的选择方法。

2. 掌握散热器的计算方法。

【主要学习内容】

3.1　散热器的选择与布置

1. 散热器的散热原理及分类

供暖系统通过管路将热媒送入供暖散热器中，散热器的内表面一侧是热媒（热水或蒸汽），外表面一侧是室内空气，由散热器向房间供应热量，以补偿房间的失热量，从而维持房间所需温度，达到供暖要求。

散热器按制造材质的不同分为铸铁、钢制和其他材质散热器。按结构形式的不同分为柱形、翼形、管形和板形散热器。按传热方式的不同，分为对流型（对流散热量占总散热量的60%以上）和辐射型（辐射散热量占总散热量的50%以上）散热器。

2. 常用铸铁散热器的类型特点

常用的铸铁散热器有柱形和翼形两种形式。

（1）翼形散热器：翼形散热器又分为长翼形和圆翼形两种。长翼形散热器如图3-1所示，其外表面上有许多竖向肋片，内部为扁盒状空间。高度通常为60cm，常称为60型散热器。每片的标准长度有280mm（大60）和200mm（小60）两种规格，宽度为115mm。

圆翼形散热器是一根内径为75mm的管子，如图3-2所示，其外表面带有许多圆形肋片。圆翼形散热器的长度有750mm和1000mm两种，两端带有法兰盘，可将数根并联成散热器组。

翼形散热器制造工艺简单，造价较低，但金属耗量大，传热性能不如柱形散热器，外形不美观，不易恰好组成所需面积。翼形散热器现已逐渐被柱形散热器取代。

（2）柱形散热器：柱形散热器是单片的柱状连通体，每片各有几个中空的立柱相互连通，可根据散热面积的需要，把各个单片组对成一组。柱形散

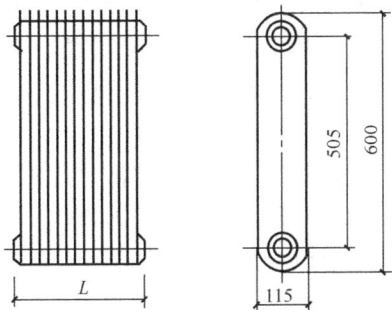

图 3-1　长翼形铸铁散热器

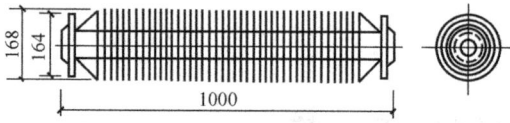

图 3-2　圆翼形铸铁散热器

热器常用的有二柱 M-132 型、二柱 700 型、四柱 813 型和四柱 640 型等，如图 3-3 所示。

M-132 型散热器的宽度是 132mm，两边为柱状，中间有波浪形的纵向肋片。

四柱散热器的规格以高度表示，如四柱 813 型，其高度为 813mm。四柱散热器有带足片和不带足片两种片形，可将带足片作为端片，不带足片作为中间片，组对成一组，直接落地安装。

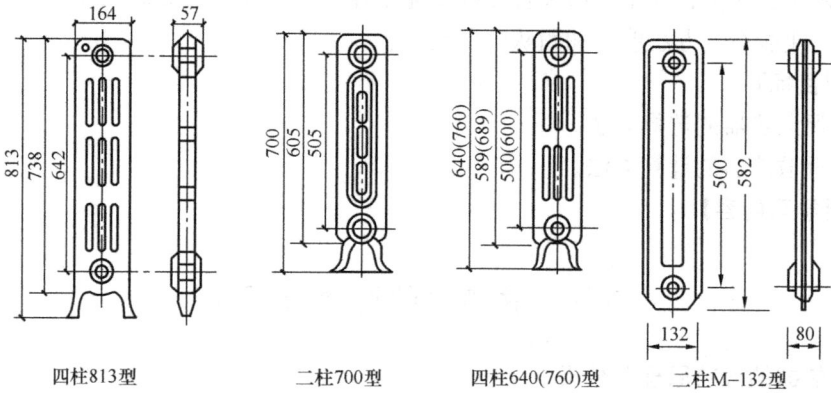

四柱813型　　二柱700型　　四柱640(760)型　　二柱M-132型

图 3-3　柱形铸铁散热器

柱形散热器与翼形散热器相比，传热系数高，散出同样热量时金属耗量少，易消除积灰，外形也比较美观，每片散热面积少，易组成所需散热面积。

铸铁散热器是现阶段应用最广泛的散热器，它结构简单，耐腐蚀，使用寿命长，造价低，但其金属耗量大，承压能力低，制造、安装和运输劳动繁重。在有些安装了热量表和恒温阀的热水供暖系统中，考虑到普通方法生产的铸铁散热器，内壁常有"粘砂"现象，易造成热量表和恒温阀的堵塞，使系统不能正常运行，因此安装热量表和恒温阀的热水供暖系统不宜采用水流通道内含有粘砂的铸铁散热器，这就对铸铁散热器内腔的清砂工艺提出了特殊要求，应采取可靠的质量控制措施。目前，我国已有了内腔干净无砂，外表喷塑或烤漆的灰铸铁散热器，美观漂亮，完全适用于分户热计量系统。

我国常用的几种铸铁散热器的规格及性能参数见附录 9。

3. 选择散热器时，对散热器的要求

（1）热工性能好：热工性能要求散热器的传热系数 K 值要大，K 值越大，说明散热器的散热性能就越好。还可以通过提高室内空气流速和提高散热器内热媒温度的办法加大散热器的传热系数。

散热器还应以最好的散热方式向室内传递热量，散热器的主要传热方式有对流散热和辐射散热两种，其中以辐射散热方式为最好。靠辐射方式传热的散热器，由于辐射的直接作用，可以提高室内物体和围护结构内表面的温度，使生活区和工作区温度适宜，增加了人体的舒适感。以对流方式散热，会造成室温不均匀，温差过大，而且灰尘随空气对流，卫生条件也不好。

（2）金属热强度大：金属热强度 q 是指散热器内热媒平均温度与室内空气温度差为 1℃ 时，1kg 质量的散热器金属单位时间所放出的热量，即

$$q = \frac{K}{G} \tag{3-1}$$

式中　q——散热器的金属热强度 $[W/(kg \cdot ℃)]$；

　　　K——散热器的传热系数 $[W/(m^2 \cdot ℃)]$；

　　　G——散热器 $1m^2$ 面积的金属质量 (kg/m^2)。

金属热强度 q 是衡量同一材质散热器的金属耗量、成本高低的重要指标。q 越大，说明散出同样热量时消耗的金属量越少，成本越低、经济性越好。

（3）要求散热器具有一定的机械强度，承压能力高，价格便宜，经久耐用，使用寿命长。

（4）要求散热器规格尺寸多样化，结构尺寸小，少占有效空间和使用面积。结构形式便于组对出所需面积，且生产工艺能满足大批量生产的要求。

（5）外表面光滑，不易积灰，积灰易清扫，外形美观，易于与室内装饰相协调。

4. 散热器的选用原则

应根据实际情况，选择经济、适用、耐久、美观的散热器。选用散热器时，应考虑系统的工作压力，选用承压能力符合要求的散热器；高大空间供暖不宜单独采用对流型散热器；有腐蚀性气体的生产厂房或相对湿度大的房间，应选用铸铁散热器；热水供暖系统选用钢制散热器时，应采取防腐措施；热水供暖系统选用散热器时，应注意采用等电位连接，即钢制散热器与铝制散热器不宜在同一热水供暖系统中使用；蒸汽供暖系统不得选用钢制柱形、板形、扁管形散热器；散发粉尘或防尘要求较高的生产厂房，应选用表面光滑，积灰易清扫的散热器；热计量系统不宜采用水道有粘砂的铸铁散热器；民用建筑选用的散热器尺寸应符合要求，且外表面光滑、美观，不易积灰。

5. 布置散热器的要求

散热器一般布置在外墙窗台下，这样能迅速加热室外渗入的冷空气，阻挡沿外墙下降的冷气流，改善外窗、外墙对人体冷辐射的影响，使室温均匀。当安装或布置管道有困难时也可靠内墙安装。

为防止散热器冻裂，两道外门之间、门斗及开启频繁的外门附近不宜设置散热器。设在楼梯间或其他有冻结危险地方的散热器，立、支管宜单独设置，其上不允许安阀门。楼梯间布置散热器时，考虑热气流上升的影响应尽量布置在底层或按一定比例分布在下部各层。散热器一般明装或装在深度不超过 130mm 的墙槽内。托儿所、幼儿园以及装修卫生要求较高的房间可考虑在散热器外加网罩、格栅、挡板等。

散热器的安装尺寸应保证，底部距地面不小于 60mm，通常取为 150mm；顶部距窗台板不小于 50mm；背部与墙面净距不小于 25mm。

3.2　散　热　器　的　计　算

1. 计算散热器的散热面积

供暖房间的散热器向房间供应热量以补偿房间的热损失。根据热平衡原理，散热器的

散热量应等于房间的供暖设计热负荷。

散热器散热面积的计算公式为

$$F = \frac{Q}{K(t_{pj} - t_n)} \beta_1 \beta_2 \beta_3 \tag{3-2}$$

式中　F——散热器的散热面积（m^2）；

　　　Q——散热器的散热量（W）；

　　　K——散热器的传热系数 $[W/(m^2 \cdot ℃)]$；

　　　t_{pj}——散热器内热媒平均温度（℃）；

　　　t_n——供暖室内计算温度（℃）；

　　　β_1——散热器组装片数修正系数；

　　　β_2——散热器连接形式修正系数；

　　　β_3——散热器安装形式修正系数。

2. 确定散热器的传热系数 K

散热器的传热系数 K 是表示当散热器内热媒平均温度 t_{pj} 与室内空气温度 t_n 的差为 1℃ 时，每 $1m^2$ 散热面积单位时间放出的热量。选用散热器时希望散热器的传热系数越大越好。

影响散热器传热系数的最主要因素是散热器内热媒平均温度与室内空气温度的差值 Δt_{pj}。另外，散热器的材质、几何尺寸、结构形式、表面喷涂、热媒种类、温度、流量、室内空气温度、散热器的安装方式、片数等条件都将影响传热系数的大小。因而无法用理论推导求出各种散热器的传热系数值，只能通过实验方法确定。

国际化标准组织（ISO）规定：确定散热器的传热系数 K 值的实验，应在一个长×宽×高为 $(4 \pm 0.2)m \times (4 \pm 0.2)m \times (2.8 \pm 0.2)m$ 的封闭小室内，保证室温恒定下进行，散热器应无遮挡，敞开设置。

通过实验方法可得到散热器传热系数公式

$$K = a(\Delta t_{pj})^b = a(t_{pj} - t_n)^b \tag{3-3}$$

式中　K——在实验条件下，散热器的传热系数 $[W/(m^2 \cdot ℃)]$；

　　a、b——由实验确定的系数，取决于散热器的类型和安装方式；

　　　Δt_{pj}——散热器内热媒与室内空气的平均温差，$\Delta t_{pj} = t_{pj} - t_n$。

从上式可以看出散热器内热媒平均温度与室内空气温差 Δt_{pj} 越大，散热器的传热系数 K 值就越大，传热量就越多。

附录 9 给出了各种不同类型铸铁散热器传热系数的公式。应用这些公式时，需要确定散热器内的热媒平均温度 t_{pj}。

3. 确定散热器内热媒平均温度

散热器内热媒平均温度 t_{pj} 应根据热媒种类（热水或蒸汽）和系统形式确定。散热器集中供暖系统采用热水作为热媒时，宜按 75℃/50℃ 连续供暖进行设计，且供水温度不宜大于 85℃，供回水温差不宜小于 20℃。

热水供暖系统

$$t_{pj} = \frac{t_j + t_c}{2} \tag{3-4}$$

式中　t_{pj}——散热器内热媒平均温度（℃）；

t_j——散热器的进水温度（℃）；

t_c——散热器的出水温度（℃）。

对于双管热水供暖系统，各组散热器是并联关系，散热器的进出口水温可分别按系统的供、回水温度确定，例如，低温热水供暖系统，供水温度 95℃，回水温度 70℃，热媒平均温度为

$$t_{pj} = \frac{(95 + 70)}{2}℃ = 82.5℃$$

对于单管热水供暖系统，各组散热器是串联关系，因水温沿流向逐层降低，需确定各管段的混合水温之后再逐一确定各组散热器的进、出口温度［见式（1-7）］，进而求出散热器内热媒的平均温度。式（1-7）也适用于水平单管系统各管段水温的计算。计算出各管段水温后，就可以计算散热器内热媒的平均温度。

蒸汽供暖系统，当蒸汽压力 $p \leqslant 30$kPa（表压）时，t_{pj} 取 100℃；当蒸汽压力 $p >$ 30kPa（表压）时，t_{pj} 取与散热器进口蒸汽压力相对应的饱和温度。

4. 确定散热器传热系数的修正系数

散热器传热系数的计算公式是在特定条件下通过实验确定的，如果实际使用条件与测定条件不相符，就需要对传热系数 K 进行修正。

（1）组装片数修正系数 β_1：实验测定散热器的传热系数时，柱形散热器是以 10 片为一组进行实验的，在实际使用过程中单片散热器是组对成组的，各相邻片之间彼此吸收辐射热，热量不能全部散出去，只有两端散热器的外侧表面才能把绝大部分辐射热量传给室内，这减少了向房间的辐射热量。因此，组装片数超过 10 片后，相互吸收辐射热的面积占总面积的比例会增加，散热器单位面积的平均散热量会减少，传热系数 K 值也会随之减少，需要修正 K 值，增加散热面积。反之，片数少于 6 片后，散热器单位面积的平均散热量会增加，K 值也会增加，需要减少散热面积。

散热器组装片数修正系数 β_1 见表 3-1。

散热器组装片数修正系数 β_1　　　　　　表 3-1

每组片数	<6	6～10	11～20	>20
β_1	0.95	1.00	1.05	1.10

注：上表仅使用于各种柱形散热器。长翼形和圆翼形不修正。其他散热器需要修正时，见产品说明。

（2）连接形式修正系数 β_2：实验测定散热器传热系数时，散热器与支管的连接形式为同侧上进下出，这种连接形式散热器外表面的平均温度最高，散热器散热量最多。如果采用表 3-2 所列的其他连接形式，散热器外表面平均温度会明显降低，t_{pj} 也远比同侧上进下出连接形式低，传热系数 K 也会减小，因此需要对传热系数进行修正，取 $\beta_2 > 1$，增加其散热面积。

表 3-2 列出了不同连接形式时，散热器传热系数的修正系数 β_2。

散热器连接形式修正系数 β_2　　　　　　表 3-2

连接形式	同侧上进下出	异侧上进下出	异侧下进上出	异侧下进上出	同侧下进上出
M-132 型	1.0	1.009	1.251	1.386	1.396
长翼形（大 60）	1.0	1.009	1.225	1.331	1.369

注：该表是在标准状态下测定的。其他散热器可近似套用上表数据。

（3）安装形式修正系数 β_3：实验确定传热系数 K 时，是在散热器完全敞开，没有任何遮挡的情况下测定的。如果实际安装形式发生变化，有时会增加散热器的散热量（如散热器外加对流罩）；有时减少散热量（如加装遮挡罩板）。因此，需要考虑对散热器传热系数 K 进行修正。

表 3-3 列出了散热器安装形式修正系数 β_3。其实质是在不同安装形式下对散热器散热面积进行修正。

另外，实验表明，在一定的连接方式和安装形式下，通过散热器的流量对某些形式散热器的 K 值和 Q 值有一定的影响；散热器表面采用不同的涂料时，对 K 值和 Q 值有影响；蒸汽供暖系统中，蒸汽散热器的传热系数 K 值要高于热水散热器的 K 值。可根据具体条件，查阅有关资料确定散热器的传热系数 K 值。

散热器安装形式修正系数 β_3 表 3-3

装置示意	装置说明	系数 β_3
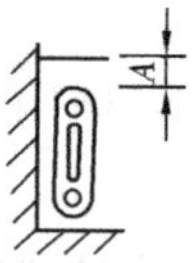	散热器安装在墙面上加盖板	$A=40mm$ 时 $\beta_3=1.05$ $A=80mm$ 时 $\beta_3=1.03$ $A=100mm$ 时 $\beta_3=1.02$
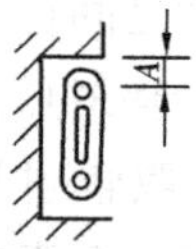	散热器装在墙龛内	$A=40mm$ 时 $\beta_3=1.11$ $A=80mm$ 时 $\beta_3=1.07$ $A=100mm$ 时 $\beta_3=1.06$
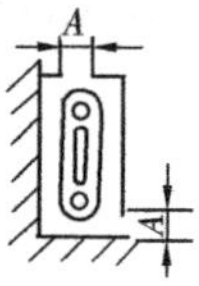	散热器安装在墙面，外面有罩，罩子上面及前面下端有空气流通孔	$A=260mm$ 时 $\beta_3=1.12$ $A=220mm$ 时 $\beta_3=1.13$ $A=180mm$ 时 $\beta_3=1.19$ $A=150mm$ 时 $\beta_3=1.25$
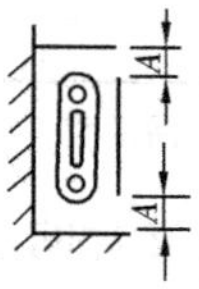	散热器安装形式同前，但空气流通孔开在罩子前面上下两端	$A=130mm$，孔口敞开时 $\beta_3=1.2$ 孔口有格栅式网状物盖着时 $\beta_3=1.4$
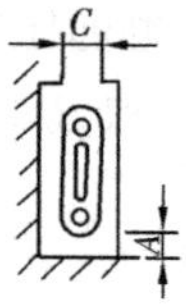	安装形式同前，但罩子上面空气流通孔宽度 C 不小于散热器的宽度，罩子前面下端的孔口高度不小于100mm，其他部分为格栅	$A=100mm$ 时 $\beta_3=1.15$
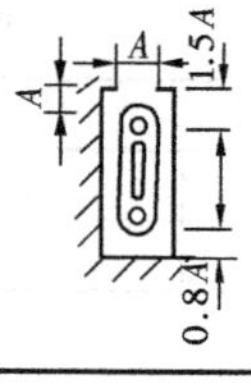	安装形式同前，空气流通口开在罩子前面上下两端，其宽度如图	$\beta_3=1.0$

装置示意	装置说明	系数 β_3
	散热器用挡板挡住，挡板下端留有空气流通口，其高度为 0.8A	$\beta_3 = 0.9$

5. 计算散热器的片数或长度

散热器的片数或长度

$$n = \frac{F}{f} \tag{3-5}$$

式中　n——散热器的片数或长度（片或 m）；

　　　F——所需散热器的散热面积（m²）；

　　　f——每片或每米散热器的散热面积（m²/片或 m²/m），可查附录 9 确定。

实际设置时，散热器每组片数或长度只能取整数，柱形散热器面积可比计算值小 0.1m²，翼形或其他散热器的散热面积可比计算值小 5%。

另外，铸铁散热器的组装片数，粗柱形（M-132）不宜超过 20 片；细柱形不宜超过 25 片；长翼形不宜超过 7 片。

6. 计算明装供暖管道散入房间的热量

对于明装于供暖房间内的管道，虽然热水沿途流动时散失的热量使散热器进水温度降低，但考虑到全部或部分散热量会散入供暖房间，影响会相互抵消，一般可以不计算供暖管道散入供暖房间的热量。民用建筑和室内温度要求较严格的工业建筑中的非保温管道，明设时，非保温管道的散热量有提高室温的作用，可补偿一部分耗热量，应考虑管道的散热量对散热器数量的折减，同时也应注意到热媒在管道中的温降，需求出进入散热器的实际水温以此确定各组散热器的传热系数 K，再扣除相应管道的散热量后，确定散热器的面积；暗设时，由于管道散热量没有进入房间，导致热媒温度降低，为了保持必要的室温，应计算管道中水的冷却对散热器数量的增加。

如果需要精确计算散热面积，就应考虑明装供暖管道散入供暖房间的热量。

明装供暖管道散入房间的热量可用下式计算

$$Q_g = K_g f l \Delta t \eta \tag{3-6}$$

式中　Q_g——供暖管道的散热量（W）；

　　　K_g——管道的传热系数 [W/(m²·℃)]，可查阅设计手册确定，估算时 K_g 值可取 10W/(m²·℃)；

　　　f——每米长管道的表面积（m²/m）；

　　　l——明装供暖管道的长度（m）；

　　　Δt——管道内热媒温度与室内计算温度的差值（℃）；

　　　η——管道敷设位置修正系数，顶棚下水平管道 $\eta = 0.5$，地面上水平管道 $\eta = 1.0$，立管 $\eta = 0.75$，散热器支管 $\eta = 1.0$。

7.【能力训练】试计算图 3-4 所示立管各组散热器的面积及片数

已知条件：每组散热器的热负荷已标于图中，单位为 W。系统供水温度 75℃，回水温度 50℃。选用二柱 M-132 型散热器，装在墙龛内，上部距窗台板 100mm。供暖室内计算温度 t_n＝18℃。

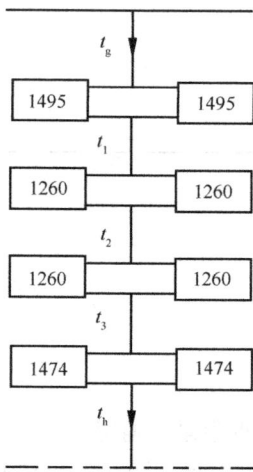

图 3-4　散热器立管

【解】计算步骤：

（1）计算各立管管段的水温

由式（1-7）

$$t_1 = t_g - \frac{\sum Q_{i-1}(t_g - t_h)}{\sum Q}$$

$$= \left[75 - \frac{1495 \times 2 \times (75-50)}{(1495+1260+1260+1474) \times 2}\right]℃$$

$$= 68.19℃$$

$$t_2 = \left[75 - \frac{(1495+1260) \times 2 \times (75-50)}{(1495+1260+1260+1474) \times 2}\right]℃ = 62.60℃$$

$$t_3 = \left[75 - \frac{(1495+1260+1260) \times 2 \times (75-50)}{(1495+1260+1260+1474) \times 2}\right]℃ = 56.93℃$$

（2）计算各组散热器的热媒平均温度 t_{pj}

$$t_{pj4} = \frac{75+68.19}{2}℃ = 71.6℃$$

$$t_{pj3} = \frac{68.19+62.60}{2}℃ = 65.40℃$$

$$t_{pj2} = \frac{62.60+56.93}{2}℃ = 59.77℃$$

$$t_{pj1} = \frac{59.93+50}{2}℃ = 53.47℃$$

（3）计算散热器的传热系数 K

查附录 9，M-132 型散热器传热系数的计算公式为 $K=2.426\Delta t_{pj}^{0.286}$，所以

$$K_4 = 2.426 \times (71.6-18)^{0.286} W/(m^2 \cdot ℃) = 7.58 W/(m^2 \cdot ℃)$$

$$K_3 = 2.426 \times (65.40-18)^{0.286} W/(m^2 \cdot ℃) = 7.31 W/(m^2 \cdot ℃)$$

$$K_2 = 2.426 \times (59.77-18)^{0.286} W/(m^2 \cdot ℃) = 7.05 W/(m^2 \cdot ℃)$$

$$K_1 = 2.426 \times (53.47-18)^{0.286} W/(m^2 \cdot ℃) = 6.73 W/(m^2 \cdot ℃)$$

（4）计算散热器面积 F

用式（3-2）计算

四层：先假设片数修正系数 β_1＝1.0，查表 3-2，同侧上进下出连接形式修正系数 β_2＝1.0；查表 3-3，该散热器安装形式修正系数 β_3＝1.06，则

$$F_4 = \frac{Q_4}{K_4(t_{pj4}-t_n)}\beta_1\beta_2\beta_3 = \frac{1495}{7.58 \times (71.6-18)} \times 1 \times 1 \times 1.06 m^2 = 3.90 m^2$$

$$F_3 = \frac{Q_3}{K_3(t_{pj3}-t_n)}\beta_1\beta_2\beta_3 = \frac{1260}{7.31 \times (65.40-18)} \times 1 \times 1 \times 1.06 m^2 = 3.85 m^2$$

$$F_2 = \frac{Q_2}{K_2(t_{pj2}-t_n)}\beta_1\beta_2\beta_3 = \frac{1260}{7.05 \times (59.77-18)} \times 1 \times 1 \times 1.06 m^2 = 4.54 m^2$$

$$F_1 = \frac{Q_1}{K_1(t_{pj1}-t_n)}\beta_1\beta_2\beta_3 = \frac{1474}{6.73 \times (53.47-18)} \times 1 \times 1 \times 1.06 m^2 = 6.55 m^2$$

（5）计算散热器的片数 n

查附录 9，M-132 型散热器每片面积 $f=0.24m^2$，由式（3-5）得

$$n_4 = \frac{3.90m^2}{0.24m^2/片} = 16.25 \text{ 片}$$

查表 3-1，片数修正系数 $\beta_1=1.05$

16.25 片 $\times$ 1.05 = 17.06 片，0.06 片 $\times$ 0.24m^2/片 = 0.01m^2 < 0.1m^2，因此 n_4 = 17 片。

同理，n_3 = 3.85/0.24 片 = 16.04 片，16.04 片 $\times$ 1.05 = 16.84 片，0.84 片 $\times$ 0.24m^2/片 = 0.20m^2 > 0.1m^2，因此 n_3 = 17 片。

n_2 = 4.54/0.24 片 = 18.92 片，18.92 片 $\times$ 1.05 = 19.86 片，0.86 片 $\times$ 0.24m^2/片 = 0.21m^2 > 0.1m^2，因此 n_2 = 20 片。

n_1 = 6.55/0.24 片 = 27.29 片，27.29 片 $\times$ 1.10 = 30.02 片，0.02 片 $\times$ 0.24m^2/片 = 0.0048m^2 < 0.1m^2，因此 n_1 = 30 片。

任务 4　附属设备的选择与布置

【教学目标】通过演示、讲解与实际训练，使学生具备进行膨胀水箱选择与布置的能力，具备进行集气罐、除污器选择与布置的能力，具备选择与布置自动和手动排气阀、散热器温控阀和调压板的能力，具备选择与布置温控计量装置的能力。培养学生良好的职业道德、自我学习能力、实践动手能力和耐心细致分析和处理问题的能力，以及诚实、守信、善于沟通和合作的专业素养。通过计划、实施、检查工作过程，培养学生的专业能力、方法能力和团队合作能力。

【知识目标】

1. 掌握膨胀水箱的选择与布置方法。

2. 掌握选择与布置集气罐、自动和手动排气阀、除污器、散热器温控阀、调压板的方法。

3. 掌握选择与布置温控计量装置的方法。

【主要学习内容】

4.1　膨胀水箱的选择与布置

1. 膨胀水箱的作用及连接

膨胀水箱的作用是容纳水受热膨胀而增加的体积。在自然循环上供下回式热水供暖系统中，膨胀水箱连接在供水总立管的最高处，具有排除系统内空气的作用；在机械循环热水供暖系统中，膨胀水箱连接在回水干管循环水泵入口前，可以恒定循环水泵入口压力，保证供暖系统压力稳定。

2. 膨胀水箱的构造

膨胀水箱有圆形和矩形两种形式，一般是由薄钢板焊接而成。膨胀水箱上接有膨胀管、循环管、信号管（检查管）、溢流管和排水管。图 4-1 所示是方形膨胀水箱的构造与配管图，图 4-2 所示是膨胀水箱与机械循环系统的连接方式。

（1）膨胀管：膨胀水箱设在系统的最高处，系统的膨胀水量通过膨胀管进入膨胀水箱。自然循环系统膨胀管接在供水总立管的上部；机械循环系统膨胀管接在回水干管循环水泵入口前，如图 4-2 所示。膨胀管上不允许设置阀门，以免偶然关断使系统内压力增高，以至于发生事故。

（2）循环管：当膨胀水箱设在不供暖的房间内时，为了防止水箱内的水冻结，膨胀水箱需设置循环管。机械循环系统循环管接至定压点前的水平回水干管上，如图 4-2 所示。连接点与定压点之间应保持 1.5～3m 的距离，使热水能缓慢地在循环管、膨胀管和水箱之间流动。自然循环系统，循环管接到供水干管上，与膨胀管也应有一段距离，以维持水的缓慢流动。

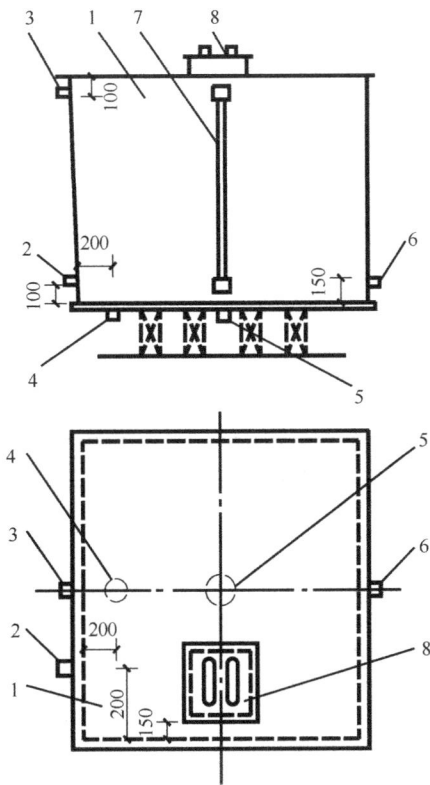

循环管上也不允许设置阀门，以免水箱内的水冻结。如果膨胀水箱设在非供暖房间，水箱及膨胀管、循环管、信号管均应作保温处理。

（3）溢流管：控制系统的最高水位。当水的膨胀体积超过溢流管口时，水溢出就近排入排水设施中。溢流管上也不允许设置阀门，以免偶然关断，水从人孔处溢出。溢流管也可用来排空气。

（4）信号管（检查管）：检查膨胀水箱水位，决定系统是否需要补水。信号管控制系统的最低水位，应接至锅炉房内或人们容易观察的地方，信号管末端应设置阀门。

图 4-1 方形膨胀水箱
1—箱体；2—循环管；3—溢流管；4—排水管；
5—膨胀管；6—信号管；7—水位计；8—人孔

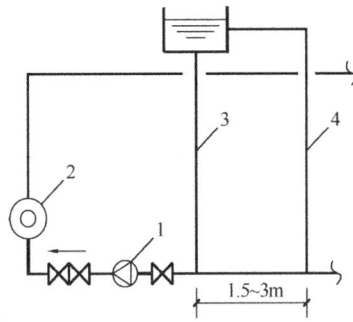

图 4-2 膨胀水箱与机械循环系统的
连接方式
1—循环水泵；2—热水锅炉；3—膨胀管；
4—循环管

（5）排水管：清洗、检修时放空水箱用。可与溢流管一起就近接入排水设施中，其上应安装阀门。

如需要通过膨胀水箱补充系统的漏水，可同时设置装有浮球阀的补给水箱与膨胀水箱连通，并应在连接管上安装止回阀。也可以通过装在膨胀水箱内的电阻式水位传示装置的一次仪表传出信号，在锅炉房内部启动补给泵补水，或使膨胀水箱与补给水泵连锁，自动补水。

水箱按图纸加工后，应作防腐处理，箱内壁刷防锈漆两遍，箱外壁刷防锈漆一遍，银粉两遍。

水箱间的高度应为 2.2～2.6m，应有良好的采光和通风条件。水箱与墙面的最小距离无配管侧为 0.3m，有配管侧为 0.7～1.0m，水箱外表面间净距为 0.7m，水箱距建筑结构最低点的距离应不小于 0.6m。

3. 选择计算膨胀水箱的方法

膨胀水箱的型号和规格尺寸，可根据膨胀水箱的有效容积按《全国通用建筑标准图集》选择。

膨胀水箱的有效容积（即检查管至溢流管之间的容积）的计算公式为

$$V = \alpha \Delta t_{max} V_c Q \tag{4-1}$$

式中 V——膨胀水箱的有效容积（L）；

α——水的体积膨胀系数（℃$^{-1}$），一般取 $\alpha = 0.0006℃^{-1}$；

V_c——每供给 1kW 热量所需设备的水容量（L/kW），见表 4-1；

Q——供暖系统的设计热负荷（kW）；

Δt_{max}——系统内水温的最大波动值，对于低温热水供暖系统，系统给水水温最小值取 $t_{min} = 20℃$，系统水温最大值取 $t_{max} = 95℃$，因此 $\Delta t_{max} = 75℃$。

式（4-1）又可写成

$$V = 0.045 V_c Q$$

供暖系统各种设备供给 1kW 热量的水容量 V_c（L）   表 4-1

供暖系统设备和附件	V_c	供暖系统设备和附件	V_c
锅炉设备		KZG1.5-8	4.1
KZG1-8	4.7	KZFH2-8-1	4.0
SHZ2-13A	4.0	KZZ4-13	3.0
KZL4-13	3.0	SZP6.5-13	2.0
散热器			
长翼形（大 60）	16.6	四柱 760 型	8.3
长翼形（小 60）	17.2	钢串片式	3.6
四柱 813 型	8.8	钢制板式	4.1
M-132 型	9.49	钢制柱形	14.5
管道系统		室内自然循环管路	15.6
室内机械循环管路	7.8	室外机械循环管路	5.9

注：1. 本表部分摘自《实用供热空调设计手册》（中国建筑工业出版社，1995 年）。

  2. 该表按低温水热水供暖系统估算。

  3. 室外管网与锅炉的水容量，最好按实际设计情况确定总水容量。

4. 膨胀水箱的布置

膨胀水箱的基础或支架的位置、标高、几何尺寸和强度均应满足设计要求，水箱基础表面应平整，水箱安装后应与基础接触紧密，膨胀水箱顶部的人孔盖应用螺栓紧固。膨胀水箱的接管及管径，设计若无特殊要求，可按表 4-2 的要求设置。开式水箱应作满水试验，静置 24h 观察，不渗、不漏为合格；闭式水箱应进行水压试验，在试验压力下 10min 压力不降、不渗、不漏为合格。膨胀水箱安装在非供暖房间时，应进行保温，满水试验或水压试验合格后方可做保温，保温材料及方法应满足设计要求。

膨胀水箱的接管及管径   表 4-2

编号	名称	方形		圆形		阀门
		1～8 号	9～12 号	1～4 号	5～16 号	
1	溢水管	DN40	DN50	DN40	DN50	不设
2	泄水管	DN32	DN32	DN32	DN32	设置
3	循环管	DN20	DN25	DN20	DN25	不设
4	膨胀管	DN25	DN32	DN25	DN32	不设
5	信号管	DN20	DN20	DN20	DN20	设置

4.2 其他附属设备的选择与布置

1. 热水供暖系统排空气的方法

自然循环和机械循环系统必须及时、迅速地排除系统内的空气。只有自然循环系统、机械循环的双管下供下回式及倒流式系统可以通过膨胀水箱排空气，其他系统都应在供水干管末端设置集气罐或手动、自动排气阀排空气。

2. 集气罐的设置要求

集气罐一般是用直径 $100\sim200$mm 的钢管焊制而成，分为立式和卧式两种，如图 4-3 所示，集气罐的规格尺寸见表 4-3。集气罐顶部连接直径 15mm 的排气

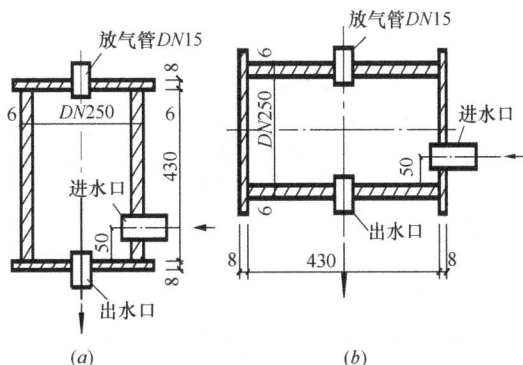

图 4-3 集气罐
(a) 立式；(b) 卧式

管，排气管应引至附近的排水设施处，排气管另一端装有阀门，排气阀应设在便于操作的地方。

集气罐规格尺寸 表 4-3

规格	型 号				备 注
	1	2	3	4	
D（mm）	100	150	200	250	国标图
H/L（mm）	300	300	320	430	

集气罐一般设于系统供水干管末端的最高点处，供水干管应向集气罐方向设上升坡度以使管中水流方向与空气气泡的浮升方向一致，有利于空气汇集到集气罐的上部，定期排除。当系统充水时，应打开集气罐上的排气阀，直至有水从管中流出，方可关闭排气阀；系统运行期间，应定期打开排气阀排除空气。集气罐与干管和立管连接时应采用正确的连接位置，以防止转弯处形成气塞，其后的散热器不热；集气罐的进水口应开在罐体偏下，约为罐高的1/3处（图4-4）；手动集气罐要设排气阀和排气管，排气管应接至邻近水池处。自动排气阀前应设置截止阀，以便检修或更换自动排气阀。

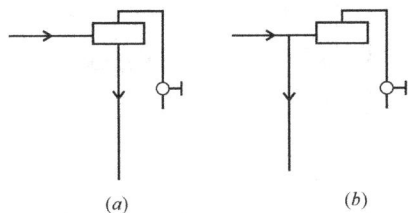

图 4-4 集气罐的连接方法
(a) 正确；(b) 错误

可根据如下要求选择集气罐的规格尺寸：

（1）集气罐有效容积应为膨胀水箱有效容积的 1%；

（2）集气罐的直径应大于或等于干管直径的 $1.5\sim2$ 倍；

（3）应使水在集气罐中的流速不超过 0.05m/s。

3. 自动排气阀的设置要求

自动排气阀大多是依靠水对浮体的浮力，通过自动阻气和排水机构，使排气孔自动打开或关闭，达到排气的目的。

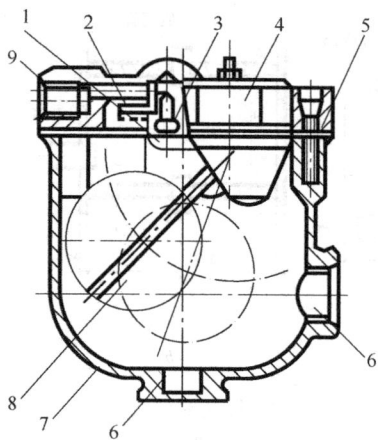

图 4-5　立式自动排气阀
1—杠杆机构；2—垫片；3—阀堵；4—阀盖；
5—垫片；6—接管；7—阀体；8—浮子；
9—排气孔

自动排气阀的种类很多，图 4-5 所示是一种自动排气阀。当阀内无空气时，阀体中的水将浮子浮起，通过杠杆机构将排气孔关闭，阻止水流通过。当系统内的空气经管道汇集到阀体上部空间时，空气将水面压下去，浮子随之下落，排气孔打开，自动排除系统内空气。空气排除后，水又将浮子浮起，排气孔重新关闭。

设计时应注意：排气口可接管也可不接管，一般情况下不接管。接管可用钢管也可用橡胶管。在排气管道上，不应装设阀门。为了便于检修，自动排气阀与系统连接处应设闸阀，系统运行时应开启。为了确保排气阀正常工作，建议在排气阀前加设过滤器。自动排气阀应设于系统的最高处，对于热水供暖系统最好设于末端最高处。

4. 手动排气阀的设置要求

手动排气阀适用于公称压力 $P<600kPa$，工作温度 $t<100℃$ 的水或蒸汽供暖系统的散热器上。图 4-6 所示为手动排气阀，它多用在水平式和下供下回式系统中，旋紧在散热器上部专设的丝孔上，以手动方式排除空气。

5. 除污器的设置要求

除污器可用来截流、过滤管路中的杂质和污物，保证系统内水质洁净，减少阻力，防止堵塞调压板及管路。除污器一般应设置于供暖系统入口调压装置前、锅炉房循环水泵的吸入口前和热交换设备前。另外，在一些小孔口的阀前（如自动排气阀）宜设置除污器或过滤器。

除污器的形式有立式直通、卧式直通和卧式角通三种，图 4-7 所示是供暖系统常用的立式直通除污器。除污器是一种钢制筒体，当水从进水管 2 进入除

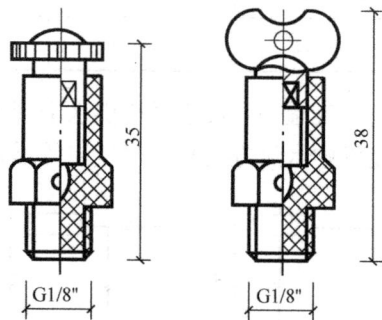

图 4-6　手动排气阀

污器时，因流速突然降低使水中污物沉淀到筒底，较洁净的水经带有大量过滤小孔的出水管 3 流出。除污器前后应装设阀门，并设旁通管供定期排污和检修使用，除污器不允许装反。除污器的型号可根据接管直径选择。

除污器可根据标准图自制，安装时应注意进出口方向。除污器的上部设排气阀，下部设排污丝堵。除污器一般用法兰与管路连接，前后应安装阀门。除污器应设旁通管。除污器支架的设置位置应避开排污口，以免妨碍正常操作。除污器中过滤网的材质、规格应符合设计规定。除污器应定期清理内部污物。

6. 调压板的设置要求

当外网压力超过用户的允许压力时，可设置调压板来减少建筑物入口供水干管上的压力。调压板的材质，蒸汽供暖系统只能用不锈钢的，热水供暖系统可以用铝合金和不锈钢的。调压板用于压力 $P<1000kPa$ 的系统中。选择调压板时孔口直径不应小于 3mm，且调压板前应设置除污器或过滤器，以免杂质堵塞调压板孔口。调压板的厚度一般为 $2\sim 3mm$，安装在两个法兰之间，如图 4-8 所示。

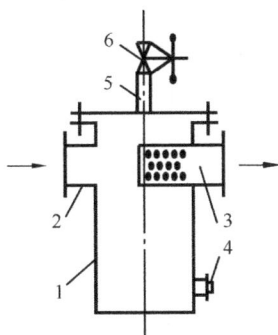

图 4-7　立式直通除污器

1—外壳；2—进水管；3—出水管；4—排污管；
5—放气管；6—截止阀

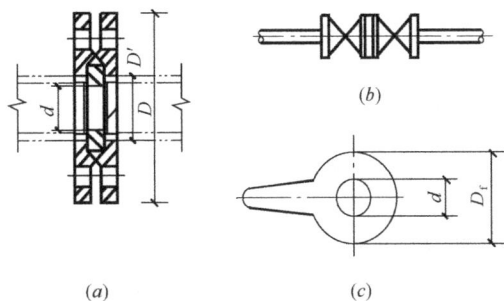

图 4-8　调压板制作安装图

(a) 测压板装配图；(b) 调压板安装图；
(c) 调压板制作图

调压板的孔径可按下式计算

$$d = 20.1 \times \sqrt[4]{\frac{G^2}{\Delta p}} \tag{4-2}$$

式中　d——调压板的孔径（mm）；

　　　G——热媒流量（m^3/h）；

　　　Δp——调压板前后的压差（kPa）。

调压板孔径较小，易于堵塞，且调压板孔径不能随意调节，因此调节管中压力时，也可采用手动式调节阀门，调节阀门阀杆的启升程度，就能调节消除剩余压头，并对流量进行控制。此外，也可装置自控型的流量调节器，消除剩余压头，保证用户流量。

4.3　温控计量装置的选择与布置

1. 热量表的类型与构造

现阶段使用比较多的热量表是根据管路中的供回水温度及热水流量，确定仪表的采样时间，进而得出管道供给建筑物的热量，热量表由热水流量计、一对温度传感器和积算仪三个部分组成，如图 4-9 所示。

1）热水流量计，用来测量流经散热设备的热水流量。应用于热量表的流量计根据测量方式的不同可分为机械式、电磁和超声波式、压差式三大类。

（1）机械式流量计：机械式流量计中叶轮的转动速度与流量呈线性关系，旋转的叶轮产生了电磁脉冲信号，向积分仪提供流量信息来测量水流量。按叶轮形式的不同可分为以

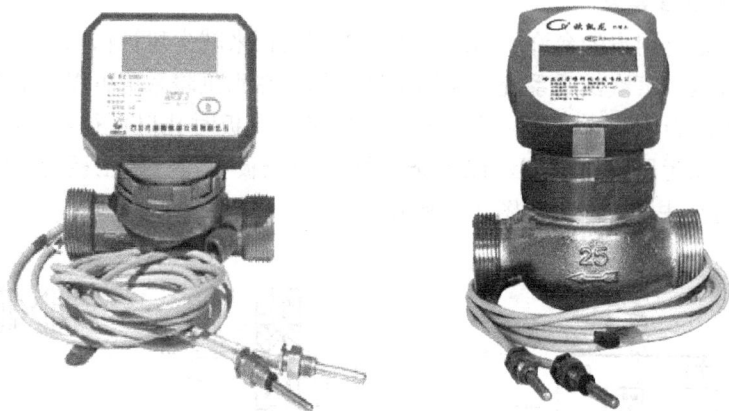

图 4-9 热量表外观

下五种流量计：

① 单束旋翼式流量计：这种流量计只有一束水流推动内部的旋翼叶轮旋转。能以任何方式安装于管道上，适合于小口径的管道。

② 多束旋翼式流量计：在流量计内部，水流通过分布于流量计外壳上的小孔均匀地以切线方向推动内部的旋翼叶轮旋转。这种流量计能承受较大的水流紊乱，流量计前所需直管段较小，适合于中、小口径的管道。

③ 垂直螺翼式流量计：这种流量计水流方向与螺翼的转动轴垂直，水流自下向上推动螺翼轮转动，推力平均，启动较容易。流量计前通常需要 3～6 倍管径的直管段。该流量计启动流量较小，适合于中等口径的管道。

④ 水平螺翼式流量计：这种流量计水流方向与螺翼的转动轴方向平行，压力损失较小，由于流量计内部对水流的影响较小，流量计前所需直管段也较小。该流量计能以任何位置（水平、垂直或倾斜）安装，适用于较大直径的管道。

⑤ 涡轮流量计：当流体流过这种流量计时，推动涡轮在电磁转换器上感应出电脉冲信号，这一信号的变化频率与涡轮的转速成正比，流体的流量越大（流速越高），涡轮的转速也越高，电信号的频率可反映流体流量的大小。这种流量计准确度较高，量程比较大，惯性较小。该流量计要求水平安装，而且流体应清洁以减少轴承摩擦，防止涡轮卡死，增加其使用寿命，因此该流量计前应安装过滤器。

（2）电磁和超声波流量计：

① 电磁式流量计：电磁式流量计是根据法拉第电磁感应原理制成，当导体在磁场中运动时，在导体两端会产生可测量的电信号，如果水流的导电性足够强，就可以根据测得的电压计算出水流的速度。

这种流量计具有较高的量程比，特别适用于变流量系统。该流量计具有较高的测量精度，压力损失较小，但价格较机械式贵，工作中还需要外部电源，这影响了它的可靠性。而且电磁式流量计要求必须水平安装，流量计前还要求有较长的直管段，这对安装、拆卸和维护带来了不便。

② 超声波流量计：由于声波在水中的传播速度直接受到水流速度的影响，通过测量高频声波在水流中的穿行时间，就可测定管道中水的流速。

这种流量计具有较高的量程比，特别适用于变流量系统。该流量计具有较高的测量精度，压力损失较小，但容易受到管壁锈蚀程度、水中泡沫和杂质含量以及管道振动的影响，其价格也较机械式贵。

（3）压差式流量计：压差式流量计是通过测量流体流经一段特定的收缩管段前和收缩管段处的测压管压差来计算流量的装置。压差式流量计主要有文丘里式、孔板式、弯管式、平衡阀式和喷嘴式等形式，其测量方法基本相同，只是流量系数不同。尤其是孔板流量计，流量系数较小，压力损失较大。利用文丘里管原理制成的压差流量计，使用方便、可靠，测量精度高，能量消耗少，压力损失较低，由于表内没有转动部件，其使用寿命长，价格也较低。

户用热量表安装在每户供暖环路中，可以测量每个住户的供暖耗热量。机械式热量表的初投资相对较低，但流量传感器对轴承有严格要求，以防止长期运转由于磨损造成误差较大；对水质有一定要求，以防止流量计的转动部件被阻塞，影响仪表的正常工作。超声波热量表的初投资相对较高，流量测量精度高、压损小、不易堵塞，但流量计的管壁锈蚀程度、水中杂质含量、管道振动等因素将影响流量计的精度，有的超声波热量表需要直管段较长。电磁式热量表的初投资相对机械式热量表要高，但流量测量精度是热量表所用的流量传感器中最高的、压损小。电磁式热量表的流量计工作需要外部电源，而且必须水平安装，需要较长的直管段，这使得仪表的安装、拆卸和维护较为不便。

目前，世界上80%以上的热量计量装置采用机械式流量计，机械式流量计与其他流量计相比耗电少，压力损失小，量程比大，测量精度高，抗干扰性好，安装维护方便，价格低廉。在没有特殊要求的场合下，机械式流量计是目前热网管道计量装置的首选。楼栋热计量的热量表，当管道口径很大时（400mm以上），可以考虑选用超声波和电磁式流量计。

2）一对温度传感器，分别测量供水温度和回水温度，进而确定供回水温差。目前，常用的有铂电阻温度计和半导体热敏电阻温度计两种形式。铂电阻温度计性质稳定，在−259.3467～961.78℃的温度范围内被规定为基准温度计。其测温准确，阻值漂移小，一般热量表常采用成对的铂电阻做温度传感器。

半导体热敏电阻温度计通常用来测量−100～300℃之间的温度，其测温范围较窄，温度和电阻变化成非线性，必须进行线性化处理，制造时性能不稳定，给互换、调节、使用和维修带来困难。

3）积算仪（也称积分仪），根据与其相连的流量计和温度传感器提供的流量及温度数据，计算得出用户从热交换设备中获得的热量，并确定其他统计参数，将其显示记录输出。

2. 热量表的选择

热量表由热水流量计、一对温度传感器和积算仪三个部分组成。

1）流量计的选型需考虑：

（1）工作水温，流量计上一般注明工作温度（即最大持续温度）和峰值温度，通常住宅热水供暖系统的温度范围在20～90℃，温差范围在0～70℃。

（2）管道压力。

（3）设计工作流量和最小流量，选择流量计口径时，首先应考虑管道中的工作流量和最小流量（而不是管道口径），一般应使设计工作流量稍小于流量计的公称流量，并使设计最小流量大于流量计的最小流量，公称流量可按设计流量的80％确定。

（4）管道口径，选择的流量计口径可能与管道口径不符，往往流量计口径要小，需要缩径，这就需要考虑变径带来压力损失的影响，一般缩径不要过大。也要考虑流量计的量程比，如果量程比较大，可以缩径较小或不缩径。

（5）水质情况。

（6）安装要求，选择流量计时应考虑流量计是水平安装还是垂直安装；流量计前直管段是否满足要求。

2）温度传感器的选型应根据管道口径选取，热量表采用的温度传感器一定要配对使用。

3）积算仪的选型要考虑流量计的安装位置，为了读表和维修的方便，可选择流量计与积算仪一体的紧凑型或分体形式。还要注意积算仪的通信功能。

3. 热量表的安装

图4-10～图4-12所示是热量表的安装示意图。考虑到回水管的水温较供水管低，有利于延长热量表的使用寿命，热量表宜设置在回水管路上。户用热量表应符合相关规定，户用热量表宜采用电池供电方式。户内系统入口装置应由供水管调节阀、置于户用热量表前的过滤器、户用热量表及回水截止阀组成。

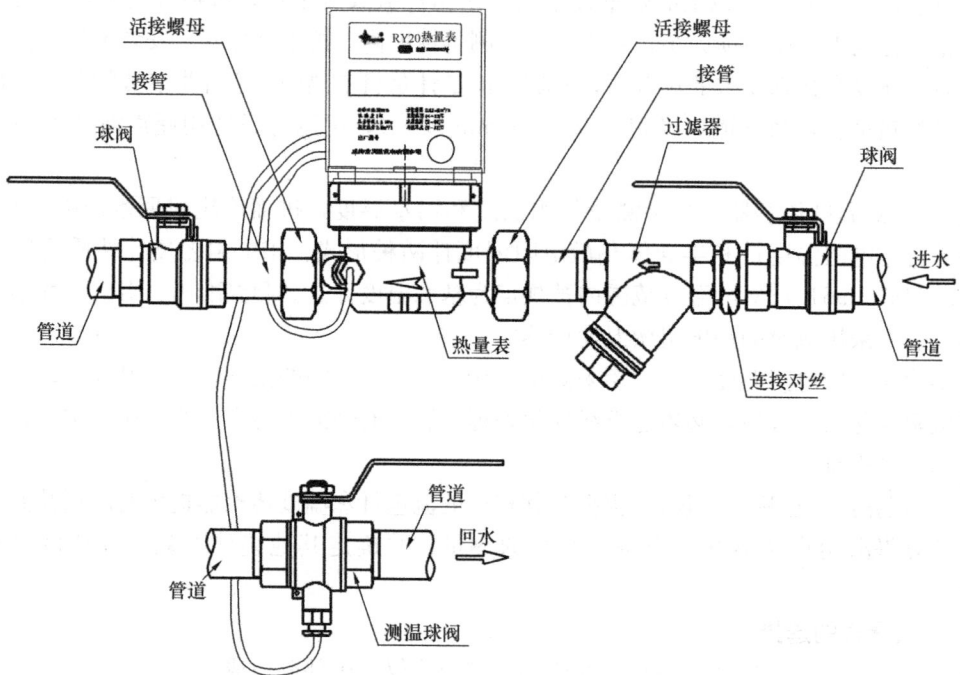

图4-10　热能表安装示意图（户用 DN15、20、25）

热量表的安装要求是：

（1）安装在用户供暖系统的进水或回水管道上，安装前必须彻底清洗系统管路，清除杂质、污物。

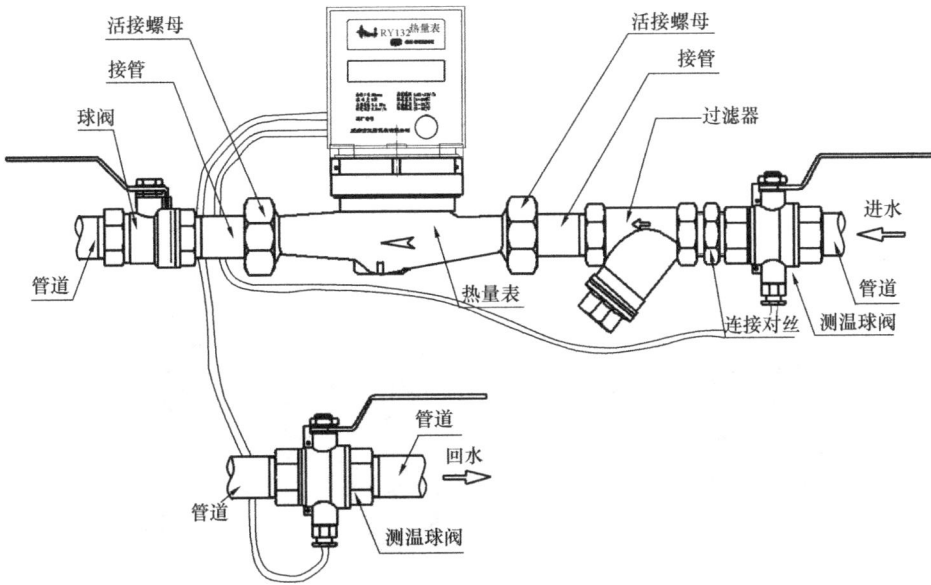

图 4-11　热能表安装示意图（户用 $DN32$、40）

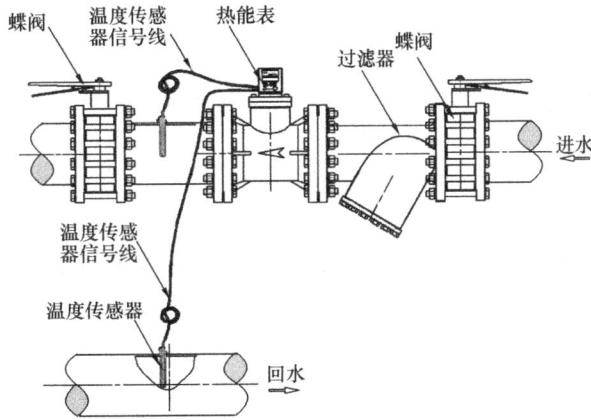

图 4-12　热能表安装示意图（管网用 $DN50\sim300$）

（2）整体式热量表显示部分不可拆卸，可任意旋转至便于读数的位置。

（3）热量表必须保证方向指示标志和管道中的水流方向相同。

（4）安装户用热量表时，应保证户用热量表前后有足够的直管段，没有特别说明的情况下，户用热量表前直管段长度不应小于 5 倍管径，户用热量表后直管段长度不应小于 2 倍管径。

（5）热量表的前、后端要加装截止阀以方便表具拆装。

（6）热量表的前端与截止阀的后端之间，要求加装过滤器。

（7）安装前应检查两端连接管的对口情况，避免流量传感器受到扭曲或剪切应力的作用，并清洁表两个接头的密封面和垫片。

（8）拆装时，不可用力硬扳，以免损坏热量表。

4. 散热器温控阀的构造与特性

散热器温控阀由恒温控制器、流量调节阀及一对连接件组成，图 4-13 所示是散热器温控阀的外观，图 4-14 所示是散热器温控阀的结构。散热器温控阀安装在每组散热器进水管上或分户供暖系统总入口进水管上，用户可根据对室温的要求自行调节设定室温。

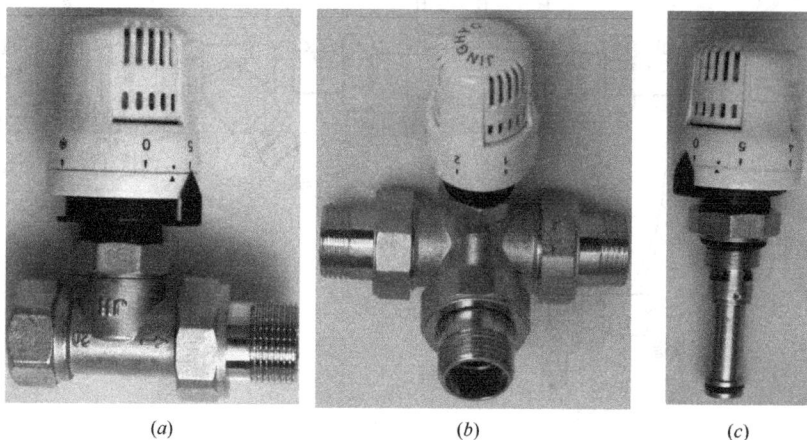

(a) (b) (c)

图 4-13 散热器温控阀外观
(a) 直通式；(b) 三通式；(c) 内置式

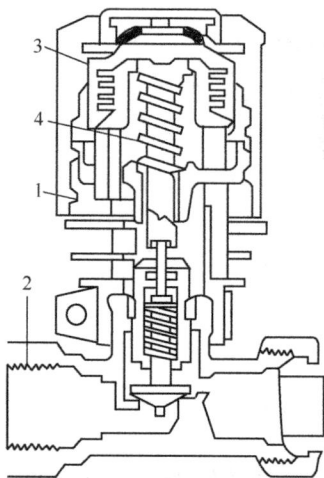

图 4-14 散热器温控阀结构
1—感温元件；2—阀体；
3—囊箱；4—弹簧

（1）恒温控制器：恒温控制器的核心部件是传感器单元，即温包。恒温控制器的温度设定装置有内置式和远程式两种形式，它可以按照其窗口显示值来设定所要求的控制温度，并加以自动控制。温包内充有感温介质，能够感应环境温度，当室温升高时，感温介质吸热膨胀，关小阀门开度，减少了流入散热器的水量，降低散热量以控制室温；当室温降低时，感温介质放热收缩，阀芯被弹簧推回而使阀门开度变大，增加流经散热器的水量，恢复室温。

（2）流量调节阀：散热器温控阀的流量调节阀应具有较佳的流量调节性能，调节阀阀杆采用密封活塞形式，在恒温控制器的作用下直线运动，带动阀芯运动以改变阀门开度。流量调节阀应具有良好的调节性能和密封性能，长期使用可靠性高。

流量调节阀按照连接方式分为两通型（直通型、角型）和三通型，如图 4-15 所示。其中，两通型流量调节阀根据流通阻力是否具备预设定功能可分为预设定型和非预设定型两种。

预设定调节阀的阀值可以调节，即可以根据需要在阀体上设定某一特定的最大流通能力值（最小阻力系数）。两通非预设定型调节阀与三通型调节阀主要应用于单管跨越式系统，其流通能力较大。两通预设定型调节阀主要应用于双管系统。双管系统由于自然作用压力的影响，会出现上层作用压力大于下层作用压力，上层过热下层过冷的垂直失调现象，这种垂直失调问题在高层住宅中尤为严重。应用调节阀的预设定功能，可以对不同楼

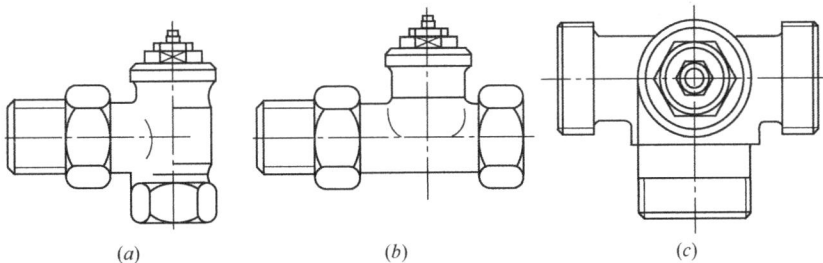

图 4-15　流量调节阀

(a) 两通型（角型）；(b) 两通型（直通型）；(c) 三通型

层的散热器设定不同的阀值，用调节阀来承担上层的部分剩余压力，从而减少垂直失调的影响。

5. 散热器温控阀的安装要求

散热器温控阀应正确安装在供暖系统中，用户可根据对室温的要求自行调节并设定室温，这既可以满足舒适度要求，又可以实现节能。新建和改扩建散热器室内供暖系统，应设置散热器恒温控制阀或其他自动温度控制阀进行室温调控。散热器恒温控制阀的选用和设置应符合下列规定：

（1）当室内供暖系统为垂直或水平双管系统时，应在每组散热器的供水支管上安装高阻恒温控制阀；超过 5 层的垂直双管系统宜采用有预设阻力调节功能的恒温控制阀。

（2）单管跨越式系统应采用低阻力两通恒温控制阀或三通恒温控制阀。

（3）当散热器有罩时，应采用温包外置式恒温控制阀。

（4）恒温控制阀应具有产品合格证、使用说明书和质量检测部门出具的性能测试报告，其调节性能等指标应符合现行行业标准的有关要求。

散热器恒温控制阀具有感受室内温度变化并根据设定的室内温度对系统流量进行自力式调节的特性。正确使用散热器恒温控制阀可实现对室温的主动调节以及不同室温的恒定控制。散热器恒温控制阀对室内温度进行恒温控制时，可有效利用室内自由热，消除供暖系统的垂直失调，从而达到节省室内供热量的目的。

散热器温控阀应安装在每组散热器的进水管上或分户供暖系统的总入口进水管上。散热器温控阀安装时，应在其前端安装过滤器。安装前应将手柄设置最大开启位置（数字 5 位置）。冬天不要将刻度调到"0"，以免冻裂水管和散热器，应最低调到"＊"以进行防冻保护。应注意水流箭头所指方向，建议水平安装。如果安装空间受到限制，只允许向上垂直安装，绝不允许向下垂直安装。内置式传感器不主张垂直安装，因为阀体和表面管道的热效应也许会导致恒温控制器的错误动作，应确保传感器能感应到室内环流空气的温度，传感器不得被窗帘盒、散热器罩等覆盖，应远离热源和太阳直射部位。

图 4-16　散热器手动温度
调节阀外观

6. 散热器手动温度调节阀的构造与特性

图 4-16 所示为散热器手动温度调节阀外观，其工作原理为在球形阀的阀芯上开一小孔，使其在调节流量的同时不

能完全关断。它主要靠人的主观感受进行调节，不具备自动调节功能，对供水温度和室内负荷的变化不能自动改变流量，控制上有明显的滞后性。手动温度调节阀在温控节能和舒适性方面远不如散热器恒温阀，但其价格较便宜，对于一些要求不高的建筑物以及经济欠发达地区的工程项目有较大的使用空间。

任务5 室内供暖系统的水力计算

【教学目的】通过项目教学活动，培养学生具备进行室内供暖系统水力计算的能力。培养学生良好的职业道德、自我学习能力、实践动手能力和耐心细致分析处理问题的能力，以及诚实、守信、善于沟通和合作的专业素养。

【知识目标】

1. 掌握热水供暖系统管路水力计算的原理及方法。
2. 掌握机械循环热水供暖系统等温降法水力计算方法。

【主要学习内容】

5.1 热水供暖系统管路水力计算的原理及方法

1. 热水供暖系统管路水力计算的基本原理

流体在管路中流动时，要克服流动阻力产生的沿程水头损失和局部水头损失，沿程水头损失和局部水头损失以"mH$_2$O"作单位。在实际供暖工程水力计算中，能量损失以"Pa"作单位，称为沿程压力损失和局部压力损失。

1）沿程压力损失可用下式计算

$$p_y = \lambda \frac{L}{d} \times \frac{\rho v^2}{2} \tag{5-1}$$

单位长度的沿程压力损失，也就是比摩阻 R 的计算公式为

$$R = \frac{p_y}{L} = \frac{\lambda}{d} \times \frac{\rho v^2}{2} \tag{5-2}$$

式中 p_y——沿程压力损失（Pa）；

R——单位长度的沿程压力损失，即比摩阻（Pa/m）；

λ——沿程阻力系数；

d——管径（m）；

ρ——流体的密度（kg/m^3）；

v——管中流体的速度（m/s）；

L——管段的长度（m）。

实际工程计算中，往往已知流量，则式（5-2）中的流速 v 可以用质量流量 G 表示

$$v = \frac{G}{3600 \times \frac{\pi}{4} d^2 \rho} = \frac{G}{900 \pi d^2 \rho} \tag{5-3}$$

式中 G——管道中水的质量流量（kg/h）。

将式（5-3）代入式（5-2）中，经整理后可得

$$R = 6.25 \times 10^{-8} \frac{\lambda G^2}{\rho d^5} \tag{5-4}$$

应用式（5-4）时应首先确定沿程阻力系数 λ。计算沿程阻力系数 λ 值时，如果水温和流动状态一定，可以采用前述的经验公式分别确定各流动区域的沿程阻力系数 λ。λ 与热媒的流动状态和管壁的粗糙度有关，即

$$\lambda = f(R_e, k/d)$$

管壁的绝对粗糙度 K 与管子的使用状况（流体对管壁的腐蚀和沉积水垢等状况）和管子的使用时间等因素有关。对于热水供暖系统，推荐采用下列数值：

室内热水供暖管路，$K=0.2$mm；室外热水网路，$K=0.5$mm。

对于目前热计量系统常用的塑料管材，内壁比较光滑，一般可采用 $K=0.05$mm。

将 λ 值代入式（5-4）中，式（5-4）确定的就是 $R = f(G、d)$ 的函数关系式，只要已知三个参数中的任意两个就可以求出第三个参数。

附录 10 就是按式（5-4）编制的 60℃热水管道水力计算表。

如果流体的实际密度与制表的密度不同，但质量流量相同，则应对流速、比摩阻和管径进行修正

$$v_{sh} = \left(\frac{\rho_b}{\rho_{sh}}\right) v_b \tag{5-5}$$

$$R_{sh} = \left(\frac{\rho_b}{\rho_{sh}}\right) R_b \tag{5-6}$$

$$d_{sh} = \left(\frac{\rho_b}{\rho_{sh}}\right)^{0.19} d_b \tag{5-7}$$

式中　ρ_b、v_b、R_b、d_b——制表密度和表中查得的流速、比摩阻、管径；

　　　ρ_{sh}、v_{sh}、R_{sh}、d_{sh}——热媒的实际密度和实际密度下的流速、比摩阻、管径。

在室内热水网路的水力计算中，如果实际管中密度与水力计算表中密度不同，需按上述公式进行不同密度下的修正计算。

查表确定比摩阻 R_{sh} 后，该管段的沿程压力损失 $p_y = R_{sh} L$（L 为管段长度）。

2）局部压力损失可按下式计算

$$p_j = \Sigma \xi \frac{\rho v^2}{2} \tag{5-8}$$

式中　p_j——局部压力损失（Pa）；

　　　$\Sigma \xi$——管段的局部阻力系数之和，见附录 11；

　　　$\frac{\rho v^2}{2}$——表示 $\Sigma \xi = 1$ 时的局部压力损失，又称为动压头 ΔP_d（Pa），见附录 12。

3）总损失

任何一个热水供暖系统都是由很多串联、并联的管段组成，通常将流量和管径不变的一段管路称为一个计算管段。各个计算管段的总压力损失 Δp 应等于沿程压力损失 p_y 与局部压力损失 p_j 之和，即

$$\Delta p = p_y + p_j = RL + \Sigma \xi \frac{\rho v^2}{2}$$

2. 当量长度法进行热水供暖系统管路的简化水力计算

当量长度法是将局部压力损失折算成沿程压力损失的一种简化计算方法，也就是假设某一管段的局部压力损失恰好等于长度为 L_d 的某管段的沿程压力损失，即

$$\Sigma \xi \times \frac{\rho v^2}{2} = \frac{\lambda}{d} L_d \frac{\rho v^2}{2}$$

$$L_d = \Sigma \xi \frac{d}{\lambda} \tag{5-9}$$

式中　L_d——管段中局部阻力的当量长度（m）。

管段的总压力损失 Δp 可写成

$$\Delta p = p_y + p_j = RL + RL_d = RL_{zh} \tag{5-10}$$

式中　L_{zh}——管段的折算长度（m）。

当量长度法一般多用于室外热力网路的水力计算上。

3. 室内热水供暖系统水力计算的任务

（1）已知各管段的流量和系统的循环作用压力，确定各管段管径。这是实际工程设计的主要内容。

（2）已知各管段流量和管径，确定系统所需循环作用压力。常用于校核计算，校核循环水泵扬程是否满足要求。

（3）已知各管段管径和该管段的允许压降，确定该管段的流量。常用于校核已有的热水供暖系统各管段的流量是否满足需要。

4. 供暖系统的等温降法水力计算方法

等温降法就是采用相同的设计温降进行水力计算的一种方法。它认为双管系统每组散热器的水温降相同，例如低温双管热水供暖系统，每组散热器的水温降都为 $(75-50)℃=25℃$；单管系统每根立管的供回水温降相同，例如低温单管热水供暖系统，每根立管的水温降都为 $(75-50)℃=25℃$。在这个前提下计算各管段流量，进而确定各管段管径。等温降法简便、易于计算，但不易使各并联环路阻力达到平衡，运行时易出现近热远冷的水平失调问题。

等温降法的计算步骤是：

（1）根据已知温降，计算各管段流量：

$$G = \frac{3600Q}{4.187 \times 10^3 \times (t'_g - t'_h)} = \frac{0.86Q}{(t'_g - t'_h)} \tag{5-11}$$

式中　G——各计算管段流量（kg/h）；

　　　Q——各计算管段的热负荷（W）；

　　　t'_g——系统的设计供水温度（℃）；

　　　t'_h——系统的设计回水温度（℃）。

（2）根据系统的循环作用压力，确定最不利环路的平均比摩阻 R_{pj}

$$R_{pj} = \frac{\alpha \Delta p}{\Sigma L} \tag{5-12}$$

式中　R_{pj}——最不利循环环路的平均比摩阻（Pa/m）；

　　　Δp——最不利循环环路的作用压力（Pa）；

　　　α——沿程压力损失占总压力损失的估计百分数，可查附录13确定；

　　　ΣL——环路的总长度（m）。

如果系统的循环作用压力暂时无法确定，平均比摩阻 R_{pj} 也就无法计算，这时可选用一个比较合适的平均比摩阻 R_{pj} 来确定管径。选用的比摩阻 R_{pj} 值越大，需要的管径越小，这虽然会降低系统的基建投资和热损失，但系统循环水泵的投资和运行电耗会随之增加，这就需要确定一个经济的比摩阻，使得在规定的计算年限内总费用为最小。机械循环热水供暖系统推荐选用的经济平均比摩阻 R_{pj} 一般为 $60\sim120Pa/m$。

（3）根据经济平均比摩阻 R_{pj} 和各管段流量 G，查附录10选出最接近的管径 d，确定该管径下管段的实际比摩阻 R_{sh} 和实际流速 v_{sh}。

（4）计算确定各管段的沿程压力损失 p_y。

（5）确定各管段的局部阻力系数 $\Sigma\xi$，计算确定各管段的局部压力损失 p_j。

（6）确定系统总的压力损失 Δp。

（7）流速的要求：室内供暖系统管道中的热媒流速，应根据系统的水力平衡要求及防噪声要求等因素确定，最大流速不宜超过表5-1的限值。

室内供暖系统管道中热媒的最大流速（m/s）　　　　表5-1

室内热水管道管径 DN(mm)	15	20	25	32	40	≥50
有特殊安静要求的热水管道	0.50	0.65	0.80	1.00	1.00	1.00
一般室内热水管道	0.80	1.00	1.20	1.40	1.80	2.00

应用等温降法计算时应注意：

（1）如果系统未知循环作用压力，可在计算出的总压力损失之上附加10%，确定必需的循环作用压力。

（2）各并联循环环路应尽量做到阻力平衡，以保证各环路分配的流量符合设计要求，各种系统形式要求的并联环路允许不平衡率将在能力训练中介绍。

5.2　机械循环热水供暖系统等温降法水力计算实际训练

1. 机械循环热水供暖系统等温降法水力计算注意事项

机械循环热水供暖系统由水泵提供动力，系统作用半径较大，供暖系统的总压力损失也较大，一般约为 $10\sim20kPa$，较大型系统总压力损失可达 $20\sim50kPa$。进行机械循环热水供暖系统水力计算时应注意：

（1）如果室内系统入口处循环作用压力已经确定，可根据入口处的作用压力求出各循环环路的平均比摩阻 R_{pj}，进而确定各管段管径。

（2）如果系统入口处作用压力较高，必然要求环路的总压力损失也较高，这会使系统的比摩阻、流速相应提高。对于异程式系统，如果最不利环路各管段比摩阻定得过大，其他并联环路的阻力损失将难以平衡，而且设计中还需考虑管路和散热器的承压能力问题。因此，对于入口处作用压力过大的系统，可先采用经济比摩阻 $R_{pj}=60\sim120Pa/m$ 确定各管段管径，然后再确定系统所需的循环作用压力，过剩的入口压力可用调节阀或调压孔板消除。

（3）在机械循环热水供暖系统中，供回水密度差作用下产生的自然循环作用压力依然存在，自然循环综合作用压力应等于水在散热器内冷却产生的作用压力和水在管路中冷却产生的附加压力之和。进行机械循环系统的水力计算时，水在管路中冷却产生的附加压力较小，可以忽略不计，只需考虑水在散热器内冷却产生的作用压力。

对于机械循环双管系统，一根立管上的各层散热器是并联关系，各层散热器之间由于作用压力的不同而产生垂直失调问题，自然循环的作用压差应考虑进去，不能忽略。机械循环单管系统，如果建筑物各部分层数相同，每根立管环路产生的自然循环作用压力近似相等，可以忽略不计；如果建筑物各部分层数不同，高度和热负荷分配比例也不同，各立管环路之间必然存在自然循环作用压差，计算各立管间的压力损失不平衡率时，应将各立管间的自然循环作用压差计算在内。自然循环作用压力可按设计水温条件下最大循环压力的 2/3 计算。

2. 【实际训练 1】进行机械循环单管顺流异程式热水供暖系统等温降法水力计算训练

已知条件：图 5-1 所示是机械循环单管顺流异程式热水供暖系统两大并联环路中的一侧环路。热媒参数为：供水温度 $t_g=75℃$，回水温度 $t_h=50℃$。图中已标出立管号，各组散热器的热负荷（W）和各管段的热负荷（W）、长度（m）。

【解】计算步骤：

1）最不利环路的计算

（1）确定最不利环路

图 5-1 所示的异程式系统的最不利环路是通过立管 N_9 的环路，包括①～㉑管段。

（2）确定各管段流量

由式（5-1），计算各管段流量。

如管段 1：热负荷 $Q=146730W$，流量 $G=\dfrac{0.86\times146730}{(75-50)}kg/h=5047.51kg/h$

最不利环路①～㉑管段的流量已列入表 5-2 中。

（3）确定各管段管径

根据推荐的经济比摩阻 60～120Pa/m 和各管段流量 G，查附录 10 确定表中各管段管径，表中实际比摩阻和表中实际流速。因流体的实际密度与制表的密度不同，但质量流量相同，则应对流速、比摩阻和管径进行修正。

如管段 1：$G=5047.51kg/h$，选用表中管径 50mm，

当 $G=5000.00kg/h$ 时，$R=107.779Pa/m$，$v=0.63m/s$；$G=5400kg/h$ 时，$R=121.02Pa/m$，$v=0.67m/s$。用内差法求得当 $G=5047.51kg/h$ 时，表中实际比摩阻 $R_{sh}=109.29Pa/m$，表中实际流速 $v_{sh}=0.63m/s$。

最不利环路其他管段的计算结果见表 5-2。

应注意，机械循环热水供暖系统为了利于通过供水干管末端的集气罐排空气，而且不至于影响末端立管管径，供水干管末端和回水干管起端管径不宜小于 20mm。

（4）计算各管段压力损失

计算各管段的沿程压力损失：沿程压力损失 $p_y=RL$，各管段的沿程压力损失值见表 5-2。

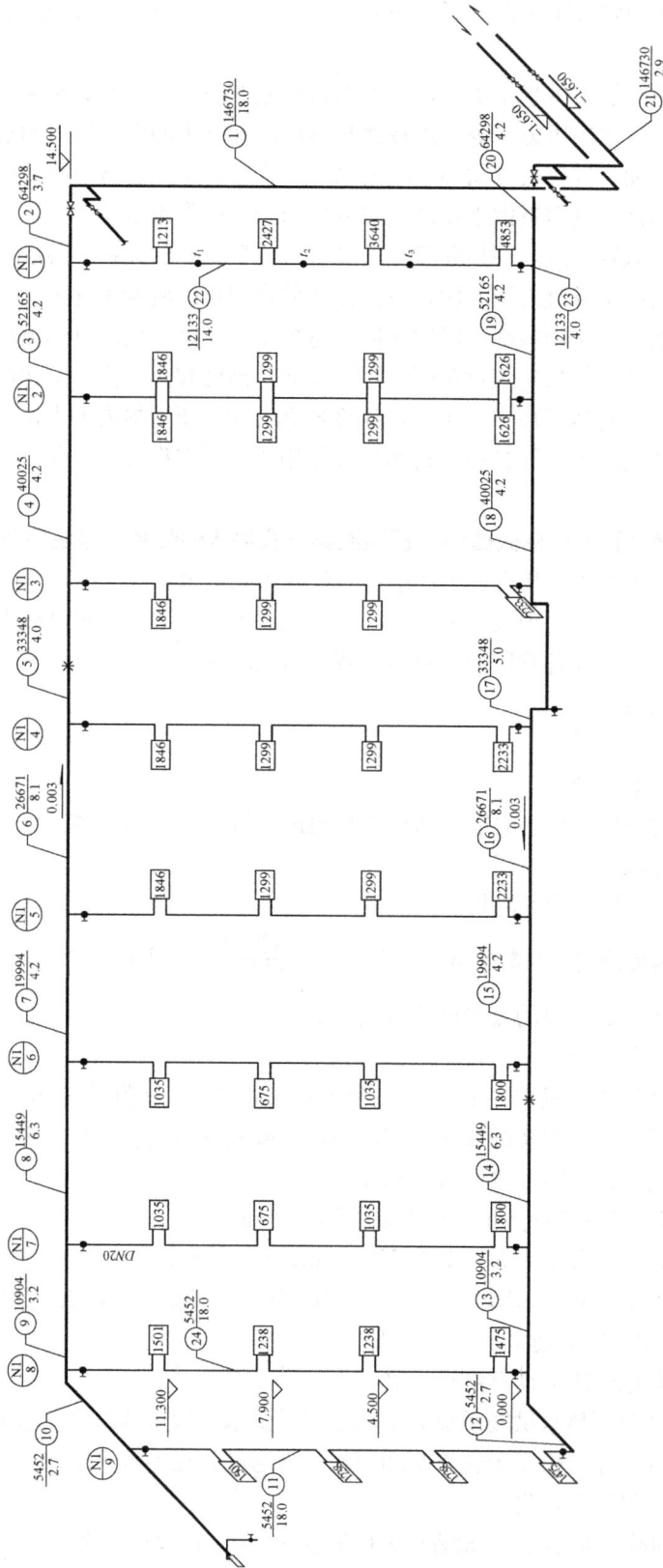

图 5-1 机械循环单管顺流异程式热水供暖系统

计算各管段的局部压力损失：列出各管段的局部阻力名称，查附录 11 确定各管段的局部阻力系数，列于表 5-3 中。应注意，统计局部阻力时，应将三通和四通管件的局部阻力系数列于流量较小的管段上；根据各管段流速 v，查附录 12，确定动压头 $\frac{\rho v^2}{2}$，列入表 5-2 中；计算局部压力损失，用公式 $p_j = \sum \xi \frac{\rho v^2}{2}$ 计算，计算结果列于表 5-2 中。

（5）确定最不利环路的总压力损失

$$\sum(p_y + p_j)_{①\sim㉑} = 14314.05 \mathrm{Pa}$$

（6）确定系统所需的循环作用压力 $\Delta p'$

《暖通规范》规定，供暖系统的压力损失宜采用 10% 的附加值。因此，该系统所需的循环作用压力为

$$\Delta p' = 1.1 \sum(p_y + p_j)_{①\sim㉑} = 1.1 \times 14314.05 \mathrm{Pa} = 15745.46 \mathrm{Pa}$$

如果室内循环系统入口处作用压力过大，可用调节阀消除剩余压力。

2）立管 N_1 环路的水力计算

对于机械循环单管顺流式系统，应考虑各立管环路之间由于水在散热器内冷却产生的自然循环作用压力差。本设计中因各立管散热器层数相同，热负荷分配比例大致相等，所以自然循环作用压力差可以忽略不计。

根据并联节点压力平衡的原则，立管 N_1 的①、②、㉒、㉓、⑳、㉑管段与最不利环路 N_9 的①～㉑管段并联，不考虑共用段，③～⑲管段的总压力损失就是㉒、㉓管段的资用压力，即

$$\Delta p_{资㉒、㉓} = \sum(p_y + p_j)_{③\sim⑲} = 8311.18 \mathrm{Pa}$$

㉒、㉓管段的平均比摩阻

$$R_{pj} = \frac{\alpha \Delta p}{\sum L} = \frac{0.5 \times 8311.18}{18.0} \mathrm{Pa/m} = 230.87 \mathrm{Pa/m}$$

机械循环热水供暖系统沿程损失占总损失的百分数 α，查附录 13，为 $\alpha = 50\%$。

根据各管段的流量和平均比摩阻可以确定各管段管径、实际比摩阻和实际流速。具体计算结果见表 5-2。

机械循环异程式热水供暖系统水力计算表   表 5-2

管段编号	热负荷 Q (W)	流量 G (kg/h)	管段长度 L (m)	管径 d (mm)	流速 v (m/s)	比摩阻 R (Pa/m)	沿程损失 $(p_y=RL)$ (Pa)	局部阻力系数 $\sum \xi$	动压力 ΔP_d (Pa)	局部损失 $p_j = \sum \xi \times \Delta P_d$ (Pa)	管段损失 (p_y+p_j) (Pa)	备注
1	2	3	4	5	6	7	8	9	10	11	12	13
最不利环路 N_9，①～㉑管段												
1	146730	5047.51	18.0	50	0.63	109.29	1967.22	1.0	195.22	195.22	2162.44	
2	64298	2211.85	3.7	40	0.49	92.87	343.62	4.0	118.04	472.16	815.78	
3	52165	1794.48	4.2	40	0.49	111.60	468.72	1.0	118.04	118.04	586.76	
4	40025	1376.86	4.2	32	0.37	65.84	276.53	1.0	67.30	67.30	343.83	
5	33348	1147.17	4.0	32	0.31	45.77	183.08	1.0	47.25	47.25	230.33	
6	26671	917.48	8.1	32	0.25	30.83	249.72	1.0	30.73	30.73	280.45	

管段编号	热负荷 Q (W)	流量 G (kg/h)	管段长度 L (m)	管径 d (mm)	流速 v (m/s)	比摩阻 R (Pa/m)	沿程损失 $(p_y=RL)$ (Pa)	局部阻力系数 $\Sigma\xi$	动压力 ΔP_d (Pa)	局部损失 $p_j=\Sigma\xi\times\Delta P_d$ (Pa)	管段损失 (p_y+p_j) (Pa)	备注
1	2	3	4	5	6	7	8	9	10	11	12	13
7	19994	687.79	4.2	25	0.33	74.90	314.58	1.0	53.54	53.54	368.12	
8	15449	531.45	6.3	25	0.26	45.05	283.82	1.0	33.23	33.23	317.05	
9	10904	375.10	3.2	20	0.29	81.10	259.52	1.0	41.35	41.35	300.87	
10	5452	187.55	2.7	20	0.14	21.99	59.37	3.0	9.64	28.92	88.29	
11	5452	187.55	18.0	20	0.27	101.46	1826.28	44.0	34.84	1576.96	3403.24	
12	5452	187.55	2.7	20	0.14	21.99	59.37	3.0	9.64	9.64	88.29	
13	10904	375.10	3.2	20	0.29	81.10	259.52	1.0	41.35	28.92	300.87	
14	15449	531.45	6.3	25	0.26	45.05	283.82	1.0	33.23	33.23	317.05	
15	19994	687.79	4.2	25	0.33	74.90	314.58	1.0	53.54	53.54	368.12	
16	26671	917.48	8.1	32	0.25	30.83	249.72	1.0	30.73	30.73	280.45	
17	33348	1147.17	5.0	32	0.31	45.77	228.85	7.0	47.25	330.75	559.6	
18	40025	1376.86	4.2	32	0.37	65.84	276.53	1.0	67.30	67.30	343.83	
19	52165	1794.48	4.2	40	0.49	111.60	468.72	1.0	118.04	118.04	586.76	
20	64298	2211.85	4.2	40	0.49	92.87	390.05	4.0	118.04	472.16	862.21	
21	146730	5047.51	18.0	50	0.63	109.29	1967.22	1.0	195.22	195.22	2162.44	

$$\Sigma(p_y+p_j)_{①\sim㉑}=14314.05\text{Pa}$$
$$\text{系统循环作用压力}\;\Delta P'=1.1\Sigma(p_y+p_j)_{①\sim㉑}=1.1\times14314.05=15745.46\text{Pa}$$
$$\text{立管}\,N_1\text{环路}\quad\text{资用压力}\;\Sigma(p_y+p_j)_{③\sim⑲}=8311.18\text{Pa}$$

| 22 | 12133 | 417.38 | 14.0 | 20 | 0.32 | 100.05 | 1410.5 | 30.5 | 50.34 | 1535.37 | 2945.87 | |
| 23 | 12133 | 417.38 | 4.0 | 15 | 0.59 | 496.01 | 1984.04 | 13.5 | 171.13 | 2310.26 | 4294.30 | |

$$\Sigma(p_y+p_j)_{㉒㉓}=7539.1\text{Pa}$$
$$\text{不平衡率}(8311.18-7539.1)/8311.18\times100\%=9.29\%$$
$$\text{立管}\,N_8\text{环路}\quad\text{资用压力}\;\Sigma(p_y+p_j)_{⑩⑪⑫}=3579.82\text{Pa}$$

| 24 | 5452 | 187.55 | 18.0 | 15 | 0.27 | 101.47 | 1826.46 | 45.0 | 35.84 | 1612.8 | 3439.26 | |

$$\Sigma(p_y+p_j)_{㉔}=3439.26\text{Pa}$$
$$\text{不平衡率}(3579.82-3439.26)/3579.82\times100\%=3.9\%$$

再计算各管段的沿程压力损失和局部压力损失，计算结果见表5-2、表5-3。

机械循环异程式热水供暖系统局部阻力系数计算表　　　　表5-3

管段号	局部阻力	管径(mm)	个数	$\Sigma\xi$
①	械弯90°	70	1	0.5
	闸阀		1	0.5
			$\Sigma\xi=1.0$	
②	分流三通	40	1	3.0
	闸阀		1	0.5
	械弯90°		1	0.5
			$\Sigma\xi=4.0$	

管段号	局部阻力	管径(mm)	个数	Σξ
③	直流三通	40	1	1.0
		Σξ=1.0		
④⑤⑥	直流三通	32	1	1.0
		Σξ=1.0		
⑦⑧	直流三通	25	1	1.0
		Σξ=1.0		
⑨	直流三通	20	1	1.0
		Σξ=1.0		
⑩	直流三通 弯头	20	1 1	1.0 2.0
		Σξ=3.0		
⑪	弯头 闸阀 乙字弯 散热器	20	10 2 10 4	2.0×10 0.5×2 1.5×10 2.0×4
		Σξ=44.0		
⑫	直流三通 弯头	20	1 1	1.0 2.0
		Σξ=3.0		
⑬	直流三通	20	1	1.0
		Σξ=1.0		
⑭⑮	直流三通	25	1	1.0
		Σξ=1.0		
⑯	直流三通	32	1	1.0
		Σξ=1.0		
⑰	直流三通 弯头	32	1 4	1.0 1.5×4
		Σξ=7.0		
⑱	直流三通	32	1	1.0
		Σξ=1.0		
⑲	直流三通	40	1	1.0
		Σξ=1.0		
⑳	合流三通 械弯90° 闸阀	40	1 1 1	3.0 0.5 0.5
		Σξ=4.0		

续表

管段号	局部阻力	管径(mm)	个数	Σξ
㉑	械弯 90° 闸阀	70	1 1	0.5 0.5
		Σξ=1.0		
22	旁流三通 闸阀 乙字弯 弯头 散热器	20	1 1 7 6 3	1.5 0.5 1.5×7 2.0×6 2.0×3
		Σξ=30.5		
㉓	旁流三通 闸阀 乙字弯 弯头 散热器	15	1 1 3 2 1	1.5 1.5 1.5×3 2.0×2 2.0×1
		Σξ=13.5		
24	旁流三通 闸阀 乙字弯 弯头 散热器	15	2 2 10 8 4	1.5×2 1.5×2 1.5×10 2.0×8 2.0×4
		Σξ=45.0		

立管 N_1的㉒、㉓管段总压力损失

$$\Sigma(p_y + p_j)_{㉒、㉓} = 7539.10\text{Pa}$$

《暖通规范》规定：异程式热水供暖系统各并联环路之间（不包括共用段）的计算压力损失相对差额不应大于 15%。

立管 N_1的不平衡率为$\frac{8311.18-7539.1}{8311.18}\times 100\%=9.29\%$，符合要求。

3）立管 N_8环路的水力计算

立管 N_8的㉔管段与立管 N_9的⑩、⑪、⑫管段并联，㉔管段的资用压力为 3579.82Pa。具体计算结果见表 5-2、表 5-3。

立管 N_8的总压力损失为

$$\Sigma(p_y + p_j)_{㉔、㉕} = 3439.26\text{Pa}$$

不平衡率为 3.9%，符合要求。

其他立管的计算方法与上述相同。

以上计算的是两大并联环路的一侧环路，另一侧环路的计算方法相同。应注意两大并联分支环路也应做到压力损失平衡。

计算中会发现，机械循环异程式系统有的立管，经调整管径仍无法与最不利环路平衡，仍有过多的剩余压力，只能在系统初调节和运行时，调节立管上的阀门解决这个问题。机械循环异程式系统单纯用调整管径的办法平衡阻力非常困难，容易出现近热远冷的水平失调问题，所以系统作用半径较大时可考虑采用同程式系统。

3.【实际训练 2】进行机械循环单管顺流同程式热水供暖系统等温降法水力计算训练

已知条件：图 5-2 所示是机械循环单管顺流同程式热水供暖系统两大并联环路中的一

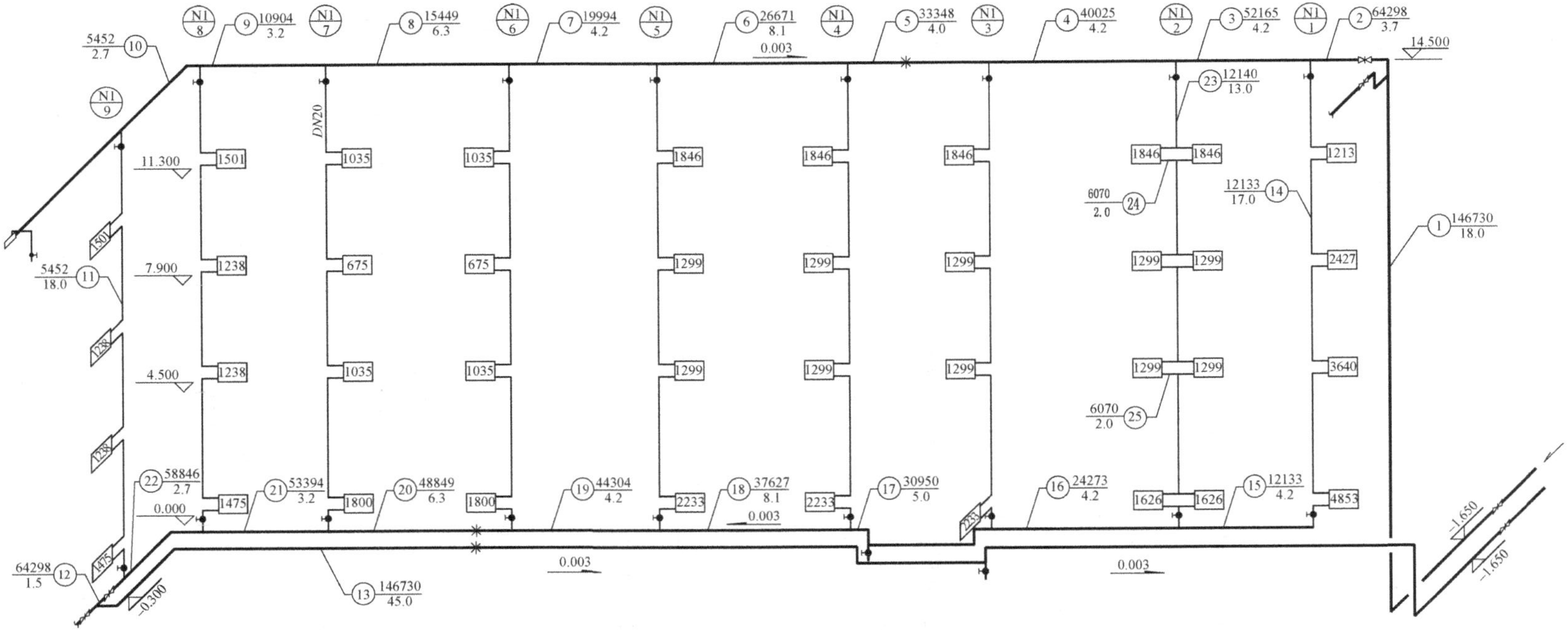

图 5-2 机械循环单管顺流同程式热水供暖系统

侧环路。热媒参数为：供水温度 $t_g = 75℃$，回水温度 $t_h = 50℃$，图中已标出立管号，各组散热器的热负荷（W）和各管段的热负荷（W）、长度（m）。

【解】计算步骤：

1）最远立管环路 N_9 的计算

最远立管 N_9 环路包括①～⑬管段，仍采用推荐的经济比摩阻 $R_{pj} = 60～120Pa/m$ 确定管径。具体计算结果见表5-4、表5-5。

最远立管 N_9 环路的总压力损失

$$\Sigma(p_y + p_j)_{①～⑬} = 13043.36Pa$$

2）最近立管环路 N_1 的计算

最近立管 N_1 环路包括①、②、⑭～⑫、⑫、⑬管段，其具体计算结果见表5-4、表5-5。

管段⑭～⑫的压力损失为

$$\Sigma(p_y + p_j)_{⑭～⑫} = 3907.79Pa$$

最近立管 N_1 环路的总压力损失为

$$\Delta p_{N_1} = \Sigma(p_y + p_j)_{①、②、⑭～⑫、⑫、⑬} = 13026.70Pa$$

最远立管 N_9 和最近立管 N_1 环路的压力损失不平衡率

应注意，同程式热水供暖系统最远、最近立管环路的压力损失不平衡率宜控制在 $\pm 5\%$ 的范围内。

最远立管 N_9 的③～⑪管段与最近立管 N_1 的⑭～⑫管段并联，具体计算结果见表5-4、表5-5。

$$\Sigma(p_y + p_j)_{③～⑪} = 3924.45Pa$$

不平衡率为 $\dfrac{3924.45 - 3907.79}{3924.45} \times 100\% = 0.42\%$，符合要求。

供暖系统的循环作用压力

$$\Delta p = 1.1\Delta p_{N9} = 1.1 \times 13043.36Pa = 14347.70Pa。$$

其他立管环路的计算

应注意，单管同程式热水供暖系统各立管间的压力损失不平衡率宜控制在 $\pm 10\%$ 以内。

通过最远立管 N_9 环路的计算可确定供水干管各管段的压力损失；通过最近立管 N_1 环路的计算可确定回水干管各管段的压力损失。根据并联节点压力平衡的原则可确定各立管的资用压力。

例如：立管 N_2 的资用压力

$$\Delta p_{资N_2} = \Sigma(p_y + p_j)_{⑭、⑮} - \Sigma(p_y + p_j)_{③} = 1039.63Pa$$

立管 N_2 的㉓、㉔、㉕管段水力计算结果列在表5-4、表5-5中。

立管 N_2 的压力损失为

$$\Sigma(p_y + p_j)_{㉓、㉔、㉕} = 970.58Pa$$

不平衡率为 $\dfrac{1039.63 - 970.58}{1039.63} \times 100\% = 6.64\%$，符合《暖通规范》的要求。

上述计算结果列于表5-4和表5-5中。

机械循环同程式热水供暖系统水力计算表

表 5-4

管段编号	热负荷 Q (W)	流量 G (kg/h)	管段长度 L (m)	管径 d (mm)	流速 v (m/s)	比摩阻 R (Pa/m)	沿程损失 $(p_y=RL)$ (Pa)	局部阻力系数 $\Sigma\xi$	动压力 ΔP_d (Pa)	局部损失 $p_j=\Sigma\xi\times\Delta P_d$ (Pa)	管段损失 (p_y+p_j) (Pa)	计算管起点至计算管末端压力损失 (Pa)	备注
1	2	3	4	5	6	7	8	9	10	11	12	13	14
最远立管环路 N_9													
1	146730	5047.51	18.0	50	0.63	109.29	1967.22	1.0	195.22	195.22	2162.44	2162.44	
2	64298	2211.85	3.7	40	0.45	79.48	294.08	4.0	99.55	398.2	692.28	2854.72	
3	52165	1794.48	4.2	40	0.37	54.99	230.96	1.0	67.3	67.30	298.26	3152.98	
4	40025	1376.86	4.2	32	0.37	67.61	283.96	1.0	67.3	67.30	351.26	3504.24	
5	33348	1147.17	4.0	32	0.31	45.78	183.12	1.0	47.25	47.25	230.37	3734.61	
6	26671	917.48	8.1	25	0.44	130.85	1059.89	1.0	95.18	95.18	1155.07	4889.68	
7	19994	687.79	4.2	25	0.33	74.90	314.58	1.0	53.54	53.54	368.12	5257.80	
8	15449	531.45	6.3	25	0.26	45.05	283.82	1.0	33.23	33.23	317.05	5574.85	
9	10904	375.10	3.2	20	0.29	81.10	259.52	1.0	41.35	41.35	300.87	5875.72	
10	5452	187.55	2.7	20	0.14	21.99	59.37	3.0	9.64	28.92	88.29	5964.01	
11	5452	187.55	18.0	20	0.14	21.99	395.82	43.5	9.64	419.34	815.16	6779.17	
12	64298	2211.85	1.5	40	0.45	79.48	119.22	3.5	99.55	348.43	467.65	7246.82	
13	146730	5047.51	45.0	50	0.63	109.29	4918.05	4.5	195.22	878.49	5796.54	13043.36	

$\Sigma(p_y+p_j)_{①\sim⑬}=13043.36$Pa

最近立管 N_1 环路

管段编号	热负荷 Q (W)	流量 G (kg/h)	管段长度 L (m)	管径 d (mm)	流速 v (m/s)	比摩阻 R (Pa/m)	沿程损失 $(p_y=RL)$ (Pa)	局部阻力系数 $\Sigma\xi$	动压力 ΔP_d (Pa)	局部损失 $p_j=\Sigma\xi\times\Delta P_d$ (Pa)	管段损失 (p_y+p_j) (Pa)	计算管起点至计算管末端压力损失 (Pa)	备注
14	12133	417.38	18.0	25	0.20	29.27	526.86	34.0	19.66	668.44	1195.3	4050.02	
15	12133	417.38	4.2	25	0.20	29.27	122.93	1.0	19.66	19.66	142.59	4192.61	
16	24273	834.99	4.2	25	0.40	109.89	461.54	1.0	78.66	78.66	188.55	4381.16	
17	30950	1064.68	5.0	32	0.29	39.42	197.1	7.0	41.35	289.45	486.55	4867.71	
18	37627	1294.37	8.1	32	0.35	58.14	471.28	1.0	60.22	60.22	531.5	5399.21	
19	44304	1524.06	4.2	32	0.42	80.65	338.77	1.0	86.72	86.72	425.49	5824.70	
20	48849	1680.41	6.3	40	0.35	48.30	304.29	1.0	60.22	60.22	364.51	6189.21	
21	53394	1836.75	3.2	40	0.38	57.61	184.35	1.0	70.99	70.99	255.34	6444.55	
22	58846	2024.30	2.7	40	0.42	69.43	187.88	1.5	86.72	130.08	317.96	6762.51	

$\Sigma(p_y+p_j)_{⑭\sim㉒}=3907.79$Pa

管段③～⑪与管段⑭～㉒并联，$\Sigma(p_y+p_j)_{③\sim⑪}=3924.45$Pa

不平衡率 $(3924.45-3907.79)/3924.25\times100\%=0.42\%$

立管 N_2 环路　资用压力 $=\Sigma(p_y+p_j)_{⑭\sim⑮}-\Sigma(p_y+p_j)_③=1039.63$Pa

管段编号	热负荷 Q (W)	流量 G (kg/h)	管段长度 L (m)	管径 d (mm)	流速 v (m/s)	比摩阻 R (Pa/m)	沿程损失 $(p_y=RL)$ (Pa)	局部阻力系数 $\Sigma\xi$	动压力 ΔP_d (Pa)	局部损失 $p_j=\Sigma\xi\times\Delta P_d$ (Pa)	管段损失 (p_y+p_j) (Pa)	计算管起点至计算管末端压力损失 (Pa)	备注
23	12140	417.62	14.0	25	0.20	29.30	410.20	6.0	19.66	117.96	528.16		
24	6070	208.81	2.0	25	0.10	7.76	15.52	20.0	4.92	98.4	113.92		
25	6070	208.81	2.0	20	0.16	25.86	51.72	22.0	12.59	276.98	328.50		

$\Sigma(p_y+p_j)_{㉓㉔㉕}=970.58$Pa

不平衡率 $(1039.63-970.58)/1039.63\times100\%=6.64\%$

机械循环同程式热水供暖系统局部阻力系数计算表　　表 5-5

管段号	局部阻力	管径(mm)	个数	$\sum\xi$
①	械弯90° 闸阀	50	1 1	0.5 0.5
			$\sum\xi=1.0$	
②	分流三通 闸阀 械弯90°	40	1 1 1	3.0 0.5 0.5
			$\sum\xi=4.0$	
③	直流三通	40	1	1.0
			$\sum\xi=1.0$	
④⑤	直流三通	32	1	1.0
			$\sum\xi=1.0$	
⑥⑦⑧	直流三通	25	1	1.0
			$\sum\xi=1.0$	
⑨	直流三通	20	1	1.0
			$\sum\xi=1.0$	
⑩	直流三通 弯头	20	1 1	1.0 2.0
			$\sum\xi=3.0$	
⑪	弯头 闸阀 乙字弯 散热器 旁流三通	20	9 2 10 4 1	2.0×9 0.5×2 1.5×10 2.0×4 1.5
			$\sum\xi=43.5$	
⑫	合流三通 闸阀	40	1 1	3.0 0.5
			$\sum\xi=3.5$	
⑬	机弯90° 闸阀	50	8 1	0.5×8 0.5
			$\sum\xi=4.5$	
⑭	旁流三通 闸阀 乙字弯 弯头 散热器	25	1 2 10 9 4	1.5 0.5×2 1.0×10 1.5×9 2.0×4
			$\sum\xi=34.0$	
⑮	直流三通	25	1	1.0
			$\sum\xi=1.0$	
⑯	直流三通	25	1	1.0
			$\sum\xi=1.0$	
⑰	直流三通 弯头	32	1 4	1.0 1.5×4
			$\sum\xi=7.0$	
⑱⑲	直流三通	32	1	1.0
			$\sum\xi=1.0$	
⑳㉑	直流三通	40	1	1.0
			$\sum\xi=1.0$	
㉒	直流三通 械弯90°	40	1 1	1.0 0.5
			$\sum\xi=1.5$	

管段号	局部阻力	管径(mm)	个数	$\sum \xi$
㉓	旁流三通 闸阀 乙字弯	25	2 2 2	1.5×2 0.5×2 1.0×2
		$\sum \xi = 6.0$		
㉔	分、合流三通 乙字弯 散热器	25	4 4 2	3.0×4 1.0×4 2.0×2
		$\sum \xi = 20$		
㉕	分、合流三通 乙字弯 散热器	20	4 4 2	3.0×4 1.5×4 2.0×2
		$\sum \xi = 22.0$		

其他立管可按同样方法进行计算。

另外，可用图示方法表示系统的总压力损失和立管供回水节点间的资用压力值。

图 5-3 为同程式热水供暖系统管路压力损失平衡分析图。

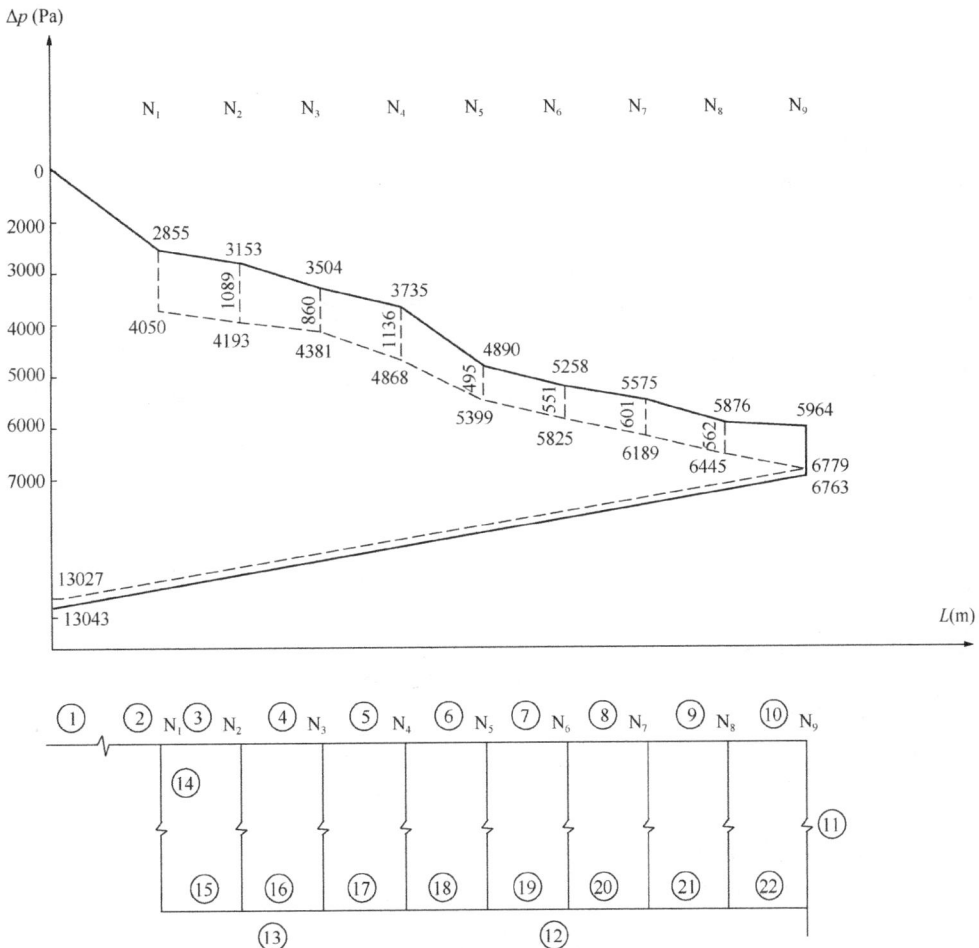

图 5-3　同程式热水供暖系统管路压力损失平衡分析图

任务6 识读室内蒸汽供暖施工图

【教学目的】通过项目教学活动，培养学生具备选择蒸汽供暖系统形式，进行蒸汽供暖系统的管路布置的能力，具备识读蒸汽供暖系统施工图的能力。培养学生良好的职业道德、自我学习能力、实践动手能力和耐心细致的能够分析处理问题的能力，以及诚实、守信、善于沟通和合作的专业素养。

【知识目标】
1. 掌握蒸汽供暖系统形式及特点。
2. 掌握蒸汽供暖系统的管路布置的方法。
3. 掌握识读蒸汽供暖系统施工图的方法。

【主要学习内容】

6.1 室内蒸汽供暖系统概述

1. 蒸汽供暖系统的工作原理

以水蒸气作为热媒的供暖系统称为蒸汽供暖系统。图 6-1 所示是蒸汽供暖系统的原理图。水在锅炉被加热成具有一定压力和温度的蒸汽，蒸汽靠自身压力作用通过管道流入散热器内，在散热器内放热后，蒸汽变成凝结水，凝结水靠重力经过疏水器（阻汽疏水）后沿凝结水管道返回凝结水箱内，再由凝结水泵送入锅炉重新被加热变成蒸汽。

蒸汽供暖系统中，蒸汽在散热设备中定压凝结成同温度的凝结水，发生了相态的变化。通常认为在散热器内蒸汽凝结放出的是汽化潜热 γ。

散热设备的热负荷为 Q 时，散热设备所需的蒸汽量可按下式计算

$$G = \frac{AQ}{\gamma} = \frac{3600Q}{1000\gamma} = \frac{3.6Q}{\gamma} \qquad (6\text{-}1)$$

式中　Q——散热设备的热负荷（W）；
　　　G——供暖系统所需的蒸汽量（kg/h）；
　　　γ——蒸汽在凝结压力下的汽化潜热（kJ/kg）；
　　　A——单位换算系数，$1W = 1J/s = 3600/1000kJ/h = 3.6kJ/h$。

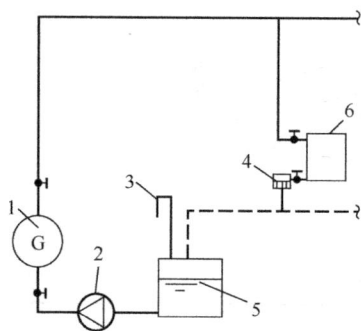

图 6-1　蒸汽供暖系统原理图
1—蒸汽锅炉；2—凝结水泵；3—空气管；
4—疏水器；5—凝结水箱；6—散热器

2. 蒸汽供暖系统的特点

蒸汽的汽化潜热 γ 比起每千克水在散热设备中靠温降放出的显热量要大得多；由于饱和蒸汽在凝结过程中温度不变，所以散热器内的平均温度即为蒸汽的饱和温度，在蒸汽供暖使用的压力范围内，蒸汽供暖系统散热设备中的热媒平均温度要比热水供暖系统高得

多。对于同样的热负荷，蒸汽供暖时所需的蒸汽质量流量比热水的质量流量少得多，所需散热设备面积也比热水供暖时少。

蒸汽供暖系统中，蒸汽的比体积比热水大许多，蒸汽流速也比热水流速高许多；蒸汽的热惰性小，供汽时热得快，冷得也快，这更适合于需要间歇供暖的用户，如影剧院。另外，蒸汽供暖系统的静水压力也较热水供暖系统小得多。

蒸汽供暖系统中蒸汽和凝结水在管路中流动时，不断发生着状态参数和相态的变化。锅炉中制备的湿饱和蒸汽沿途流动时，由于管壁散热而产生沿途凝水，蒸汽流量将有所减少，湿饱和蒸汽经过阀门等局部构件绝热节流时，压力降低、体积膨胀，湿饱和蒸汽可能变成节流压力下的干饱和蒸汽或过热蒸汽。从散热设备中流出的饱和凝结水，通过疏水器或阀门等局部构件处压力下降后，由于沸点改变，部分凝水重新汽化形成二次蒸汽，管路中是汽液两相流体流动。蒸汽和凝水发生这些变化时，伴随着密度、温度等参数的变化，这是蒸汽供暖系统的特点之一。蒸汽供暖系统的设计、运行都要比热水供暖系统复杂得多。

蒸汽散热器表面温度高，不仅容易烫伤人，也会使其表面上的有机灰尘升华而产生异味，卫生条件较差。而且，系统中易出现"跑、冒、滴、漏"现象，影响系统的使用效果和经济性。

3. 蒸汽供暖系统的分类

按供汽压力的大小，蒸汽供暖系统分为三类：供汽压力等于或低于 70kPa 的系统称为低压蒸汽供暖系统；供汽压力高于 70kPa 的系统称为高压蒸汽供暖系统；供汽压力小于大气压的系统称为真空蒸汽供暖系统。

高压蒸汽供暖系统的蒸汽压力一般由管路和设备的耐压程度决定，如选用柱形和长翼形铸铁散热器时，散热器内的蒸汽表压力不应超过 196kPa（2kgf/cm²）；圆翼形铸铁散热器不得超过 392kPa（4kgf/cm²）。

国外设计低压蒸汽供暖系统时，一般都采用尽可能低的供汽压力，且多数用在民用建筑内，这是因为供汽压力降低时，蒸汽的饱和温度也降低，凝结水的二次汽化量少，运行可靠，卫生条件较好。真空蒸汽供暖可随室外气温调节供汽压力，在室外温度较高时，蒸汽压力甚至可降低到 10kPa，其饱和温度仅为 45℃左右，卫生条件较好。但系统需要真空泵装置，较复杂，在我国很少采用。

按蒸汽干管布置形式的不同，蒸汽供暖系统可分为上供式、中供式、下供式三种；按立管的布置特点，蒸汽供暖系统可分为单管式和双管式，目前国内大多数蒸汽供暖系统采用双管式；按凝水回流动力的不同，蒸汽供暖系统还可分为重力回水、余压回水和加压回水系统。

6.2 识读室内低压蒸汽供暖系统

1. 双管上供下回式低压蒸汽供暖系统的形式特点

图 6-2 所示是双管上供下回式低压蒸汽供暖系统，该形式是室内低压蒸汽供暖系统经常采用的一种形式。从锅炉产生的低压蒸汽经分汽缸分配到管路系统。蒸汽在自身压力的作用下，克服流动阻力经室外蒸汽管、室内蒸汽主管、蒸汽干管、立管和散热器支管进入

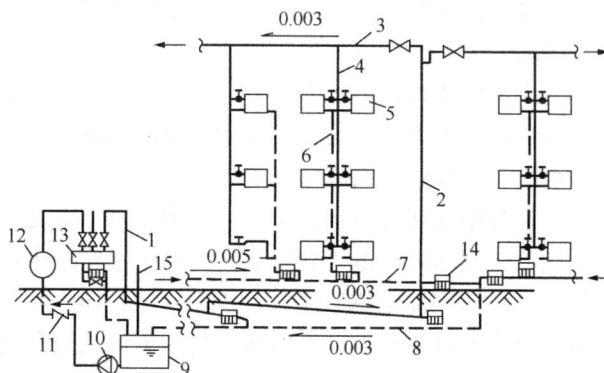

图 6-2　双管上供下回式低压蒸汽供暖系统

1—室外蒸汽管；2—室内蒸汽主立管；3—蒸汽干管；4—蒸汽立管；5—散热器；
6—凝结水立管；7—凝结水干管；8—室外凝水管；9—凝结水箱；10—凝结水泵；
11—止回阀；12—锅炉；13—分汽缸；14—疏水器；15—空气管

散热器内。蒸汽在散热器内放出汽化潜热变成凝结水。凝结水从散热器流出后，经凝结水支管、立管、干管进入室外凝结水管网流回锅炉房内凝结水箱，再经凝水泵注入锅炉，重新被加热变成蒸汽送入供暖系统。

2. 双管上供下回式低压蒸汽供暖系统正常工作的条件

1）散热器的供汽压力应符合要求

蒸汽供暖系统散热器内蒸汽和空气是交替存在的。供汽之前，散热器内充满空气。供汽后，一定压力的蒸汽克服阻力进入散热器，将散热器内的空气排出去。如果供汽压力符合要求，进入散热器的蒸汽量恰好能被散热器表面冷凝成水，散热器内全部充满蒸汽，空气能完全排净，散热器内壁上形成一层凝水薄膜，而且凝水能及时顺利地流出，不在散热器内积留，此时散热器表面温度和放热量都能达到要求。如果供汽压力较高，供汽量超过了散热器的凝结能力，便会有未凝结的蒸汽窜入凝水管，散热器表面温度和放热量超过设计要求，造成房间过热。如果供汽压力较低，进入散热器的蒸汽量减少，不能将散热器内的空气完全排净，由于低压蒸汽的密度比空气小，低压蒸汽将只占据散热器的上部空间。凝水在散热器的下部流动，空气停留在蒸汽与凝结水之间，减少了蒸汽与散热器的接触面积。凝水因蒸汽饱和分压力降低、器壁散热和空气的吸热而发生过冷却，这会降低散热器表面温度，造成房间供热量不足，温度达不到设计要求。通常低压蒸汽供暖系统散热器内蒸汽压力应与大气压力接近而略高一点，以使蒸汽在正压下凝结放热。低压蒸汽供暖系统的蒸汽始端压力除用以克服管道阻力外，到达散热器入口前尚应保留 1500～2000Pa 的剩余压力，以克服散热器阻力使蒸汽进入散热器，并能将散热器内的空气驱入凝水管。

2）合理地设置疏水器

疏水器是蒸汽供暖系统特有的设备，它的作用是自动阻止蒸汽通过，及时迅速地排除用热设备和管道中的凝水、系统中积留的空气和其他不凝性气体。蒸汽沿途流动时，管壁散热生成的沿途凝水有些可能被高速蒸汽流裹带形成高速水滴，有些已经落在管底的凝水又会被高速蒸汽重新掀起形成水塞，水滴、水塞随蒸汽一起流动，流到阀门、拐弯或向上的管段时，会与管件或管道发生撞击，产生很大的噪声、振动或局部高压，损坏管件接口的严密性和管路支架，这就是水击现象。蒸汽供暖系统应及时排除管路中的沿途凝水，避免发生水击现象。

在实际运行中，为了防止供汽压力过高时未凝结的蒸汽窜入凝水管，并且能顺利排除管路沿途和散热设备内的凝水，避免出现水击现象，低压蒸汽供暖系统一般在分汽缸的下部、蒸汽管路可能积水的低点处、每组散热器的出口或每根立管的下部设置疏水器。

3）顺利排除系统内的空气

图6-2所示的双管上供下回式系统中，散热器至凝结水箱之间的凝结水管道横断面里，上部分是空气，下部分是凝水，凝水依靠管路的坡度，即靠重力作用流动，这种非满管流动的凝水管属于干式凝水管。从凝水箱至锅炉之间的凝水管，管道中全部充满了凝水，这种满管流动的凝水管属于湿式凝水管。

该系统靠蒸汽压力将散热器内的空气驱入干式凝水管，空气又通过干式凝水管上部气空间进入凝结水箱，从凝结水箱上部的空气管排出系统。凝水箱上空气管的作用不仅可以在系统启动和正常运行时，将系统里的空气排除出去，还可以在系统停止工作时，经空气管向系统补充空气，以防止系统停止送汽后，因系统内积存的蒸汽凝结体积大大收缩而产生真空，避免从系统不严密处吸入大量空气而影响系统正常运行。

3. 双管下供下回式低压蒸汽供暖系统的形式特点

图6-3所示为双管下供下回式低压蒸汽供暖系统。该系统的室内蒸汽干管与凝水干管同时敷设在地下室或特设的地沟内。在室内蒸汽干管的末端设置疏水器以排除室内沿途凝水。在该系统供汽立管中，凝水与蒸汽逆向流动，运行时容易产生噪声，特别是系统开始运行时，因凝水较多容易发生水击现象。

4. 双管中供式低压蒸汽供暖系统的形式特点

图6-4所示为双管中供式低压蒸汽供暖系统。中供式系统将供汽干管设在建筑物中间某层顶棚之下，如果多层建筑顶层或顶棚下不便设置蒸汽干管，可采用中供式系统，中供式系统不必像下供式系统需设置专门的蒸汽干管末端疏水器，总立管长度也比上供式小，蒸汽干管的沿途散热也可得到有效利用。

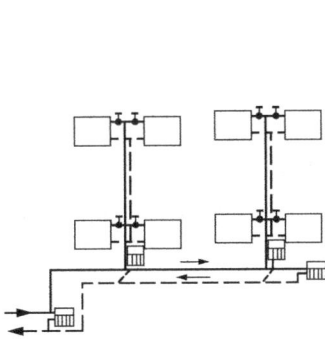

图6-3　双管下供下回式低压
蒸汽供暖系统

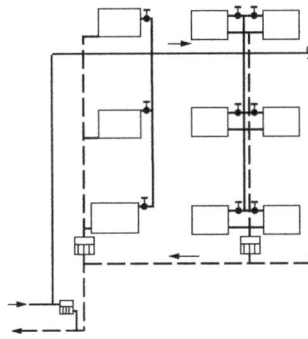

图6-4　双管中供式低压
蒸汽供暖系统

5. 单管上供下回式低压蒸汽供暖系统的形式及特点

图6-5所示为单管上供下回式低压蒸汽供暖系统。该系统采用单根立管，可节省管

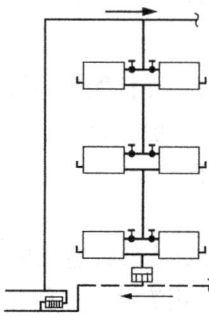

图 6-5 单管上供下回式
低压蒸汽供暖系统

材。蒸汽与凝水同向流动，不易发生水击现象。但底层散热器易被凝水充满，散热器内的空气无法通过凝水干管排除。由于散热器内低压蒸汽的密度比空气小，通常在每组散热器的 1/3 高度处设置自动排气阀，其作用除了运行时使散热器内空气在蒸汽压力的作用下及时排出外，还可以在系统停止供汽，散热器内形成负压时，通过自动排气阀迅速向散热器内补充空气，防止散热器内形成真空破坏散热器接口的严密性，而且可以使凝水排除干净，下次启动时不再产生水击现象。

6. 低压蒸汽供暖系统的凝水回收方式

蒸汽供暖系统的凝结水是锅炉高品质的补给水，应尽可能多地回收符合质量要求的凝结水，这可以减少水处理设备，降低系统造价和运行管理费用。凝水回收时应考虑利用好二次蒸汽，减少热能损失，避免出现水击现象。低压蒸汽供暖系统凝水回收方式主要有重力回水和机械回水两种形式。

1）重力回水系统

蒸汽供暖系统凝结水依靠自身重力流回锅炉房的系统称为重力回水系统。图 6-6 所示为重力回水低压蒸汽供暖系统示意图。该系统锅炉生产的蒸汽靠自身压力的作用，克服流动阻力进入散热器，将散热器内的空气排入水平干式凝水管，通过干式凝水管末端的空气管 B 排出系统。空气管的作用除了在正常运行时排出系统内的空气外，还可以在停止供汽时向系统内补充空气，防止散热器内蒸汽凝结时形成真空，将锅炉内的水倒吸入凝水管和散热器内，破坏系统的正常运行。在散热器内蒸汽凝结放热变成凝水，凝水靠重力作用克服管路流

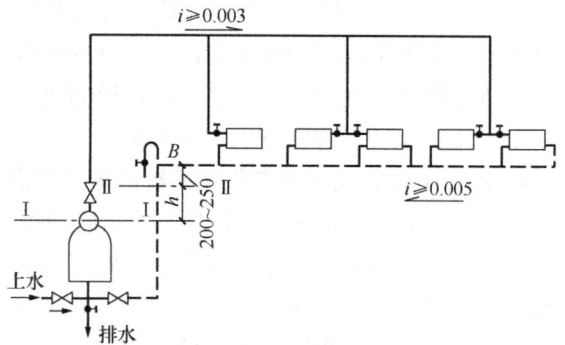

图 6-6 重力回水低压蒸汽供暖系统示意图

动阻力和锅炉压力返回锅炉，再重新被加热成蒸汽。

重力回水低压蒸汽供暖系统中，总凝水立管与锅炉直接相连，系统未运行时锅炉和总凝水立管中的水位在 I-I 平面上。系统运行后，在蒸汽压力的作用下，总凝水立管中的水位将升高至 II-II 上，升高值为 h，因为系统中水平干式凝水管末端设空气管与大气相通，所以 h 值即为锅炉压力折合的水柱高度。该系统若想使空气能顺利通过干式凝水管末端的空气管排除，就必须将水平干式凝水管设在 II-II 水面之上，要求留有 200～250mm 的富裕值，从而保证水平干式凝水管和散热器内不至于被凝水淹没，保证系统正常工作。

重力回水低压蒸汽供暖系统形式简单，不需设凝水泵和凝水箱，不消耗电能，系统的初投资和运行管理费用较低。适用于小型系统，锅炉蒸汽压力要求较低，且建筑物有地下室可利用的情况。

2）机械回水系统

如果系统作用半径较大，供汽压力较高（供汽压力超过 20kPa），凝水不可能靠重力直接返回锅炉，可考虑采用机械回水系统。如图 6-1 所示，凝水先靠重力作用流入用户凝

结水箱收集，再通过凝结水泵加压后返回锅炉房，这种系统称为机械回水（或加压回水）系统。该系统要求用户凝水箱应布置在所有散热器和水平干式凝水管之下，进入凝水箱的凝水管应做成顺水流下降的坡度，以便于散热器流出的凝水能靠重力流入凝水箱。

系统布置时应注意：

（1）为防止水泵停止运行时，锅炉中的水倒流入凝水箱，应在凝水泵的出水管上安装止回阀。

（2）为防止水在凝水泵吸入口处汽化，避免水泵出现气蚀现象，凝水泵与凝水箱之间的高度差取决于凝水温度，见表6-1。

凝水泵中心与凝水箱最低水位之间的高差 表6-1

凝水温度（℃）	0	20	40	50	60	75	80	90	100
泵高于水箱（m）	6.4	5.9	4.7	3.7	2.3	0	—	—	—
泵低于水箱（m）	—	—	—	—	—	—	2	3	6

注：1. 当泵高于水箱时，表中数字为最大吸水高度。

2. 当泵低于水箱时，表中数字为最小正水头。

6.3 识读室内高压蒸汽供暖系统

1. 室内高压蒸汽供暖系统的特点

在工厂中，生产工艺往往需要使用高压蒸汽，厂区内的车间及辅助建筑也常常利用高压蒸汽做热媒进行供暖，高压蒸汽供暖是一种厂区内常见的供暖方式。高压蒸汽供暖与低压蒸汽供暖相比，供汽压力高，热媒流速大，系统的作用半径也较大，相同热负荷时，系统所需管径和散热面积小。但由于蒸汽压力高，表面温度高，输送过程中无效损失较大，易烫伤人和产生烧焦落在散热器上的有机灰尘，卫生条件和安全条件较差。而且由于凝水温度高，凝水回流过程中易产生二次蒸汽，如果沿途凝水回流不畅，会产生严重的水击现象。

2. 双管上供下回式高压蒸汽供暖系统的形式及特点

高压蒸汽供暖系统多采用上供下回的系统形式，如图6-7所示。高压蒸汽通过室外蒸汽管路输送到热用户入口的高压分汽缸，根据各热用户的使用情况和要求的压力，从高压分汽缸上引出不同的蒸汽管路分送不同的用户。如果外网蒸汽压力超过供暖系统和生产工艺用热的工作压力，应在室内系统入口处设置减压装置，减压后的蒸汽再进入低压分汽缸分送不同的用户。送入室内各供暖系统的蒸汽，在散热设备处冷凝放热后，凝结水经凝水管道汇流到凝水箱，凝水箱与大气相通，称为开式凝水箱。凝水箱中的凝结水再通过凝结水泵加压送回锅炉重新加热。高压蒸汽供暖系统在每个环路凝水干管末端集中设置疏水器，在每组散热器的进出口支管上均安装阀门，以便调节供汽量和检修散热器时关断管路。为了使系统内各组散热器供汽量均匀，最好采用同程式管路布置形式。

3. 双管上供上回式高压蒸汽供暖系统的形式及特点

当车间地面之上不便于布置凝水管时，也可以将系统的供汽干管和凝水干管设于房间的上部，即采用上供上回式系统，如图6-8所示。凝结水靠疏水器之后的余压作用上升到

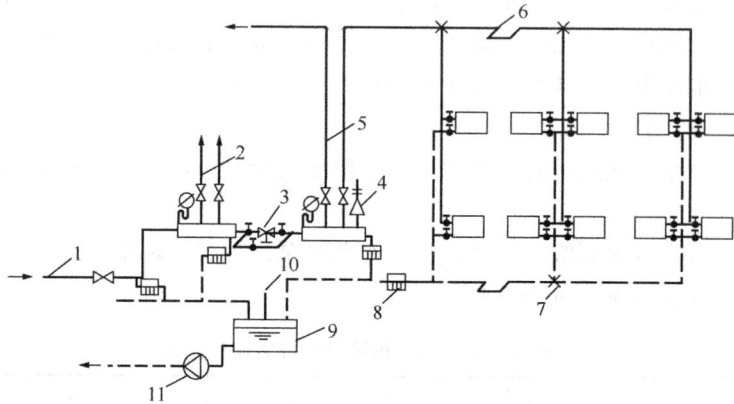

图 6-7　双管上供下回式高压蒸汽供暖系统

1—室外蒸汽管；2—室内高压蒸汽供汽管；3—减压装置；4—安全阀；5—室内高压蒸汽供暖
管；6—补偿器；7—固定支架；8—疏水器；9—开式凝水箱；10—空气管；11—凝水泵

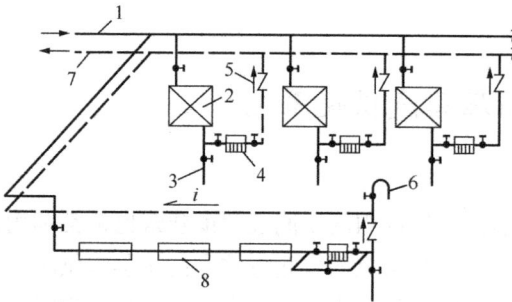

图 6-8　双管上供上回式高压蒸汽供暖系统

1—蒸汽管；2—暖风机；3—泄水管；4—疏水器；
5—止回阀；6—空气管；7—凝结水管；8—散热器

凝水干管，再返回室外管网。在每组散热器的凝结水出口处，除安装疏水器外，还应安装止回阀 5，防止停止供汽后，散热设备被凝水充满。系统还需要考虑设置泄水管和排空气管，以便及时排除每组散热设备和系统中的空气和凝水。该系统启动时，如果升压过快会产生水击现象，空气也不易排除。

该系统不利于运行管理，系统停汽检修时，各用热设备和立管要逐个排放凝结水。通常只有在散热量较大的暖风机供暖

系统又难以在地面敷设凝水管时，比如在多跨车间中部布置暖风机时，才考虑采用上供上回的系统形式。

4. 高压蒸汽供暖系统的凝水回收方式

1）高压蒸汽供暖系统凝水回收时，按凝水回流动力的不同，分成余压回水和加压回水两种形式。

（1）余压回水，如图 6-9、图 6-12（a）、图 6-13（a）所示。从室内散热设备流出的

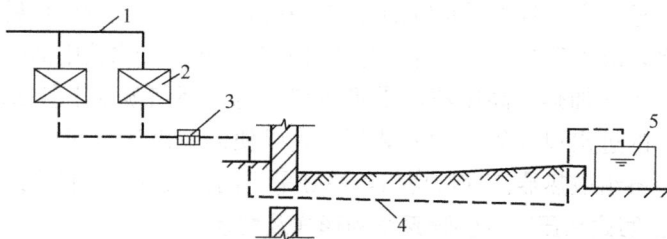

图 6-9　高压蒸汽余压回水

1—蒸汽管；2—用热设备；3—疏水器；4—余压凝水管；5—凝结水箱

凝结水还有很高压力,凝水克服疏水器阻力后的余压足以把凝水送回车间或锅炉房内的高位凝结水箱,这种回水方式叫做余压回水,余压回水设备简单,是一种普遍采用的高压凝水回收方式。应注意为避免高低压凝水合流时相互干扰,影响低压凝水的顺利排出,可采用如图 6-10 所示的措施,将高压凝水管做成喷嘴顺流插入低压凝水管中;将高压凝水管做成多孔管顺流插入低压凝水管中。

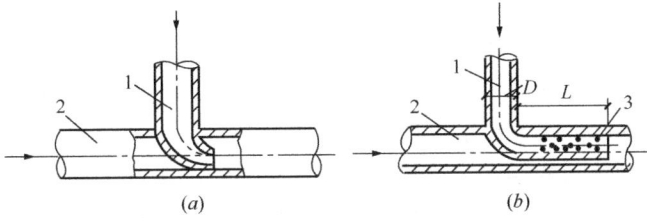

图 6-10　高低压凝水合流的简单措施

(*a*) 喷嘴状的高压凝水管;(*b*) 多孔管的高压凝水管

1—高压凝结水管;2—低压凝结水管;3—$\phi3$ 的孔径

注:L=孔数×6.5mm;孔数=$1.24 \times \frac{\pi}{4} D^2$($D$ 用 cm 代入)

(2) 加压回水,如图 6-11 所示,当余压不足以将凝水送回锅炉房时,可在用户处(或几个用户联合的凝水分站)设置凝水箱,收集几个用户不同压力的高温凝结水,处理二次蒸汽后,用水泵将凝水加压送回锅炉房,这就是加压回水方式。

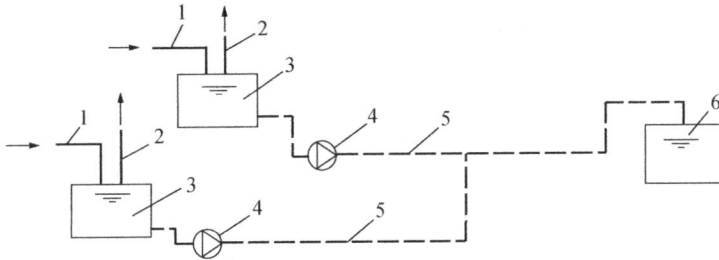

图 6-11　加压凝水回收系统

1—高压凝结水管;2—二次蒸汽管;3—分站凝结水箱;
4—凝结水泵;5—压力凝结水管;6—总站凝结水箱

2) 高压蒸汽凝水回收系统又可按凝水是否与大气相通分成开式系统和闭式系统。

(1) 开式凝水回收系统:如图6-12所示,各散热设备排出的高温凝水靠疏水器之后的余压送入开式高位水箱,在水箱内泄掉过高压力,并通过水箱上的空气管排放出二次蒸汽变成稳定的冷凝水,再靠高位凝水箱与锅炉房凝水箱之间的高差,通过高位凝水箱

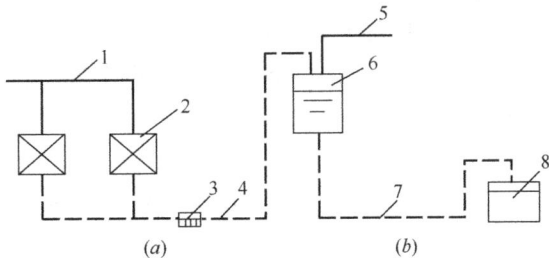

图 6-12　开式凝水回收系统

1—蒸汽管;2—用热设备;3—疏水器;4—余压凝结水管;
5—空气管;6—开式高位水箱;7—湿式凝结水管;
8—锅炉房凝结水箱

与锅炉房凝水箱之间的湿式凝水管使凝结水返回锅炉房凝水箱。在系统开始运行时，可借助高压蒸汽的压力将管路系统和散热设备内的空气，通过疏水器前的干式凝水管排入开式凝结水箱，再通过凝水箱顶的空气管排出系统。

这种系统因为采用了开式高位水箱，不可避免地要产生二次蒸汽的损失和空气的渗入，损失了热能，腐蚀了管道，污染了环境，一般只适用于凝水量小于 10t/h，作用半径小于 500m，且二次蒸汽量不多的小型工厂。

（2）闭式凝水回收系统：当工业厂房的蒸汽供暖系统使用较高压力时，凝水管道中生成的二次蒸汽量会很多，如图 6-13 所示的凝水回收系统中设置了闭式二次蒸发箱，系统中各散热设备排出的高温凝水靠疏水器后的余压被送入与大气隔绝的封闭的二次蒸发箱，散热设备与二次蒸发箱间的凝水管路仍属于干式凝水管，在二次蒸发箱内二次蒸汽与凝水分离，二次蒸汽引入附近的低压蒸汽用热设备加以利用，分离出来的凝水通过闭式满管流的湿式凝水管，靠高差流回锅炉房的凝水箱。空气通过二次蒸发箱前的排气阀排除。

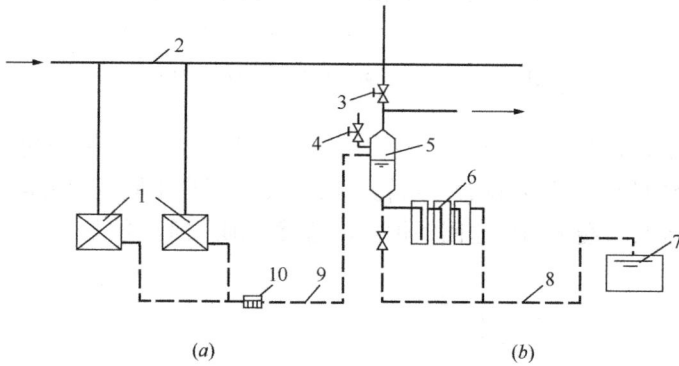

图 6-13　闭式满管高压凝结水回收系统

1—用汽设备；2—蒸汽管；3—压力调节器；4—安全阀；5—二次蒸发箱；6—多级水封；
7—锅炉房凝水箱；8—闭式满管流凝结水管；9—余压凝结水管；10—疏水器

二次蒸发箱一般架设在距地面约 3m 处，箱内蒸汽的压力可参考二次蒸汽的利用要求和回收凝水的温度要求而定，一般为 20～40kPa。在运行中，当用汽量小于二次蒸汽量，箱内压力升高，箱上的安全阀会自动排汽降压；当用汽量大于二次蒸汽量，箱内压力降低时，可通过压力调节器自动控制蒸汽补给管补入蒸汽，维持二次蒸发箱内压力稳定。

这种方式可避免室外余压回水管中汽水两相流动时产生的水击现象，减少高低压凝水合流时相互干扰，缩小外网的管径。但系统中设置了二次蒸发箱，设备增多了，运行管理复杂了。

6.4　室内蒸汽供暖系统的管路布置

室内蒸汽供暖系统管路布置的特点

蒸汽供暖系统管路的布置要求基本上与热水供暖系统相同，还应注意：

（1）水平敷设的供汽和凝水管道，必须有足够的坡度并尽可能地使汽水同向流动，这是为了能够顺利排除凝水和空气及检修时泄水的需要。水平蒸汽干管汽水同向流动时，坡

度值 $i=0.003$，不小于 0.002；水平蒸汽干管汽水逆向流动时，坡度值不小于 0.005；水平凝水干管，坡度值 $i=0.003$，不小于 0.002；散热器支管坡度值 $i=0.1$，应设成沿流向降低的坡度。

（2）布置蒸汽供暖系统时，应尽量使系统作用半径小，流量分配均匀。系统规模较大，作用半径较大时，宜采用同程式布置，以避免远近不同的立管环路因压降不同，造成压降大的环路凝水回流不畅。

（3）合理地设置疏水器。为了及时排出蒸汽系统的凝水，除了应保证管道必要的坡度外，还应在适当位置设置疏水装置，一般低压蒸汽供暖系统每组散热设备的出口或每根立管的下部设置疏水器；高压蒸汽供暖系统一般在环路末端设置疏水器。水平敷设的蒸汽干管，为了减少敷设深度，每隔 30～40m 需要局部抬高，局部抬高的低点处应设置疏水器和泄水装置。

（4）为避免蒸汽管路中的沿途凝水进入蒸汽立管造成水击现象，供汽立管应从蒸汽干管的上方或侧上方接出，如图 6-14 所示。干管沿途产生的凝结水，可通过干管末端设置的凝水立管和疏水装置排除。

（5）水平干式凝水干管通过过门地沟时，需要将凝水管内的空气与凝水分离，应在门上设置空气绕行管，如图 6-15 所示。

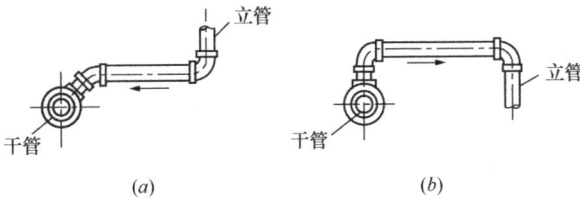

图 6-14　供汽干、立管的连接方式
(a) 供汽干管下部敷设；(b) 供汽干管上部敷设

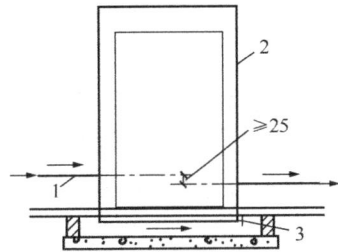

图 6-15　水平干式凝水干管过门装置
1—凝结水管；2—$\phi15$ 空气绕行管；
3—泄水口

（6）蒸汽供暖系统必须解决好管道的热胀冷缩问题，一般在较长的水平管道和垂直管道上应装设补偿器。

任务7　蒸汽供暖系统的水力计算

【**教学目的**】通过演示、讲解与实际训练，使学生具备进行室内蒸汽供暖管道水力计算的能力；具备选择蒸汽供暖系统附属设备的能力。培养学生良好的职业道德、自我学习能力、实践动手能力和耐心细致的分析和处理问题的能力，以及诚实、守信、善于沟通和合作的专业素养。通过计划、实施、检查工作过程，培养学生的专业能力、方法能力和团队合作能力。

【**知识目标**】

1. 掌握室内蒸汽供暖管道水力计算的方法。

2. 掌握选择蒸汽供暖系统附属设备的方法。

【**主要学习内容**】

7.1　低压蒸汽供暖系统的水力计算

1. 低压蒸汽管路水力计算的基本原理

低压蒸汽供暖系统的水力计算原理和基本公式与热水供暖系统相同，蒸汽在管路中流动时需进行沿程压力损失 p_y 和局部压力损失 p_j 的计算。

沿程压力损失 p_y 由达西公式计算，单位长度的沿程压力损失（比摩阻）

$$R = \frac{\lambda}{d} \frac{\rho v^2}{2}$$

在低压蒸汽供暖系统中，蒸汽的流动状态多处于紊流的过渡区，沿程阻力系数 λ 的计算公式可采用过渡区公式，公式中的绝对粗糙度 K，室内低压蒸汽供暖系统可取 $K = 0.2\text{mm}$。

蒸汽在管路中流动时，蒸汽的流量随沿途凝结水的产生而不断减少，蒸汽的密度因压力的降低也不断减小。但由于压力变化不大，工程计算中可忽略压力和密度的变化，认为每个计算管段内的流量 Q 和整个系统的密度 ρ 是不变的。

如果确定了平均比摩阻 R_{pj} 和蒸汽管段的热负荷 Q，查阅附录14的水力计算表，就可确定管径 d、实际比摩阻 R_{sh} 和实际流速 v_{sh}。

计算管段的沿程压力损失 p_y 的计算公式为

$$p_y = R_{sh} L$$

局部压力损失 p_j 的计算公式为

$$p_j = \Sigma \xi \frac{\rho v^2}{2}$$

各局部构件的局部阻力系数 ξ 值可查阅附录11确定。

$\Sigma \xi = 1$ 时的动压头 $\frac{\rho v^2}{2}$ 可查阅附录 15 确定。

2. 低压蒸汽管路的水力计算方法

低压蒸汽供暖系统要求系统始端压力除了克服管路阻力外，到达散热器入口前还应留有 1500~2000Pa 的剩余压力，用以克服散热器入口阻力使蒸汽进入散热器，并能排除其中的空气。

低压蒸汽供暖系统蒸汽管路的水力计算，应先从最不利管路开始计算，最不利管路就是锅炉出口或系统始端至最远散热器之间的蒸汽管路。最不利管路的水力计算有控制比压降法和平均比摩阻法两种。

（1）控制比压降法：该方法要求最不利管路每米长的总压力损失（沿程压力损失和局部压力损失之和）控制在 100Pa/m 的范围内。

（2）平均比摩阻法：该方法是在已知锅炉出口压力或室内系统始端蒸汽压力下进行计算的。

平均比摩阻

$$R_{pj} = \frac{\alpha(p_g - 2000)}{\Sigma L} \tag{7-1}$$

式中　R_{pj}——低压蒸汽供暖系统最不利管路的平均比摩阻（Pa/m）；

　　　α——沿程压力损失占总损失的百分数，查附录 13 可知低压蒸汽管路 $\alpha = 60\%$；

　　　p_g——锅炉出口或室内系统始端蒸汽表压力（Pa）；

　　2000——散热器入口要求的剩余压力（Pa）；

　　　ΣL——最不利蒸汽管路的总长度（m）。

如果锅炉出口或室内系统始端压力较高，计算得出的平均比摩阻 R_{pj} 值较大，仍推荐控制每米长的总压力损失在 100Pa/m 范围内。

水力计算确定管径时，为避免发生水击现象，产生噪声，便于顺利排除蒸汽管路中的凝水，《暖通规范》规定管内热媒流速，低压蒸汽供暖系统汽水同向流动时不得大于 30m/s；汽水逆向流动时不得大于 20m/s。

另外，考虑蒸汽管内沿途凝水和空气的影响，末端管径应适当放大。当干管始端管径在 50mm 以上时，末端管径应不小于 32mm；当干管始端管径在 50mm 以下时，末端管径应不小于 25mm。

3. 低压蒸汽供暖系统凝水管路的水力计算

低压蒸汽供暖系统的凝水管路中，排气管之前的管路内，上部分是空气，下部分是凝水，属于非满管流动的干式凝水管；排气管之后的管路内被凝水全部充满，属于满管流动的湿式凝水管。低压蒸汽供暖系统干式凝水管和湿式凝水管的管径可根据管段热负荷查附录 16 确定。为了顺畅排除系统内的凝水和空气，水平干式凝水管的管径不应小于 20mm。

蒸汽供暖系统远近立管并联环路节点压力不平衡时，产生的水平失调现象与热水供暖系统相比有不同之处。热水供暖系统中，如果不进行调节，通过远近立管的流量比例就不会发生变化；蒸汽供暖系统，只要疏水器正常工作，近处散热器的蒸汽流量增加后，由于疏水器的阻汽作用，使近处散热器内压力升高，进入近处散热器的蒸汽量就自动减少，等到近处疏水器正常排水后，进入散热器的蒸汽量又再增多。因此，蒸汽供暖系统的水平失

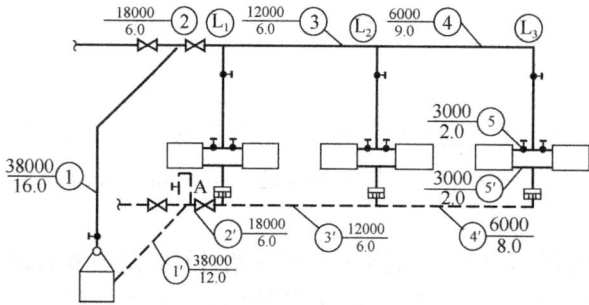

图 7-1 某车间重力回水低压蒸汽供暖系统

4.【实训练习 1】图 7-1 所示是某车间重力回水低压蒸汽供暖系统的右侧环路，每组散热器的热负荷为 3000W。各管段编号、立管号已标于图中，各管段号旁的数字上行表示热负荷 Q（W），下行表示各管段长度 L（m），试进行蒸汽和凝结水管路的水力计算。

调具有自调性和周期性的特点。

【解】1）确定锅炉压力

本例中锅炉出口到最远立管 L_3 之间的供汽管路是最不利管路，包括①～⑤管段，总长度 $\sum L = 39m$。

可采用控制比压降法确定锅炉压力，因每米管段的总压力损失控制在 100Pa/m 范围内，还需在散热器入口处留 2000Pa 的剩余压力，则锅炉的工作压力为

$$p = (100 \times 39 + 2000)\text{Pa} = 5900\text{Pa}$$

取锅炉压力为 6000Pa。

本例采用重力回水低压蒸汽供暖系统，为了通过水平干式凝水管末端的空气管排空气，锅炉设在水平干式凝水管下的高度应为 $\dfrac{6000}{\rho g} + 0.25$，取为 0.85m。

2）最不利管路的水力计算

采用控制比压降法进行最不利管路的水力计算，查附录 13，低压蒸汽供暖系统沿程损失占总损失的百分数 $\alpha = 60\%$，所以推荐最不利环路的平均比摩阻为 $R_{pj} = 100 \times 0.6\text{Pa/m} = 60\text{Pa/m}$。

根据 R_{pj} 和各管段热负荷 Q 查附录 14 确定各管段管径 d，实际比摩阻 R_{sh} 和实际流速 v_{sh}。求各管段沿程压力损失 $p_y = R_{sh}L$，列于表 7-1 中。

根据各管段的局部构件，查附录 11 确定各管件的局部阻力系数 $\sum \xi$，列于表 7-2 中。

根据各管段流速查附录 15，确定 $\sum \xi = 1$ 时的动压头 $\dfrac{\rho v^2}{2}$。

求各管段的局部压力损失 $p_j = \sum \xi \dfrac{\rho v^2}{2}$，计算结果列于表 7-1 中。

最不利管路的总压力损失为 $\sum(p_y + p_j)_{①～⑤} = 2513.80\text{Pa}$

剩余压力的比例为

$$[(p - 2000) - \sum(p_y + p_j)_{①～⑤}]/(p - 2000) = \frac{4000 - 2513.80}{4000} \times 100\% = 37.16\%$$

上述剩余压力可作为蒸汽管路的储备压力，不再进行管径调整计算。

3）立管 L_2 的水力计算

因各组散热器前预留的蒸汽压力相同，所以立管 L_2 与最不利管路的④⑤管段并联，立管 L_2 的资用压力为

$$\Delta p_{L_2} = \sum(p_y + p_j)_{④⑤} = 652.88\text{Pa}$$

立管 L_2 的平均比摩阻

$$R_{pj} = \frac{\alpha \Delta p}{\sum L} = \frac{652.88 \times 0.6}{5} \text{Pa/m} = 78.35 \text{Pa/m}$$

计算结果见表 7-1。

室内低压蒸汽供暖系统管路水力计算表 　　　　表 7-1

管段编号	热负荷 Q (W)	管段长度 L (m)	管径 d (mm)	流速 v (m/s)	比摩阻 R (Pa/m)	沿程压力损失 (Pa) $p_y = RL$	局部阻力系数 $\sum \xi$	动压头 (Pa) $\dfrac{\rho v^2}{2}$	局部压力损失 (Pa) $p_j = \sum \xi \dfrac{\rho v^2}{2}$	管段损失 (Pa) $(p_y + p_j)$	备注
					最不利管路的计算						
①	38000	16	50	12.35	26.39	422.24	8.5	48.34	410.89	833.13	
②	18000	6	32	12.44	48.43	290.58	12	49.04	588.48	879.06	
③	12000	6	32	8.71	20.78	124.68	1	24.05	24.05	148.73	
④	6000	9	25	7.34	26.85	241.65	12.5	17.09	213.63	455.28	
⑤	3000	2	20	5.81	21.15	42.3	14.5	10.71	155.30	197.60	

$\sum L = 39\text{m}$ 　　　　$\sum(p_y + p_j)_{①\sim⑤} = 2513.80\text{Pa}$

剩余压力的比例 $[(p-2000) - \sum(p_y + p_j)_{①\sim⑤}]/(p-2000)$

$$= \frac{6000 - 2000 - 2513.80}{6000 - 2000} \times 100\% = 37.16\%$$

立管 L_2 　　　　资用压力 $\Delta p_{资L_2} = \sum(p_y + p_j)_{④⑤} = 652.88\text{Pa}$

| 立管 | 6000 | 3 | 25 | 7.34 | 26.85 | 80.55 | 11.5 | 17.09 | 196.54 | 277.09 | |
| 支管 | 3000 | 2 | 20 | 5.81 | 21.15 | 42.3 | 14.5 | 10.71 | 155.30 | 197.6 | |

$\sum(p_y + p_j)_{L_2} = 474.69\text{Pa}$

不平衡率 $\dfrac{652.88 - 474.69}{652.88} \times 100\% = 27.29\%$

立管 L_2 的总压力损失为 $\sum(p_y + p_j)_{L_2} = 474.69\text{Pa}$

立管 L_2 与立管 L_3 之间的不平衡率为 $\dfrac{652.88 - 474.69}{652.88} \times 100\% = 27.29\%$

立管 L_1 的计算方法同上。

低压蒸汽供暖系统并联环路压力损失的相对差额，即所谓的不平衡率是较大的，有时选用了较小管径，蒸汽流速虽采用得很高也不可能达到平衡的要求，只好靠投入运行时调节近处立管或支管上的阀门节流来解决。

蒸汽供暖系统远近立管并联环路节点压力不平衡时产生的水平失调状况与热水供暖系统相比有不同之处。热水供暖系统中，如果不进行调节，通过远近立管的流量比例就不会发生变化。蒸汽供暖系统，只要疏水器正常工作，进入散热器的流量增加后，疏水器阻汽的结果使近处散热器内压力升高，进入近处散热器的蒸汽量就自动减少，等到近处疏水器正常排水后，进入散热器的蒸汽量又在增多。因此，蒸汽供暖系统的水平失调具有自调性和周期性的特点。室内低压蒸汽供暖系统局部阻力系数见表 7-2。

　　4）凝水管管径的选择

在图中，空气管 A 之前的凝结水管路是干式凝水管，空气管 A 之后的管段是湿式凝水管，可直接查附录16确定管径。

凝水管计算结果见表7-3。

室内低压蒸汽供暖系统局部阻力系数计算表 表7-2

管段号	局部阻力	管径(mm)	个数	$\sum\xi$
①	截止阀 锅炉出口 摵弯90°	50	1 1 1	7.0 1.0 0.5
			$\sum\xi=8.5$	
②	分流三通 截止阀	32	1 1	3.0 9.0
			$\sum\xi=12.0$	
③	直流三通	32	1	1.0
			$\sum\xi=1.0$	
④	直流三通 截止阀 弯头 乙字弯	25	1 1 1 1	1.0 9.0 1.5 1.0
			$\sum\xi=12.5$	
⑤	截止阀 分流三通 乙字弯	20	1 1 1	10.0 3.0 1.5
			$\sum\xi=14.5$	
立管	旁流三通 乙字弯 截止阀	25	1 1 1	1.5 1.0 9.0
			$\sum\xi=11.5$	
支管	分流三通 乙字弯 截止阀	20	1 1 1	3.0 1.5 10.0
			$\sum\xi=14.5$	

凝结水管管径计算表 表7-3

管段号	⑤′	④′	③′	②′	①′	其他立管的凝结水立管管段
热负荷 Q(W)	3000	6000	12000	18000	38000	6000
管径 d(mm)	15	20	20	25	20	15

7.2 高压蒸汽供暖系统的水力计算

1. 高压蒸汽管路的水力计算方法

高压蒸汽管路水力计算的任务同样是选择管径和计算压力损失。其水力计算原理与低压蒸汽管路相同，沿途蒸汽量的变化和蒸汽密度的变化同样可以忽略不计。

高压蒸汽管路内蒸汽的流动状态属于紊流过渡区或阻力平方区，管壁的绝对粗糙度 K 值在设计中仍采用0.2mm。在有关的设计手册中，室内高压蒸汽供暖系统的水力计算表，是按不同蒸汽表压力（200、300、400kPa三种）制定的。附录17是室内高压蒸汽供暖系统管径计算表（蒸汽表压力 $P_b=200$kPa）。

室内高压蒸汽管路的局部压力损失通常用当量长度法计算，蒸汽管路的管件、阀件等的局部阻力当量长度 l_d 可查附录 18 确定。

高压蒸汽供暖系统蒸汽管路的水力计算方法有：平均比摩阻法和限制流速法。

（1）平均比摩阻法：为了便于各并联管路之间阻力的平衡，增加疏水器后的余压以利于凝水顺利回流，在工程设计中规定：室内高压蒸汽供暖系统最不利管路的总压力损失不宜超过系统始端压力的 1/4。平均比摩阻可按下式计算

$$R_{pj} = \frac{\frac{1}{4} p\alpha}{\sum L} \tag{7-2}$$

式中　α——沿程损失占总损失的百分数，查附录 13，高压蒸汽供暖系统 $\alpha=80\%$；

　　　p——蒸汽供暖系统的始端压力（Pa）；

　　　$\sum L$——最不利管路的总长度（m）。

（2）限制流速法：如果高压蒸汽供暖系统始端压力较高，留有足够的余压后，作用在蒸汽管路上的压力仍然较高，管中的流速会比较大，为了避免水击和噪声，便于排除蒸汽管路中的凝水，《暖通规范》规定，高压蒸汽供暖系统最大允许流速，汽水同向流动时不应超过 80m/s；汽水逆向流动时不应超过 60m/s。

在工程设计中可以采用常用的流速确定管径并计算其压力损失。为了使系统节点压力不会相差很大以保证系统正常运行，最不利管路的推荐流速一般比最大允许流速低很多，通常推荐采用 $v=15\sim40$m/s（小管径取低值）。确定其他支路的立管管径时，可采用较高的流速，但不得超过规定的最大允许流速。

2. 高压蒸汽供暖系统凝水管路的水力计算

室内高压蒸汽供暖系统的疏水器通常安装在凝水干管的末端。用热设备到疏水器入口之间的管段属于重力回水非满管流动的干式凝水管，可查附录 16 确定此类凝水管的管径。只要保证水平凝水管路有向下坡度 $i=0.005$ 和足够的凝水管管径，即使远近立管散热器的蒸汽压力不平衡，靠干式凝水管上部断面内空气与蒸汽的连通作用和蒸汽系统本身流量的自调性，也能保证该管段内凝水的重力流动。

3.【实训练习 2】图 7-2 所示为某室内高压蒸汽供暖系统的右侧环路，每组散热器的热负荷为 3000W。各管段编号、立管号已标于图中，各管段号旁的数字上行表示热负荷 Q（W），下行表示各管

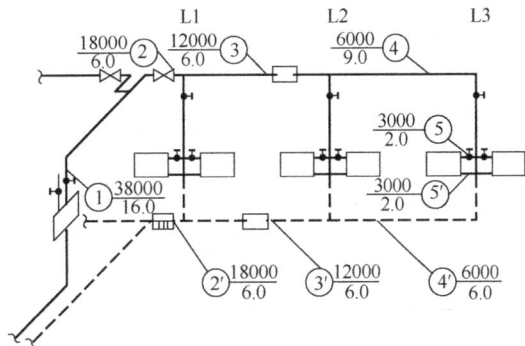

图 7-2　某室内高压蒸汽供暖系统

段长度 L（m）。用户入口处设分汽缸，在环路凝水管路末端设疏水器。系统入口处蒸汽压力为 200kPa，试选择高压蒸汽供暖管路的管径和疏水器前各凝结水管段的管径。

【解】1）蒸汽管路的计算

（1）计算最不利管路。按限制流速法确定各管段管径。查附录 17 蒸汽表压力为 200kPa 时的水力计算表，根据各管段热负荷确定管径。

局部压力损失按当量长度法计算，各种局部阻力的当量长度值查附录18确定。

水力计算结果见表7-4及表7-5。

最不利管路总压力损失 $\Sigma(p_y + p_j)_{①\sim⑤} = 19.67\text{kPa}$

考虑10%的富裕度，最不利管路所需的蒸汽压力

$$\Sigma \Delta p = 1.1 \times 19.67\text{kPa} = 21.64\text{kPa} < \frac{1}{4}p_{始端}，符合要求。$$

（2）其他立管的计算。室内高压蒸汽供汽干管各管段的压力损失较大，各立管间压力难以平衡，可以在满足限定压力要求的前提下，各立管管径均采用 $DN15$，散热器支管管径均采用 $DN15$。具体计算结果见表7-4。

各立管间的压降不平衡问题，可在系统初调节时，用立、支管上的截止阀进行调节。阻力当量见表7-5。

2）干式凝水管

疏水器前的凝水管是干式凝水管，可查附录16确定各管段管径，计算结果见表7-6。

室内高压蒸汽供暖系统管路水力计算表（水力计算表是否正确） 表7-4

管段编号	热负荷 Q(W)	管段长度 L (m)	管径 d (mm)	流速 v (m/s)	比摩阻 R (Pa/m)	当量长度 L (m)	折算长度 L_{zh} (m)	压力损失 (Pa) $\Delta p = RL_{zh}$
最不利管路								
①	38000	16	25	18.60	353.5	8.30	24.30	8590.05
②	18000	6	20	14.20	281.00	9.20	15.20	4271.20
③	12000	6	15	17.20	597.00	0.60	6.60	3940.20
④	6000	9	15	8.60	154.00	7.70	16.70	2571.80
⑤	3000	2	15	4.27	30.12	7.70	9.70	292.16
$\Sigma L = 39\text{m}$			$\Sigma(p_y + p_j)_{①\sim⑤} = 19665.41\text{Pa} \approx 19.67\text{kPa}$					
其他立管	6000	3	15	8.60	154.00	7.20	10.20	1570.8
支管	3000	2	15	4.27	30.12	7.70	9.70	292.16
$\Sigma(p_y + p_j) = 1862.96\text{Pa}$								

室内高压蒸汽供暖系统局部阻力当量长度计算表 表7-5

管段号	局部阻力	管径(mm)	个数	局部阻力当量长度 L_d(m)
①	分汽缸出口 截止阀 弯头	25	1 1 1	0.4 6.8 1.1
		$\Sigma L_d = 8.3$		
②	分流三通 弯头 截止阀	20	1 1 1	1.7 1.1 6.4
		$\Sigma L_d = 9.2$		

管段号	局部阻力	管径(mm)	个数	局部阻力当量长度 L_d(m)
③	直流三通 套管补偿器	15	1 1	0.4 0.2
			$\sum L_d=0.6$	
④	直流三通 弯头 乙字弯 截止阀	15	1 1 1 1	0.4 0.7 0.6 6.0
			$\sum L_d=7.7$	
⑤	分流三通 乙字弯 截止阀	15	1 1 1	1.1 0.6 6.0
			$\sum L_d=7.7$	
其他立管	旁流三通 乙字弯 截止阀	15	1 1 1	0.6 0.6 6.0
			$\sum L_d=7.2$	
其他支管	分流三通 乙字弯 截止阀	15	1 1 1	1.1 0.6 6.0
			$\sum L_d=7.7$	

凝结水管管径计算表   表 7-6

管段号	②′	③′	④′	⑤′	其他立管的凝结水立管管段
热负荷 Q(W)	18000	12000	6000	3000	6000
管径 d(mm)	20	20	15	15	15

7.3 蒸汽供暖系统附属设备的工作原理、选择方法

1. 蒸汽供暖系统常用疏水器的类型

疏水器是蒸汽供暖系统特有的自动阻气疏水设备，它的工作状况对系统运行的可靠性和经济性影响极大。

疏水器的类型主要有机械型疏水器、热动力型疏水器和热静力型疏水器等。

（1）机械型疏水器：机械型疏水器是依据蒸汽和凝水的密度不同，利用凝水的液位变化，以控制凝水排水孔自动启闭工作，主要有浮筒式、钟形浮子式和倒吊桶式等。

图 7-3 所示是机械型浮筒式疏水器，凝结水进入疏水器外壳内，当壳内水位升高时浮筒浮起，将阀孔关闭，凝水继续流入浮筒。当水即将充满浮筒时，浮筒下沉，阀孔打开，凝水借蒸汽压力排到凝水管去。当凝水排出一定数量后，浮筒的总重量减轻，浮筒再度浮

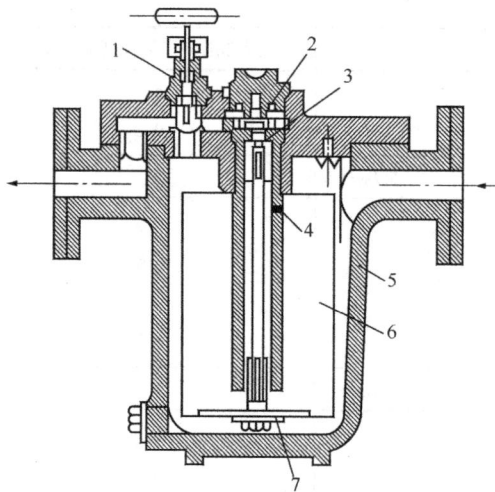

图 7-3　机械型浮筒式疏水器

1—放气阀；2—阀孔；3—顶针；4—水封套筒上的排气孔；

5—外壳；6—浮筒；7—可换重块

起又将阀孔关闭，如此反复。

浮筒式疏水器在正常工作情况下，漏汽量只等于水封套筒上排气孔的漏汽量，数量很少。它能排出具有饱和温度的凝水，疏水器前凝水的压力 p_1 在 500kPa 或更小时便能启动疏水。排水孔阻力较小，疏水器的背压可以较高。它的主要缺点是体积大、排水量小，活动部件多，筒内易沉积渣垢，阀孔易磨损，维修量较大。

（2）热动力型疏水器：热动力型疏水器是利用相变原理靠蒸汽和凝水热动力学（流动）特性的不同来工作的，主要有脉冲式、圆盘式和孔板式等。

图 7-4 所示是热动力型圆盘式疏水器，当过冷的凝水流入孔 A 时，靠圆盘形阀片上下的压差顶开阀片，水经环行槽 B，从向下开的小孔排出。由于凝水的比体积几乎不变，凝水流动通畅，阀片常开连续排水。当凝水带有蒸汽时，蒸汽在阀片下面从 A 孔经 B 槽流向出口，在通过阀片和阀座之间的狭窄通道时，压力下降，蒸汽比体积急剧增大，阀片下面的蒸汽流速激增，造成阀片下面的静压下降。同时，蒸汽在 B 槽与出口孔处受阻，被迫从阀片和阀盖之间的缝隙冲入阀片上部的控制室，动压转化为静压，在控制室内形成比阀片下部更高的压力，迅速将阀片压下而阻气。阀片关闭一段时间后，由于控制室内蒸汽凝结，压力下降会使阀片瞬时开启，造成周期性漏气，因此，新型的圆盘式疏水器凝水先通过阀盖夹套再进入中心孔，以减缓控制室内蒸汽的凝结。

圆盘型疏水器体积小、重量轻、结构简单、安装维修方便，但容易出现周期性漏气现象，在凝水量小或疏水器前后压差过小时会发生连续漏气；当周围环境温度较高时，控制室内的蒸汽凝结缓慢，阀片不易打开，会使排水量减少。

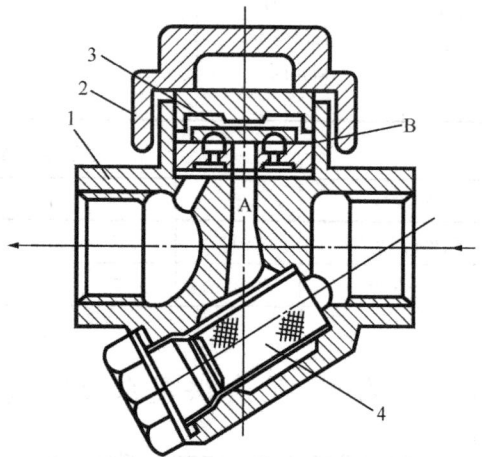

图 7-4　热动力型圆盘式疏水器

1—阀体；2—阀盖；3—阀片；4—过滤器

（3）热静力型疏水器：热静力型疏水器是靠蒸汽和凝水的温度差引起恒温元件膨胀或变形工作的。主要有双金属片式、波纹管式和液体膨胀式等。

图 7-5 所示的温调式疏水器属于热静力型疏水器。疏水器的动作部件是一个波纹管的温度敏感元件。波纹管内部充入易蒸发的液体，当具有饱和温度的凝水通过时，由于凝水温度较高，使液体的饱和压力增高，波纹管轴向伸长带动阀芯关闭凝水通路，防止蒸汽逸

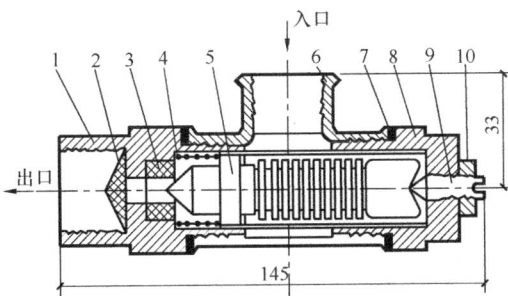

图 7-5　温调式疏水器

1—大管接头；2—过滤网；3—网座；4—弹簧；5—温度敏感元件；6—三通；7—垫片；8—后盖；9—调节螺钉；10—锁紧螺母

漏。当疏水器中的凝水向四周散热、温度下降时，液体饱和压力下降，波纹管收缩打开阀孔凝水流出。此种疏水器排放的凝水温度为 $60\sim100℃$，为使疏水器前的凝水温度降低，疏水器前 $1\sim2m$ 管道不保温。

温控式疏水器加工工艺要求较高，适用于排除过冷凝水，不宜安装在周围环境温度高的场合。

选择疏水器时，要求疏水器在单位压降下凝水排量大，漏汽量小，能顺利排除空气，对凝水流量、压力和温度的适应性强，且结构简单，活动部件少，便于维修，体积小，金属耗量少，使用寿命长。

2. 描述疏水器性能的参数

不论何种形式的疏水器，除公称压力（PN）、公称直径（DN）与其他管路附件的意义一样外，还有以下参数描述其性能：

（1）最高允许压力及最高工作压力：疏水器的最高允许压力是指在给定温度下，疏水器壳体能够永久承受的最高压力。疏水器的内部装置在工作中也是受压部件，因而制造厂给疏水器规定了最高工作压力值。

（2）工作压力及背压：疏水器在工作条件下，在其进口端所测得的压力叫疏水器工作压力，在其出口端所测得的压力叫疏水器工作背压。这两个压力之差叫工作压差。工作压差不同，疏水量不同，工作压差小到一定数值后，疏水器即停止疏水。因此，工作背压是决定疏水器能否正常疏水的重要参数。有一些设备不热，将疏水器排水管切断后就热了，就是因为疏水器背压太高影响了它的排水量。

（3）凝结水排量：凝结水排量是选择疏水器规格的重要依据，要根据产品样本选定。

（4）过冷度：过冷度是指疏水器的工作温度与该压力相应的饱和蒸汽温度的差值，过冷度的大小决定疏水器的动作原理。热静力型疏水器能控制过冷度。

（5）漏汽率：漏汽率是疏水器漏汽量与实际排水量的比值，正常运行的疏水器要求漏汽率不大于 3%。

（6）排空气性能：在供热系统中，只有排除系统中的空气和其他不凝气体后，蒸汽才充满整个空间进行放热，因而要求疏水器不但能排除凝结水，还应迅速排除空气及不可凝气体。这一点对间歇供热系统更为突出。另外，疏水器排空气性能不好也会阻碍凝结水排出，这种现象叫"气堵"，为此排空气性能差的疏水器要附加手动或自动放气阀门。

（7）防止凝结水倒流的性能：疏水器如有逆止作用，可防止凝结水回流到加热设备中去，因此对于没有逆止作用的疏水器应根据使用情况加装止回阀。

（8）任意方位安装的性能：疏水器一般应水平安装，不允许倒装、斜装。对于必须竖直安装或其他方位安装时要注意其结构是否允许，排水口是否允许向上等。

（9）防污垢性能：污垢是指泥沙、铁锈、焊渣、水垢等杂物。蒸汽或凝结水携带污垢进入疏水器后，一方面会沉积在阀体内，影响或破坏其正常动作；另一方面会使阀孔磨损。为此，有的疏水器内部设过滤网，使用过程中应不断适时地清洗。没有设过滤网的，在疏水器前要装过滤器。

（10）使用寿命：使用寿命是指疏水器在漏汽率不超过3%的规定值内的使用期限，标准规定为8000h。

各种类型疏水器的性能比较见表7-7。

各种疏水器的性能比较

表7-7

序号	类型 特性	圆盘式	脉冲式	迷宫式微孔式	膜盒式	波纹管压力平衡式	双金属片式	杠杆浮球式	自由浮球式	倒吊桶式
1	动作原理	流体的热动力性能			封闭盒中低沸点介质的压力		双金属片的热变形	凝结水液面的变化		
2	运行方式	间断	间断	连续	间断	间断	间断	连续	连续	间断
3	背压下工作	尚可	差	好	适用于背压较高系统			适用于背压较高系统		
4	排水温度	接近饱和温度			低于饱和温度			接近或等于饱和温度		
5	排空气性能	能排出			好			要加排气装置		好
6	动作反应速度	快			慢			快		
7	进口压力波动影响	有			小			有	无	有
8	工作负荷变化适应性	良好			好			差	好	差
9	安装方向要求	水平安装为最好	可任意		可任意安装			要求水平安装		
10	使用寿命	较短	短	长	长	尚可		尚可		

3. 疏水器的选择计算

疏水器的类型确定之后，需选定疏水器的规格、型号，疏水器的内部有一排水小孔，确定疏水器的排水能力，就是选择排水小孔的直径。疏水器的规格多用阀孔直径 d 表示。

疏水器的选择步骤如下：

（1）疏水器排水量的计算：如果生产厂家提供了各种规格疏水器在不同情况下的样本时，可直接查得疏水器的排水量 G。如果缺少必要的技术数据，疏水器的排水量可按下式计算

$$G = 0.1A_{\mathrm{p}}d^2\sqrt{\Delta p} \tag{7-3}$$

式中　G——疏水器的设计排水量（kg/h）；

　　　d——疏水器的排水阀孔直径（mm）；

　　　Δp——疏水器前后的压力差（kPa）；

　　　A_{p}——疏水器的排水系数。当通过冷水时，$A_{\mathrm{p}}=32$，当通过饱和凝结水时，按附录19选用。

（2）疏水器的选择倍率：应用式（6-1）可计算出供暖系统蒸汽的理论流量，即

$$G_{\mathrm{L}} = \frac{3.6Q}{\gamma}$$

疏水器的理论排水量 G 应等于系统或用热设备中蒸汽的理论流量 G_{L}，但选择疏水器时，确定的疏水器设计疏水量 G_{sh} 应大于疏水器的理论排水量 G，即疏水器设计疏水量 G_{sh}

应大于系统或用热设备中蒸汽的理论流量 G_L。

$$G_{sh} = KG_L \tag{7-4}$$

式中　G_{sh}——疏水器的设计排水量（kg/h）；

　　　G_L——系统或用热设备处疏水器的理论排水量（kg/h）；

　　　K——疏水器的选择倍率，不同热用户系统在不同使用情况下疏水器的选择倍率 K 值可按表 7-8 选用。

疏水器的选择倍率 K 值　　　　　　　　　　　　　表 7-8

系统	使用情况	选择倍率 K	系统	使用情况	选择倍率 K
供暖	$p_b \geqslant 100\text{kPa}$	2～3	淋浴	单独换热器	2
	$p_b < 100\text{kPa}$	4		多喷头	4
热风	$p_b \geqslant 200\text{kPa}$	2	生产	一般换热器	3
	$p_b < 200\text{kPa}$	3		大容量、常间歇、速加热	4

注：p_b——表压力。

疏水器留有选择倍率 K 是考虑：系统运行时，如果用汽压力下降或背压升高，会使疏水器的排水能力下降；如果用户负荷增大，系统的凝结水量也会增多，从安全因素考虑，理论计算有时与实际运行情况不一致，疏水器应留有选择倍率；用热设备启动时，如果压力较低，用户负荷较大，或者用热设备需要被迅速加热时，疏水器的排水量会比正常运行时增加，这也要求疏水器留有选择倍率。

（3）疏水器前、后压力的确定：疏水器前后的设计压力及其设计压差值，关系到疏水器的选择及疏水器后余压回水管路资用压力的大小。疏水器前的压力 p_1 取决于疏水器在蒸汽供热系统中的位置：当疏水器用来排除蒸汽管路的凝水时，$p_1 = p_b$（p_b 表示连接疏水器处的蒸汽表压力）；当疏水器安装在用热设备的出口凝水支管上时，$p_1 = 0.95p_b$（p_b 表示用热设备前的蒸汽表压力）；当疏水器安装在系统凝水干管末端时，$p_1 = 0.7p_b$（p_b 表示供热系统入口处的蒸汽表压力）。

凝水通过疏水器及其排水阀孔时为保证疏水器正常工作，应保证疏水器前后有一个最小的允许压差 Δp_{min}，也就是说疏水器前的压力 p_1 给定后，疏水器后的背压 p_2 就不能超过某一允许的最大背压 p_{2max}。

$$p_{2max} \leqslant p_1 - \Delta p_{min} \tag{7-5}$$

疏水器的最大允许背压 p_{2max}，取决于疏水器的类型和规格，通常由生产厂家提供实验数据。多数疏水器的 p_{2max} 约为 $0.5p_1$（浮筒式的 Δp_{min} 值较小，约为 50kPa，也就是浮筒式的最大允许背压 p_{2max} 高）。设计时，疏水器的背压 p_2 值如果选得过高，对疏水器后余压凝水管路的水力计算有利，但疏水器前后的压差 $\Delta p = p_1 - p_2$ 会减小，这对选择疏水器不利。

通常疏水器的设计背压可采用：

$$p_2 = 0.5p_1 \tag{7-6}$$

疏水器之后的管路如果按干式凝水管设计（如低压蒸汽供暖系统），p_2 等于大气压。

（4）根据计算得到的疏水器设计流量和疏水器前后的压差，代入式（7-3），就可以确定疏水器的阀孔直径，或直接查用有关样本手册确定。

4. 常用减压阀的类型特点

减压阀是通过调节阀孔大小，对蒸汽进行节流而达到减压目的，并能自动将阀后压力维持在一定范围内。目前，国产减压阀有活塞式、波纹管式和薄膜式等几种。

图 7-6 所示是活塞式减压阀的工作原理图，活塞 1 上的阀前蒸汽压力和下弹簧 7 的弹力相互平衡，控制主阀 6 上下移动，增大或减小阀孔的流通面积。薄膜片 3 带动针阀 2 升降，开大或关小室 d 和室 e 的通道，薄膜片的弯曲度靠上弹簧 4 和阀后蒸汽压力的相互作用操纵。启动前，主阀关闭，启动时，旋紧螺钉 5 压下薄膜片 3 和针阀 2，阀前压力为 p_1 的蒸汽通过阀体内通道 a、室 e、室 d 和阀体内通道 b 到达活塞 1 的上部空间，推下活塞打开主阀。蒸汽通过主阀后，压力下降为 p_2，经阀体内通道 c 进入薄膜片 3 的下部空间，作用在薄膜片上的力与旋紧的弹簧力相平衡。可调节旋紧螺钉 5 使阀后压力达到设定值。当某种原因使阀后压力 p_2 升高时，薄膜片 3 由于下面的作用力变大而上弯，针阀 2 关小，活塞 1 的推力下降，主阀上升，阀孔通路变小，p_2 下降。反之，动作相反。这样可以保持 p_2 在一个较小的范围内（一般在 ±0.05MPa）波动，处于基本稳定状态。活塞式减压阀适用于工作温度低于 300℃，工作压力达 1.6MPa 的蒸汽管道上，阀前与阀后最小调节压差为 0.15MPa。活塞式减压阀工作可靠，工作温度和压力较高，适用范围广。

图 7-7 所示为波纹管减压阀。靠通至波纹箱 4 的阀后蒸汽压力和阀杆下的调节弹簧 5 的弹力平衡来调节主阀的开启度。压力波动范围在 ±0.025MPa 以内，阀前与阀后的最小调压差为 0.025MPa。波纹管减压阀适用于工作温度低于 200℃，工作压力达 1.0MPa 的蒸汽管道上。波纹管减压阀的调节范围大，压力波动范围小，适用于需减为低压的蒸汽供暖系统中。

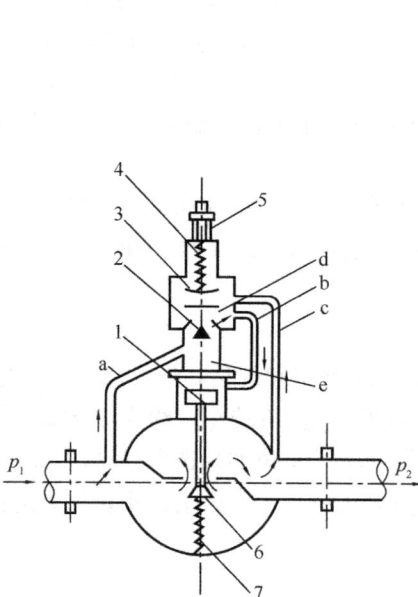

图 7-6　活塞式减压阀工作原理图
1—活塞；2—针阀；3—薄膜片；4—上弹簧；
5—旋紧螺钉；6—主阀；7—下弹簧；
a～e—阀体内通道

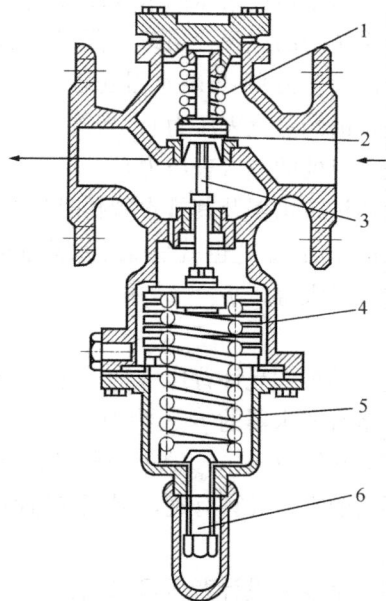

图 7-7　波纹管减压阀
1—辅助弹簧；2—阀瓣；3—阀杆；
4—波纹箱；5—调节弹簧；6—调整螺钉

5. 能力训练

利用图 7-8 所示的减压阀阀孔面积选择用图及表 7-9 的减压阀接管直径选择用表选择减压阀阀孔面积和接管直径。已知条件：管中为饱和蒸汽，阀前压力为 $p_1 = 540\text{kPa}$，阀后压力为 $p_2 = 343\text{kPa}$，蒸汽流量 $G = 2\text{t/h}$。

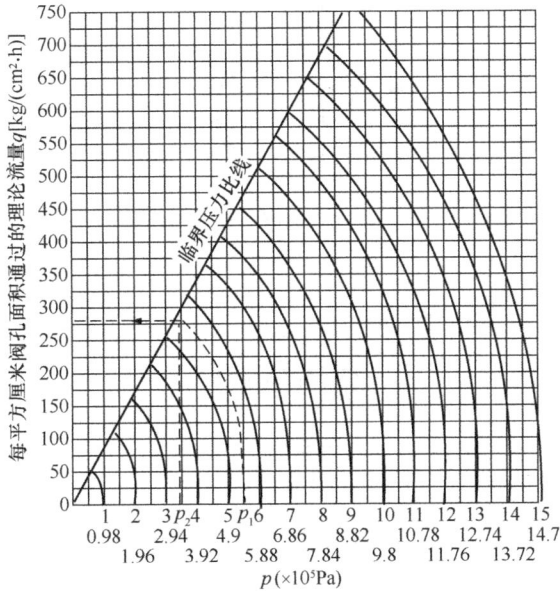

图 7-8　减压阀阀孔面积选择用图

减压阀接管直径选择用表　　　　　　　　　　　　　　　　　表 7-9

减压阀接管直径 （mm）	减压阀阀孔截面积 （cm²）	减压阀接管直径 （mm）	减压阀阀孔截面积 （cm²）
25	2.00	80	13.20
32	2.80	100	23.50
40	3.48	125	36.80
50	5.30	150	52.20
65	9.45		

【解】计算步骤如下：由图 7-8 查得 $q = 275\text{kg}/(\text{cm}^2 \cdot \text{h})$，阀孔截面积

$$f = \frac{2000}{0.6 \times 275}\text{cm}^2 = 12.12\text{cm}^2 (0.6\ 为流量系数)$$

查表 7-9，减压阀接管直径选用 80mm。

6. 选择二次蒸发箱

二次蒸发箱是将各用汽设备排出的凝水，在较低压力下扩容，分离出一部分二次蒸汽，将低压的二次蒸汽输送到热用户的用汽设备处。图 7-9 所示为二次蒸发箱的构造图，高压含汽凝水沿切线方向进入箱内，在较低压力下扩容，凝水分离出部分二次蒸汽。凝水的旋转运动使汽水更容易分离，凝水向下流动沿凝水管送回凝水箱。

二次蒸发箱内，每小时凝水产生二次蒸汽的体积为

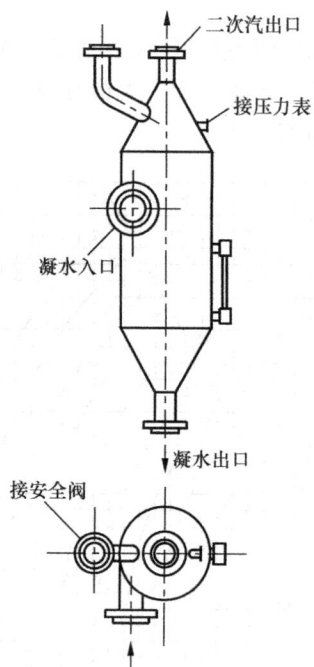

图 7-9 二次蒸发箱的构造图

$$V_汽 = Gxv \tag{7-7}$$

式中 $V_汽$——每小时凝水产生二次蒸汽的体积（m³）；

G——每小时流入二次蒸发箱的凝水质量（kg）；

x——每 1kg 凝水的二次汽化率（%）；

v——蒸发箱内压力 p_3 对应的蒸汽比体积(m³/kg)。

二次蒸发箱的容积 v 可按每 1m³ 容积每小时分离出 2000m³ 蒸汽来确定，蒸发箱中 20% 的体积存水，80% 的体积为蒸汽分离空间。即

$$v = Gxv/2000 = 0.005Gxv \tag{7-8}$$

蒸发箱的截面积按蒸汽流速不大于 2.0m/s，水流速度不大于 0.25m/s 来设计。二次蒸发箱的型号及规格见国家标准图集。

任务8 识读集中热水供热系统施工图

【教学目的】通过项目教学活动，培养学生具备确定集中供热系统方案，选择集中热水供热系统形式的能力；具备识读集中热水供热系统施工图的能力；培养学生良好的职业道德、自我学习能力、实践动手能力和耐心细致分析处理问题的能力，以及诚实、守信、善于沟通和合作的专业素养。

【知识目标】

1. 掌握确定集中供热系统方案的方法。

2. 掌握选择集中热水供热系统形式的方法。

3. 掌握识读集中热水供热系统施工图的方法。

【主要学习内容】

8.1 集中热水供热系统形式

1. 集中供热系统的组成及分类

集中供热是指一个或几个热源通过热网向一个区域（居住小区或厂区）或城市的各热用户供热的方式，集中供热系统是由热源、热网和热用户三部分组成的。

在热能工程中，热源是泛指能从中吸取热量的任何物质、装置或天然能源。供热系统的热源是指供热热媒的来源。由热源向热用户输送和分配供热介质的管线系统称为热网。利用集中供热系统热能的用户称为热用户，如室内供暖、通风、空调、热水供应以及生产工艺等用热系统。

集中供热系统向许多不同的热用户供给热能，供应范围广，热用户所需的热媒种类和参数不一，锅炉房或热电厂供给的热媒及其参数，往往不能满足所有用户的要求。因此，必须选择与热用户要求相适应的供热系统形式。

集中供热系统，可按下列方式进行分类：

（1）根据热媒不同，分为热水供热系统和蒸汽供热系统。

（2）根据热源不同，主要有热电厂供热系统和区域锅炉房供热系统。另外，也有以核供热站、地热、工业余热等作为热源的供热系统。

（3）根据供热管道的不同，可分为单管制、双管制和多管制的供热系统。

2. 集中供热系统方案的确定原则

集中供热系统方案的确定是一个重要和复杂的问题，涉及国家的能源政策、环境保护政策、资源利用情况、燃料价格、近期与远期规划等重大原则事项。因此，必须由国家或地方主管机关组织有关部门人员，在认真调查研究的基础上，进行技术经济分析比较，提出可行性研究报告后，最终确定出技术上先进、适用可靠、经济上合理的最佳方案。

集中供热系统方案确定的基本原则是：有效利用并节约能源，投资少，见效快，运行经济，符合环境保护要求，符合国家各项政策法规的要求并适应当地经济发展的要求等。

3. 选择集中供热系统的热源形式

集中供热系统的热源形式，应根据当地的发展规划以及能源利用政策、环境保护政策等诸多因素来确定。这是集中供热系统方案确定的首要问题，必须慎重地、科学地把握好这一环节。

集中供热系统的热源形式有区域锅炉房集中供热、热电厂集中供热，此外也可以利用核能、地热、电能、工业余热作为集中供热系统的热源。具体情况应根据实际需要、现实条件、发展前景等多方面因素，经多方论证，对几种不同方案加以比较确定。

以区域锅炉房（装置热水锅炉或蒸汽锅炉）为热源的供热系统称为区域锅炉房供热系统，包括区域热水锅炉房供热系统、区域蒸汽锅炉房供热系统和区域蒸汽—热水锅炉房供热系统。在区域蒸汽—热水锅炉房供热系统中，锅炉房内分别装设蒸汽锅炉和热水锅炉或换热器，使之各自组成独立的供热系统。

以热电厂作为热源的供热系统称为热电厂集中供热系统。由热电厂同时供应电能和热能的能源综合供应方式称为热电联产。在热电厂供热系统中，根据选用汽轮机组的不同，有抽汽式、背压式以及凝汽式低真空热电厂供热系统。

4. 区域热水锅炉房集中供热系统的特点

以区域锅炉房（装置热水锅炉或蒸汽锅炉）为热源的供热系统称为区域锅炉房集中供热系统。图8-1所示为区域热水锅炉房集中供热系统。热源处主要设备有热水锅炉、循环水泵、补给水泵及水处理设备，室外管网由一条供水管和一条回水管组成，热用户包括供暖用户、生活热水供应用户等。系统中的水在锅炉中被加热到需要的温度，以循环水泵作动力使水沿供水管路流入各用户，散热后的回水沿回水管路返回锅炉，水不断地在系统中循环流动。系统在运行过程中的漏水量或被用户消耗的水量，由补给水泵把经过处理的水从回水管补充到系统内，补充水量的多少可通过压力调节阀控制。除污器设在循环水泵吸入口侧，用以清除水中的污物、杂质，避免进入水泵与锅炉内。

区域热水锅炉房供热系统可适当提高供水温度，加大供回水温差，这可以缩小热网管径，降低网路的电耗和用热设备的散热面积，应选择适当。

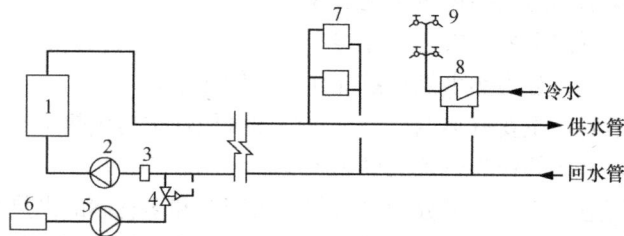

图 8-1　区域热水锅炉房供热系统示意图

1—热水锅炉；2—循环水泵；3—除污器；4—压力调节阀；5—补给水泵；

6—补充水处理装置；7—供暖散热器；8—生活热水加热器；9—水龙头

5. 闭式集中热水供热系统和开式集中热水供热系统的特点

集中热水供热系统的供热对象多为供暖、通风和热水供应热用户。按用户是否直接取用热网循环水，集中热水供热系统又分为闭式系统和开式系统。

闭式系统：热用户不从热网中取用热水，热网循环水仅作为热媒，起转移热能的作用，供给用户热量。闭式系统从理论上讲流量不变，但实际上热水在系统中循环流动时，总会有少量循环水向外泄漏，使系统的流量减少。在正常情况下，一般系统的泄漏水量不应超过系统总水量的1‰，泄漏的水靠热源处的补水装置补充。闭式系统容易监测网路系统的严密程度，补水量大，就说明网路的漏水量大。

开式系统：热用户全部或部分地取用热网循环水，热网循环水直接消耗在生产和热水供应用户上，只有部分热水返回热源。开式系统由于热用户直接耗用外网循环水，即使系统无泄漏，补给水量仍很大，系统补水量应为热水用户的消耗水量和系统泄漏水量之和。开式系统的补给水由热源处的补水装置补充，热水供应系统用水量波动较大，无法用热源补水量的变化情况判别热水网路的漏水情况。

6. 闭式双管热水供热系统中各连接形式的特点

闭式双管热水供热系统是应用最广泛的一种供热系统形式。闭式热水供热系统热用户与热水网路的连接方式分为直接连接和间接连接两种。

直接连接：热用户直接连接在热水网路上，热用户与热水网路的水力工况直接发生联系，热网水进入用户系统。

间接连接：外网水进入表面式水—水换热器加热用户系统的水，热用户与外网各自是独立的系统，二者温度不同，水力工况互不影响。

闭式热水供热系统中，用户与热水网路的常见连接方式有：

（1）无混合装置的直接连接供暖系统，如图8-2（a）所示。当热用户与外网水力工况和温度工况一致时，热水经外网供水管直接进入供暖系统热用户，在散热设备散热后，回水直接返回外网回水管路。这种连接形式简单，造价低。

（2）设水喷射器的直接连接供暖系统，如图8-2（b）所示。外网高温水进入喷射器，由喷嘴高速喷出后，喷嘴出口处形成低于用户回水管的压力，回水管的低温水被抽入水喷射器，与外网高温水混合，使用户入口处的供水温度低于外网温度，符合用户系统的要求。

水喷射器（又叫混水器）无活动部件，构造简单、运行可靠，网路系统的水力稳定性好。但由于水喷射器抽引回水时需消耗能量，通常要求管网供、回水管在用户入口处留有0.08～0.12MPa的压差，才能保证水喷射器正常工作。

（3）设混合水泵的直接连接供暖系统，如图8-2（c）所示。当建筑物用户引入口处外网的供、回水压差较小，不能满足水喷射器正常工作所需的压差，或设集中泵站将高温水转为低温水向建筑物供热时，可采用设混合水泵的直接连接方式。

混合水泵设在建筑物入口或专设的热力站处，外网高温水与水泵加压后的用户回水混合，降低温度后送入用户供热系统，混合水的温度和流量可通过调节混合水泵的阀门或外网供回水管进出口处阀门的开启度进行调节。为防止混合水泵扬程高于外网供、回水管的压差，将外网回水抽入外网供水管，在外网供水管入口处应装设止回阀。设混合水泵的连接方式是目前高温水供热系统中应用较多的一种直接连接方式，但其造价较设水喷射器的方式高，运行中需要经常维护并消耗电能。

（4）设换热器的间接连接供暖系统，如图8-2（d）所示。外网高温水通过设置在用

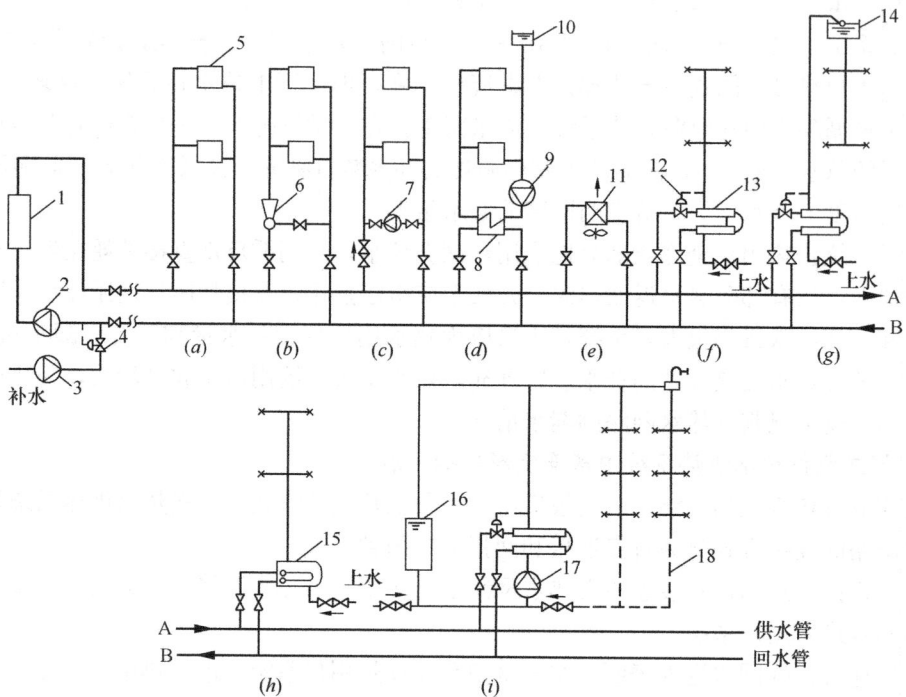

图 8-2　双管闭式热水供热系统

(a) 无混合装置的直接连接供暖系统；(b) 设水喷射器的直接连接供暖系统；

(c) 设混合水泵的直接连接供暖系统；(d) 设换热器的间接连接供暖系统；

(e) 通风热用户与热网直接连接系统；(f) 无储水箱的间接连接热水供应系统；

(g) 装设上部储水箱的间接连接热水供应系统；(h) 装设容积式换热器的间

接连接热水供应系统；(i) 装设下部储水箱的间接连接热水供应系统

1—热源的加热设备；2—网路循环水泵；3—补给水泵；4—补给水压力调节器；

5—散热器；6—水喷射器；7—混合水泵；8—表面式水-水换热器；9—供暖热用

户系统的循环水泵；10—膨胀水箱；11—空气加热器；12—温度调节器；

13—水-水式换热器；14—储水箱；15—容积式换热器；16—下部储水箱；

17—热水供应系统的循环水泵；18—热水供应系统的循环管路

户引入口或热力站处的表面式水—水换热器，将热量传递给供暖用户的循环水，在换热器内冷却后的回水，返回外网回水管。用户循环水靠用户水泵的驱动循环流动，用户循环系统内部设置膨胀水箱、集气罐及补给水装置，形成独立系统。

间接连接方式系统造价比直接连接高得多，而且运行管理费用也较高，适用于局部用户系统必须和外网水力工况隔绝的情况。例如，外网水在用户入口处的压力超过了散热器的承压能力，或个别高层建筑供暖系统要求压力较高，又不能普遍提高整个热水网路的压力时采用。另外，外网为高温水，而用户是低温水供暖用户时，也可以采用这种间接连接形式。

（5）通风热用户与热网直接连接系统，如图 8-2 (e) 所示。如果通风系统的散热设备承压能力较高，对热媒参数无严格限制，可采用最简单的直接连接形式与外网相连。

（6）无储水箱的间接连接热水供应系统，如图 8-2 (f) 所示。热水供应用户与外网间接连接时，必须设有水—水换热器，外网水通过水—水换热器将城市生活给水加热，冷却后的回水返回外网回水管。该系统用户供水管上应设温度调节器，控制系统供水温度不随用水量的改变而剧烈变化。这是一种最简单的连接方式，适用于一般住宅或公共建筑连续用热水且用水量较稳定的热水供应系统上。

（7）装设上部储水箱的间接连接热水供应系统，如图 8-2（g）所示。城市生活给水被表面式水—水换热器加热后，先送入设在用户最高处的储水箱，再通过配水管输送到各配水点，上部储水箱起着储存热水和稳定水压的作用。适用于用户需要稳压供水且用水时间较集中，用水量较大的浴室、洗衣房或工矿企业处。

（8）装设容积式换热器的间接连接热水供应系统，如图 8-2（h）所示。容积式加热器不仅可以加热水，还可以储存一定的水量，不需要设上部储水箱，但需要较大的换热面积。适用于工业企业和小型热水供应系统。

（9）装设下部储水箱的间接连接热水供应系统，如图 8-2（i）所示。该系统设有下部储水箱、热水循环管和循环水泵。当用户用水量较小时，水—水换热器的部分热水直接流入用户，另外的部分流入储水箱储存；当用户用水量较大，水—水换热器供水量不足时，储水箱内的水被城市生活给水挤出供给用户系统。装设循环水泵和循环管的目的是使热水在系统中不断流动，保证用户打开水龙头就能流出热水。这种方式复杂、造价高，但工作稳定、可靠，适用于对热水供应要求较高的宾馆或高级住宅。

7. 开式双管热水供热系统中各连接形式的特点

开式热水供热系统与热水网路的连接方式有：

（1）无储水箱的连接方式，如图 8-3（a）所示。热网水直接经混合三通送入热水用户，混合水温由温度调节器控制。为防止外网供应的热水直接流入外网回水管，回水管上应设止回阀。这种方式网路最简单，适用于外网压力任何时候都大于用户压力的情况。

（2）设上部储水箱的连接方式，如图 8-3（b）所示。网路供水和回水经混合三通送入热水用户的高位储水箱，热水再沿配水管路送到各配水点。这种方式常用于浴室、洗衣房或用水量较大的工业厂房内。

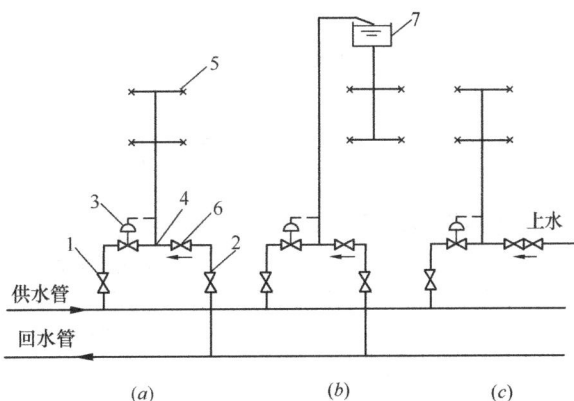

图 8-3 开式热水供热系统
1、2—进水阀门；3—温度调节器；4—混合三通；
5—取水栓；6—止回阀；7—上部储水箱

（3）与城市生活给水混合的连接方式，如图 8-3（c）所示。当热水供应用户用水量很大并且需要的水温较低时，可采用这种连接方式。混合水温同样可用温度调节器控制。为了便于调节水温，外网供水管的压力应高于城市生活给水管的压力，在生活给水管上要安装止回阀，以防止外网水流入生活给水管。

8. 选择供热管网形式

热水供热管网宜采用闭式双管制。以热电厂为热源的热水供热管网，同时有生产工艺、供暖、通风、空调、生活热水多种热负荷，在生产工艺热负荷与供暖热负荷所需供热介质参数相差较大，或季节性热负荷占总热负荷比例较大，且技术经济合理时，可采用闭式多管制。

当热水热力网满足下列条件，且技术经济合理时，可采用开式热力网：

（1）具有水处理费用较低的、丰富的补给水资源；

（2）具有与生活热水热负荷相适应的廉价低位能热源。

开式热水热力网在生活热水热负荷足够大且技术经济合理时，可不设回水管。

供热建筑面积大于 $1000 \times 10^4 \text{m}^2$ 的供热系统应采用多热源供热，且各热源热力干线应连通。在技术经济合理时，热力网干线宜连接成环状管网。

供热系统的主环线或多热源供热系统中热源间的连通干线设计时，各种事故工况下的最低供热量保证率应符合表 8-1 的规定。并应考虑不同事故工况下的切换手段。

事故工况下的最低供热量保证率　　　　表 8-1

供暖室外计算温度 t（℃）	最低供热保证率（％）
$t > -10$	40
$-10 \leqslant t \leqslant -20$	55
$t < -20$	65

自热源向同一方向引出的干线之间宜设连通管线。连通管线应结合分段阀门设置。连通管线可作为输配干线使用。连通管线设计时，应使故障段切除后其余热用户的最低供热量保证率符合表 8-1 的规定。对供热可靠性有特殊要求的用户，有条件时应由两个热源供热，或者设置自备热源。

8.2　识读集中热水供热系统施工图

1. 室外供热管网施工图图例（表 8-2）

室外供热管网施工图图例　　　　表 8-2

闸阀		
手动调节阀		
阀门（通用）、截止阀	 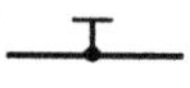	
球阀转心阀		
角阀	或 	
平衡阀		
三通阀	 或 	

四通阀	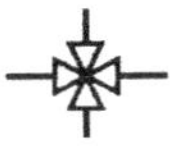	
节流阀		
膨胀阀	 或 	
快放阀		
减压阀	 或 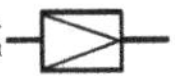	左图小三角为高压，右图右侧为高压端
安全阀		左图为通用，中为弹簧安全阀，右图为重锤安全阀
蝶阀		
止回阀		左为通用，右为升降式，流向同左
浮球阀	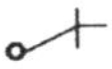 或 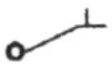	
补偿器		
套管补偿器		
方形补偿器		
弧形补偿器		
波纹管补偿器	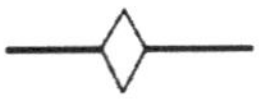	
除污器（过滤器）		左为立式除污器，右为卧式除污器
节流孔板、减压孔板	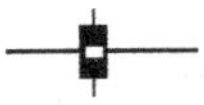	
水泵		
疏水器	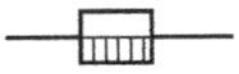	
变径管（异径管）		左为同心异径管，右为偏心异径管

活接头	—■—	
法兰	—‖—	
法兰盖	—‖	
丝堵	—◁	
可曲挠橡胶软接头	—○—	
金属软管	—〜〜—	
绝热管	—〜〜〜—	
保护套管	—□—	
固定支架	⟶※ ※‖※	
流向	➙ 或 ▶	
坡度及坡向	$i=0.003$ 或 ⟶ $i=0.003$	

2. 识读室外供热管网的平面图

室外供热管网的平面图，是在城市或厂区地形测量平面图的基础上，将供热管网的线路表示出来的平面布置图。将管网上所有的阀门、补偿器、固定支架、检查室等与管线一同标在图上，从而形象地展示了供热管网的布置形式、敷设方式及规模，具体地反映了管道的规格和平面尺寸，管网上附件和设备的规格、型号和数量，检查室的位置和数量等。供热管网的平面图是进行管网技术经济分析、方案审定的主要依据；是编制工程概、预算，确定工程造价、编制施工组织设计及进行施工的重要依据。在工程设计中，管网平面图是整个管网设计中最重要的图纸，是绘制其他图纸的依据。

为了清晰、准确地把管线表示在平面图上，绘制供热管网平面图时，应满足下列要求。

（1）供水管道，应敷设在供热介质前进方向的右侧。

（2）供水管用粗实线表示，回水管用粗虚线表示。

（3）在平面图上应绘出经纬网络平面定位线（即城市平面测绘图上的坐标尺寸线）。

（4）在管线的转点及分支点处，标出其坐标位置。一般情况下，东西向坐标用"X"表示，南北向坐标用"Y"表示。

（5）管路上阀门、补偿器、固定点等的确切位置，各管段的平面尺寸和管道规格，管线转角的度数等均需在图上标明。

（6）将检查室、放气井、放水井、固定点进行编号。

（7）局部改变敷设方式的管段应予以说明。

（8）标出与管线相关的街道和建筑物的名称。

从理论上讲，用 X、Y 坐标来确定管线的位置是合理的，但从工程角度看，易出现误差，且施工不便。在工程设计中通常在管线的某些特殊部位以永久性建筑物为基准标出管线的具体位置，与坐标定位相配合。

3. 识读室外供热管网的纵断面图

室外供热管网的纵断面图是依据管网平面图所确定的管道线路，在室外地形图的基础上绘制出管道的纵向断面图和地形竖向规划图。在管道的纵断面图上，应表示出：

（1）自然地面和设计地面的标高、管道的标高。

（2）管道的敷设方式。

（3）管道的坡向、坡度。

（4）检查室、排水井和放气井的位置及标高。

（5）与管线交叉的公路、铁路、桥涵、水沟等。

（6）与管线交叉的设施、电缆及其他管道等（如果它们位于供热管道的下方，应注明其顶部标高，如果它们在供热管道的上方，应注明其底部标高）。

由于管道纵断面图没能反映出管线的平面变化情况，所以需将管线平面展开图与纵断面图共同绘制在同一图上，这样纵断面图就更完整、全面了。供热管道纵断面图中，纵坐标与横坐标并不相同，通常横坐标采用 1：500、1：100 的比例尺。纵坐标采用 1：50、1：100、1：200 的比例尺。

4.【集中热水供热系统施工图示例】

设计与施工说明

本设计为某小区低温热水供暖热网设计，供暖设计供回水温度为 60℃/50℃，满足小区室内地热供暖设计要求，敷设管网最大管径为 200mm，最小管径为 125mm，部分管道在地下车库棚下敷设，其余全部采用直埋敷设，小区内供热管网结合小区建筑物室内采暖分区情况敷设，其施工技术要求要符合《城镇供热管网工程施工及验收规范》CJJ 28 和《城镇供热直埋热水管道技术规程》CJJ/T 81 有关规定。

一、直埋保温管

直埋保温管采用"黑夹克"聚氨酯泡沫塑料保温管，具体规格如表 8-3 所示。

"黑夹克"聚氨酯泡沫塑料保温管规格（mm） 表 8-3

内钢管规格	塑料外套管规格	保温厚度	内钢管规格	塑料外套管规格	保温厚度
219×6	300×3.5	37	133×5	215×3.5	37.5
159×5	240×3.5	37			

当内钢管外径为 219mm 时，采用双面焊螺旋缝埋弧焊钢管，钢号 Q235-B，其质量符合行业技术标准的规定；当外径≤159mm 时，采用无缝钢管，钢号 20，其质量符合国家标准《输送流体用无缝钢管》GB/T 8163 的规定。

二、直埋保温弯头

直埋保温弯头采用预制保温弯头，不准在管沟内发泡制作。弯头采用压制钢弯头，钢号与直管相同，压力级别为 Pn1.6MPa，弯曲半径 $R=1.5DN$。保温弯头的保温层厚度和塑料外套管规格与直管相同。

三、变径管

管线上的变径管采用挤制变径管，钢号与直管相同，压力级别为 Pn1.6MPa。不得采用收口或抽条办法制作变径管。

四、管沟开挖与回填

管沟深度按控制保温管最小埋深确定。保温管管顶埋深最小为 0.8m。沟底填 200mm 厚的砂垫层，回填土中不得有砖头、石块，并要分层回填、分层夯实，特别是在固定墩和检查井周围要注意夯实。

五、管线安装

管网的施工程序建议先敷设管线，后修建检查井，然后再安装井内阀门和附件。管线按不小于千分之二的坡度敷设。

在保温管管口焊接前，必须清除管内的砂土、铁锈和污物。在管线安装间断期内，敞开的管口，要临时点焊盲板，防止砂土和污物进入管内。

六、管道开孔及焊接

管道分支开孔的具体处理方法见施工方法通用图。

直埋管道采用氩弧焊打底的焊接方法。焊缝质量要符合《现场设备、工业管道焊接工程验收规范》GB 50236 的规定。

七、管网水压试验和冲洗

管网水压试验分为"强度性试压"和"严密性试压"。

强度性试压是在管道阀门及附件没有安装以前，按安装区段进行的水压试验，试压合格后进行保温管"补口"，然后回填土。强度性水压试验的试验压力为 1.2MPa。

严密性试压是在管线、阀门、管路附件安装完毕和固定点固定牢后进行的水压试验，试验压力为 1.0MPa。严密性水压试验按单根管进行，不得两根同时进行试压。

水压试验完毕后，紧接着进行管线冲洗。用压力水流将管内污物冲洗干净。

八、横穿过路管道

为防止检修更换管道破坏小区路面，建议横穿路面下的管道应设套管。

九、检查室（井）管道及阀门

检查室（井）内管道及阀门均应保温。保温材料采用 30mm 厚的海藻石，外涂红调合漆两遍，阀门保温后须在保温层外标明介质流向、压力及管径。

十、检查室土建施工详见土建施工说明和土建通用图

十一、以上未尽事项，均执行《城镇供热管网工程施工及验收规范》CJJ 28 和《城镇供热直埋管道技术规程》CJJ/T 81 的有关规定

图 8-4 所示是集中供热管网中一段管道的平面布置图，制图比例为 1：500。

图 8-5 所示是供热管道纵断面图（图 8-4 的管道纵断面图），该图的比例：横坐标（管线沿线高度尺寸坐标）为 1：500；纵坐标（管道标高数值坐标）为 1：100。供热管道纵断面图上，长度以"m"为单位，取至小数点后一位数；高程以"m"为单位，取至小数点后两位数；坡度以千或万分之有效数字表示。

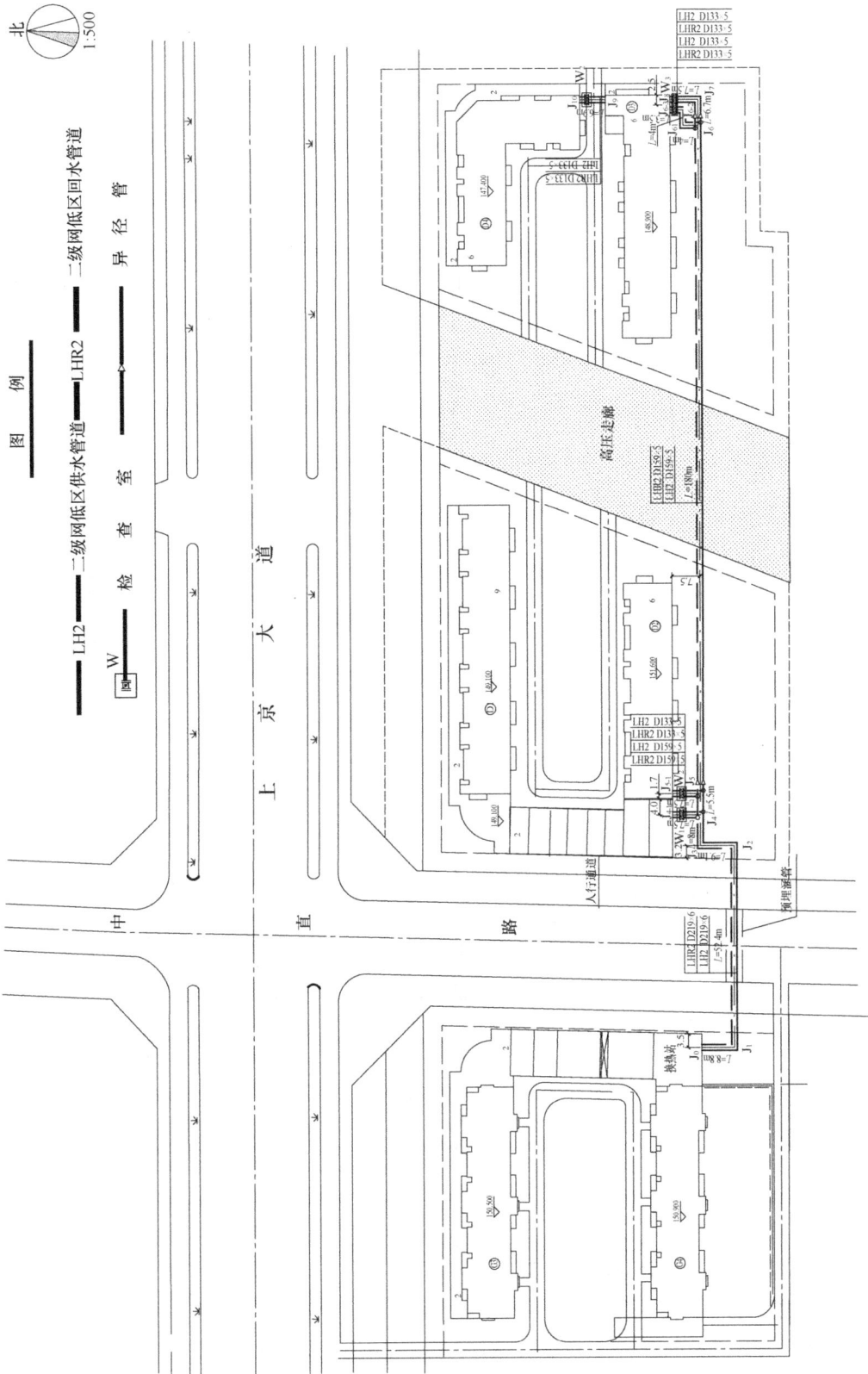

图 8-4 城市集中供热管网平面布置图 1：500

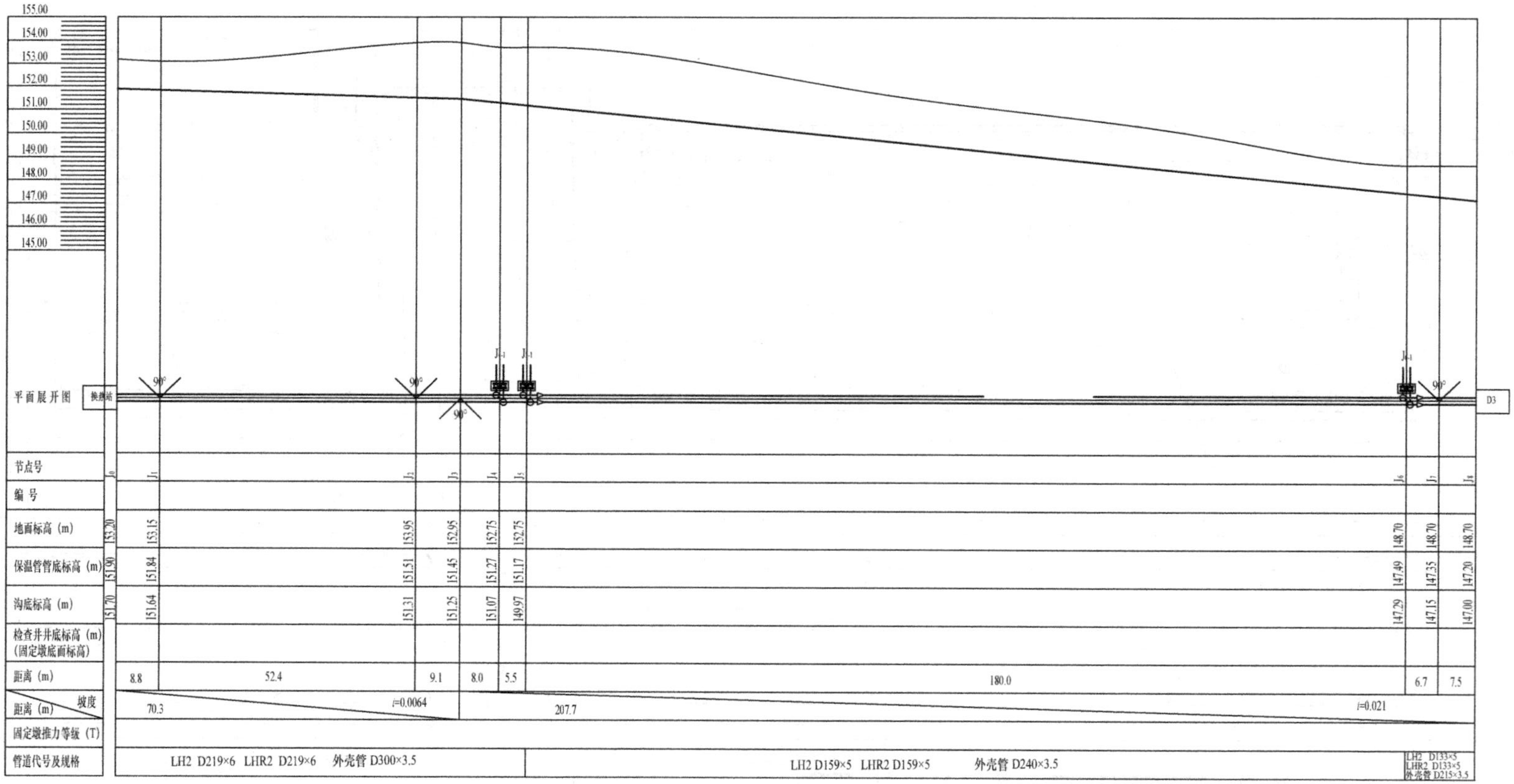

图 8-5　供热管道纵断面图

任务 9　集中热水供热系统的计算

【教学目的】通过项目教学活动，培养学生具备进行集中热水供热系统热负荷及年耗热量计算的能力；具备进行集中热水供热系统水力计算的能力。培养学生良好的职业道德、自我学习能力、实践动手能力和耐心细致分析处理问题的能力，以及诚实、守信、善于沟通和合作的专业素养。

【知识目标】

1. 掌握集中热水供热系统热负荷及年耗热量的计算方法。

2. 掌握集中热水供热系统水力计算的方法。

【主要学习内容】

9.1　集中热水供热系统的热负荷及年耗热量计算

1. 集中供热系统热负荷的分类

集中供热系统主要有供暖、通风、热水供应、空气调节和生产工艺等热用户，正确、合理地确定这些用户系统的热负荷，是确定供热方案、选择锅炉和进行管网水力计算的主要依据。集中供热系统的热负荷分成季节性和常年性热负荷两大类。

季节性热负荷包括供暖、通风、空调等系统的用热负荷。这类热负荷与室外温度、湿度、风速、风向和太阳辐射强度等气候条件密切相关，其中室外温度对季节性热负荷的大小起决定作用。

常年性热负荷包括生产工艺用热系统和生活用热（主要指热水供应）系统的用热负荷。这类热负荷与气候条件的关系不大，用热量比较稳定，在全年中变化较小。但在全天中由于生产班制和生活用热人数多少的变化，用热负荷的变化幅度较大。

2. 各类热用户热负荷的估算

热水供热管网设计时，应计算建筑物的设计热负荷，对既有建筑应调查历年实际热负荷、耗热量及建筑节能改造情况，按实际耗热量确定设计热负荷。集中供热系统进行规划和初步设计时，如果某些单位建筑物资料不全或尚未进行各类建筑物的具体设计工作，可利用概算指标来估算各类热用户的热负荷。

1）供暖设计热负荷的估算

供暖设计热负荷可采用体积热指标或面积热指标法进行估算。

（1）体积热指标法：

$$Q_n = q_v V_w (t_n - t_{wn}) \times 10^{-3} \tag{9-1}$$

式中　Q_n——建筑物的供暖设计热负荷（kW）；

　　　V_w——建筑物的外围体积（m^3）；

　　　t_n——供暖室内计算温度（℃）；

t_{wn}——供暖室外计算温度（℃）；

q_v——建筑物的供暖体积热指标 [W/（m³·℃）]。

建筑物的供暖体积热指标 q_v 表示各类建筑物在室内外温差为1℃时，1m³ 建筑物外围体积的供暖设计热负荷，它的大小取决于建筑物围护结构的特点及外形尺寸。围护结构的传热系数越大，采光率越大，外部体积越小，长宽比越大，建筑物单位体积的热损失也就是体积热指标也就越大。从建筑节能角度出发，想要降低建筑物的供暖设计热负荷就应减小体积热指标 q_v。

各类建筑物的供暖体积热指标 q_v 可通过对已建成建筑物进行理论计算或对已有数据进行归纳统计得出，可查阅有关设计手册获得。

（2）面积热指标法：

$$Q_n = q_f F \times 10^{-3} \tag{9-2}$$

式中　Q_n——建筑物的供暖设计热负荷（kW）；

　　　F——建筑物的建筑面积（m²）；

　　　q_f——建筑物供暖面积热指标（W/m²）。

建筑物的面积热指标 q_f 表示各类建筑物每 1m² 建筑面积的供暖设计热负荷。各类建筑面积热指标的推荐值见表9-1。

设计选用热指标时，总建筑面积大，围护结构热工性能好，窗户面积小时，采用较小值；反之采用较大值。本节提供热指标的依据为我国"三北"地区的实测资料，南方地区应根据当地的气象条件及相同类型建筑物的热指标资料确定。现有面积热指标是针对于北方大多数地区，在分析了体形系数、建筑面积对单层建筑供暖面积热指标的影响，并进行实例计算后得出的。一般仅适用于 80m² 以上的单层建筑，在估算小面积的单层建筑热负荷时，应考虑建筑物体形系数、建筑面积等因素的影响。

建筑物供暖面积热指标　　　　　　　　　　　　表 9-1

建筑物类型	供暖面积热指标 q_f（W/m²）	
	未采取节能措施	采取节能措施
住宅	58～64	40～45
居住区综合	60～67	45～55
学校、办公	60～80	50～70
医院、托幼	65～80	55～70
旅馆	60～70	50～60
商店	65～80	55～70
食堂、餐厅	115～140	100～130
影剧院、展览馆	95～115	80～105
大礼堂、体育馆	115～165	100～150

注：1. 表中数值适用于我国东北、华北、西北地区；

　　2. 热指标中已包括约5%的管网热损失。

需要强调的是，采用热指标计算房间的热负荷，只能适应一般的概略计算，对于正规的工程设计或一些特殊建筑物，均应按照规范规定的计算方法进行仔细计算，以求计算得更准确、可靠一些。

建筑物热量主要是通过垂直的外围护结构（墙、门、窗等）向外传递的，它与建筑物外围护结构的平面尺寸和层高有关，而不是直接取决于建筑物的平面面积，用体积热指标法更能清楚地说明这一点。但用面积热指标更容易计算，所以现在多采用面积热指标法估算供暖设计热负荷。

2）通风、空调设计热负荷的估算

在供暖季节里，为满足生产厂房、公共建筑及居住建筑的清洁度和温湿度要求，将室外的新鲜空气加热后送入空调房间所消耗的热量称为通风、空调设计热负荷。

（1）通风设计热负荷可采用百分数法估算

$$Q_\mathrm{T} = K_\mathrm{T} Q_\mathrm{n} \tag{9-3}$$

式中　Q_T——建筑物的通风设计热负荷（kW）；

　　　Q_n——建筑物的供暖设计热负荷（kW）；

　　　K_T——建筑物通风热负荷的计算系数，一般取 $0.3\sim0.5$。

应注意，对于一般民用建筑，室外冷空气无组织地从门窗缝隙渗入室内，被加热成室温所消耗的热量，在供暖设计热负荷的冷风渗透耗热量和冷风侵入耗热量中已计算过，不必再次计算。

（2）空调冬季热负荷的估算

$$Q_\mathrm{a} = q_\mathrm{a} A_\mathrm{k} \times 10^{-3} \tag{9-4}$$

式中　Q_a——空调冬季设计热负荷（kW）；

　　　q_a——空调热指标（W/m²），可按表 9-2 选用；

　　　A_k——空调建筑物的建筑面积（m²）。

（3）空调夏季热负荷的估算

$$Q_\mathrm{c} = \frac{q_\mathrm{c} A_\mathrm{k}}{COP} \times 10^{-3} \tag{9-5}$$

式中　Q_c——空调夏季设计热负荷（kW）；

　　　q_c——空调冷指标（W/m²），可按表 9-2 选用；

　　　A_k——空调建筑物的建筑面积（m²）；

　　　COP——吸收式制冷机的制冷系数，可取 $0.7\sim1.2$。

空调热指标、冷指标推荐值（W/m²）　　　　　　　　　　　　表 9-2

建筑物类型	热指标 q_a	冷指标 q_c
办公	80～100	80～110
医院	90～120	70～100
旅馆、宾馆	90～120	80～110
商店、展览馆	100～120	125～180
影剧院	115～140	150～200
体育馆	130～190	140～200

注：1. 表中数值适用于我国东北、华北、西北地区；
　　2. 寒冷地区热指标取较小值，冷指标取较大值；严寒地区热指标取较大值，冷指标取较小值。

3）生活用热设计热负荷的估算

日常生活中浴室、食堂、热水供应等方面消耗的热量称为生活用热设计热负荷，它的大小取决于人们的生活水平、生活习惯和生产设备情况。

一般居住区热水供应的平均热负荷按下式估算

$$Q_{spj} = q_s F \times 10^{-3} \qquad (9\text{-}6)$$

式中 　Q_{spj}——居住区供暖期生活热水的平均热负荷（kW）；

　　　F——居住区的总建筑面积（m²）；

　　　q_s——居住区热水供应热指标（W/m²），可按表 9-3 选用。

居住区供暖期生活热水日平均热指标（W/m²）　　　　　表 9-3

用水设备情况	热指标 q_s
住宅无生活热水设备，只对公共建筑供水时	2～3
全部住宅有沐浴设备，并供给生活热水时	5～15

注：1. 冷水温度较高时采用较小值，冷水温度较低时采用较大值；

　　2. 热指标中已包括约 10% 的管网热损失。

建筑物或居住区的热水供应最大热负荷取决于该建筑物或居住区每天使用热水的规律，最大热负荷 Q_{smax} 与平均热负荷 Q_{spj} 的比值称为小时变化系数 K。

居住区生活热水最大热负荷

$$Q_{smax} = K Q_{spj} \qquad (9\text{-}7)$$

式中 　Q_{smax}——居住区供暖期生活热水的最大热负荷 Q_{smax}（kW）；

　　　K——小时变化系数，一般可取 2～3。

建筑物或居住区用水单位数越多，全天中的最大热负荷 Q_{smax} 越接近于全天的平均热负荷 Q_{spj}，小时变化系数 K 值越接近于 1。城市集中供热系统的热网干线，由于用水单位数目很多，干线热水供应设计热负荷可按热水供应的平均热负荷 Q_{spj} 计算。

计算热力网设计热负荷时，生活热水设计热负荷应按下列规定取用：

（1）对热力网干线应采用生活热水平均热负荷；

（2）对热力网支线，当用户有足够容积的储水箱时，应采用生活热水平均热负荷；当用户无足够容积的储水箱时，应采用生活热水最大热负荷，最大热负荷叠加时应考虑同时使用系数。

4）生产工艺热负荷

生产中用于烘干、加热、蒸煮、洗涤等方面的用热或作为动力驱动机械设备的耗热量称为生产工艺热负荷。生产工艺热负荷的大小、热媒的种类和类型，主要取决于生产工艺的性质、用热设备的形式，以及工厂的工作性质等因素。生产工艺热负荷很难用固定的公式表述，一般由生产工艺设计人员提供或根据用热设备产品样本确定。

当无工业建筑供暖、通风、空调、生活及生产工艺热负荷的设计资料时，对现有企业应采用生产建筑和生产工艺的实际耗热数据，并考虑今后可能的变化；对规划建设的工业企业，可按不同行业项目估算指标中典型的生产规模进行估算，也可按同类型、同地区企业的设计资料或实际耗热定额计算。当生产工艺热用户或用热设备较多时，供热管网中各热用户的最大热负荷往往不会同时出现，因而在计算集中供热系统的热负荷时，应取经核实后的各热用户最大热负荷之和乘以同时使用系数。同时使用系数可按 0.6～0.9 取值。

考虑了同时使用系数后，管网总热负荷可以降低，可以减少集中供热系统的投资费用。

以热电厂为热源的城镇供热管网，应发展非供暖期热负荷，包括制冷热负荷和季节性生产热负荷。

3. 集中供热系统的年耗热量

1）供暖年耗热量

$$Q_{na} = 0.0864 Q_n\, N\, \frac{(t_n - t_{pj})}{(t_n - t_{wn})} \tag{9-8}$$

式中　Q_{na}——供暖年耗热量（GJ/a）；

$\quad\quad Q_n$——供暖设计热负荷（kW）；

$\quad\quad N$——供暖期天数（d）；

$\quad\quad t_{wn}$——供暖室外计算温度（℃）；

$\quad\quad t_n$——供暖室内计算温度（℃）；

$\quad\quad t_{pj}$——供暖期室外平均温度（℃）。

2）通风、空调年耗热量

$$Q_{ta} = 0.0036 Z Q_t\, N\, \frac{(t_n - t_{pj})}{(t_n - t_{wt})} \tag{9-9}$$

式中　Q_{ta}——通风、空调年耗热量（GJ/a）；

$\quad\quad Q_t$——通风、空调设计热负荷（kW）；

$\quad\quad t_{wt}$——冬季通风、空调室外计算温度（℃）；

$\quad\quad Z$——供暖期内通风空调装置每日平均运行小时数（h/d）。

3）生活热水供应年耗热量

$$Q_{ra} = 30.24 Q_{rp} \tag{9-10}$$

式中　Q_{ra}——供暖期生活热水供应年耗热量（GJ/a）；

$\quad\quad Q_{rp}$——供暖期生活热水供应的平均热负荷（kW）。

4）供冷期制冷耗热量

$$Q_{sa} = 0.0036 Q_c\, T_{c.\,max} \tag{9-11}$$

式中　Q_{sa}——生产工艺年耗热量（GJ/a）；

$\quad\quad Q_c$——空调夏季热负荷（kW）；

$\quad\quad T_{c.\,max}$——空调夏季最大负荷利用小时数（h）。

9.2　集中热水供热系统的水力计算

1. 室外热水供热管网水力计算的任务和工作原理

室外热水供热管网水力计算的任务主要有：已知热媒流量和压力损失，确定管道直径；已知热媒流量和管道直径，计算管道的压力损失，进而确定网路循环水泵的流量和扬程；已知管道直径和允许的压力损失，校核计算管道中的流量。

室外热水供热管网水力计算的基本原理与室内热水供暖系统的水力计算原理完全相同。

1）沿程压力损失的计算

因室外管网流量较大，所以计算每米长沿程压力损失（比摩阻）的公式中流量，用 t/h 作单位，即

$$R = 6.25 \times 10^{-2} \frac{\lambda G^2}{\rho d^5} \tag{9-12}$$

式中　R——每米管长的沿程压力损失（Pa/m）；

　　　G——管段的热媒流量（t/h）；

　　　λ——沿程阻力系数；

　　　ρ——热媒密度（kg/m³）；

　　　d——管道内径（m）。

通常室外管网内水的流速大于 0.5m/s，水的流动状态多处于紊流的粗糙区，沿程阻力系数 λ 可用公式 $\lambda = 0.11 \left(\frac{K}{d} \right)^{0.25}$ 计算。

式中　K——管道内壁面的绝对粗糙度，室外热水网路取 $K = 0.5$mm。

将沿程阻力系数 $\lambda = 0.11 \left(\frac{K}{d} \right)^{0.25}$ 代入式（9-12）中，得

$$R = 6.88 \times 10^{-3} K^{0.25} \frac{G^2}{\rho d^{5.25}} \tag{9-13}$$

附录 20 是根据式（9-13）编制的室外热水网路水力计算表，该表的编制条件为绝对粗糙度 $K = 0.5$mm，温度 $t = 100℃$，密度 $\rho = 958.38$kg/m³，运动黏滞系数 $\upsilon = 0.295 \times 10^{-6}$m²/s。

如果管道的实际绝对粗糙度与制表的绝对粗糙度不符，则应对比摩阻进行修正

$$R_{sh} = \left(\frac{K_{sh}}{K_b} \right)^{0.25} R_b = m R_b \tag{9-14}$$

式中　R_b、K_b——制表中的比摩阻和表中规定的管道绝对粗糙度；

　　　R_{sh}、K_{sh}——热媒的实际比摩阻和管道的实际绝对粗糙度；

　　　m——绝对粗糙度 K 的修正系数，见表 9-4。

K 值修正系数 m 和 β 值　　　　　　　　　　　　　　　　　　　　表 9-4

$K/$mm	0.1	0.2	0.5	1.0
m	0.669	0.795	1.0	1.189
β	1.495	1.26	1.0	0.84

如果流体的实际密度与制表的密度不同，但质量流量相同，则应对流速、比摩阻和管径进行修正

$$v_{sh} = \left(\frac{\rho_b}{\rho_{sh}} \right) v_b \tag{9-15}$$

$$R_{sh} = \left(\frac{\rho_b}{\rho_{sh}} \right) R_b \tag{9-16}$$

$$d_{sh} = \left(\frac{\rho_b}{\rho_{sh}} \right)^{0.19} d_b \tag{9-17}$$

式中　ρ_b、v_b、R_b、d_b——制表密度和表中查得的流速、比摩阻、管径；

　　　ρ_{sh}、v_{sh}、R_{sh}、d_{sh}——热媒的实际密度和实际密度下的流速、比摩阻、管径。

在热水网路的水力计算中，由于水的密度随温度变化很小，一般可以不考虑不同密度下的修正计算。但在蒸汽管网和余压凝水管网中，流体沿管道输送过程中密度变化很大，需按上述公式进行不同密度下的修正计算。

2）局部压力损失的计算

在室外管网的水力计算中，经常采用当量长度法进行管网局部压力损失的计算。

局部阻力的当量长度 $L_d = \sum \xi \dfrac{d}{\lambda}$，将公式 $\lambda = 0.11 \left(\dfrac{K}{d}\right)^{0.25}$ 代入得

$$L_d = 9.1 \sum \xi \left(\dfrac{d^{1.25}}{K^{0.25}}\right) \tag{9-18}$$

式中 L_d——管段的局部阻力当量长度（m）；

$\sum \xi$——管段的总局部阻力系数。

附录 21 为 $K = 0.5mm$ 的条件下，一些局部构件的局部阻力系数和当量长度值。如果使用条件下的绝对粗糙度与制表的绝对粗糙度不符，应对当量长度 L_d 进行修正，即

$$L_{dsh} = \left(\dfrac{K_b}{K_{sh}}\right)^{0.25} L_{db} = \beta L_{db} \tag{9-19}$$

式中 K_b、L_{db}——制表的绝对粗糙度及表中查得的当量长度；

K_{sh}——管网的实际绝对粗糙度；

L_{dsh}——实际粗糙度条件下的当量长度；

β——绝对粗糙度的修正系数，见表 9-4。

室外管网的总压力损失

$$\Delta p = \sum R(L + L_d) = \sum R L_{zh} \tag{9-20}$$

式中 L_{zh}——管段的折算长度（m）。

进行压力损失的估算时，局部阻力的当量长度 L_d 可按管道实际长度 L 的百分数估算，即

$$L_d = \alpha_j L \tag{9-21}$$

式中 α_j——局部阻力当量长度百分数（%），见附录 22，热网管道局部损失与沿程损失的估算比值；

L——管段的实际长度（m）。

2. 【计算实训示例】已知条件：某厂区闭式双管热水供热系统网路平面布置如图 9-1 所示，管网中各管段长度、阀门的位置、方形补偿器的个数及各个用户的热负荷（kW）已标注图中。管网设计供水温度 $t'_g = 130℃$，回水温度 $t'_h = 70℃$，各用户内部已确定压力损失均为 50kPa。试进行该厂区闭式双管热水供热系统管网的水力计算。

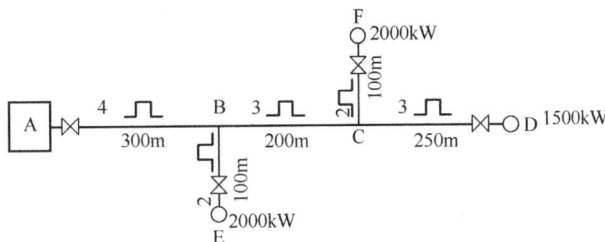

图 9-1 某厂区闭式双管热水供热网路

【解】计算步骤:

1) 首先确定各段流量。

外网水力计算时,各管段的计算流量应根据管段所担负的各热用户的计算流量确定。如果热用户只有热水供暖用户,流量可按下式确定

$$G = \frac{3600Q}{4.187 \times 10^3 \times (t'_g - t'_h)} = \frac{0.86Q}{(t'_g - t'_h)} \tag{9-22}$$

式中　G——各管段流量(t/h);

　　　Q——各管段的热负荷(kW);

　t'_g、t'_h——外网的供、回水温度(℃)。

热用户 D:

$$G_D = \frac{0.86Q}{(t'_g - t'_h)} = \frac{0.86 \times 1500}{130 - 70} = 21.5\text{t/h}$$

热用户 E、F 流量计算方法同上,$G_E = G_F = 28.67\text{t/h}$,各管段计算流量见表 9-5。

2) 主干线的水力计算

(1) 确定热水网路的主干线及其平均比摩阻:热水网路的水力计算应从主干线开始计算,主干线是允许平均比摩阻最小的一条管线。一般情况下,热水网路各用户要求预留的作用压力基本相等,所以热源到最远用户的管线是主干线。本设计中,各用户内部压力损失均为50kPa,所以从热源 A 到最远用户 D 的管线是主干线。

主干线的比摩阻宜采用经济平均比摩阻 R_{pj},即在规定的计算年限内总费用最小的平均比摩阻。经济平均比摩阻 R_{pj} 是综合考虑管网和热力站的投资与运行电耗及热损失费用等得出的最佳管径下的设计平均比摩阻值,《暖通规范》规定:热水网路主干线的设计平均比摩阻可取 30~70Pa/m。

(2) 根据主干线各管段流量和平均比摩阻,查附录 20,确定各管段管径和实际比摩阻。

例如管段 A—B,热负荷 $Q = (2000 + 2000 + 1500)\text{ kW} = 5500\text{kW}$,流量 $G_{AB} = \frac{0.86 \times 5500}{130 - 70}\text{t/h} = 78.84\text{t/h}$,再根据推荐平均比摩阻 30~70Pa/m,查附录 20 确定:$DN = 200\text{mm}$,$R = 26.29\text{Pa/m}$,$v = 0.68\text{m/s}$。

其他各管段的计算结果见表 9-5。

(3) 根据各管段的管径和局部构件的类型,查附录 21 确定各管段的局部阻力当量长度 L_d,计算各管段的折算长度 $L_{zh} = (L + L_d)$,确定各管段的总压降 $\Delta p = \sum R L_{zh}$。

例如管段 A—B,$DN = 200\text{mm}$,局部阻力当量长度 L_d:

闸阀:$3.36 \times 1\text{m} = 3.36\text{m}$

方形补偿器:$23.4 \times 4\text{m} = 93.6\text{m}$

局部阻力当量长度 $\sum L_d = 96.96\text{m}$

管段 A—B 的折算长度 $L_{zh} = (L + L_d) = 396.96\text{m}$

管段 A—B 的总压降 $\Delta p = \sum R L_{zh} = 10436.08\text{Pa}$

管段 B—C,$DN = 150\text{mm}$,局部阻力当量长度 L_d:

分流三通：5.6m×1m＝5.6m

异径接头：0.56m×1m＝0.56m

方形补偿器：15.4×3m＝46.2m

局部阻力当量长度$\sum L_d$＝52.36m

管段C—D，DN＝100mm，局部阻力当量长度L_d：

分流三通：3.3×1m＝3.3m

异径接头：0.98×1m＝0.98m

方形补偿器：9.8×3m＝29.4m

闸阀：1.65×1m＝1.65m

局部阻力当量长度$\sum L_d$＝35.33m

各管段的计算结果见表9-5。

（4）计算主干线的总压降：主干线A—D的总压降

$\Delta p_{AD}＝\Delta p_{AB}＋\Delta p_{BC}＋\Delta p_{CD}＝$（10436.08＋14689.88＋26150.49）Pa＝51276.45Pa

3）支线水力计算

首先确定支线资用压力，根据资用压力计算其平均比摩阻，再根据平均比摩阻查附录20确定管径、实际比摩阻和实际流速。

在支线水力计算中有两个控制指标，即热水流速v不应大于3.5m/s；支干线比摩阻R不应大于300Pa/m。连接一个热力站的支线比摩阻可大于300Pa/m。

例如管段B—E，根据节点压力平衡的原则，其资用压力为$\Delta p_{资BE}＝\Delta p_{BC}＋\Delta p_{CD}＝$（14689.88＋26150.49）Pa＝40840.37Pa

热水网路中局部损失与沿程损失的估算比值α_j，查附录22可知，带方形补偿器的输配干线，α_j为0.6，则管段B—E的平均比摩阻

$$R_{pj}＝\frac{\Delta P_{BE}}{L_{BE}(1＋\alpha_j)}＝\frac{40840.37}{100×(1＋0.6)}\text{Pa/m}＝255.25\text{Pa/m}$$

符合控制比摩阻$R\leqslant300$Pa/m的要求。

根据流量G_E＝28.67t/h，R_{pj}＝255.25Pa/m，查附录20确定

$$DN_{BE}＝100\text{mm}，R＝162.77\text{Pa/m}，v＝1.06\text{m/s}$$

符合控制流速$v\leqslant3.5$m/s的要求。

管段B—E的局部阻力当量长度L_d，DN＝100mm，查附录21确定

分流三通：4.95×1m＝4.95m

闸阀：1.65×1m＝1.65m

方形补偿器：9.8×2m＝19.6m

局部阻力当量长度$\sum L_d$＝26.2m

管段B—E的折算长度$L_{zh}＝(L＋L_d)＝$（26.2＋100）m＝126.2m

管段B—E的总压降$\Delta p_{BE}＝RL_{zh}＝$20541.57Pa

可用同样方法计算支线C—F，计算结果见表9-5。

各用户入口处剩余压力可安装调压板、调压阀门或流量调节器消除。

管段编号	热负荷 Q/ (kW)	流量 G (t/h)	管段长度 L (m)	管径 DN (mm)	流速 v (m/s)	比摩阻 R (Pa/m)	局部阻力当量长度 L_d (m)	折算长度 L_{zh} (m)	压力损失 $p = RL_{zh}$ (Pa)
1	2	3	4	5	6	7	8	9	10
主干线 A—D									
A—B	5500	78.84	300	200	0.68	26.29	96.96	396.96	10436.08
B—C	3500	50.17	200	150	0.82	58.21	52.36	252.36	14689.88
C—D	1500	21.5	250	100	0.79	91.65	35.33	285.33	26150.49
$\Delta p_{AD} = 51276.45$Pa									
支线 B-E 资用压力 $\Delta p_{BE} = 40840.37$Pa									
B—E	2000	28.67	100	100	1.06	162.77	26.2	126.2	20541.57
支线 C-F 资用压力 $\Delta p_{CF} = 26150.49$Pa									
C—F	2000	28.67	100	100	1.06	162.77	26.2	126.2	20541.57

任务 10 集中蒸汽供热系统形式及水力计算

【教学目的】通过项目教学活动，培养学生具备选择蒸汽供热系统形式的能力；具备进行集中蒸汽供热系统水力计算的能力。培养学生良好的职业道德、自我学习能力、实践动手能力和耐心细致分析处理问题的能力，以及诚实、守信、善于沟通和合作的专业素养。

【知识目标】

1. 掌握选择集中蒸汽供热系统形式的方法。
2. 掌握集中蒸汽供热系统水力计算的方法。

【主要学习内容】

10.1 集中蒸汽供热系统形式及特点

1. 热电厂集中蒸汽供热系统

图 10-1 所示为抽汽式热电厂集中蒸汽供热系统，该系统以热电厂作为热源，可以进行热能和电能的联合生产。蒸汽锅炉产生的高温高压蒸汽进入汽轮机膨胀做功，带动发电机组发出电能。该汽轮机组带有中间可调节抽汽口，故称抽汽式，可以从绝对压力为 0.8～1.3MPa 的抽汽口抽出蒸汽，向工业用户直接供应蒸汽。也可以从绝对压力为 0.12～0.25MPa 的抽汽口抽出蒸汽用以加热热网循环水，通过主加热器可使水温达到 95～

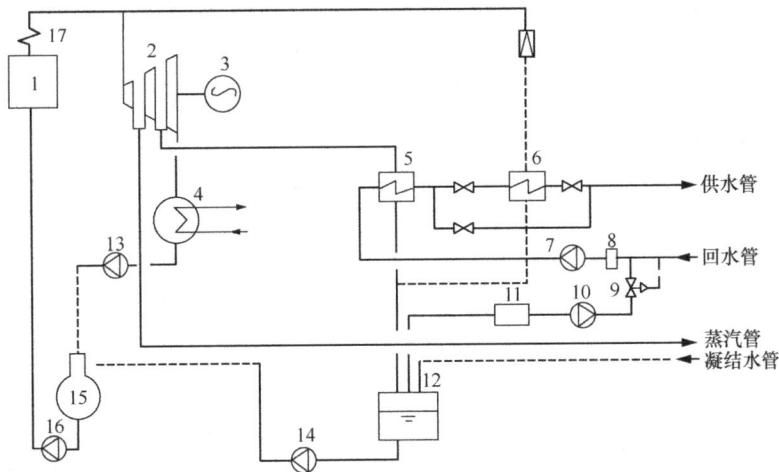

图 10-1 抽汽式热电厂集中供热系统示意图

1—蒸汽锅炉；2—汽轮机；3—发电机；4—冷凝器；5—主加热器；6—高峰加热器；
7—循环水泵；8—除污器；9—压力调节阀；10—补给水泵；11—补充水处理装置；
12—凝结水箱；13、14—凝结水泵；15—除氧器；16—锅炉给水泵；17—过热器

118℃，再通过高峰加热器进一步加热后，水温可达到130～150℃或更高温度以满足采暖、通风与热水供应等用户的需要。在汽轮机最后一级做完功的乏汽排入冷凝器后变成凝结水，和水加热器内产生的凝结水以及工业用户返回的凝结水一起，经凝结水回收装置收集后，作为锅炉给水送回锅炉。

图10-2所示为背压式热电厂集中蒸汽供热系统，因为该系统汽轮机最后一级排出的乏汽压力在0.1MPa（绝对压力）以上，故称背压式。一般排汽压力为0.3～0.6MPa或0.8～1.3MPa，可将该压力下的蒸汽直接供给工业用户，同时还可以通过冷凝器加热热网循环水。

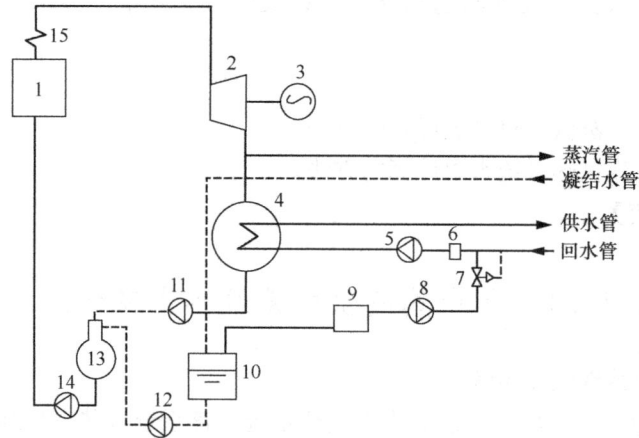

图10-2　背压式热电厂集中供热系统示意图

1—蒸汽锅炉；2—汽轮机；3—发电机；4—冷凝器；5—循环水泵；6—除污器；

7—压力调节阀；8—补给水泵；9—水处理装置；10—凝结水箱；

11、12—凝结水泵；13—除氧器；14—锅炉给水泵；15—过热器

还有一种凝汽式低真空热电厂供热系统，当汽轮机组排出的乏汽压力低于0.1MPa（绝对压力）时，称为凝汽式低真空供热系统。纯凝汽式乏汽压力为6kPa，温度只有36℃，不能用于供热，若适当提高乏汽压力达到50kPa，温度80℃以上，就可以用来加热热网循环水，满足采暖用户的需要。其原理与背压式供热系统相同。

热电厂集中蒸汽供热系统中，生产工艺的热用户，可以利用供热气轮机的高压抽汽或背压排汽，以蒸汽作为热媒进行供热。热电厂供热系统，用户要求的最高使用压力给定后，可以采用较低的抽汽压力，这有利于电厂的经济运行，但蒸汽管网的管径会相应粗些，应经过技术经济比较后确定热电厂的最佳抽汽压力。

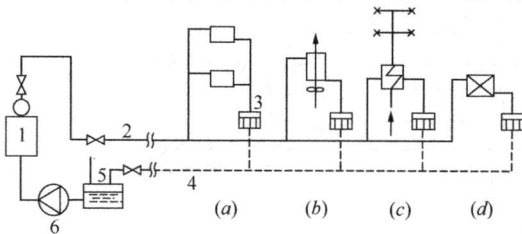

图10-3　区域蒸汽锅炉房集中供热系统示意图（Ⅰ）

（a）供暖用热系统；（b）通风用热系统；

（c）热水供应用热系统；（d）生产工艺用热系统

1—蒸汽锅炉；2—蒸汽干管；3—疏水器；

4—凝水干管；5—凝结水箱；6—锅炉给水泵

2. 区域蒸汽锅炉房集中供热系统

图10-3、图10-4所示为区域蒸汽锅炉房集中供热系统。蒸汽锅炉产生的蒸汽，通过蒸汽干管输送到各热用户，如供暖、通风、热水供应和生产工艺用户

等。也可根据用热要求，在锅炉房内设水加热器，集中加热热网循环水向各热用户供热。各室内用热系统的凝结水经疏水器和凝结水干管返回锅炉房的凝结水箱，再由锅炉补给水泵将水送进锅炉重新被加热。

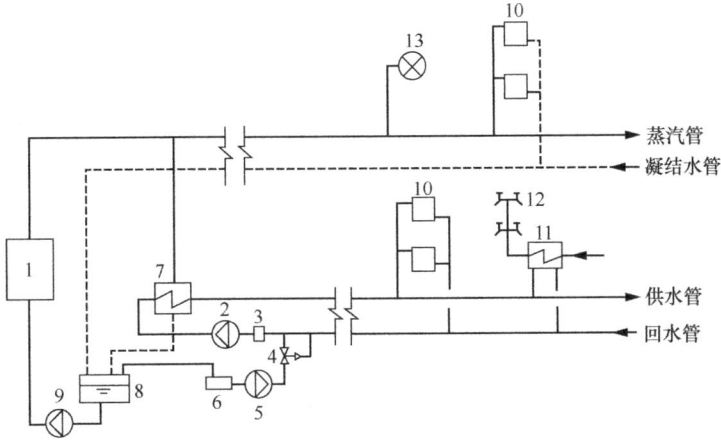

图 10-4 区域蒸汽锅炉房集中供热系统示意图（Ⅱ）

1—蒸汽锅炉；2—循环水泵；3—除污器；4—压力调节阀；5—补给水泵；
6—补充水处理装置；7—热网水加热器；8—凝结水箱；9—锅炉给水泵；
10—供暖散热器；11—生活热水加热器；12—水龙头；13—用汽设备

如果系统中只有供暖、通风和热水供应热负荷，可采用高温水作热媒。工业区内的集中供热系统，如果既有生产工艺热负荷，又有供暖、通风热负荷，生产工艺用热可采用蒸汽作热媒，供暖、通风用热可根据具体情况，经过全面的技术经济比较确定热媒。如果以生产用热为主，供暖用热量不大，且供暖时间又不长时，宜全部采用蒸汽供热系统，对其室内供暖系统部分可考虑用蒸汽换热器加热室内热水的供暖系统或直接利用蒸汽供暖；如果供暖用热量较大，且供暖时间较长，宜采用单独的热水供暖系统向建筑物供热。

区域锅炉房蒸汽供热系统的蒸汽起始压力主要取决于用户要求的最高使用压力。蒸汽供热系统能够向供暖、通风空调和热水供应用户提供热能，同时还能满足各类生产工艺用热的要求，它在工业企业中得到了广泛的应用。蒸汽供热管网一般采用双管制，即一根蒸汽管，一根凝结水管。有时，根据需要还可以采用三管制，即一根管道供应生产工艺用汽和加热生活热水用汽，一根管道供给供暖、通风用汽，它们的回水共用一根凝结水管道返回热源。

蒸汽供热管网与用户的连接方式取决于外网蒸汽的参数和用户的使用要求，也分为直接连接和间接连接两大类。图 10-5 所示为蒸汽供热管网与用户的连接方式，锅炉生产的高压蒸汽进入蒸汽管网，以直接或间接的方式向各用户提供热能，凝水经凝水管网返回热源凝水箱，经凝水泵加压后注入锅炉重新被加热成蒸汽。

图 10-5（a）所示为生产工艺热用户与蒸汽网路的直接连接。蒸汽经减压阀减压后送入用户系统，放热后生成凝结水，凝结水经疏水器后流入用户凝水箱，再由用户凝水泵加压后返回凝水管网。

图 10-5（b）所示为蒸汽供暖用户与蒸汽网路的直接连接，高压蒸汽经减压阀减压后向供暖用户供热。

图 10-5 （c）所示为热水供暖用户与蒸汽网路的间接连接。高压蒸汽减压后，经蒸汽—水换热器将用户循环水加热，用户内部采用热水供暖形式。

图 10-5 （d）所示是采用蒸汽喷射器的直接连接。蒸汽经喷射器喷嘴喷出后，产生低于热水供暖系统回水的压力，回水被抽进喷射器，混合加热后送入用户供暖系统，用户系统的多余凝水经水箱溢流管返回凝水管网。

图 10-5 （e）所示是通风系统与蒸汽网路的直接连接，如果蒸汽压力过高，可用入口处减压阀调节。

图 10-5 （f）所示是设上部储水箱的蒸汽直接加热热水的热水供热系统。

图 10-5 （g）所示是采用容积式汽—水换热器的间接连接热水供热系统。

图 10-5 （h）所示是无储水箱的间接连接热水供热系统。

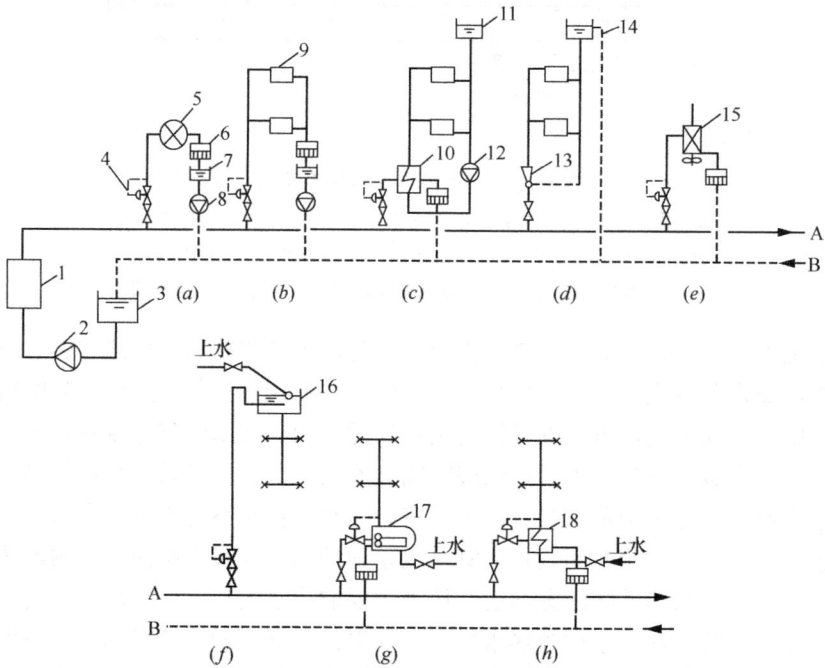

图 10-5 蒸汽供热系统

（a）生产工艺热用户与蒸汽管网连接图；（b）蒸汽供暖用户系统与蒸汽管网直接连接图；
（c）采用蒸汽—水换热器的连接图；（d）采用蒸汽喷射器的连接图；（e）通风系统与蒸汽网路的连接图；
（f）蒸汽直接加热的热水供应图式；（g）采用容积式加热器的热水供应图式；（h）无储水箱的热水供应图式

1—蒸汽锅炉；2—锅炉给水泵；3—凝结水箱；4—减压阀；5—生产工艺用热设备；6—疏水器；
7—用户凝结水箱；8—用户凝结水泵；9—散热器；10—供暖系统用的蒸汽—水换热器；
11—膨胀水箱；12—循环水泵；13—蒸汽喷射器；14—溢流管；15—空气加热装置；
16—上部储水箱；17—容积式换热器；18—热水供应系统的蒸汽—水换热器

10.2 集中蒸汽供热系统的水力计算

1. 集中蒸汽供热系统水力计算原理

蒸汽供热系统管网的水力计算由蒸汽管网的水力计算和凝结水管网的水力计算两部分

组成。热水管网水力计算的基本公式对蒸汽管网同样适用，通常也可根据这些基本公式制成水力计算图表。

附录 23 是室外高压蒸汽管路水力计算表，表中的绝对粗糙度 $K=0.2mm$，密度 $\rho=1kg/m^3$。

室外高压蒸汽管网压力高、流速大、管线长、压力损失也较大。蒸汽沿途流动时，密度的变化非常大，如果计算管段的蒸汽密度 ρ_{sh} 与水力计算表的制表密度 ρ_b 不同，应对表中查出的流速 v_b 和比摩阻 R_b 进行修正。

$$v_{sh} = (\rho_b/\rho_{sh})v_b$$
$$R_{sh} = (\rho_b/\rho_{sh})R_b$$

如果蒸汽管网的绝对粗糙度 K_{sh} 与水力计算表中的绝对粗糙度 K_b 不同，也应对表中查出的比摩阻进行修正。

$$R_{sh} = (K_{sh}/K_b)^{0.25}R_b$$

蒸汽供热管网的局部压力损失用当量长度法进行计算，即

$$L_d = \sum \zeta \frac{d}{\lambda}$$

室外蒸汽管网局部阻力的当量长度可以采用附录 21 热水网路局部阻力当量长度的数值乘以修正系数 $\beta=1.26$ 确定。

蒸汽管网的计算总压降：

$$\Delta P = R(L + L_d) = RL_{zh}$$

2. 蒸汽网路水力计算方法和例题

蒸汽管网水力计算的任务是合理地选择蒸汽管网各管段管径，保证各用户所需的蒸汽压力和流量。

进行蒸汽管网水力计算前应先绘制出管网平面布置图，图中应注明各热用户的热负荷、热源位置及供汽参数、各管段编号及长度、阀门、补偿器的形式、位置、数量。下面将举例说明蒸汽管网水力计算的方法和步骤。

【能力训练示例 1】 某厂区供热管网平面布置如图 10-6 所示，已知蒸汽锅炉出口饱和蒸汽表压力为 10×10^5Pa，其他已知条件已标于图中，试进行蒸汽管网的水力计算。

图 10-6 室外高压蒸汽管网平面布置图

【解】 1) 确定各热用户的计算流量和各管段的计算流量

各用户的计算流量：

$$G = \frac{3.6Q}{\gamma} \tag{10-1}$$

式中 G——热用户的计算流量（t/h）；

Q——热用户的计算热负荷（kW）；

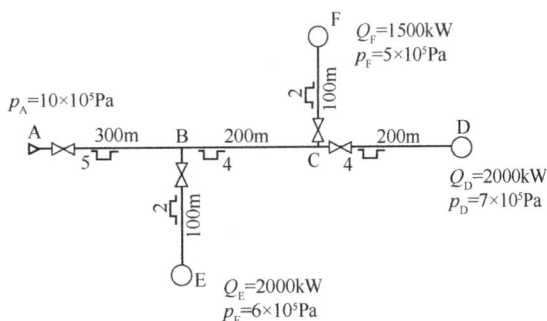

γ——用汽压力下的汽化潜热（kJ/kg）。

如用户 D：

$$G_D = \frac{3.6 \times 2000}{2047.5} \text{t/h} = 3.52 \text{t/}h$$

用户 F：

$$G_F = \frac{3.6 \times 1500}{2086} \text{t/h} = 2.59 \text{t/h}$$

用户 E：

$$G_E = \frac{3.6 \times 2000}{2065.8} \text{t/h} = 3.49 \text{t/h}$$

各管段的计算流量见表 10-1。

2）确定主干线及其平均比摩阻 R_{pj}

主干线是允许单位长度平均比摩阻最小的一条管线。本例题中从锅炉出口 A 到用户 D 的管线是主干线。

主干线的平均比摩阻可按下式计算：

$$R_{pj} = \frac{\Delta p}{(1 + \alpha_j) \sum L} \tag{10-2}$$

式中　Δp——热网主干线始端到末端的蒸汽压差（Pa）；

$\sum L$——主干线长度（m）；

α_j——局部损失与沿程损失的估算比值，查附录 22，高压蒸汽带方形补偿器的输配干线取 $\alpha_j = 0.8$。

主干线 AD 的平均比摩阻

$$R_{pj} = \frac{(10-7) \times 10^5}{(1+0.8) \times (300+200+200)} \text{Pa/m} = 238.09 \text{Pa/m}$$

3）进行主干线各管段的水力计算

计算锅炉出口管段 AB：

(1) 已知 A 点蒸汽压力　$p_{SA} = 10 \times 10^5 \text{Pa}$（表压）

根据平均比摩阻按比例可假设出 B 点蒸汽压力（表压）

$$p_{SB} = p_{SA} - \frac{\Delta p L_{AB}}{\sum L} = \left[10 \times 10^5 - \frac{(10-7) \times 10^5 \times 300}{700} \right] \text{Pa} = 8.71 \times 10^5 \text{Pa}$$

(2) 根据管段始、末端蒸汽压力，求出该管段假设的平均密度

$$\rho_{pj} = \frac{(\rho_s + \rho_m)}{2}$$

式中　ρ_s、ρ_m——为计算管段始端和末端的蒸汽密度（kg/m³）。

查附录 24，饱和水与饱和蒸汽的热力特性表，

当始端蒸汽绝对压力 $p_A = (10+1) \times 10^5 \text{Pa} = 11 \times 10^5 \text{Pa}$ 时，

$$\rho_A = 5.64 \text{kg/m}^3;$$

当末端蒸汽绝对压力 $p_B = (8.71+1) \times 10^5 \text{Pa} = 9.71 \times 10^5 \text{Pa}$，

$$\rho_B = 4.99 \text{kg/m}^3。$$

AB 管段假设的平均密度

$$\rho_{pj} = \frac{(\rho_A + \rho_B)}{2} = \frac{(5.64 + 4.99)}{2} \text{kg/m}^3 = 5.32 \text{kg/m}^3$$

（3）根据该管段假设的平均密度 ρ_{pj}，将主干线的平均比摩阻 R_{pj} 换算成蒸汽管路水力计算表中密度 ρ_b 下的平均比摩阻 R_{pjb} 值，水力计算表的密度为 $\rho_b = 1 \text{kg/m}^3$，则

$$\frac{R_{pjb}}{R_{pj}} = \frac{\rho_{pj}}{\rho_b}$$

AB 管段的表中平均比摩阻为

$$R_{pjb} = R_{pj} \frac{\rho_{pj}}{\rho_b} = \frac{238.09 \times 5.32}{1} \text{Pa/m} = 1266.64 \text{Pa/m}$$

（4）根据该管段的计算流量 G 和水力计算表 ρ_b 密度下的 R_{pjb} 值，查附录 23，选定蒸汽管段的直径 d、实际比摩阻 R_b 和蒸汽在管道中的实际流速 v_b。

AB 管段的蒸汽流量为 $(3.52 + 2.59 + 3.49) \text{t/h} = 9.6 \text{t/h}$，$R_{pjb} = 1266.64 \text{Pa/m}$，查附录 23，该管段选用的管子为 $DN159 \times 4.5 \text{mm}$ 的无缝钢管，表中实际比摩阻 $R_b = 1601.32 \text{Pa/m}$，实际流速 $v_b = 151.0 \text{m/s}$。

（5）根据该管段假设的平均密度，将水力计算表中查得的比摩阻 R_b 和流速 v_b，换算成假设平均密度 ρ_{pj} 条件下的实际比摩阻 R_{sh} 和实际流速 v_{sh}，水力计算表的密度为 $\rho_b = 1 \text{kg/m}^3$，则：

$$R_{sh} = \left(\frac{1}{\rho_{pj}}\right) R_b$$

$$v_{sh} = \left(\frac{1}{\rho_{pj}}\right) v_b$$

应注意：蒸汽在管路中流动时，最大允许流速不得大于下列规定：

过热蒸汽：

公称直径 $DN > 200 \text{mm}$ 时，$v \leqslant 80 \text{m/s}$

公称直径 $DN \leqslant 200 \text{mm}$ 时，$v \leqslant 50 \text{m/s}$

饱和蒸汽：

公称直径 $DN > 200 \text{mm}$ 时，$v \leqslant 60 \text{m/s}$

公称直径 $DN \leqslant 200 \text{mm}$ 时，$v \leqslant 35 \text{m/s}$

AB 管段：

将表中查得的 R_b 和 v_b 换算成假设平均密度 $\rho_{pj} = 5.32 \text{kg/m}^3$ 条件下的实际比摩阻 R_{sh} 和实际流速 v_{sh}：

$$R_{sh} = \left(\frac{1}{5.32}\right) \times 1601.32 \text{Pa/m} = 301 \text{Pa/m}$$

$$v_{sh} = \left(\frac{1}{5.32}\right) \times 151 \text{m/s} = 28.38 \text{m/s}$$

没有超过规定值。

（6）根据选择的管径，查附录 21 确定计算管段的局部阻力当量长度 L_d，并计算该管段的实际压降。

AB 管段：$DN159 \times 4.5 \text{mm}$（150mm）

局部阻力有：1 个截止阀，5 个方形补偿器（锻压弯头）。查附录 21，管段 AB 的局

部阻力当量长度

$$L_d = (24.6+15.4\times 5)\times 1.26m = 128.02m$$

管段 AB 的折算长度

$$L_{zh} = L+L_d = (300+128.02)m = 428.02m$$

该管段的实际压降

$$\Delta p_{sh} = R_{sh}L_{zh} = 301\times 428.02Pa = 128834.02Pa = 1.29\times 10^5 Pa$$

（7）根据该管段的始端压力和实际末端压力确定该管段中蒸汽的实际平均密度。

管段 AB 的实际末端表压力

$$p_B = p_A - \Delta p_{sh} = (10\times 10^5 - 1.29\times 10^5)Pa = 8.71\times 10^5 Pa$$

查附录 24，当始端蒸汽绝对压力 $p_A = (10+1)\times 10^5 Pa = 11\times 10^5 Pa$ 时，

$$\rho_A = 5.64kg/m^3;$$

当末端蒸汽绝对压力 $p_B = (8.71+1)\times 10^5 Pa = 9.71\times 10^5 Pa$ 时，

$$\rho_B = 4.99kg/m^3。$$

管段的实际平均密度

$$\rho_{pj} = \frac{(\rho_A+\rho_B)}{2} = \frac{(5.64+4.999)}{2}kg/m^3 = 5.32kg/m^3$$

原假设的蒸汽密度 $\rho_{pj} = 5.32kg/m^3$

两者一致，不需重新计算。

如果管段实际平均密度 ρ_{pj} 与原假设的蒸汽平均密度相差较大，则应重新假设 ρ_{pj}，按上述方法重新计算，直到两者相等或差别很小为止。

（8）可用相同方法依次计算主干线其余管段，将主干线各管段的计算结果列于表 10-1 中。

4）分支管线的水力计算

（1）根据主干线的水力计算结果，主干线与分支管线 CF 的节点 C 点处蒸汽表压力为 $7.74\times 10^5 Pa$。

分支线 CF 的平均比摩阻为

$$R_{pj} = \frac{(7.74-5)\times 10^5}{(1+0.8)\times 100}Pa/m = 1522.22Pa/m$$

（2）根据分支管线始、末端蒸汽压力，确定假设的蒸汽平均密度。

查附录 24，始端蒸汽绝对压力 $p_c = 8.74\times 10^5 Pa$，$\rho_c = 4.52kg/m^3$；末端蒸汽绝对压力 $p_F = 6\times 10^5 Pa$，$\rho_F = 3.17kg/m^3$。

分支管线 CF 段假设的平均密度为

$$\rho_{pj} = \left(\frac{\rho_C+\rho_F}{2}\right) = \frac{4.52+3.17}{2}kg/m^3 = 3.85kg/m^3$$

（3）将平均比摩阻换算成水力计算表 $\rho_b = 1kg/m^3$ 下的平均比摩阻

$$R_{pjb} = R_{pj}\times \rho_{pj} = 1522.22\times 3.85Pa/m = 5860.55Pa/m$$

（4）查附录 23 确定合适的管径，查出表中相应的比摩阻 R_b 和流速 v_b。

流量 $G = 2.59t/h$，选用 $DN89\times 3.5mm$ 的无缝钢管，相应的比摩阻 $R_b = 2791.04Pa/m$，流速 $v_b = 136.5m/s$。

（5）换算成假设蒸汽密度条件下的实际比摩阻 R_{sh} 和实际流速 v_{sh}。

$$R_{sh} = \left(\frac{1}{\rho_{pj}}\right)R_b = \left(\frac{1}{3.85}\right) \times 2791.04\text{Pa/m} = 724.95\text{Pa/m}$$

$$v_{sh} = \left(\frac{1}{\rho_{pj}}\right)v_b = \left(\frac{1}{3.85}\right) \times 136.5\text{m/s} = 35.45\text{m/s}$$

（6）计算分支管线的当量长度和折算长度。

分支管线 CF：分流三通 1 个，截止阀 1 个，方形补偿器 2 个。

查附录 22 确定局部阻力当量长度

$$L_d = (3.82 + 10.2 + 7.9 \times 2) \times 1.26\text{m} = 37.57\text{m}$$

折算长度

$$L_{zh} = L + L_d = (100 + 37.57)\text{m} = 137.57\text{m}$$

该管段的实际压降为

$$\Delta p_{sh} = R_{sh}L_{zh} = (724.95 \times 137.57)\text{Pa} = 0.997 \times 10^5\text{Pa}$$

（7）根据该管段的始端压力和实际末端压力确定该管段中蒸汽的实际平均密度。

管段 CF 的实际末端表压力为

$$p_F = p_C - \Delta p_{CF} = (7.74 \times 10^5 - 0.997 \times 10^5)\text{Pa} = 6.74 \times 10^5\text{Pa}$$

查附录 24，始端蒸汽绝对压力 $p_C = (7.74 + 1) \times 10^5\text{Pa} = 8.74 \times 10^5\text{Pa}$，$\rho_C = 4.52\text{kg/m}^3$；末端蒸汽绝对压力 $p_F = (6.74 + 1) \times 10^5\text{Pa} = 7.74 \times 10^5\text{Pa}$，$\rho_F = 4.02\text{kg/m}^3$。

管段的实际平均密度为

$$\rho_{pj} = \left(\frac{\rho_C + \rho_F}{2}\right) = \left(\frac{4.52 + 4.02}{2}\right)\text{kg/m}^3 = 4.27\text{kg/m}^3$$

原假设的蒸汽密度 $\rho_{pj} = 3.85\text{kg/m}^3$，两者相差过大，需重新计算。

重新计算结果列于表 10-1 中。

最后求出到达热用户 F 的蒸汽表压力为 $6.84 \times 10^5\text{Pa}$，满足使用要求。

分支管线 BE 的计算结果见表 10-1。

3. 凝结水管路的管径选择计算方法

凝结水在凝结水管网中流动时，按凝水回流动力的不同，分为重力回水、余压回水和加压回水方式。室外余压凝水管网中，流体的流动仍按乳状混合物的满管流进行计算，管网的水力计算方法与室内凝水管路完全相同。室外余压凝水管网指的是疏水器后到分站凝水箱或热源凝水箱之间的管路，管线较长，见图 10-7。

1）一个用户的凝结水管网水力计算

现以一个包括各种流动状况的凝结水管网为例，介绍各种凝水管网的水力计算方法。

【能力训练示例 2】 图 10-7 所示为一个余压凝结水回收系统，系统始端压力为 $p = 4 \times 10^5\text{Pa}$，用汽设备 1 的凝结水计算流量为 2.0t/h，疏水器前凝结水表压力 $p_1 = 3 \times 10^5\text{Pa}$，疏水器后的压力 $p_2 = 1.5 \times 10^5\text{Pa}$，二次蒸发箱 3 的表压力为 $p_3 = 0.3 \times 10^5\text{Pa}$，计算管段 $L_1 = 120\text{m}$，疏水器后凝水的提升高度 $H_1 = 5\text{m}$，二次蒸发箱下面多级水封出口与凝水箱回形管之间的高差 $H_2 = 3\text{m}$，外网管段长度 $L_2 = 250\text{m}$，分站闭式凝水箱 5 内的压力为 $p_4 = 0.3 \times 10^4\text{Pa}$，试确定各部分凝水管管径。

室外高压蒸汽管网水力计算表

表 10-1

管段编号	蒸汽流量 G_t (t/h)	公称直径 DN (mm)	管段长度 实际长度 L (m)	管段长度 当量长度 L_d (m)	管段长度 折算长度 L_{zh} (m)	管段始端表压力 (×10⁵Pa)	管段末端表压力 (×10⁵Pa)	假设蒸汽平均密度 ρ_{pj} (kg/m³)	$\rho=1$kg/m³ 条件下 管段平均比摩阻 R_{pj} (Pa/m)	$\rho=1$kg/m³ 条件下 比摩阻 R_b (Pa/m)	$\rho=1$kg/m³ 条件下 流速 v_b (m/s)	平均密度 ρ_{pj} 条件下 比摩阻 R_{pj} (Pa/m)	平均密度 ρ_{pj} 条件下 流速 v_{pj} (m/s)	管段压力损失 ΔP (×10⁵Pa)	管段末端表压力 P_{tn} (×10⁵Pa)	实际平均密度 ρ_{pj} (kg/m³)
1	2	3	4	5	6	7	8	9	10	11	12	13	14	15	16	17
主干线																
AB	9.6	159×4.5	300	128.02	428.02	10	8.71	5.32	1265.91	1601.32	151.0	301.0	28.38	1.29	8.71	5.32
BC	6.11	133×4	200	69.1	269.1	8.71	7.86	4.79	1140.45	1724.45	139.64	360.01	29.15	0.97	7.74	4.76
CD	3.52	108×4	200	70.98	270.98	7.74	7	4.34	1033.31	1813.0	124.6	417.74	29.12	1.13	6.61	4.237
								4.237	1008.79	1813.0	124.6	427.90	29.41	1.16	6.58	4.23
分支线																
BE	3.49	108×4	100	47.94	147.94	8.71	6	4.33	6519.06	1783.6	123.6	411.92	28.55	0.61	8.10	4.85
								4.85	7301.97	1783.6	123.6	367.75	25.48	0.54	8.17	4.86
CF	2.59	89×3.5	100	37.57	137.57	7.74	5	3.85	5860.55	2791.04	136.5	724.95	35.45	0.997	6.74	4.27
								4.27	6499.88	2791.04	136.5	653.64	31.97	0.899	6.84	4.295

注：局部阻力当量长度

管段 AB
截止阀 1 个　　　　　DN159×4.5mm
　　　　　　　　　　24.6m×1
方形补偿器 5 个　　　15.4m×5
局部阻力当量长度 L_d =1.26×（24.6+15.4×5）m=128.02m

管段 BC　　　　　　　DN133×4mm
方形补偿器 4 个　　　12.5m×4
直流三通 1 个　　　　4.4m×1
异径接头 1 个　　　　0.44m×1
局部阻力当量长度 L_d =1.26×（12.5×4+4.4+0.44）m=69.1m

管段 CD　　　　　　　DN108×4mm
方形补偿器 4 个　　　9.84m×4
直流三通 1 个　　　　3.3m×1
异径接头 1 个　　　　0.33m×1
局部阻力当量长度 L_d =1.26×（9.8×4+3.3+0.33+13.5）m=70.98m

截止阀 1 个　　　　　13.5m×1
管段 BE　　　　　　　DN108×4mm
分流三通 1 个　　　　4.95m×1
截止阀 1 个　　　　　13.5m×1
方形补偿器 2 个　　　9.8m×2
局部阻力当量长度 L_d =1.26×（4.95+13.5+9.8×2）m=47.94m

管段 CF　　　　　　　DN89×3.5mm
分流三通 1 个　　　　3.82m×1
截止阀 1 个　　　　　10.2m×1
方形补偿器 2 个　　　7.9m×2
局部阻力当量长度 L_d =1.26×（3.82+10.2+7.9×2）m=37.57m

150

【解】一、从疏水器出口至二次蒸发箱（或高位水箱）之间的管段

1. 确定管段内汽水混合物的密度

由于凝结水通过疏水器时会形成二次蒸汽，再加上疏水器漏汽的影响，该管段内凝水的流动状态属于复杂的汽液两相流动。工程设计中认为疏水器之后的余压凝水管路中的凝水属于满管流的乳状混合物。可用下式计算乳状混合物的密度：

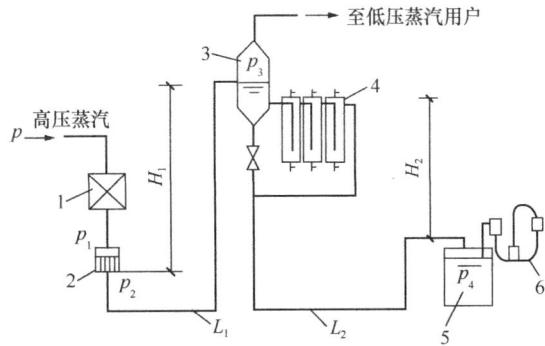

图 10-7　凝结水回收系统
1—用汽设备；2—疏水器；3—二次蒸发箱；
4—多级水封；5—分站凝水箱；6—安全水封

$$\rho_h = \frac{1}{v_h} = \frac{1}{x(v_q - v_s) + v_s}$$

(10-3)

式中　v_h——汽水混合物的比体积（m^3/kg）；

　　　v_q——二次蒸发箱或闭式凝水箱压力下饱和蒸汽的比体积（m^3/kg）；

　　　v_s——凝结水的比体积（m^3/kg），可近似取 $0.001 m^3/kg$；

　　　x——1kg 汽水混合物中所含蒸汽的质量百分数（$kg/kg_{(水)}$）。

通常疏水器后凝结水管路中的蒸汽是由疏水器漏汽和二次蒸汽两部分构成，即

$$x = x_1 + x_2$$

(10-4)

式中　x_1——疏水器的漏汽量（%），与疏水器类型、产品质量、工作条件和管理水平有关，一般可取 1%～3%；

　　　x_2——凝水流经疏水器阀孔及在管内流动时，由于压力下降而产生的二次蒸汽量。

本例题中疏水器的漏汽率 x_1 取为 0.02。

沿途产生的二次蒸汽量 x_2，可以利用公式 $x_2 = \dfrac{h_1 - h_3}{\gamma_3}$ 计算，

式中　h_1——疏水器前 p_1 压力下饱和凝水的焓（kJ/kg）；

　　　h_3——二次蒸发箱或闭式凝水箱 p_3 压力下饱和凝水的焓（kJ/kg）；

　　　γ_3——二次蒸发箱或凝水箱压力下蒸汽的汽化潜热（kJ/kg）。

也可查附录 25 确定二次蒸汽数量 x_2。

本例题疏水器前的绝对压力 $p_1 = (3+1) \times 10^5 Pa = 4 \times 10^5 Pa$

二次蒸发箱的绝对压力 $p_3 = (1+0.3) \times 10^5 Pa = 1.3 \times 10^5 Pa$

查附录 25，二次蒸汽量 $x_2 = 0.069 kg/kg_{(水)}$

该余压凝水管段中的蒸汽量

$$x = x_1 + x_2 = (0.02 + 0.069) kg/kg_{(水)} = 0.089 kg/kg_{(水)}$$

v_q 为二次蒸发箱压力下饱和蒸汽的比体积，二次蒸发箱表压力为 $1.3 \times 10^5 Pa$，查附录 24，得 $v_q = 1.333 m^3/kg$。

汽水混合物的密度

$$\rho_h = \frac{1}{v_h} = \frac{1}{x(v_q - v_s) + v_s} = \frac{1}{0.089 \times (1.333 - 0.001) + 0.001} kg/m^3 = 8.365 kg/m^3$$

2. 计算该管段平均比摩阻

由公式

$$R_{pj} = \frac{(p_2 - p_3 - \rho_h gh)\alpha}{\Sigma L} \tag{10-5}$$

该式中 ρ_h 应为已计算出的汽水混合物的密度，但计算平均比摩阻时，从安全角度出发，考虑系统重新启动时管路中会充满凝结水，所以取 $\rho_h = 1000 \text{kg/m}^3$，因此

$$R_{pj} = \frac{1.5 \times 10^5 - 0.3 \times 10^5 - 1000 \times 9.81 \times 5}{120} \times 0.8 \text{Pa/m} = 473 \text{Pa/m}$$

3. 将平均比摩阻 R_{pj} 换算成附录 26 的凝结水管水力计算表制表条件下的平均比摩阻 R_{bpj}，再查水力计算表确定管径

$$R_{bpj} = \frac{R_{pj}\rho_{sh}}{\rho_b}$$

如果余压凝水管路中汽水混合物的密度 ρ 和管壁的绝对粗糙度 K 与水力计算表中规定的介质密度 ρ 和管壁的绝对粗糙度 K_b 不同，需要将实际平均比摩阻 R_{pj} 换算成制表条件下的平均比摩阻 R_{bpj}。

闭式凝水系统，凝水管道的实际绝对粗糙度 $K = 0.5 \text{mm}$；开式凝水系统，凝水管道的实际绝对粗糙度 $K = 1.0 \text{mm}$。附录 26 中凝结水管水力计算表的制表条件为 $\rho_b = 10.0 \text{kg/m}^3$，$K_b = 0.5 \text{mm}$。

本例题中疏水器至二次蒸发箱之间的闭式凝结水管路中汽水混合物的密度 ρ 与制表密度不同，平均比摩阻需要换算

$$R_{bpj} = \frac{R_{pj}\rho_{sh}}{\rho_b} = \frac{8.365 \times 473}{10} \text{Pa/m} = 395.67 \text{Pa/m}$$

式中　R_{bpj}、ρ_b——制表条件下的平均比摩阻和密度；

R_{pj}、ρ_{sh}——实际使用条件下的平均比摩阻和密度。

该管段凝结水的计算流量 $G = 2 \text{t/h}$，查附录 26，选用管径 $DN89 \times 3.5 \text{mm}$，表中 $R_b = 217.5 \text{Pa/m}$，流速 $v_b = 10.52 \text{m/s}$。

4. 将表中平均比摩阻 R_b 和流速 v_b 换算成实际比摩阻 R_{sh} 和流速 v_{sh}

$$R_{sh} = R_b(\rho_b/\rho_h) = 217.5 \times (10/8.365) \text{Pa/m} = 260.02 \text{Pa/m}$$

$$v_{sh} = v_b(\rho_b/\rho_{sh}) = 10.52 \times (10/8.365) \text{m/s} = 12.58 \text{m/s}$$

至此，该管段计算结束。

二、从二次蒸发箱至分站凝水箱之间的管段

1. 确定该管段的作用压力

该管段中凝水全部充满管路，靠二次蒸发箱与凝水箱之间的压力差和水面高差而流动，该管段是湿式凝水管。计算该管段的作用压力 Δp 时，应按最不利情况计算，也就是将二次蒸发箱看成是开式水箱，设其表压力 $p_3 = 0$，则该管段的作用压力 Δp 可用下式计算

$$\Delta p = \rho g h_2 - p_4 \tag{10-6}$$

式中　h_2——二次蒸发箱（或高位水箱）水面与凝水箱回形管顶的标高差（m）。

p_4——凝结水箱的表压力（Pa）。对于开式凝结箱，表压力 $p_4 = 0$；对于闭式凝水箱，表压力应为安全水封限制的压力。

ρ——管段中凝水密度，对于不再汽化的过冷凝水取 $\rho=1000\mathrm{kg/m^3}$;

g——重力加速度，$g=9.81\mathrm{m/s^2}$。

本设计中将式（10-6）变成

$$\Delta p = \rho g(h_2-0.5)-p_4$$

式中的 0.5m 为富裕值，是为了防止管段内产生虹吸作用使多级水封的最后一级失效而设置的。

$$\Delta p = [1000\times9.81\times(3-0.5)-0.3\times10^4]\mathrm{Pa} = 21525\mathrm{Pa}$$

2. 计算该管段的平均比摩阻 R_{pj}

$$R_{pj} = \frac{\Delta p}{L_2(1+\alpha)}$$

α_j 是室外凝水管网中局部损失与沿程损失的比值，查附录 22 取 $\alpha_j=0.6$

$$R_{pj} = \frac{21525}{250(1+0.6)}\mathrm{Pa/m} = 53.8\mathrm{Pa/m}$$

3. 确定管径

从用户系统的疏水器到热源或凝水分站处的凝水箱之间的管道，因是凝结水满管流动的湿式凝水管，可查附录 20，热水网路的水力计算表，确定管径。

本设计中该管段按流过最大冷凝水量考虑 $G=2\mathrm{t/h}$，查附录 20，选用管径 $DN50$，比摩阻 $R=31.9\mathrm{Pa/m}<53.8\mathrm{Pa/m}$，流速 $v=0.3\mathrm{m/s}$，至此，该管段计算结束。

具有多个疏水器并联工作的余压凝水管网进行水力计算时，首先也应进行主干线的水力计算，通常从凝结水箱的总干管开始进行主干线各管段的水力计算，直到最不利用户。各管段中，也需要逐段求出汽水混合物的密度。但在实际计算中，从偏于设计安全考虑，通常以管段末端的密度作为管段汽水混合物的平均密度。

主干线各计算管段的二次蒸汽量，可用下式计算

$$x_2 = \frac{\sum G_i x_i}{\sum G_i} \tag{10-7}$$

式中 x_i——计算管段所连接的用户，由于凝水压降产生的二次蒸汽量（$\mathrm{kg/kg_{(水)}}$）;

G_i——计算管段所连接的用户凝水计算流量（$\mathrm{t/h}$）。

【能力训练示例 3】某厂区余压凝水回收系统如图 10-8 所示，用户 a 的凝水计算流量 $G_a=6.0\mathrm{t/h}$，疏水器前的凝水表压力 $p_{a1}=3.0\times10^5\mathrm{Pa}$。用户 b 的凝水计算流量 $G_b=2.5\mathrm{t/h}$，疏水器前的凝水表压力 $p_{b1}=2.5\times10^5\mathrm{Pa}$。各管段管线长度标于图中，凝水借疏水器后的压力集中输送回热源处的开式凝结水箱 I。总凝水箱回形管与疏水器之间的标高差为 1.0m，试进行各管段水力计算。

【解】1）确定主干线和允许的平均比摩阻

从用户 a 到总凝结水箱 I 的管线允许的平均比摩阻最小，为主干线。其平均比摩阻为

$$R_{pj} = \frac{(p_{a2}-p_1)-(H_1-H_a)\rho_n g}{\sum L(1+\alpha_j)} \tag{10-8}$$

其中，p_{a2} 为用户 a 疏水器之后的背压 $p_{a2}=0.5p_{a1}$。

$$R_{pj} = \frac{(3\times0.5-0)\times10^5-(28-25)\times1000\times9.81}{(350+250)\times(1+0.6)}\mathrm{Pa/m} = 125.59\mathrm{Pa/m}$$

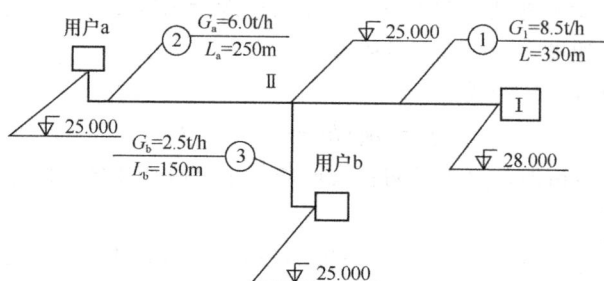

图 10-8 某厂区余压凝水回收系统

2) 管段①的水力计算

(1) 确定管段①凝水中的二次蒸汽量

$$x_2 = \frac{G_a x_a + G_b x_b}{G_a + G_b}$$

根据用户 a 疏水器前的表压力为 $3.0 \times 10^5 Pa$，热源处开式水箱的表压力为 0Pa，查附录 25，得 $x_a = 0.083 kg/kg_{(水)}$；同理查得 $x_b = 0.074 kg/kg_{(水)}$。

因此

$$x_2 = \frac{6 \times 0.083 + 2.5 \times 0.074}{(6+2.5)} kg/kg_{(水)} = 0.08 kg/kg_{(水)}$$

加上疏水器的漏汽率 $x_1 = 0.02 kg/kg_{(水)}$，管段①中凝水的含汽量

$$x = (0.02 + 0.08) kg/kg_{(水)} = 0.1 kg/kg_{(水)}$$

(2) 求该管段汽水混合物的密度 ρ

凝结水箱表压力 $p_1 = 0Pa$ 时，查附录 24，饱和蒸汽的比体积 $v_q = 1.6946 m^3/kg$，因此汽水混合物的密度为

$$\rho_h = \frac{1}{x(v_q - v_s) + v_s} = \frac{1}{0.1 \times (1.6946 - 0.001) + 0.001} kg/m^3 = 5.87 kg/m^3$$

(3) 将管段流量 $G_1 = 8.5 t/h$，管壁的绝对粗糙度 $K = 1.0mm$，密度 $\rho = 5.87 kg/m^3$ 代入式 (9-13) 中，可求出相应 $R_{pj} = 125.59 Pa/m$ 时的理论管内径 d_{ln}。

$$R_{pj} = 6.88 \times 10^{-3} K^{0.25} \frac{G^2}{\rho d^{5.25}}$$

$$125.59 = 6.88 \times 10^{-3} \, 1.0^{0.25} \frac{8.5^2}{5.87 \, d^{5.25}}$$

得到 $d_{ln} = 0.249m$。

(4) 确定管段的实际管径、实际比摩阻和实际流速

现选用接近管内径 d_{ln} 的管径规格为 273mm×7mm，管子的实际内径 $d_{sn} = 259mm$。

管中的实际比摩阻

$$R_{sh} = \left(\frac{d_{ln}}{d_{sh}}\right)^{5.25} R_{pj} = \left(\frac{0.249}{0.259}\right)^{5.25} \times 125.59 Pa/m = 102.14 Pa/m$$

管中的实际流速

$$v_{sh} = \frac{1000G}{900\pi d_{sh}^2 \rho_h} = \frac{1000 \times 8.5}{900\pi \times 0.259^2 \times 5.87} m/s = 7.64 m/s$$

（5）确定管段①的压力损失和节点Ⅱ的压力

管段①的实际长度 $L=350\text{m}$，局部损失与沿程损失的比值 $\alpha_j=0.6$，则其折算长度为

$$L_{zh} = L(1+\alpha_j) = 350 \times (1+0.6)\text{m} = 560\text{m}$$

该管段的压力损失

$$\Delta P_① = R_{sh}L_{zh} = 102.14 \times 560\text{Pa} = 0.57 \times 10^5\text{Pa}$$

节点Ⅱ（计算管段①的始端）表压力为

$$p_X = p_1 + \Delta p_① + (H_1 - H_X)\rho g = [0 + 0.57 \times 10^5 + (28-25) \times 1000 \times 9.81]\text{Pa}$$
$$= 0.86 \times 10^5\text{Pa}$$

3）管段②的水力计算

管段②疏水器前的绝对压力 $p_{al}=(3+1) \times 10^5\text{Pa}$，节点Ⅱ处的绝对压力 $p=1.86 \times 10^5\text{Pa}$，根据公式 $x_2 = \dfrac{(h_2-h_3)}{\gamma}$，得出

$$x_2 = \frac{604.7 - 494.9}{2208.64}\text{kg/kg}_{(水)} = 0.05\text{kg/kg}_{(水)}$$

设 $x_1=0.02$，则管段②的凝水含汽量 x 为

$$x = (0.05 + 0.02)\text{kg/kg}_{(水)} = 0.07\text{kg/kg}_{(水)}$$

汽水混合物的密度为

$$\rho = \frac{1}{0.07 \times (0.9412 - 0.001) + 0.001}\text{kg/m}^3 = 14.97\text{kg/m}^3$$

按上述方法和步骤，

$$R_{pj} = 6.88 \times 10^{-3} K^{0.25} \frac{G^2}{\rho d^{5.25}}$$

$$125.59 = 6.88 \times 10^{-3} \times 1.0^{0.25} \frac{6^2}{14.97 \, d^{5.25}}$$

可计算出理论管内径 $d_{ln}=0.18\text{m}$，选用管径为 $219\text{mm} \times 6\text{mm}$，实际管内径为 $d_{sh}=207\text{mm}$。

计算结果列于表 10-2 中。

用户 a 疏水器的背压为 $1.5 \times 10^5\text{Pa}$，稍大于表中计算得出的主干线始端表压力 $p_{sh}=1.116 \times 10^5\text{Pa}$。

主干线水力计算可结束。

4）分支线③的水力计算

分支线平均比摩阻按下式计算：

$$R_{pj} = \frac{(p_{b2} - p_X) - (H_X - H_{b2})\rho g}{\sum L(1+\alpha_j)} = \frac{(2.5 \times 0.5 - 0.86) \times 10^5}{150 \times (1+0.6)}\text{Pa/m} = 162.5\text{Pa/m}$$

按上述步骤和方法，可得出该管段汽水混合物的密度 $\rho_h=17.42\text{kg/m}^3$，得出理论管内径 $d_{ln}=0.121\text{m}$，选用管径为 $133\text{mm} \times 4\text{mm}$，实际管内径 $d_{sh}=125\text{mm}$。

计算结果见表 10-2。

用户 b 的疏水器背压 $p_{b2}=1.25 \times 10^5\text{Pa}$，稍大于表中计算得出的管段始端表压力 $p_s=1.19 \times 10^5\text{Pa}$。

整个水力计算结束。

余压凝水管网水力计算表

管段编号	凝水流量 G(t/h)	疏水器前凝水表压力 p_b(×10⁵Pa)	管段末端和始端高差(m) (H_s-H_m)	管段末端表压力 p(×10⁵Pa)	管段长度			管段平均比摩阻 R_p(Pa/m)	管段汽水混合物密度 ρ(kg/m³)	理论管内径 d_{ln}(m)	选用管子尺寸 管径×厚(mm×mm)	选用管内径 d(mm)	实际比摩阻 R_{sh}(Pa/m)	实际流速 v(m/s)	实际压力损失 ΔP(×10⁵Pa)	管段始端表压力 p(×10⁵Pa)	管段累计压力损失 Δp(×10⁵Pa)
					实际长度 L(m)	α_j	折算长度 L_{zh}/m										
1	2	3	4	5	6	7	8	9	10	11	12	13	14	15	16	17	18
主干线																	
管段①	8.5		3	0	350	0.6	560	125.59	5.87	0.249	273×7	259	102.14	7.64	0.57	0.86	0.57
管段②	6	3	0	0.86	250	0.6	400	125.59	14.97	0.18	219×6	207	60.3	3.31	0.241	1.1	0.811
分支线																	
管段③	2.5	2.5	0	0.86	150	0.6	240	162.5	17.42	0.121	133×4	125	136.99	3.25	0.33	1.19	0.9

任务 11 绘制热水网路的水压图

【教学目的】通过项目教学活动，培养学生具备绘制集中热水供热系统水压图的能力；具备确定集中热水供热系统用户与热网的连接形式、热网水路的定压方式、选择集中热水供热系统循环水泵和补给水泵的能力。培养学生良好的职业道德、自我学习能力、实践动手能力和耐心细致分析处理问题的能力，以及诚实、守信、善于沟通和合作的专业素养。

【知识目标】

1. 掌握绘制集中热水供热系统水压图的基本原理、方法和步骤。
2. 掌握确定集中热水供热系统用户与热网的连接形式、热网水路定压方式的方法。
3. 掌握选择集中热水供热系统循环水泵和补给水泵的方法。

【主要学习内容】

11.1 绘制热水网路的水压图

1. 恒定流实际液体能量方程

恒定流实际液体总流的能量方程

$$z_1 + \frac{p_1}{\gamma} + \alpha_1 \frac{v_1^2}{2g} = z_2 + \frac{p_2}{\gamma} + \alpha_2 \frac{v_2^2}{2g} + h_{w1-2} \tag{11-1}$$

式中 z_1、z_2——渐变流断面 1、2 上的点相对于基准面的高度（m）；

p_1、p_2——断面 1、2 对应点的压强（Pa），可同时用相对压强或绝对压强表示；

v_1、v_2——断面 1、2 的平均流速（m/s）；

α_1、α_2——断面 1、2 的动能修正系数，常取 $\alpha_1 = \alpha_2 = 1.0$；

h_{w1-2}——断面 1、2 间的平均单位水头损失（mH_2O）。

恒定流实际液体总流的能量方程式，或称恒定总流伯努利方程式。这一方程式，不仅在整个工程流体力学中具有理论指导意义，而且在工程实际中得到广泛的应用，因此十分重要。

2. 用几何图形表示能量方程

为了形象地反映总流中各种能量的变化规律，用几何图形来表示能量方程式的方法，称为能量方程的几何图示。因为单位重量流体所具有的各种能量都具有长度的量纲，于是可先选定基准面，再用水头为纵坐标，按一定的比例尺沿流程把过流断面的 z、$\frac{p}{\gamma}$ 及 $\frac{v^2}{2g}$ 分别绘于图上（图 11-1）。

z 值一般选取断面形心点来标绘，表示各断面中心到基准面的高度，其连线即是管道的轴线。

$\frac{p}{\gamma}$ 选用形心点压强来标绘。把各断面 $z + \frac{p}{\gamma}$ 值的点连接起来可以得到一条测压管水头

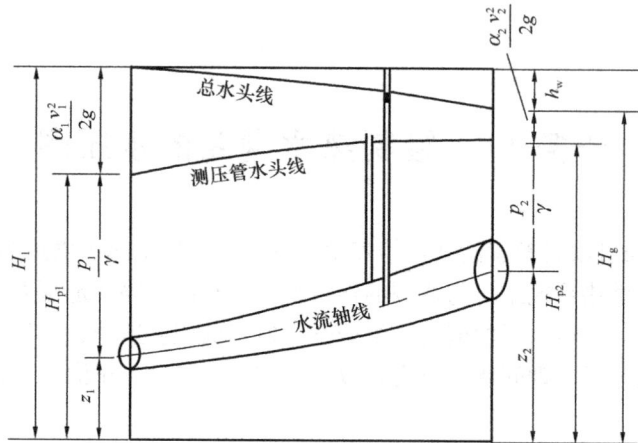

图 11-1 能量方程式的几何图示

线，测压管水头线反映总流各断面平均势能的变化情况。测压管水头线与位置水头线之间的距离反映了总流各断面平均压强的变化情况。

把各断面 $H = z + \dfrac{p}{\gamma} + \dfrac{v^2}{2g}$ 描出的点连接起来可以得到一条总水头线。总水头线反映了总流各断面平均总机械能的变化情况。

任意两断面之间总水头线高度的差值，即为两断面间的水头损失 h_w。

由于实际流体在流动中总能量沿程减小，所以实际流体的总水头线总是沿程下降。而测压管水头线沿程可能下降，也可能是一条水平直线，甚至是一条上升曲线，这取决于水头损失及流体的动能与势能间互相转化的情况。

3. 室外供热管网水压曲线（水头线）的作用

室外供热管网是由多个用户组成的复杂管路系统，各用户之间既相互联系，又相互影响。管网上各点的压力分布是否合理直接影响系统的正常运行，水压图（水压曲线）可以清晰地表示管网和用户各点的压力大小和分布状况，是分析研究管网压力状况的有力工具。

管网中任意一点的测压管水头高度 H_p，就是该点离基准面 $0-0$ 的位置高度 Z 与该点的测压管水头高度 $\dfrac{p}{\rho g}$ 之和，即 $H_p = Z + \dfrac{p}{\rho g}$。连接任意两点 1、2 间各点的测压管水头高度可得到 1、2 断面的测压管水头线，将该测压管水头线称为 1、2 断面间的水压曲线。绘制热水网路水压图的实质就是将管路中各点的测压管水头顺次连接起来就可得到热水网路的水压曲线。

4. 室外热水网路的压力状况要求

在设计阶段绘制水压图，就是要分析管网中各点的压力分布是否合理，能否安全可靠地运行。利用水压图可以正确决定各用户与热网的连接方式及自动调节措施，检查管网水力计算是否正确，选定的平均比摩阻是否合理。对于地形复杂的大型管网，通过水压图还可以分析是否需要设加压泵站，加压泵站的位置和数量。

绘制水压图时，室外热水网路的压力状况应满足以下基本要求：

（1）与室外热水网路直接连接的用户系统内，压力不允许超过该用户系统的承压能力。如果用户系统使用常用的柱形铸铁散热器，其承压能力一般为 0.5MPa（50mH$_2$O），在系统的管道、阀件和散热器中，底层散热器承受的压力最大，因此作用在该用户系统底层散热器上的压力，无论在管网运行还是停止运行时，都不允许超过底层散热器的承压能力，一般为 0.5MPa（50mH$_2$O）。

（2）与室外热水网路直接连接的用户系统，应保证系统始终充满水，不出现倒空现象。无论网路运行还是停止运行时，用户系统回水管出口处的压力必须高于用户系统的充水高度，以免倒空吸入空气，破坏正常运行和空气腐蚀管道。

（3）室外高温水网路和高温水用户内，水温超过 100℃ 的地方，热媒压力必须高于该温度下的汽化压力，而且还应留有 30～50kPa 的富裕值。如果高温水用户系统内最高点的水不汽化，那么其他点的水就不会汽化，不同水温下的汽化压力见表 11-1。

不同水温下的汽化压力表   表 11-1

水温（℃）	100	110	120	130	140	150
汽化压力（mH$_2$O）	0	4.6	10.3	17.6	26.9	38.6

注：1mH$_2$O=10kPa。

（4）室外管网回水管内任何一点的压力都至少比大气压力高出 5mH$_2$O，以免吸入空气。

（5）在用户的引入口处，供、回水管之间应有足够的作用压力。各用户引入口的资用压力取决于用户与外网的连接方式，应在水力计算的基础上确定各用户所需的资用压力。用户引入口的资用压力与连接方式有关，以下数值可供选用参考：

①与网路直接连接的供暖系统，约为 10～20kPa（1～2mH$_2$O）；

②与网路直接连接的暖风机供暖系统或大型的散热器供暖系统，约为 20～50kPa（2～5mH$_2$O）；

③与网路采用水喷射器直接连接的供暖系统，约为 80～120kPa（8～12mH$_2$O）；

④与网路直接连接的热计量供暖系统约为 50kPa（5mH$_2$O）；

⑤与网路采用水—水换热器间接连接的用户系统，约为 30～80kPa（3～8mH$_2$O）；

⑥设置混合水泵的热力站，网路供、回水管的预留资用压差值，应等于热力站后二级网路及用户系统的设计压力损失值之和。

5.【能力训练示例 1】已知条件：如图 11-2 所示，某室外高温水供热管网，供、回水温度为 130℃/70℃，用户 Ⅰ、Ⅱ 为高温水供暖用户，用户 Ⅲ、Ⅳ 为低温水供暖用户，各用户均采用柱形铸铁散热器，供、回水干线通过水力计算可知压降均为 12mH$_2$O。试绘制连接着四个用户的高温水供热管网的水压图。

【解】绘制步骤：

1）在图纸下部绘制出热水网路的平面布置图（可用单线展开图表示）。

2）在平面图的上部以网路循环水泵中心线的高度（或其他方便的高度）为基准面，沿基准面在纵坐标上按一定的比例尺做出标高刻度，如图上的 o-y 轴；沿基准面在横坐标上按一定的比例尺做出距离的刻度，如图上的 o-x 轴。

3）在横坐标上，找到网路上各点或各用户距热源出口沿管线计算距离的点，在相应

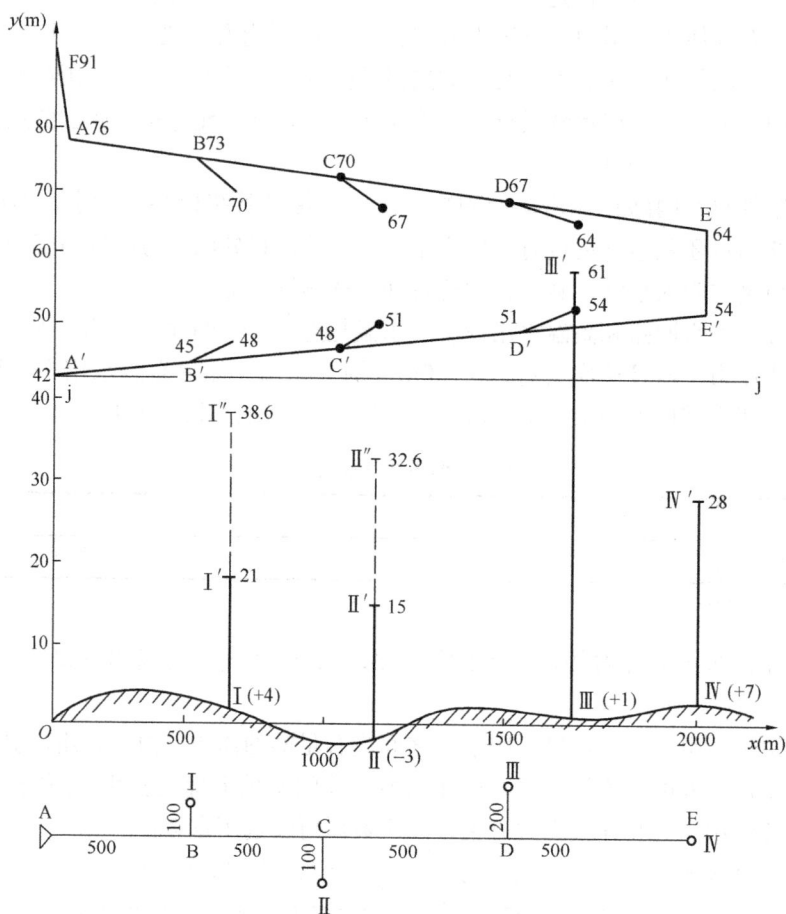

图 11-2 热水网路的水压图

点沿纵坐标方向绘制出网路相对于基准面的标高，构成管线的地形纵剖面图，如图中带阴影的部分；还应注明建筑物的高度，如图中Ⅰ—Ⅰ′、Ⅱ—Ⅱ′、Ⅲ—Ⅲ′、Ⅳ—Ⅳ′；对高温水用户还应在建筑物高度顶部标出汽化压力折合的水柱高度，如虚线Ⅰ′—Ⅰ″、Ⅱ′—Ⅱ″。

4）绘制静水压曲线：静水压曲线是网路循环水泵停止工作时，网路上各点测压管水头的连线。因为网路上各用户是相互连通的，静止时网路上各点的测压管水头均相等，静水压曲线就应该是一条水平直线。绘制静水压曲线应满足下列基本技术要求：

（1）因各用户采用铸铁散热器，所以与室外热水网路直接连接的用户系统内压力最大不应超过底层散热器的承压能力，一般为 0.5MPa（50mH₂O）。

（2）与热水网路直接连接的用户系统内不应出现倒空现象。

（3）高温水用户最高点处不应出现汽化现象。

本例题中，如果所有用户均采用直接连接，并保证所有的用户不汽化、不倒空，要求的静水压线高度就不能低于 64m（即用户Ⅲ的高度加 3m 的富裕高度）。如果静水压线定得这样高，用户Ⅰ、Ⅱ、Ⅲ、Ⅳ底层散热器承受的压力都将超过 0.5MPa（50mH₂O），所有的用户都需采用间接连接的形式，这增加了系统的投资费用，不合理、不经济，所以不能按用户Ⅲ的要求定静水压线位置，应按照能满足多数用户直接连接的要求来确定。

如果用户Ⅲ采用间接连接，其他用户采用直接连接，若按用户Ⅰ不汽化的要求，静压线高度最低应定为（21＋17.6＋3）m＝41.6m（其中，17.6m 为 130℃水的汽化压力，3m 为富裕值）；若按用户Ⅱ底层散热器不超压的要求，静压线最高定为（50－3）m＝47m。

因此，本设计中将静压线定为42m，除用户Ⅲ采用间接连接形式外，其他所有用户都可以直接连接，这样当网路循环水泵停止运行时，能够保证系统不汽化、不倒空，而且底层散热器不超压。

选定的静水压线位置靠系统采用的定压方式来保证，目前热水供热系统采用的定压方式主要有高位水箱和补给水泵定压，定压点位置通常设在网路循环水泵的吸入端。

5）绘制回水干管动水压曲线：当网路循环水泵运行时，网路回水管各点测压管水头的连线称为回水管动水压曲线。绘制回水管动水压曲线应满足下列基本技术要求：

（1）回水管动水压曲线应保证所有直接连接的用户系统不倒空、不汽化，网路上任何一点的压力不应低于 5mH$_2$O，这控制的是动水压线的最低位置。

（2）与热水网路直接连接的用户，回水管动水压曲线应保证底层铸铁散热器承受的压力不超过 0.5MPa（50mH$_2$O），这控制的是动水压线的最高位置。

本设计如果采用高位水箱定压，为了保证静水压线的高度，高位水箱的水面高度应比循环水泵中心线高出 42m，这在实际运行中难以实现。因此，本设计中采用补给水泵定压，定压点设在回水干管循环水泵的入口处，定压点压力应满足静水压力的要求维持在42m。因此，本设计中回水管动水压曲线末端的最低点就是回水管动水压线与静水压线的交点 A 点处，压力仍是42m。

实际上底层散热器承受的压力比用户系统回水管出口处的压力高，它应等于底层散热器供水支管上的压力，但由于两者的差值比用户系统的热媒压力小很多，可近似认为用户系统底层散热器所承受的压力就是热网回水管在用户出口处的压力。

再根据热水网路的水力计算结果，按各管段实际压力损失绘出回水管动水压线。本设计中回水干线总压降为12mH$_2$O，回水干线起端 E 点的水位高度为42＋12＝54mH$_2$O。回水管动水压线在静水压线之上，能满足回水管动水压线绘制要求的第一条，但确定的热网回水管在用户出口处的压力有的超过了散热器的承压能力（如用户Ⅱ），只能靠以用户与外网的连接方式解决这个问题。

6）绘制供水干管的动水压曲线：当网路循环水泵运行时，网路供水管各点测压管水头的连线称为供水管动水压曲线。供水干管的动水压曲线也是沿流向逐渐下降的，它在每米长度上降低的高度反映了供水管的比压降值。绘制供水管动水压曲线应满足下列基本要求：

（1）网路供水干管及与管网直接连接的用户系统的供水管路中，热媒压力必须高于该温度下的汽化压力，任何一点都不应出现汽化现象。

（2）在网路上任何一处用户引入口供、回水管之间的资用压差能满足用户所需的循环作用压力。

这两条限制了供水管动水压曲线的最低位置。

本设计中用户Ⅳ在网路末端，供、回水管之间的资用压力为最小，用户Ⅳ为低温水用户，考虑采用设水喷射器的直接连接，资用压力选定为10mH₂O，则供水干管末端 E（用户Ⅳ的入口）的测压管水头应为（54＋10）m＝64m。再根据外网水力计算结果可知供水干线的压降为12mH₂O，在热源出口处供水管动水压曲线的高度，即 A 点的高度应为（64＋12）m＝76m。

本设计中定压点位置在网路循环水泵的吸入端，确定的回水管动水压曲线已全部高于静水压线 $j-j$，所以供水干管内各点的高温水均不会汽化。

这样就绘制出供、回水干管的动水压曲线 $AEE'A'$ 和静水压曲线 $j-j$，组成了该网路主干线的水压图。

7）各分支管线的动水压曲线：可根据各分支管线在分支点处供、回水管的测压管水头高度和分支线的水力计算结果，按上述同样方法和要求绘制。

如图 11-2 所示，用户Ⅰ供水支线和干管的连接点 B 的水头为73m，考虑 B－Ⅰ段供水支管的水头损失 3m，在用户Ⅰ入口处的测压管水头为（73－3）m＝70m。用户Ⅰ回水支管和干管的连接点 B' 的水头为45m，考虑 B'－Ⅰ段回水支管的水头损失 3m，在用户Ⅰ出口处测压管水头为（45＋3）m＝48m。

各用户分支管线的供、回水管路动水压曲线已绘入图中。

6.【能力训练示例 2】根据已绘制的水压图 11-2，分析确定用户与热网的连接形式。

分析如下：

1）用户Ⅰ：是高温水供暖用户，从水压图可知，用户Ⅰ中 130℃的高温水考虑不汽化的要求，压力应为 38.6m，静水压线定在 42m，可以保证用户Ⅰ不汽化、不倒空，而且无论运行还是静止时底层散热器都不会超压。

用户Ⅰ的资用压力 $\Delta H＝$（70－48）m＝22m，用户Ⅰ是大型高温水供暖用户，假设内部设计水头损失为 $\Delta H_y＝5\text{mH}_2\text{O}$，资用压力远远超过了用户系统的设计水头损失，需要在用户Ⅰ入口处供水管上设阀门或调压板节流降压，使进入用户的测压管水头降到（48＋5）m＝53m，阀门节流的压降为 $\Delta H_f＝$（70－53）$\text{mH}_2\text{O}＝17\text{mH}_2\text{O}$，这可以满足用户对压力的要求正常工作，如图 11-3（a）所示。

2）用户Ⅱ：该用户也是一个直接取用高温水的供暖用户，静压线高度可以保证该用户不汽化、不倒空，虽然静止时底层散热器不会超压，即（42＋3）m＝45m，但由于该用户地势较低，运行工况时，用户Ⅱ回水管的压力为 $[51-(-3)]\text{m}＝54\text{m}$，已超过了散热器的允许压力，所以不能采用简单的直接连接形式。可在供水管上设阀门节流降压，回水管上再设水泵加压，如图 11-3（b）所示，其设计步骤如下：

（1）先假定一个安全的回水压力，回水管的测压管水头不超过（50－3）m＝47m，可定为45m。

（2）该用户所需的资用压力如果为 4m，则供水管测压管水头应为（45＋4）m＝49m。

（3）供水管应设阀门或调压板降压，$\Delta H_f＝$（67－49）m＝18m。

（4）用户回水管加压水泵的扬程 $\Delta H_B＝$（51－45）m＝6m。

该用户热网供、回水管提供的资用压差不仅未被利用，反而供水管上需要节流降压，而回水管上又要设加压水泵，不经济，应尽量避免。

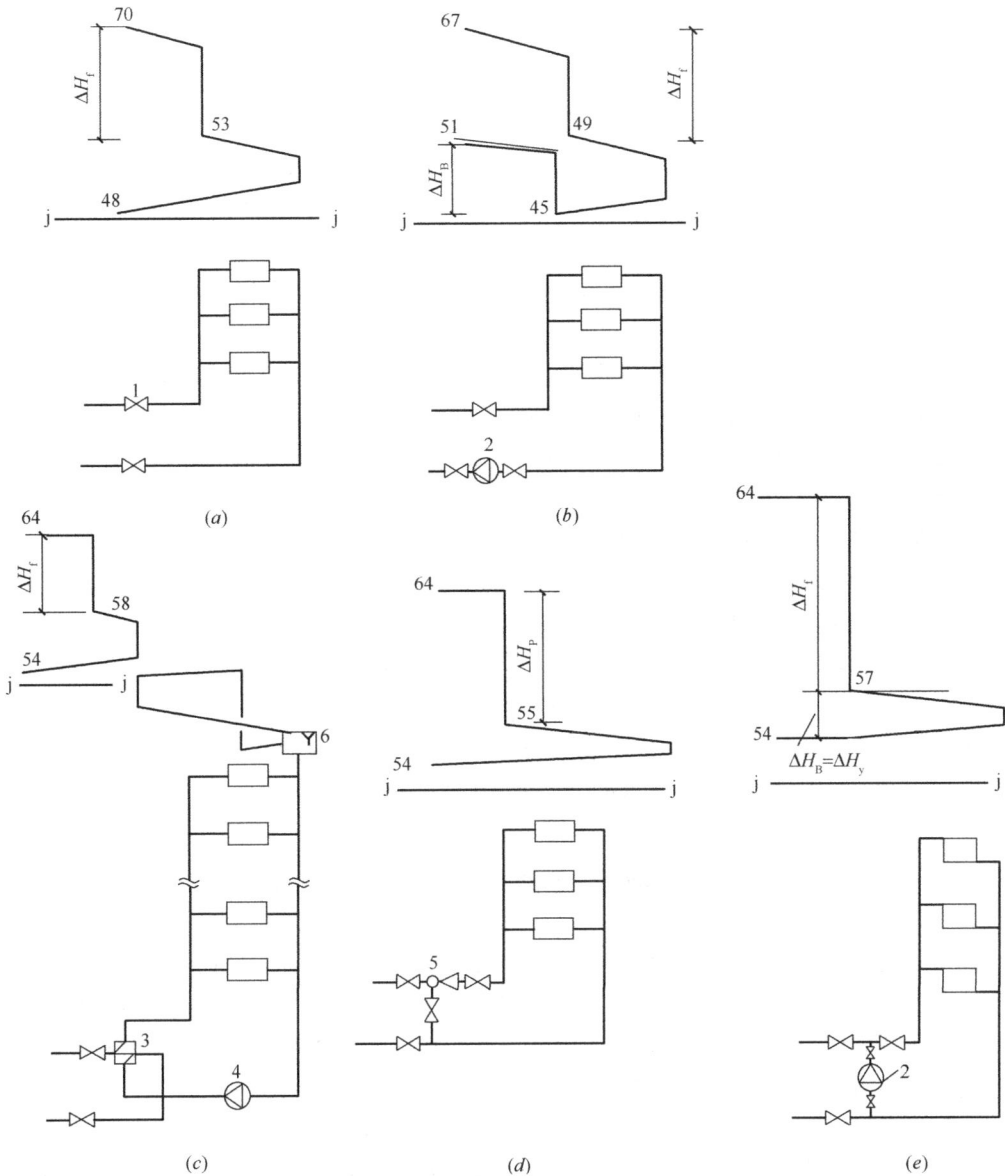

图 11-3 用户与热网的连接形式及水压图

(a) 直接连接；(b) 设回水加压泵的直接连接；(c) 设换热器的间接连接；

(d) 设水喷射器的直接连接；(e) 设混合水泵的直接连接

1—阀门；2—加压泵；3—水-水换热器；4—用户循环水泵；5—水喷射器；6—膨胀水箱

用户系统设回水泵加压的连接方式，常出现在热水网路末端的一些用户和热力站上，当热水网路上连接的用户热负荷超过设计热负荷，或网路没有很好地进行初调节时，末端的一些用户和热力站容易出现网路提供的资用压力小于用户或热力站要求的压力，就会出现作用压力不足的情况，此时回水压力过低，需设加压水泵。此外，利用网路回水再向一些用户进行回水供暖时（例如厂区回水再向生活区供暖），往往也需设回水加压泵，设回水加压泵时，常常由于选择的水泵流量或扬程较大，影响临近用户的供热状况，造成网路的水力失调，因此应慎重考虑和正确选择加压水泵的流量和扬程。

3）用户Ⅲ：该用户是高层建筑低温水供暖用户，系统静压线和回水动压线高度均低于系统充水高度61m（也就是该用户的静水压线高度），不能保证其始终充满水和不倒空。因此，需采用设表面式水—水换热器的间接连接，如图11-3（c）所示。

由水压图可知该用户与热网连接处回水管的压力为54m，如果水—水换热器的压力损失为4m，水—水换热器前的供水压力应为（54+4）m＝58m，该用户与热网连接处供水管的压力为64m，用户Ⅲ供水管路应设阀门节流降压，压降应为 ΔH_f＝（64−58）m＝6m。应注意，该用户的静压线为61m，超过了常用铸铁散热器的承压能力，系统应采用承压能力较高的散热器或采用分区供暖系统。

4）用户Ⅳ：该用户是低温水供暖用户，从水压图可以看出，网路循环水泵停止运行时，静水压线能保证用户Ⅳ不汽化、不超压。假设该用户内部的水头损失为 $1 mH_2O$，而外网提供的资用压力为 $10 mH_2O$，可以考虑采用设水喷射器的直接连接，如图11-3（d）所示。水喷射器出口的测压管水头为（54+1）m＝55m，喷射器本身消耗的压降为 ΔH_p＝（64−55）m＝9m，满足水喷射器的设置要求。

假设该用户内部的水头损失为 $3 mH_2O$，而外网提供的资用压力为 $10 mH_2O$，不能保证设置水喷射器要求的作用压力，可采用设置混合水泵的连接方式，如图11-3（e）所示。该用户与热网连接处供水管的压力为64m，阀门节流降压的压降应为 ΔH_f＝[64−(54+3)m]＝7m，混合水泵的扬程应等于用户系统的压力损失 ΔH_B＝3m。

虽然该用户回水管动水压曲线的高度为54m，但用户地势较高，作用在底层散热器上的压力为（54−7）m＝47m，没有超过底层散热器的承压能力。

11.2　热水供热系统的定压方式

热水热力网的定压方式，应根据技术经济比较确定。定压点应设在便于管理并有利于管网压力稳定的位置，宜设在热源处。当供热系统多热源联网运行时，全系统应仅有一个定压点起作用，但可多点补水。通过绘制水压图可以正确地进行管网分析，分析用户的压力状况和连接方式，合理地组织热网运行。热水供热管网应具有合理的压力分布，以保证系统在设计工况下正常运行。对于低温热水供热系统，应保证系统内始终充满水处于正压运行状态，任何一点都不得出现负压；对于高温热水供热系统，无论是运行还是静止状态都应保证管网和局部系统内任何地点的高温水不汽化，即管网的局部系统内各点的压力不得低于该点水温下的汽化压力。要想使管网按水压图给定的压力状态运行，需确定正确的定压方式和定压点位置，控制好定压点所要求的压力。

热水供热系统的定压方式很多，常用的有：

1）开式高位水箱定压：开式高位水箱定压是依靠安装在系统最高点的开式膨胀水箱形成的水柱高度来维持管网定压点（膨胀管与管网连接点）压力稳定。由于开式膨胀水箱与管网相通，水箱水位的高度与系统的静压线高度是一致的。

对于低温热水供暖系统，当定压点设在循环水泵的吸入口处时，只要控制静压线的高度高出室内供暖系统的最高点（即充水高度），就可保证用户系统始终充满水，任何一点都不会出现负压。确定膨胀水箱安装高度时，一般可考虑2m左右的安全裕量。室内低温热水供暖系统常采用这种设高位膨胀水箱的定压方式，其设备简单，工作安全、可靠。

高温热水供热系统如果采用高位水箱定压，为了避免系统倒空和汽化，要求高位水箱的安装高度会大大增加，实际上很难在热源附近安装比所有用户都高很多，且能保证不汽化要求的膨胀水箱，往往需要采用其他定压方式。

2）补给水泵定压：补给水泵定压是目前集中供热系统广泛采用的一种定压方式。补给水泵定压主要有两种形式：

（1）补给水泵的连续补水定压：图 11-4 所示是补给水泵连续补水定压方式的示意图，定压点设在网路回水干管循环水泵吸入口前的 O 点处。系统工作时，补给水泵连续向系统内补水，补水量与系统的漏水量相平衡，通过补给水调节阀控制补给水量，维持补水点压力稳定，系统内压力过高时，可通过安全阀泄水降压。

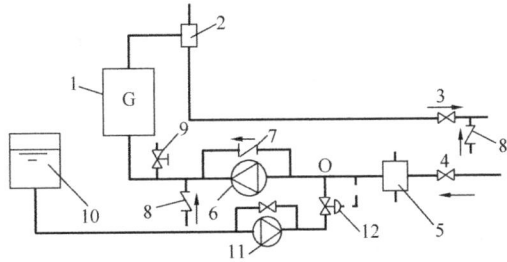

图 11-4　补给水泵连续补水定压方式

1—热水锅炉；2—集气罐；3、4—供、回水管阀门；5—除污器；6—循环水泵；7—止回阀；8—给水止回阀；9—安全阀；10—补水箱；11—补给水泵；12—压力调节器

该方式补水装置简单，压力调节方便，水力工况稳定。但突然停电，补给水泵停止运行时，不能保证系统所需压力，由于供水压力降低而可能产生汽化现象。为避免锅炉和供热管网内的高温水汽化，停电时应立即关闭阀门 3、4，使热源与网路断开，上水在自身压力的作用下，将止回阀 8 顶开向锅炉和系统内充水，同时还应打开集气罐上的放气阀排气。考虑到突然停电时可能产生水击现象，在循环水泵吸入管路和压水管路之间可连接一根带止回阀的旁通管作为泄压管。

补给水泵连续补水定压方式适用于大型供热系统，补水量波动不大的情况。

（2）补给水泵的间歇补水定压：图 11-5 所示为补给水泵间歇补水定压方式的示意图，补给水泵的启动和停止运行，是由压力调节器电接点式压力表表盘上的触点开关控制的。当网路循环水泵吸入端压力达到系统定压点的上限压力时，补给水泵停止运行；当网路循环水泵吸入端压力下降到系统定压点的下限压力时，补给水泵启动向系统补水，保持循环水泵吸入

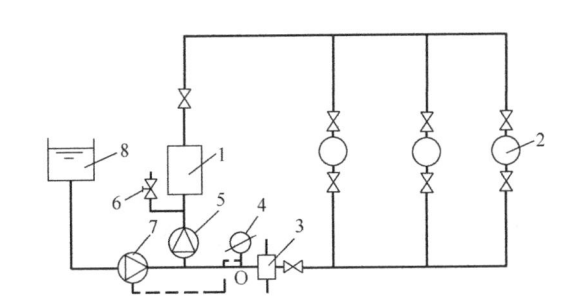

图 11-5　补给水泵间歇补水定压方式

1—热水锅炉；2—热用户；3—除污器；4—压力调节器；5—循环水泵；6—安全阀；7—补给水泵；8—补给水箱

口处压力在上限和下限值范围内波动。

间歇补水定压方式比连续补水定压方式少耗电能，设备简单，但其动水压曲线上下波动，压力不如连续补水定压方式稳定。通常波动范围为 5m 左右，不宜过小，否则触点开关动作过于频繁易于损坏。

11.3　循环水泵和补给水泵的选择

1. 选择循环水泵

1）循环水泵的流量

热水供热系统管网的计算流量可依据前面的叙述计算确定，循环水泵的总流量应不小于管网的计算流量，即

$$G_b = 1.1G_j \tag{11-2}$$

式中　G_b——循环水泵的总流量（t/h）；

　　　G_j——管网的计算流量（t/h）。

当热水锅炉出口或循环水泵装有旁通管时，应计入流经旁通管的流量。

2）循环水泵的扬程

循环水泵的扬程应不小于设计流量条件下，热源内部、供回水干管的压力损失和主干线末端用户的压力损失之和，即

$$H = (1.1 \sim 1.2)(H_r + H_w + H_y) \tag{11-3}$$

式中　H——循环水泵的扬程（mH_2O 或 Pa）；

　　　H_r——热源内部的压力损失（mH_2O 或 Pa），它包括热源加热设备（热水锅炉或换热器）和管路系统等的总压力损失，一般取 $H_r = 10 \sim 15mH_2O$；

　　　H_w——网路主干线供、回水管的压力损失（mH_2O 或 Pa），可根据网路水力计算确定；

　　　H_y——主干线末端用户的压力损失（mH_2O 或 Pa），可根据用户系统的水力计算确定。

例如本章【能力训练示例1】中，如果确定锅炉房内部总阻力为 $15mH_2O$，网路主干线供、回水管的压力损失为（12+12）$mH_2O = 24mH_2O$，主干线末端用户的资用压力为 $10mH_2O$，则循环水泵的扬程为

$$H = 1.1 \times (15 + 24 + 10)mH_2O = 53.9mH_2O$$

循环水泵出口 F 点的测压管水头为（76+15）$mH_2O = 91mH_2O$。

循环水泵的扬程仅取决于循环环路总的压力损失，与建筑物高度和地形无关。选择循环水泵时应注意：

（1）一般循环水泵宜选择单级泵，因为单级水泵性能曲线较平缓，当网路水力工况发生改变时，循环水泵的扬程变化较小。

（2）循环水泵的承压和耐温能力应与热网的设计参数相适应。

（3）循环水泵的工作点应处于循环水泵性能的高效区范围内。

（4）循环水泵在任何情况下都不应少于两台（其中一台备用）。四台或四台以上并联运行时，可不设备用泵，并联水泵型号宜相同。

（5）热力网循环水泵可采用两级串联设置，第一级水泵应安装在热网加热器前，第二级水泵应安装在热网加热器后。水泵扬程的确定应符合下列规定：

① 第一级水泵的出口压力应保证在各种运行工况下不超过热网加热器的承压能力；

② 当补水定压点设置于两级水泵中间时，第一级水泵出口压力应为供热系统的静压

力值。

2. 选择补给水泵

1）补给水泵流量

在闭式热水供热管网中，补给水泵的正常补水量取决于系统的渗漏水量，系统的渗漏水量与系统规模、施工安装质量和运行管理水平有关，闭式热力网补水装置的流量，不应小于供热系统循环流量的 2%。另外，确定补给水泵的流量时，还应考虑发生事故时的事故补水量，事故补水量不应小于供热系统循环流量的 4%。

当考虑发生热源停止加热事故时，事故补水能力不应小于供热系统最大循环流量条件下，被加热水自设计供水温度降至设计回水温度的体积收缩量及供热系统正常泄漏量之和。事故补水时，软化除氧水量不足时可补充工业水。

在开式热水供热管网中，补给水泵的流量应根据热水供热系统的最大设计用水量和系统正常补水量之和确定。

2）补给水泵的扬程

$$H_b = 1.15(H_{bs} + \Delta H_x + \Delta H_c - h) \tag{11-4}$$

式中　H_b——补给水泵的扬程（mH_2O 或 Pa）；

H_{bs}——补给水点的压力值（mH_2O 或 Pa）；

ΔH_x——水泵吸水管的压力损失（mH_2O 或 Pa）；

ΔH_c——水泵出水管的压力损失（mH_2O 或 Pa）；

h——补给水箱最低水位比补水点高出的距离（m）。

补水装置的压力不应小于补水点管道压力加 30～50kPa，当补水装置同时用于维持管网静态压力时，其压力应满足静态压力的要求。闭式热水供热系统，补给水泵宜选两台，可不设备用泵，正常时一台工作，事故时两台全开。开式热水供热系统，补水泵宜设三台或三台以上，其中一台备用。

任务 12　集中热水供热系统的水力工况

【**教学目的**】通过项目教学活动，培养学生对集中热水供热系统进行水力工况分析，掌握提高热水供热系统水力稳定性的方法。培养学生良好的职业道德、自我学习能力、实践动手能力和耐心细致分析处理问题的能力，以及诚实、守信、善于沟通和合作的专业素养。

【**知识目标**】

1. 掌握对集中热水供热系统进行水力工况分析的方法。

2. 掌握提高热水供热系统水力稳定性的方法。

【**主要学习内容**】

12.1　热水供热系统的水力工况

1. 热用户的水力失调状况

供热管网是由许多串、并联管路和各个用户组成的复杂的、相互连通的管道系统。在运行过程中往往由于各种原因的影响，使网路的流量分配不符合各用户的设计要求，各用户之间的流量要重新分配。热水供热系统中，各热用户的实际流量与要求流量之间的不一致性称为该热用户的水力失调。

造成水力失调的原因很多，例如：

（1）在设计计算时，不能在设计流量下达到阻力平衡，结果运行时管网会在新的流量下达到阻力平衡。

（2）施工安装结束后，没进行初调节或初调节未能达到设计要求。

（3）在运行过程中，一个或几个用户的流量变化（阀门调节或停止使用），会引起网路与其他用户流量的重新分配。

2. 水力工况的基本计算原理

根据流体力学理论，各管段的压力损失

$$\Delta p = SG^2 \tag{12-1}$$

式中　Δp——计算管段的压力损失（Pa）；

　　　G——计算管段的流量（kg/h）；

　　　S——计算管段的特性阻力数（Pa·h^2/kg^2）。

在水温一定（即管中流体密度一定）的情况下，网路各管段的特性阻力数 S 与管径 d、管长 L、沿程阻力系数 λ 和局部阻力系数 $\sum \xi$ 有关，即 S 值取决于管路本身，对一段管段来说，只要阀门开启度不变，其 S 值就是不变的。任何热水网路都是由许多串联管段和并联管段组成的，下面分析串、并联管路的总特性阻力数。

（1）串联管路。如图 12-1 所示，串联管路中，各管段流量相等，即

$$G_1 = G_2 = G_3$$

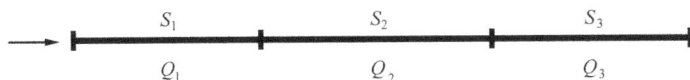

图 12-1 串联管路

总压力损失等于各管段压力损失之和，即

$$\Delta p = \Delta p_1 + \Delta p_2 + \Delta p_3$$

则有

$$S = S_1 + S_2 + S_3 \tag{12-2}$$

式（12-2）说明串联管路中，管路的总特性阻力数等于各串联管段特性阻力数之和。

（2）并联管路。如图 12-2 所示，在并联管路中，各管段的压力损失相等，即

$$\Delta p = \Delta p_1 = \Delta p_2 = \Delta p_3$$

管路总流量等于各管段流量之和，即

$$G = G_1 + G_2 + G_3$$

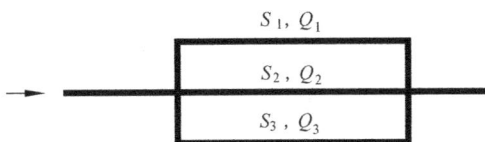

则有

$$\frac{1}{\sqrt{S}} = \frac{1}{\sqrt{S_1}} + \frac{1}{\sqrt{S_2}} + \frac{1}{\sqrt{S_3}} \tag{12-3}$$

图 12-2 并联管路

式（12-3）说明，并联管路中，管路总特性阻力数平方根的倒数等于各并联管段特性阻力数平方根的倒数和。

各管段的流量关系也可用下式表示

$$G_1 : G_2 : G_3 = \frac{1}{\sqrt{S_1}} : \frac{1}{\sqrt{S_2}} : \frac{1}{\sqrt{S_3}} \tag{12-4}$$

总结上述原理，可以得到如下结论：

（1）各并联管段的特性阻力数 S 不变时，网路的总流量在各管段中的流量分配比例不变，网路总流量增加或减少多少倍，各并联管段的流量也相应地增加或减少多少倍。

（2）在各并联管段中，任何一个管段的特性阻力数 S 值发生变化，网路的总特性阻力数也会随之改变，总流量在各管段中的分配比例也相应地发生变化。

3. 分析和计算热水网路中的流量分配情况

步骤如下：

（1）根据正常水力工况下的流量和压降，求出网路各管段和用户系统的阻力数。

（2）根据热水网路中管段的连接方式，利用求串联管段和并联管段总阻力数的计算公式，逐步地求出水力工况改变后整个系统的总阻力数。

（3）得出整个系统的总阻力数后，可以利用图解法，画出网路的特性曲线，与网路循环水泵的特性曲线相交，求出新的工作点；或者可以联立水泵特性函数式和热水网路水力特性函数式，计算求解确定新的工作点的 G 和 Δp 值。当水泵特性曲线较平缓时，也可近似视为 Δp 不变，利用下式求出水力工况变化后的网路总流量 G'：

$$G' = \sqrt{\frac{\Delta p}{S}} \tag{12-5}$$

式中 G'——网路水力工况变化后的总流量（kg/h）；

Δp——网路循环水泵的扬程，设水力工况变化前后的扬程不变（Pa）；

S——网路水力工况改变后的总阻力数。

（4）顺次按各串、并联管段流量分配的计算方法分配流量，求出网路各管段及各用户在工况改变后的流量。

4. 热水网路的水力失调程度

水力失调的程度可以用实际流量与规定流量的比值 x 来衡量，x 称为水力失调度，即

$$x = \frac{G_s}{G_g} \tag{12-6}$$

式中 x——水力失调度；

G_s——热用户的实际流量；

G_g——该热用户的规定流量。

对于整个网路系统来说，各热用户的水力失调状况是多种多样的，可分为：

（1）一致失调：网路中各热用户的水力失调度 x 都大于1（或都小于1）的水力失调状况称为一致失调。一致失调又分为：

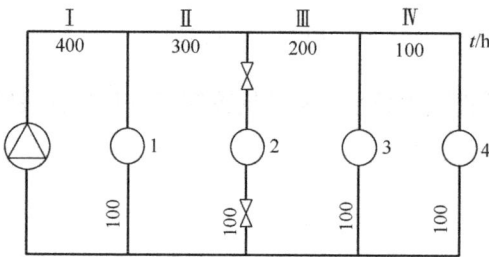

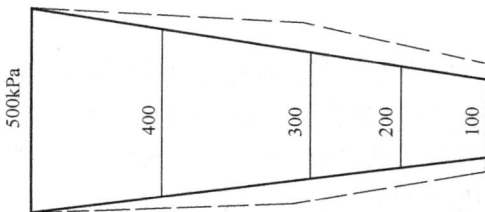

等比失调：所有热用户的水力失调度 x 值都相等的水力失调状况称为等比失调。

不等比失调：各热用户的水力失调度 x 值不相等的水力失调状况称为不等比失调。

（2）不一致失调：网路中各热用户的水力失调度有的大于1，有的小于1，这种水力失调状况称为不一致失调。

5.【能力训练示例】某室外热水供热网路，正常工况时的各热用户流量和水压图如图 12-3 所示，试计算关闭热用户 2 后其他各热用户的流量变化情况及水力失调程度。

图 12-3 正常工况时各热用户流量和水压图

【解】正常工况下网路干管（包括供、回水干管）和各热用户的压力损失 Δp、流量 G 和阻力数 S，见表 12-1、表 12-2。

网路干管的阻力数

表 12-1

网路干管	Ⅰ	Ⅱ	Ⅲ	Ⅳ
压力损失 Δp (Pa)	10×10^4	10×10^4	10×10^4	10×10^4
流量 G (t/h)	400	300	200	100
阻力数 S [Pa/ (t/h)²]	0.625	1.11	2.5	10

各热用户的阻力数   表 12-2

热用户	1	2	3	4
压力损失 Δp (Pa)	40×10^4	30×10^4	20×10^4	10×10^4
流量 G (t/h)	100	100	100	100
阻力数 S [Pa/ (t/h)²]	40	30	20	10

热用户 2 关闭，水力工况改变后各热用户的工况变化情况见表 12-3。

热用户工况变化情况表   表 12-3

热 用 户	1	2	3	4
正常工况时流量 G (t/h)	100	100	100	100
工况变动后流量 G (t/h)	104.43	0	112.54	112.54
水力失调度 x	1.0443	0	1.125	1.125
正常工况时用户作用压差 Δp (Pa)	40×10^4	30×10^4	20×10^4	10×10^4
工况变动后用户作用压差 Δp (Pa)	43.61×10^4	37.99×10^4	25.33×10^4	12.66×10^4

通过上述表格可以分析得出，关闭热用户 2 后，用户 1、3、4 的流量和作用压力均超过设计值，各用户内部的实际室内温度均超过要求的室内设计计算温度。用户 1 的流量增加 4.43t/h，作用压力增加 3.61×10^4 Pa；用户 3 的流量增加 12.54t/h，作用压力增加 5.33×10^4 Pa；用户 4 的流量增加 12.54t/h，作用压力增加 2.66×10^4 Pa。

若各用户入口处安装自动流量控制设备，使各用户增加的流量及剩余的压力由自动流量控制设备消除，流量和作用压力均为设计值后，可以减少室外热水管网的热能消耗，达到节能运行的目的。

6. 常见热水网路水力工况的变化情况

下面以几种常见的水力工况变化为例，利用上述原理和水压图，分析网路水力失调状况。如图 12-4 所示，该网路有四个用户，

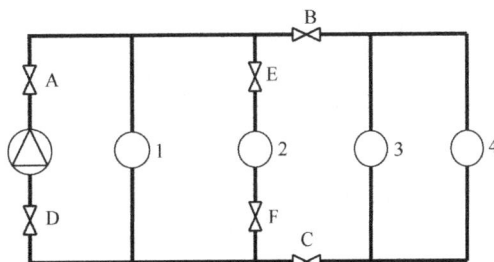

图 12-4　热水网路

均无自动流量调节器，假定网路循环水泵扬程不变。

（1）阀门 A 节流（阀门关小）。当阀门 A 节流时，网路总特性阻力数 S 将增大，总流量 G 将减小。由于没有对各热用户进行调节，各用户分支管路及其他干管的特性阻力数均未改变，各用户的流量分配比例也没有变化，各用户流量将按同一比例减少，各用户的作用压差也将按同一比例减少，网路产生了一致的等比失调。图 12-5 (a) 所示为阀门 A 节流时网路的水压图，实线表示正常工况下的水压曲线，虚线为阀门 A 节流后的水压曲线，由于各管段流量减小，压降减小，干管的水压曲线（虚线）将变

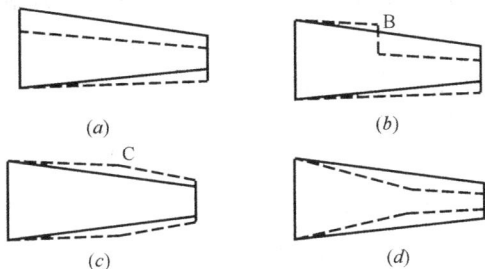

图 12-5　热水网路的水力工况

得平缓一些。

（2）阀门 B 节流。阀门 B 节流时，网路总阻力数 S 增加，总流量 G 将减少，压降减少，如图 12-5（b）所示，供、回水干管的水压线将变得平缓一些，供水管水压线在 B 点将出现一个急剧下降。阀门 B 之后的用户 3、4 本身特性阻力数虽然未变，但由于总的作用压力减小了，用户 3、4 的流量和作用压力将按相同比例减小，用户 3、4 出现了一致的等比失调；阀门 B 之前的用户 1、2，虽然本身特性阻力数并未变化，但由于其后面管路的特性阻力数改变了，阀门 B 之前的网路总的特性阻力数也会随之改变，总流量在各管段中的流量分配比例也相应地发生了变化，用户 1、2 的作用压差和流量按不同的比例增加，用户 1、2 将出现不等比的一致失调。

对于供热网路的全部用户来说，流量有的增加，有的减少，整个网路发生的是不一致失调。

（3）阀门 E 关闭，用户 2 停止工作。阀门 E 关闭，用户 2 停止工作后，网路总阻力数将增加，总流量将减少，如图 12-5（c）所示，热源到用户 2 之间的供、回管中压降减少，水压曲线将变得平缓，用户 2 之前用户的流量和作用压差均增加，但比例不同，是不等比的一致失调。由水压图分析可知，用户 2 处供、回水管之间的作用压差将增加，用户 2 之后供、回水干管水压线坡度变陡，用户 2 之后的用户 3、4 的作用压差将增加，流量也将按相同比例增加，是等比的一致失调。

对于整个网路而言，除用户 2 外，所有热用户的作用压差和流量均增加，属于一致失调。

（4）热水网路未进行初调节。如果热水网路未进行初调节，作用在网路近端的热用户作用压差会较大，在选择用户内部各分支管路的管径时，由于管道内热媒流速和管径规格的限制，近端热用户的实际阻力数远小于设计规定值，作用在用户分支管路上的压力将会有过多剩余，位于网路近端的热用户实际流量比规定流量大很多。此时，网路的总阻力数比设计的总阻力数小，网路的总流量会增加。如图 12-5（d）所示，网路干管前部的水压曲线将变得较陡，而位于网路后部的热用户，其作用压力和流量将小于设计值，网路干管后部的水压曲线将变得平缓，这往往会使得管路干管后部的用户作用压力不足。由此可见，热水网路投入运行时，必须很好地进行初调节。

（5）用户处增设回水加压泵。在热水网路运行时，可能由于种种原因，有些用户或热力站的作用压力会低于设计值，用户或热力站流量不足，此时用户或热力站往往需要设加压水泵（加压泵可设在供水管路或回水管路上）。在用户处增设加压水泵后，整个网路的水力工况将发生变化。

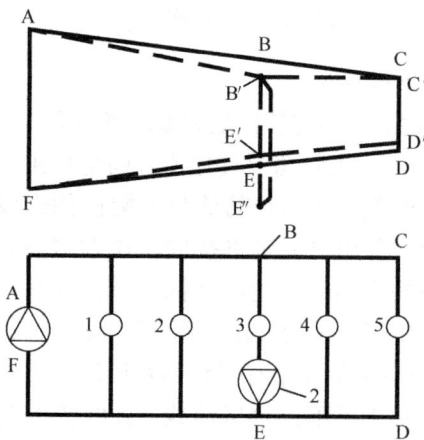

图 12-6　用户处增设回水加压泵
的网路水力工况

图 12-6 所示为在用户处增设回水加压泵的网路水力工况，假设用户 3 未增设回水加压泵时作用压差为 Δp_{BE}，低于设计要求。用户 3 上的回水加压泵运行时，可以认为在用户 3 及其

支线上（管段 BE）增加了一个阻力数为负值的管段，其负值的大小与水泵的工作扬程和流量有关，此时用户 3 的阻力数减小。而其他管段和热用户未采取调节措施，阻力数不变，因此整个网路的总阻力数相应减小，网路总流量将增加。用户 3 前的 AB、EF 管段流量增加，动水压曲线将变陡，用户 1、2 的作用压差将减小，但减小的比例不同，用户 1、2 是不等比的一致失调。用户 3 后的用户 4、5 作用压差也将减小，减小的比例相同，是一致的等比失调。用户 3 由于回水加压泵的影响，其压力损失将增加，流量将增大。

由此可见，在用户处设回水加压泵，能增加用户流量，对用户运行有利，但会加大网路总循环水量和用户之前干管的压力损失，使其他用户的作用压差和循环水量相应减少，甚至使原来流量符合要求的用户反而流量不足。因此，在网路运行中，不应在用户处任意增设加压水泵，应仔细分析对整个网路水力工况的影响后方可采用。

12.2 热水供热系统的水力稳定性

1. 热水网路的水力稳定性分析

热水网路的水力稳定性是指网路中各个热用户在其他热用户流量改变时保持本身流量不变的能力，通常用热用户的水力稳定性系数 y 来衡量网路的水力稳定性。

水力稳定性系数是指热用户的规定流量 G_g 与工况变化后可能达到的最大流量 G_{max} 的比值，即

$$y = \frac{1}{x_{max}} = \frac{G_g}{G_{max}} \tag{12-7}$$

式中　y——热用户的水力稳定性系数；

　　G_g——热用户的规定流量；

　　G_{max}——热用户可能出现的最大流量；

　　x_{max}——工况改变后热用户可能出现的最大水力失调度，即

$$x_{max} = \frac{G_{max}}{G_g} \tag{12-8}$$

热用户的规定流量

$$G_g = \sqrt{\frac{\Delta p_y}{S_y}} \tag{12-9}$$

式中　Δp_y——热用户正常工况下的作用压差（Pa）；

　　S_y——用户系统及用户支管的总阻力数。

一个热用户可能有的最大流量出现在其他用户全部关断时，这时网路干管中的流量很小，阻力损失接近于零，热源出口的作用压力可以认为是全部作用在这个用户上，因此

$$G_{max} = \sqrt{\frac{\Delta p_r}{S_y}} \tag{12-10}$$

式中　Δp_r——热源出口的作用压差（Pa）。

热源出口的作用压差 Δp_r 可近似地认为等于网路正常工况下的网路干管的压力损失 Δp_w 和这个用户在正常工况下的压力损失 Δp_y 之和，即 $\Delta p_r = \Delta p_w + \Delta p_y$。

因此，式（12-10）可写成

$$G_{max} = \sqrt{\frac{(\Delta p_w + \Delta p_y)}{S_y}} \qquad (12\text{-}11)$$

热用户的水力稳定性系数

$$y = \frac{G_g}{G_{max}} = \sqrt{\frac{\Delta p_y}{(\Delta p_w + \Delta p_y)}} = \sqrt{\frac{1}{1 + \frac{\Delta p_w}{\Delta p_y}}} \qquad (12\text{-}12)$$

分析式 (12-12)：当 $\Delta p_w = 0$ 时（理论上，网路干管直径为无限大），$y = 1$。此时，这个热用户的水力失调度 $x_{max} = 1$，也就是说无论工况如何变化，它都不会水力失调，它的水力稳定性最好。这个结论对网路上每个用户都成立，这种情况下任何热用户的流量变化，都不会引起其他热用户流量的变化。

当 $\Delta p_y = 0$ 或 $\Delta p_w = \infty$ 时（理论上，用户系统管径无限大或网路干管管径无限小），$y = 0$。此时热用户的最大水力失调度 $x_{max} = \infty$，水力稳定性最差，任何其他用户流量的改变将全部转移到这个用户上去。

实际上热水网路的管径不可能无限大也不可能无限小，热水网路的水力稳定性系数 y 总在 0 到 1 之间，当水力工况变化时，任何用户的流量改变，其中的一部分流量将转移到其他热用户中去。提高热水网路的水力稳定性，可以减少热能损失和电耗，便于系统初调节和运行调节。

2. 提高热水网路水力稳定性的主要方法

提高热水网路水力稳定性的主要方法是：

(1) 减小网路干管的压降，增大网路干管的管径，也就是进行网路水力计算时选用较小的平均比摩阻 R_{pj} 值。

(2) 增大用户系统的压降，可以在用户系统内安装调压板、水喷射器、高阻力小管径的阀门等。

(3) 运行时合理地进行初调节和运行调节，尽可能将网路干管上的所有阀门开大，把剩余的作用压力消耗在用户系统上。

(4) 对于供热质量要求高的用户，可在各用户引入口处安装自动调节装置（如流量调节器）等。

任务 13　集中热水供热系统的供热调节

【教学目的】通过项目教学活动，培养学生具备进行集中热水供热系统供热调节的能力。培养学生良好的职业道德、自我学习能力、实践动手能力和耐心细致分析处理问题的能力，以及诚实、守信、善于沟通和合作的专业素养。

【知识目标】

掌握进行集中热水供热系统供热调节的方法。

【主要学习内容】

13.1　集中热水供热系统供热调节原理

1. 集中热水供热系统供热调节的方式

一个热水供热系统可能包括供暖、通风空调、热水供应和生产工艺用热等多个热用户。这些热用户的热负荷并不是恒定不变的，供暖、通风热负荷会随着室外条件（主要是室外气温）的变化而变化，热水供应和生产工艺热负荷会随使用条件等因素的变化而变化。为了保证供热量能满足用户的使用要求，避免水力失调和热能的浪费，需要对热水供热系统进行供热调节。

热水供热系统的调节方式，按运行调节地点不同分为：

（1）集中（中央）调节：在热源处进行的调节。

（2）局部调节：在热力站或用户入口处进行的调节。

（3）个体调节：直接在散热设备（散热器、暖风机、换热器）处进行的调节。

集中供热调节容易实施，运行管理方便，是最主要的供热调节方式。对于包括多种热负荷用户的热水供热系统，因为供暖热负荷通常是系统最主要的热负荷，进行供热调节时可按照供暖热负荷随室外气温的变化规律在热源处对整个系统进行集中调节，使供暖用户散热设备的散热量与供暖用户热负荷的变化规律相适应。其他热负荷用户（如热水供应、通风等热负荷用户），因其变化规律不同于供暖热负荷，需要在热力站或用户处进行局部调节以满足其需要。

集中供热调节的方法主要有：

（1）质调节——改变网路供、回水温度，不改变流量的调节方法。

（2）量调节——改变网路流量，不改变供、回水温度的调节方法。

（3）分阶段改变流量的质调节——在整个供暖期中按室外气温的高低分成几个阶段，在室外气温较低的阶段中，保持较大的流量；在室外气温较高的阶段中，保持较小流量。在每一个阶段内，维持网路循环水量不变，按改变网路供水温度的质调节进行供热调节。

（4）间歇调节——改变每天供热时间的调节方法。

2. 集中热水供热系统工况调节的原则

1) 热水供热系统应采用热源处集中调节、热力站及建筑引入口处局部调节和用热设备单独调节三者相结合的联合调节方式，并宜自动调节。

2) 对于只有单一供暖热负荷且只有单一热源（包括串联尖峰锅炉的热源），或尖峰热源与基本热源分别运行的热水供热系统，在热源处应根据室外温度的变化进行集中质调节或集中"质—量"调节。

3) 对于只有单一供暖热负荷，且尖峰热源与基本热源联网运行的热水供热系统，在基本热源未满负荷阶段应采用集中质调节或"质—量"调节；在基本热源满负荷以后与尖峰热源联网运行阶段，所有热源应采用量调节或"质—量"调节。

4) 当热水供热系统有供暖、通风、空调、生活热水等多种热负荷时，应在热源处进行集中调节，并保证运行水温能满足不同热负荷的需要，同时应根据各种热负荷的用热要求在用户处进行辅助的局部调节。

5) 对于有生活热水热负荷的热水供热系统，当按供暖热负荷进行集中调节时，除另有规定生活热水温度可低于60℃外，应符合下列规定：

(1) 闭式供热系统的供水温度不得低于70℃；

(2) 开式供热系统的供水温度不得低于60℃。

6) 对于有生产工艺热负荷的供热系统，应采用局部调节。

7) 多热源联网运行的热水供热系统，各热源应采用统一的集中调节方式，并应执行统一的温度调节曲线。调节方式的确定应以基本热源为准。

8) 对于非供暖期有生活热水负荷、空调制冷负荷的热水供热系统，在非供暖期应恒定供水温度运行，并应在热力站进行局部调节。

3. 集中热水供热系统供热调节的基本公式

进行供暖热负荷供热调节的目的就是维持供暖房间的室内计算温度 t_n 稳定。当热水网路在稳定状态下运行时，如不考虑管网的沿途热损失，供暖热用户的热负荷 Q_1 应等于供暖用户系统散热设备的散热量 Q_2，同时也应等于供热网路的供热量 Q_3，即 $Q_1 = Q_2 = Q_3$。

(1) 在供暖室外计算温度 t_{wn} 下，建筑物供暖设计热负荷 Q'_1 可用下式估算

$$Q'_1 = q' V(t_n - t_{wn}) \tag{13-1}$$

式中　q'——建筑物的供暖体积热指标 [W/(m³·℃)]；

V——建筑物的外围体积（m³）；

t_n——供暖室内计算温度（℃）。

(2) 在供暖室外计算温度 t_{wn} 下，散热器向建筑物供应的热量

$$Q'_2 = K'F(t_{pj} - t_n) \tag{13-2}$$

式中　K'——散热器在设计工况下的传热系数 [W/(m²·℃)]；

t_{pj}——散热器内的热媒平均温度（℃）。

散热器的传热系数

$$K' = a(t_{pj} - t_n)^b \tag{13-3}$$

对于整个供暖系统，可近似认为

$$t_{pj} = \frac{t'_g + t'_h}{2}$$

式中 t_g'——供暖热用户的供水温度（℃）；

t_h'——供暖热用户的回水温度（℃）。

因此，式（13-2）可以写成

$$Q_2' = a F \left(\frac{t_g' + t_h'}{2} - t_n \right)^{1+b} \tag{13-4}$$

a、b 是与散热器有关的指数，由散热器的形式决定。

（3）在供暖室外计算温度 t_{wn} 下，室外热水网路向供暖热用户输送的热量

$$Q_3' = \frac{G'c(t_g' - t_h')}{3600} = 1.163G'(t_g' - t_h') \tag{13-5}$$

式中 G'——供暖热用户的循环水量（kg/h）；

c——热水的比热，$c = 4.187$kJ/（kg·℃）。

上述公式中的参数均表示在供暖室外计算温度 t_{wn} 下的参数，因各城市的供暖室外计算温度是定值，所以上述各参数也是不变量，均用带 " $'$ " 的符号表示。

在实际某一室外温度 t_w（$t_w > t_{wn}$）的条件下，保证室内计算温度仍为 t_n 时，可列出与上述公式相对应的方程式

$$Q_1 = qV(t_n - t_w) \tag{13-6}$$

$$Q_2 = a F \left(\frac{t_g + t_h}{2} - t_n \right)^{1+b} \tag{13-7}$$

$$Q_3 = 1.163G(t_g - t_h) \tag{13-8}$$

$$Q_1 = Q_2 = Q_3 \tag{13-9}$$

将实际室外温度 t_w 条件下热负荷与供暖室外计算温度 t_{wn} 条件下热负荷的比值称为相对供暖热负荷比 $\overline{Q}$，即

$$\overline{Q} = \frac{Q_1}{Q_1'} = \frac{Q_2}{Q_2'} = \frac{Q_3}{Q_3'} \tag{13-10}$$

将实际室外温度 t_w 条件下系统流量与供暖室外计算温度 t_{wn} 条件下系统流量的比值称为相对流量比 $\overline{G}$，即

$$\overline{G} = \frac{G}{G'} \tag{13-11}$$

再来分析式（13-1），$Q_1' = q' V (t_n - t_{wn})$，由于室外风速、风向的变化，特别是太阳辐射热变化的影响，式中的 Q_1' 并不能完全取决于室内外温差，也就是说建筑物的体积热指标 q' 不应是定值，但为了简化计算可忽略 q' 的变化，认为供暖热负荷与室内外差成正比，即

$$\overline{Q} = \frac{Q_1}{Q_1'} = \frac{t_n - t_w}{t_n - t_{wn}} \tag{13-12}$$

综合上述公式可得

$$\overline{Q} = \frac{t_n - t_w}{t_n - t_{wn}} = \frac{(t_g + t_h - 2t_n)^{1+b}}{(t_g' + t_h' - 2t_n)^{1+b}} = \overline{G} \frac{t_g - t_h}{t_g' - t_h'} \tag{13-13}$$

该式是进行供暖热负荷供热调节的基本公式，式中的分母项，有的是供暖室外计算温度 t_{wn} 条件下的参数，有的是设计工况参数，均为已知参数；分子项是在某一室外温度下，保持室内温度 t_n 不变时的运行参数。式（13-13）中有四个未知数 t_g、t_h、$\overline{Q}$ 和 $\overline{G}$，但只能

列三个联立方程，因此必须再有一个补充条件，才能解出这四个未知数，这个补充条件，就靠我们选定的调节方法给出，下面将具体介绍每一种调节方法。

13.2 直接连接热水供热系统的集中供热调节

1. 无混水装置直接连接热水供暖系统的质调节

热水供热系统的质调节是在网路循环流量不变的条件下，随着室外空气温度的变化，改变室外供热管网供、回水温度的调节方式。

若供暖用户与外网采用无混水装置的直接连接，设室外管网供水温度为 τ'_g，回水温度为 τ'_h，则外网供水温度 τ'_g 等于进入用户系统的供水温度 t'_g，即 $\tau'_g = t'_g$，外网回水温度与供暖系统的回水温度相等，即 $\tau'_h = t'_h$。

将质调节的条件：循环流量不变，即 $\overline{G} = 1$，代入供暖热负荷供热调节的基本公式 (13-13) 中，联立方程组，可求出某一室外温度 t_w 下室外供热管网的供、回水温度。

$$\overline{Q} = \frac{t_n - t_w}{t_n - t_{wn}} = \frac{(t_g + t_h - 2t_n)^{1+b}}{(t'_g + t'_h - 2t_n)^{1+b}} = \frac{t_g - t_h}{t'_g - t'_h}$$

室外供热管网供、回水温度的计算公式为

$$\tau_g = t_g = t_n + 0.5(t'_g + t'_h - 2t_n)\overline{Q}^{1/1+b} + 0.5(t'_g - t'_h)\overline{Q} \qquad (13\text{-}14)$$

$$\tau_h = t_h = t_n + 0.5(t'_g + t'_h - 2t_n)\overline{Q}^{1/1+b} - 0.5(t'_g - t'_h)\overline{Q} \qquad (13\text{-}15)$$

式中 τ_g、τ_h——某一室外温度 t_w 条件下，室外供热管网的供、回水温度（℃）；

t_g、t_h——某一室外温度 t_w 条件下，供暖用户的供、回水温度（℃）；

t'_g、t'_h——供暖室外计算温度 t_{wn} 条件下，供暖用户的设计供、回水温度（℃）；

t_n——供暖室内计算温度（℃）；

$\overline{Q}$——相对热负荷比。

2. 带混合装置直接连接热水供暖系统的质调节

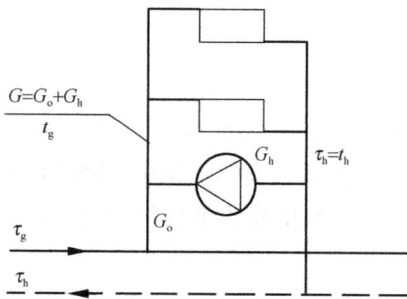

图 13-1 带混合装置的直接连接

若供暖用户与外网采用带混合装置的直接连接（如设水喷射器或混合水泵），外网供水温度 τ'_g 大于进入用户系统的供水温度 t'_g，即 $\tau'_g > t'_g$，外网的回水温度 τ'_h 等于用户的回水温度 t'_h，即 $\tau'_h = t'_h$。利用式 (13-14)、式 (13-15) 可求出供暖用户的实际供水温度 t_g 和实际回水温度 t_h。室外网路的供水温度 τ_g，可根据混合比 μ 求出。

如图 13-1 所示，混合比

$$\mu = \frac{G_h}{G_o} \qquad (13\text{-}16)$$

式中 G_o——某一室外温度 t_w 下，外网进入供暖用户的流量（kg/h）；

G_h——某一室外温度 t_w 下，从供暖用户抽引的回水量（kg/h）。

又根据图 13-1，在供暖室外计算温度 t_{wn} 下，列热平衡方程式

$$cG'_o\tau'_g + cG'_h t'_h = c(G'_o + G'_h)t'_g \qquad (13\text{-}17)$$

式中 c——热水的比热，$c = 4.187\text{kJ/(kg}\cdot\text{℃)}$；

τ'_g——供暖室外计算温度 t_{wn} 下，网路的设计供水温度（℃）。

则供暖室外计算温度 t_{wn} 下的混合比

$$\mu' = \frac{\tau'_g - t'_g}{t'_g - t'_h} \tag{13-18}$$

只要供暖用户的特性阻力 S 值不变，网路的流量分配比例就不会改变，任一室外温度下的混合比都是相同的，即

$$\mu = \mu' = \frac{\tau_g - t_g}{t_g - t_h} = \frac{\tau'_g - t'_g}{t'_g - t'_h} \tag{13-19}$$

可求出外网供水温度

$$\tau_g = t_g + \mu(t_g - t_h) \tag{13-20}$$

又由于

$$\overline{Q} = \frac{t_g - t_h}{t'_g - t'_h}$$

因此，外网供水温度又可写成

$$\tau_g = t_g + \mu \overline{Q}(t'_g - t'_h) \tag{13-21}$$

式（13-21）就是在热源处进行质调节时，网路供水温度 τ_g 随某一室外温度 t_w（即 $\overline{Q}$）变化的关系式。

将式（13-14）中的 t_g，式（13-15）中的 t_h，式（13-19）中的 μ 代入式（13-21）中，又可写出带混合装置直接连接的热水供暖系统在某一室外温度 t_w 下室外网路的供回水温度，即

$$\tau_g = t_n + 0.5(t'_g + t'_h - 2t_n)\overline{Q}^{1/1+b} + 0.5(t'_g - t'_h)\overline{Q} + \left(\frac{\tau'_g - t'_g}{t'_g - t'_h}\right)(t'_g - t'_h)\overline{Q}$$

$$= t_n + 0.5(t'_g + t'_h - 2t_n)\overline{Q}^{1/1+b} + \overline{Q}[(\tau'_g - t'_g) + 0.5(t'_g - t'_h)] \tag{13-22}$$

$$\tau_h = t_h = t_n + 0.5(t'_g + t'_h - 2t_n)\overline{Q}^{1/1+b} - 0.5(t'_g - t'_h)\overline{Q} \tag{13-23}$$

根据式（13-14）、式（13-15）、式（13-22）、式（13-23）可绘制热水供热系统质调节的水温曲线或图表，供运行调节时使用。

集中质调节只需在热源处改变网路的供水温度，运行管理较简便，是目前采用最广泛的供热调节方式。但如果热水供热系统有多种热负荷，如果按质调节进行供热，在室外温度较高时，网路和供暖系统的供、回水温度会较低，这往往难以满足其他热负荷用户的要求，需采用其他调节方式。

3.【能力训练示例 1】哈尔滨市某集中供热系统，热源供、回水温度：130/70℃。供暖用户与室外管网采用设混水器的直接连接，小区总供热面积 25 万 m^2，全住宅用户，要求的冬季室内计算温度为 $t_n = 18$℃，用户要求的设计供、回水温度为 95/70℃，供暖设计热负荷为 16250kW。

若供暖用户与室外管网均采用质调节方式，当室外温度 $t_w = -15$℃时，试计算供暖用户质调节的供、回水温度 t_g、t_h 以及室外管网的供水温度 τ_g，绘制室外温度—用户供、回水温度关系曲线。

【解】哈尔滨市供暖室外计算温度 $t_{wn} = -26$℃，在供暖室外计算温度 t_{wn} 下，混合比

$$\mu' = \frac{\tau'_g - t'_g}{t'_g - t'_h} = \frac{130 - 95}{95 - 70} = 1.4 = \frac{G'_h}{G'_o}$$

当室外温度 $t_w = -15$℃时，供暖热用户的相对热负荷比 $\overline{Q}_y$ 为

$$\overline{Q}_y = \frac{t_n - t_w}{t_n - t_{wn}} = \frac{18 + 15}{18 + 26} = 0.75$$

当室外温度 $t_w = -15℃$ 时，计算供暖用户质调节的供、回水温度 t_g、t_h，其中 b 是与散热器有关的指数，由散热器的形式决定，供暖用户选用铸铁 M-132 散热器，$b = 0.286$。

$$t_g = t_n + 0.5(t'_g + t'_h - 2t_n)\overline{Q}^{1/1+b} + 0.5(t'_g - t'_h)\overline{Q}$$
$$= [18 + 0.5 \times (95 + 70 - 2 \times 18) \times 0.75^{1/1+0.286} + 0.5 \times (95 - 70) \times 0.75]℃$$
$$= 78.95℃$$

$$t_h = t_n + 0.5(t'_g + t'_h - 2t_n)\overline{Q}^{1/1+b} - 0.5(t'_g - t'_h)\overline{Q}$$
$$= [18 + 0.5 \times (95 + 70 - 2 \times 18) \times 0.75^{1/1+0.286} - 0.5 \times (95 - 70) \times 0.75]℃$$
$$= 60.2℃$$

室外网路的供水温度 τ_g，可根据混合比 μ 求出，只要供暖用户的特性阻力 S 值不变，网路的流量分配比例就不会改变，任一室外温度下的混合比都是相同的，即

$$\mu = \mu' = \frac{\tau_g - t_g}{t_g - t_h} = \frac{\tau'_g - t'_g}{t'_g - t'_h}$$

因此，外网供水温度

$$\tau_g = t_g + \mu(t_g - t_h) = [78.95 + 1.4 \times (78.95 - 60.2)]℃ = 105.2℃$$

不同室外温度下，供暖用户供、回水温度及外网供水温度见表 13-1，室外温度—用户供、回水温度关系曲线见图 13-2。

供暖用户供、回水温度及外网供水温度表

表 13-1

室外温度 t_w（℃）	-26	-20	-15	-10	-5	0	+5
用户供水温度 t_g（℃）	95	86.45	78.95	72.42	64.31	56.49	47.8
用户回水温度 t_h（℃）	70	64.23	60.2	54.76	49.27	43.99	38.12
外网供水温度 τ_g（℃）	130	117.56	105.2	97.14	85.37	73.99	61.35

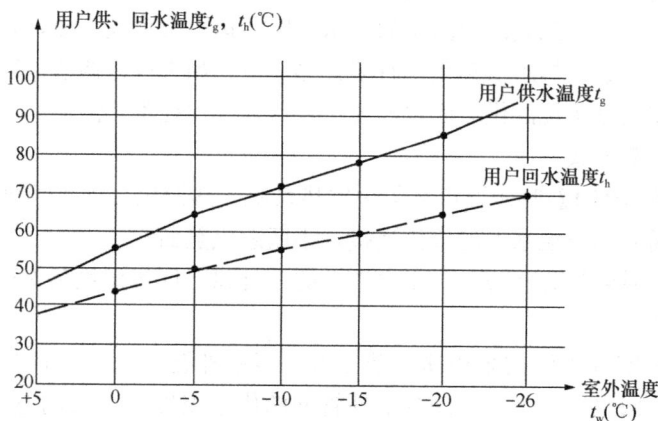

图 13-2 室外温度—用户供、回水温度关系曲线图

4. 用户与室外管网采用带混合装置的直接连接时，热水供暖系统的量调节

如果供暖用户与外网采用设混合水泵直接连接方式，供暖用户进行供热调节的主要方法是循环流量不变的质调节方法，以保证供暖用户系统水力工况的稳定。

若室外热水网路进行供热调节时采用量调节方式，即外网供水温度 τ_g' 和外网的回水温度 τ_h' 不随室外温度变化，调节电动三通阀的开度，改变进入用户流量的调节方式。则外网供水温度 τ_g' 大于进入用户系统的供水温度 t_g'，即 $\tau_g' > t_g'$，外网的回水温度 τ_h' 等于用户的回水温度 t_h'，即 $\tau_h' = t_h'$。室外网路要求的流量，可根据混合比 μ 求出。

因供暖用户进行质调节，供暖用户的流量 G 不随室外温度的变化而变化，如图 13-1 所示，

$$G = G_o' + G_h' = G_o + G_h$$

则

$$G_o = G - G_h = G - \mu G_o$$

外网进行量调节，调节前后混合比不相等，调节前混合比

$$\mu' = \frac{G_h'}{G_o'} = \frac{\tau_g' - t_g'}{t_g' - t_h'}$$

调节后混合比

$$\mu = \frac{G_h}{G_o} = \frac{\tau_g' - t_g}{t_g - t_h}$$

因此，外网进入供暖用户的流量 $\quad G_o = \dfrac{G}{1 + \mu}$

5. 【能力训练示例 2】 若本章【能力训练示例 1】中的供暖用户采用质调节方式，室外管网采用量调节方式，当室外温度 $t_w = -15^\circ\text{C}$ 时，试计算室外网路进入供暖用户的流量 G_o 和供暖用户抽引的回水量 G_h，绘制室外网路进入供暖用户的流量 G_o 和供暖用户抽引的回水量 G_h 随室外温度的变化曲线。

【解】 哈尔滨市供暖室外计算温度 $t_{wn} = -26^\circ\text{C}$，根据供暖设计热负荷，可计算供暖室外计算温度 t_{wn} 条件下，供暖用户要求的流量

$$G = \frac{0.86Q}{(t_g - t_h)} = \frac{0.86 \times 16250}{(95 - 70)} \text{t/h} = 559\text{t/h}$$

在供暖室外计算温度 t_{wn} 下，混合比

$$\mu' = \frac{\tau_g' - t_g'}{t_g' - t_h'} = \frac{130 - 95}{95 - 70} = 1.4 = \frac{G_h'}{G_o'}$$

供暖用户的流量 G 等于外网进入供暖用户的流量 G_o' 与从供暖用户抽引的回水量 G_h' 之和。

$$G = G_o' + G_h'$$

当室外温度 $t_w = -15^\circ\text{C}$ 时，供暖用户质调节的供、回水温度 t_g、t_h（见本章【能力训练示例 1】）

$$t_g = 78.95^\circ\text{C} \qquad t_h = 60.2^\circ\text{C}$$

当室外温度 $t_w = -15^\circ\text{C}$ 时，室外网路要求的流量 G_o，可根据混合比 μ 求出

$$\mu = \frac{\tau_g' - t_g}{t_g - t_h} = \frac{130 - 78.95}{78.95 - 60.2} = 2.72$$

则

$$\mu = \frac{G_h}{G_o} = 2.72$$

因供暖用户进行质调节，供暖用户的流量 G 不随室外温度的变化而变化，即

$$G = G_o' + G_h' = G_o + G_h$$

则

$$G_o = G - G_h = G - \mu G_o$$

因此，室外网路进入供暖用户的流量 G_o 为

$$G_o = \frac{G}{1 + \mu} = \frac{559}{1 + 2.72} \text{t/h} = 150.27\text{t/h}$$

从供暖用户抽引的回水量 G_h = (559－150.27) t/h＝408.73t/h。

不同室外温度下，外网进入用户流量 G_o 及从用户抽引回水量 G_h 见表 13-2，室外温度—管网流量关系曲线见图 13-3。

外网进入用户流量 G_o 及从用户抽引回水量 G_h　　　　表 13-2

室外温度 t_w（℃）	－26	－20	－15	－10	－5	0	＋5
外网进入用户流量 G_o（t/h）	232.92	188.85	150.27	131.22	104.1	81.25	58.9
从用户抽引回水量 G_h（t/h）	326.08	370.15	408.73	427.78	454.9	477.75	500.1

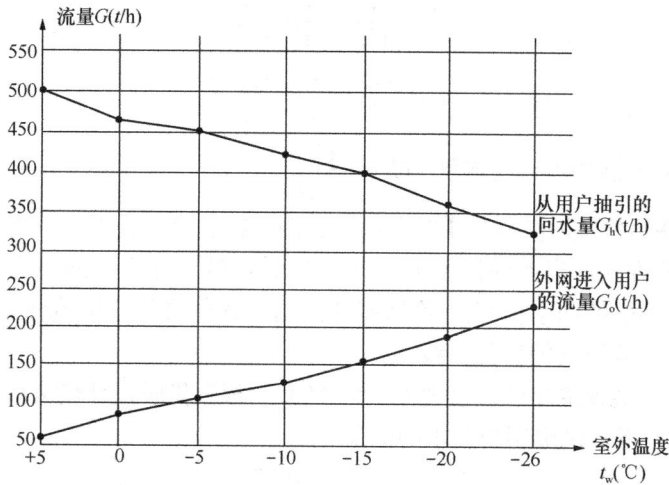

图 13-3　室外温度—管网流量关系曲线图

6. 直接连接热水供暖系统分阶段改变流量的质调节

分阶段改变流量的质调节，是在整个供暖期中按室外气温的高低分成几个阶段，在室外气温较低的阶段中，保持较大的流量；在室外气温较高的阶段中，保持较小的流量。在每一个阶段内，维持网路循环水量不变，按改变网路供水温度的质调节进行供热调节。

分阶段改变流量的质调节在每一个阶段中，由于网路循环水量不变，可以设 $\overline{G}=\phi=$ 常数，将这个条件代入供热调节基本公式（13-13）中，联立方程组，可求出无混合装置的供暖系统室外网路的供回水温度。

$$\overline{Q} = \frac{t_n - t_w}{t_n - t_{wn}} = \frac{(t_g + t_h - 2t_n)^{1+b}}{(t'_g + t'_h - 2t_n)^{1+b}} = \phi \frac{t_g - t_h}{t'_g - t'_h}$$

室外供热管网供、回水温度的计算公式为

$$\tau_g = t_g = t_n + 0.5(t'_g + t'_h - 2t_n)\overline{Q}^{1/1+b} + 0.5 \frac{(t'_g - t'_h)}{\phi}\overline{Q} \qquad (13-24)$$

$$\tau_h = t_h = t_n + 0.5(t'_g + t'_h - 2t_n)\overline{Q}^{1/1+b} - 0.5 \frac{(t'_g - t'_h)}{\phi}\overline{Q} \qquad (13-25)$$

带混合装置的供暖系统室外网路的供回水温度

$$\tau_g = t_n + 0.5(t'_g + t'_h - 2t_n)\overline{Q}^{1/1+b} + [(\tau'_g - t'_g) + 0.5(t'_g - t'_h)]\frac{\overline{Q}}{\phi} \qquad (13-26)$$

$$\tau_h = t_h = t_n + 0.5(t'_g + t'_h - 2t_n)\overline{Q}^{1/1+b} - 0.5(t'_g - t'_h)\frac{\overline{Q}}{\phi} \qquad (13-27)$$

对于中小型或供暖期较短的热水供热系统，一般分为两个阶段选用两台不同型号的循环水泵，其中一台循环水泵的流量按设计值的100%选择，另一台按设计值的70%～80%选择。对于大型热水供热系统，可选用三台不同规格的水泵，循环水泵流量可按设计值的100%、80%和60%选择。

对于直接连接的供暖用户系统，调节时应注意不要使进入系统的流量小于设计流量的60%，即$\phi=\overline{G}\geqslant 60\%$。如果流量过小，对双管供暖系统，由于各层自然循环作用压力的比例差增大会引起用户系统的垂直失调；对单管供暖系统，由于各层散热器传热系数K变化程度不一致，也同样会引起垂直失调。

分阶段改变流量的质调节方式的水温调节曲线见图13-2。采用分阶段改变流量的质调节，由于流量减少，网路的供水温度升高，回水温度降低，供、回水的温差会增大。分阶段改变流量的质调节方式在区域锅炉房热水供热系统中得到了较多的应用。

7. 间歇调节

在供暖季里，当室外温度升高时，不改变网路的循环水量和供水温度，只减少每天供热小时数的调节方式称为间歇调节。

网路每天工作的总小时数n随室外温度的升高而减少，可按下式计算

$$n = 24\,\frac{t_n - t_w}{t_n - t''_w} \tag{13-28}$$

式中　　n——间歇运行时每天工作的小时数（h/d）；

　　　　t_w——间歇运行时的某一室外温度（℃）；

　　　　t''_w——开始间歇调节时的室外温度（℃），也就是网路保持最低供水温度时的室外温度。

间歇调节可以在室外温度较高的供暖初期和末期，作为一种辅助的调节措施。

13.3　间接连接热水供热系统的集中供热调节

1. 间接连接热水供暖系统室外热水网路的质调节

室外热水网路和供暖用户采用间接连接时，随室外温度t_w的变化，需同时对热水网路和供暖用户进行供热调节，通常供暖用户按质调节的方式进行供热调节，以保证供暖用户系统水力工况的稳定。供暖用户质调节时的供、回水温度t_g、t_h，可按式（13-14）、式（13-15）确定。

如图13-4所示，室外热水网路进行供热调节时，热水网路的供、回水温度τ_g和τ_h取决于一级网路采用的调节方式和水—水换热器的热力特性，通常可采用集中质调节或质量—流量的调节方法。

当热水网路进行质调节时，引入补充条件$\overline{G}_w=1$。根据网路供给热量的热平衡方程式，有

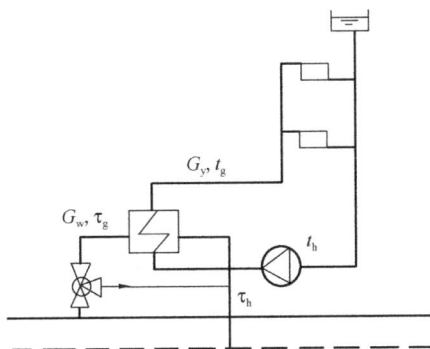

图13-4　换热器间接连接

$$\overline{Q}_{\mathrm{w}} = \overline{G}_{\mathrm{w}} \frac{\tau_{\mathrm{g}} - \tau_{\mathrm{h}}}{\tau_{\mathrm{g}}' - \tau_{\mathrm{h}}'} = \frac{\tau_{\mathrm{g}} - \tau_{\mathrm{h}}}{\tau_{\mathrm{g}}' - \tau_{\mathrm{h}}'} \tag{13-29}$$

根据用户系统入口水—水换热器放热的热平衡方程式，有

$$\overline{Q}_{\mathrm{y}} = \overline{K} \frac{\Delta t}{\Delta t'} \tag{13-30}$$

式中　$\overline{Q}_{\mathrm{y}}$——在室外温度 t_{w} 时的相对供暖热负荷比；

τ_{g}'、τ_{h}'——在室外供暖计算温度 t_{wn} 条件下网路的供、回水温度（℃）；

τ_{g}、τ_{h}——在某一室外温度 t_{w} 条件下网路的供、回水温度（℃）；

$\overline{K}$——水—水换热器的相对传热系数比，也就是在某一室外温度 t_{w} 条件下，水—水换热器的传热系数 K 与供暖室外计算温度 t_{wn} 条件下的传热系数 K' 的比值；

$\Delta t'$——在供暖室外计算温度 t_{wn} 条件下，水—水换热器的对数平均温差（℃）；

$$\Delta t' = \frac{(\tau_{\mathrm{g}}' - t_{\mathrm{g}}') - (\tau_{\mathrm{h}}' - t_{\mathrm{h}}')}{\ln \frac{(\tau_{\mathrm{g}}' - t_{\mathrm{g}}')}{(\tau_{\mathrm{h}}' - t_{\mathrm{h}}')}} \tag{13-31}$$

Δt——在室外温度 t_{w} 条件下，水—水换热器的对数平均温差（℃）。

$$\Delta t = \frac{(\tau_{\mathrm{g}} - t_{\mathrm{g}}) - (\tau_{\mathrm{h}} - t_{\mathrm{h}})}{\ln \frac{(\tau_{\mathrm{g}} - t_{\mathrm{g}})}{(\tau_{\mathrm{h}} - t_{\mathrm{h}})}} \tag{13-32}$$

水—水换热器的相对传热系数 $\overline{K}$ 值，取决于选用的水—水换热器的传热特性，可由实验数据整理得出，对壳管式水—水换热器，$\overline{K}$ 值可近似地由下列公式计算

$$\overline{K} = \overline{G}_{\mathrm{w}}^{0.5} \overline{G}_{\mathrm{y}}^{0.5} \tag{13-33}$$

式中　$\overline{G}_{\mathrm{w}}$——水—水换热器中，加热介质的相对流量比，此处也就是热水网路的相对流量比；

$\overline{G}_{\mathrm{y}}$——水—水换热器中，被加热介质的相对流量比，此处也就是供暖用户系统的相对流量比。

当热水网路和供暖用户系统均采用质调节，即：$\overline{G}_{\mathrm{w}} = 1$，$\overline{G}_{\mathrm{y}} = 1$ 时，可近似认为两工况下水—水换热器的传热系数相等，即

$$\overline{K} = 1 \tag{13-34}$$

总结上述公式，可得出热水网路供热质调节的基本公式

$$\overline{Q}_{\mathrm{w}} = \frac{\tau_{\mathrm{g}} - \tau_{\mathrm{h}}}{\tau_{\mathrm{g}}' - \tau_{\mathrm{h}}'} = \frac{t_{\mathrm{g}} - t_{\mathrm{h}}}{t_{\mathrm{g}}' - t_{\mathrm{h}}'} \tag{13-35}$$

$$\overline{Q}_{\mathrm{y}} = \frac{(\tau_{\mathrm{g}} - t_{\mathrm{g}}) - (\tau_{\mathrm{h}} - t_{\mathrm{h}})}{\Delta t' \ln \frac{(\tau_{\mathrm{g}} - t_{\mathrm{g}})}{(\tau_{\mathrm{h}} - t_{\mathrm{h}})}} \tag{13-36}$$

因供暖用户和室外热水网路均按质调节的方式进行供热调节，则 $\overline{Q}_{\mathrm{w}} = \overline{Q}_{\mathrm{y}}$。上两个公式中的 $\overline{Q}_{\mathrm{w}}$、$\overline{Q}_{\mathrm{y}}$、$\Delta t'$、$\tau_{\mathrm{g}}'$、$\tau_{\mathrm{h}}'$ 为供暖室外计算温度 t_{wn} 条件下的值，是已知值。t_{g} 和 t_{h} 是在某一室外温度 t_{w} 下的数值，可通过供暖系统质调节计算公式计算得出，未知数仅为 τ_{g} 和 τ_{h}，通过联立方程，可确定热水网路质调节时的网路供、回水温度 τ_{g} 和 τ_{h} 值。

2. 间接连接热水供暖系统室外热水网路的质量—流量调节

因为供暖用户系统与室外热水网路间接连接，用户和网路的水力工况互不影响，室外

热水网路可考虑采用同时改变供水温度和流量的供热调节方法，即质量—流量调节。

质量—流量调节方法是调节流量随供暖热负荷的变化而变化，使热水网路的相对流量比等于供暖的相对热负荷比，也就是人为增加了一个补充条件，进行供热调节。即

$$\overline{G}_w = \overline{Q}_y \tag{13-37}$$

同样，根据网路和水—水换热器的供热和放热的热平衡方程式，得出

$$\overline{Q}_y = \overline{G}_w \frac{\tau_g - \tau_h}{\tau'_g - \tau'_h}$$

$$\overline{Q}_y = \overline{K} \frac{\Delta t}{\Delta t'}$$

可得
$$\tau_g - \tau_h = \tau'_g - \tau'_h = 常数 \tag{13-38}$$

又根据相对传热系数比

$$\overline{K} = \overline{G}_w^{0.5} \overline{G}_y^{0.5} = \overline{Q}_y^{0.5}（因用户质调节：\overline{G}_y = 1） \tag{13-39}$$

$$\overline{Q}_y^{0.5} = \frac{(\tau_g - t_g) - (\tau_h - t_h)}{\Delta t' \ln \frac{(\tau_g - t_g)}{(\tau_h - t_h)}} \tag{13-40}$$

式（13-38）和式（13-40）中，$\overline{Q}_y$、$\Delta t'$、τ'_g、τ'_h 为某一室外温度 t_w 下或供暖室外计算温度 t_{wn} 下的参数，为已知值，t_g、t_h 可由供暖系统质调节的计算公式确定。未知数为 τ_g、τ_h，通过联立方程求解，就可确定热水网路按 $\overline{G}_w = \overline{Q}_y$ 规律进行质量—流量调节时的相应供、回水温度 τ_g 和 τ_h 值。

采用质量—流量调节方法，室外网路的流量随供暖热负荷的减少而减少，可大大节省网路循环水泵的电能消耗，但系统中需设置变速循环水泵和相应的自控设施（如控制网路供、回水温差为定值或控制变速水泵的转速等措施），才能达到满意的运行效果。

分阶段改变流量的质调节和间歇调节，也可用在间接连接的供暖系统上。

3. 【能力训练示例3】哈尔滨市某集中供热系统，热源供、回水温度：120/75℃。与某小区采用换热器间接连接供暖，小区总供热面积 25 万 m^2，全住宅用户，要求的冬季室内计算温度为 $t_n = 18℃$，用户要求的设计供、回水温度为 95/70℃，采暖设计热负荷为 16250kW，使用三台相同型号的板式换热器，并联使用。

若室外管网采用质量—流量调节方式，当室外温度 $t_w = -15℃$ 时，试计算室外管网流量 G_2 及室外管网的供水温度 τ_g、回水温度 τ_h，绘制室外温度—室外管网供回水温度—室外管网流量关系曲线。

【解】室外热水网路采用质量—流量调节方法，使热水网路的相对流量比等于供暖的相对热负荷比，$\overline{G}_w = \overline{Q}_y$。

哈尔滨市供暖室外计算温度 $t_{wn} = -26℃$，根据供暖设计热负荷，可计算供暖室外计算温度 t_{wn} 条件下，供暖用户要求的流量

$$G = \frac{0.86Q}{(t_g - t_h)} = \frac{0.86 \times 16250}{(95 - 70)} = 559 t/h$$

当室外温度 $t_w = -15℃$ 时，供暖热用户的相对热负荷比 $\overline{Q}_y$ 为

$$\overline{Q}_y = \frac{t_n - t_w}{t_n - t_{wn}} = \frac{18 + 15}{18 + 26} = 0.75$$

由本章【能力训练示例1】计算结果知，当室外温度 $t_w = -15℃$ 时，供暖用户供热系统质调节的供、回水温度 $t_g = 78.95℃$，$t_h = 60.2℃$

供暖室外计算温度 t_{wn} 条件下，室外管网供应小区换热器的流量为

$$G_2' = G_1' \frac{(95-70)}{(120-75)} = 559 \times \frac{(95-70)}{(120-75)} \text{t/h} = 310.56\text{t/h}$$

室外热水网路采用质量—流量调节方式，热水网路的相对流量比

$$\overline{G}_w = \overline{Q}_y = \frac{G_2}{G_2'} = \frac{G_2}{310.56} = 0.75$$

则热水网路流量　$G_2 = 232.92\text{t/h}$

因此，当室外温度 $t_w = -15\text{℃}$ 时，供暖用户供热系统的供、回水温度 $t_g = 78.95\text{℃}$、$t_h = 60.2\text{℃}$，室外管网供应小区换热器的流量改变为 $G_2 = 232.92$ t/h。

由式（13-38）和式（13-40），联立方程

$$\tau_g - \tau_h = \tau_g' - \tau_h' = (120-75)\text{℃} = 45\text{℃}$$

$$\overline{Q}_y^{0.5} = \frac{(\tau_g - t_g) - (\tau_h - t_h)}{\Delta t' \ln \frac{(\tau_g - t_g)}{(\tau_h - t_h)}}$$

$$0.75^{0.5} = \frac{(\tau_g - 78.95 - \tau_h + 60.2)\ln \frac{(120-95)}{75-5}}{\ln \frac{\tau_g - 78.95}{\tau_h - 60.2}(120-95-75+70)}$$

解得　　　　　　　　　　　$\tau_g = 107.77\text{℃}$，$\tau_h = 62.77\text{℃}$

不同室外温度下，室外管网流量 G_2 及室外管网的供水温度 τ_g、回水温度 τ_h 见表 13-3，室外温度—室外管网流量关系曲线见图 13-5，室外温度—室外管网供、回水温度关系曲线见图 13-6。

室外管网流量 G_2 及室外管网的供水温度 τ_g、回水温度 τ_h 表　　　　　表 13-3

室外温度 t_w（℃）	−26	−20	−15	−10	−5	0	+5
室外管网流量 G_2（t/h）	310.56	268.21	232.92	197.63	161.49	127.33	91.75
室外管网供水温度 τ_g（℃）	120	112.95	107.77	101.63	93.87	89.56	83.32
室外管网回水温度 τ_h（℃）	75	67.95	62.77	56.63	48.87	44.56	38.32

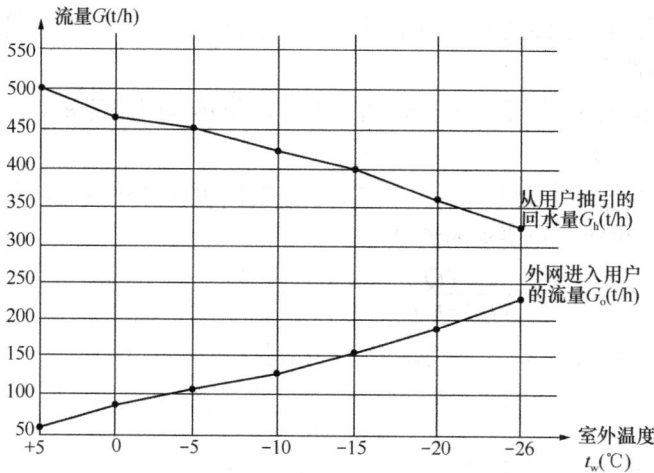

图 13-5　室外温度—室外管网流量关系曲线图

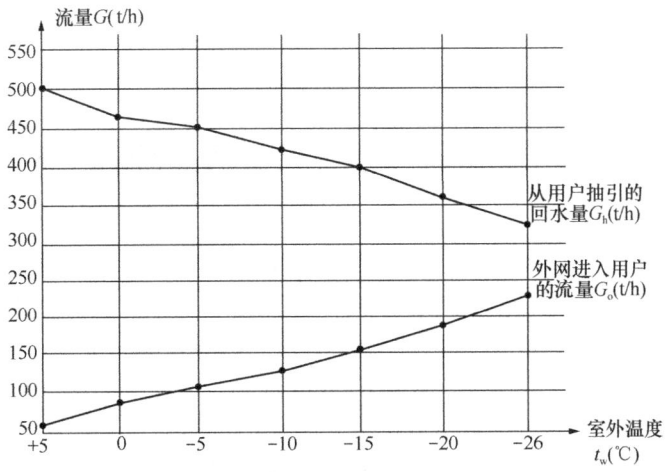

图 13-6 室外温度—室外管网供、回水温度关系曲线图

任务 14 集中供热系统的热力站及管道的布置与敷设

【教学目的】通过项目教学活动，培养学生掌握集中供热系统的用户热力站的形式特点；掌握集中供热系统管道的布置与敷设要求。培养学生良好的职业道德、自我学习能力、实践动手能力和耐心细致分析处理问题的能力，以及诚实、守信、善于沟通和合作的专业素养。

【知识目标】

1. 掌握集中供热系统的用户热力站的形式特点。
2. 掌握集中供热系统管道的布置与敷设要求。

【主要学习内容】

14.1 集中供热系统的热力站

热源供热一般有两种基本方式：第一种方式为热媒由热源经过热网直接进入热用户，如图 14-1 所示。

第二种方式为热媒由热源经过热网进入热力站（也叫热力点），再进入各个热用户，如图 14-2 所示。

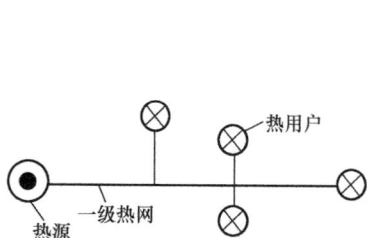

图 14-1 热源直接供热方式

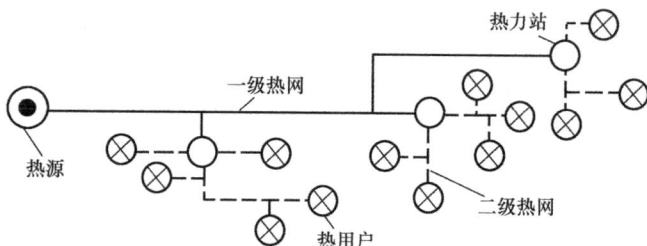

图 14-2 热力站供热方式

热力站指的是城市集中供热系统中热网与用户的连接站。民用建筑的室外管网大多根据热网的工况和用户的需要，通过用户热力站进行控制，采用合理的连接方式，将热网输送的供热介质（热媒）加以调节转换，向用户系统分配以满足用户需要，并根据需要进行集中计量、检测供热介质（热媒）的参数和数量。

1. 热力站的分类

热力站可以是单独的建筑，也可以设在某一建筑物内，最终的目的是向供热系统的热用户提供热能。其分类如下：

（1）根据热网输送热媒的不同，可分为热水供热热力站和蒸汽供热热力站；

（2）根据热力站位置和功能不同，可分为用户热力站（点）、小区热力站、区域性热力站；

（3）根据服务对象不同，可分为工业热力站和民用热力站。

2. 用户热力站

又叫用户引入口，设置在单幢民用建筑及公共建筑的地沟入口或建筑物底层的专用房间、建筑物的地下室、入口竖井内，通过它向该用户或相邻几个用户分配热能。主要是为用户分配、转换和调节供热量，以达到设计要求；监测并控制进入用户的热媒参数；计量、统计热媒流量和用热量。因此，用户引入口是按局部系统需要进行热量分配、转换、调节、控制、计量的枢纽。

在用户引入口处，用户供回水总管上均应设置阀门、压力表和温度计；热计量供热系统的用户引入口处还应设置热量表；为了能对用户进行供热调节，应在用户供水管上设置手动调节阀或流量调节器；在用户进水管上还安装了除污器，可避免室外管网中的杂质进入室内系统。如果用户引入口前的分支管线较长，应在用户供、回水总管的阀门前设置旁通管，当用户停止供热或检修时，可将用户引入口总阀门关闭，将旁通管阀门打开，使水在分支管线内循环，避免分支管线内的水冻结。用户引入口示意图如图14-3所示。

用户引入口要求有足够的操作和检修空间，净高一般不小于2m，各设备之间检修、操作通道不应小于0.7m。对于位置较高而需要经常操作的入口装置应设操作平台、扶梯和防护栏等设施。应有良好的照明、通风设施，还应考虑设置集水坑或其他排水设施。

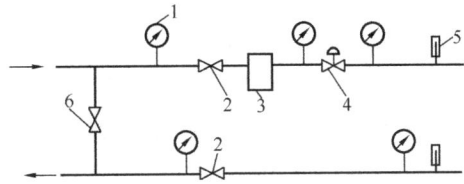

图14-3　用户引入口示意图
1—压力表；2—用供回水总管阀门；3—除污器；
4—手动调节阀；5—温度计；6—旁通管阀门

当建筑物热力入口在设置时，若不具备安装调节和计量装置的条件的，可根据建筑物使用特点、热负荷变化规律、室内系统形式、供热介质温度及压力、调节控制方式等，分系统设置管网；通常建筑物热力入口装置宜设在建筑物地下室、楼梯间，当设在室外检查室内时，检查室的防水及排水设施应能满足设备、控制阀和计量仪表对使用环境的要求；当在建筑物热力入口设二次循环泵或混水泵时，循环泵和混水泵应采用调速泵；同时，在满足室内各环路水力平衡和供热计量的前提下，宜减少建筑物热力入口的数量。

3. 热水供热热力站

称为集中热力站，通常又叫小区热力站，多设在单独的建筑物内，也可布置在建筑物的底层或地下室内。向一个或多个房屋或建筑小区分配热能。集中热力站比用户引入口装置更完善，设备更复杂，功能更齐全。

热水供热热力站示意图如图14-4所示。热水供应用户a与热水网路采用间接连接，用户的回水和城市生活给水一起进入水—水换热器4被外网水加热，用户供水靠循环水泵6提供动力在用户循环管路中流动，热网与热水供应用户的水力工况完全隔开。温度调节器5是依据用户的供水温度要求调节进入循环环路的水量，并通过设置在用户上水管的上水流量计8统计热水供应用户的用水量。

供暖热用户b与热水网路采用直接连接，该系统热网供水温度高于供暖用户的设计水温，在热力站内设混合水泵9，抽引供暖系统的回水，与热网供水混合后直接送入用户。

热力站内水加热器外表面之间或距墙面应有不小于0.7m的净通道，前端应留有抽出

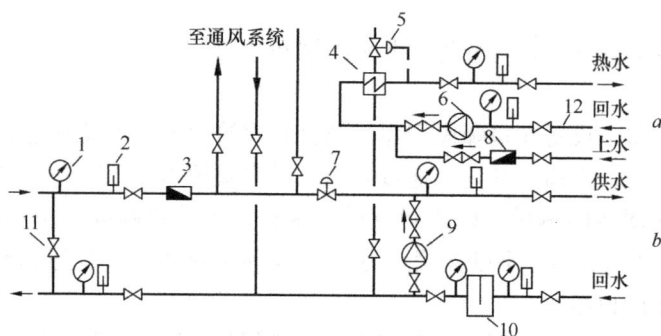

图 14-4　热水供热热力站示意图

1—压力表；2—温度计；3—热网流量计；4—水—水换热器；5—温度调节器；6—热水供应循环水泵；7—手动调节阀；8—上水流量计；9—采暖系统混合水泵；10—除污器；11—旁通管；12—热水供应循环管路

加热排管的空间和放置检修加热排管操作面的空间。热力站内所有阀门应设置在便于控制操作和便于检修时拆卸的位置。

小区热力站比在每幢建筑物设热力引入口能减少运行管理工作量，便于检测、计量和遥控，可以提高管理水平和供热质量。但热力站后的二级管网的投资费用会增加，因此，热力站的数量与规模一般应通过技术经济比较确定，供热半径不宜超过 800m；热力站供热区域内建筑高度相差不宜过大，以便选择相同的连接方式。从热力站本身来看，初投资较高，但建筑入口的小型热力站可直接设在建筑物的底层，省去了集中热力站的占地面积；从运行上看，输配管网由二次改为一次，减小了输配管管径，降低了管网费用，而且，小型热力站调节灵活，运行费用也相对较低。新建的居住小区，每小区只设一个热力站为宜，旧的居住小区，应尽量利用原有的小区室外管网和供暖系统，减少热力站的数目。

建筑入口设小型热力站的形式增加了系统的稳定性，减少了用户间的相互影响，随着生活水平的提高，以及用户对舒适度的更高要求，建筑入口的形式将趋于小型化。

4. 蒸汽供热热力站

蒸汽供热热力站常用于工厂企业用热单位。如图 14-5 所示。

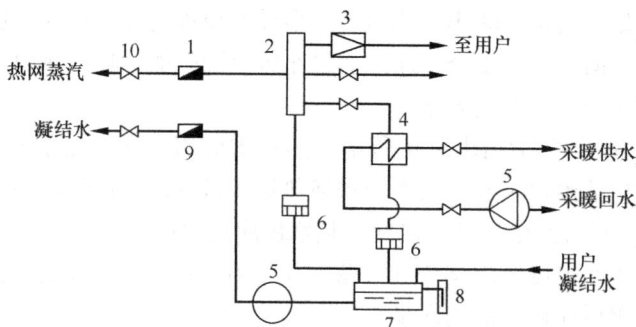

图 14-5　蒸汽供热热力站示意图

1—蒸汽流量计；2—分汽缸；3—减压阀；4—汽—水换热器；5—水泵；6—疏水器；7—凝结水箱；8—水封；9—凝结水表；10—阀门

热网蒸汽首先进入分汽缸，根据各类热用户要求的工作压力、温度，经减压阀（或减温器）调节后输送出去。如工厂采用热水供暖系统，则多采用汽—水式换热器，将热水供暖系统的二次水加热，用循环水泵输送；或采用蒸汽喷射器，利用蒸汽压力推动循环，并把水加热。

14.2　集中供热系统管道的布置与敷设

1. 供热系统管道的布置形式

集中供热系统中，供热管道把热源与用户连接起来，将热媒输送到各个用户。管道系统的布置形式取决于热媒（热水或蒸汽）、热源（热电厂或区域锅炉房等）与热用户的相互位置和热用户的种类、热负荷大小和性质等。选择管道的布置形式时应遵循安全和经济的原则。

供热管网分成环状管网和枝状管网，枝状管网如图 14-6 所示，供热管网的管道直径随着与热源距离的增加而减小，且建设投资小，运行管理比较简便。但枝状管网没有备用功能，供热的可靠性差，当管网某处发生故障时，在故障点以后的热用户都将停止供热。

环状管网如图 14-7 所示，供热管道主干线首尾相接构成环路，管道直径普遍较大，环状管网具有良好的备用功能，当管路局部发生故障时，可经其他连接管路继续向用户供热，甚至当系统中某个热源出现故障不能向热网供热时，其他热源也可向该热源的网区继续供热，管网的可靠性好，环状管网通常设两个或两个以上的热源。环状管网与枝状管网相比建设投资大，控制难度大，运行管理复杂。

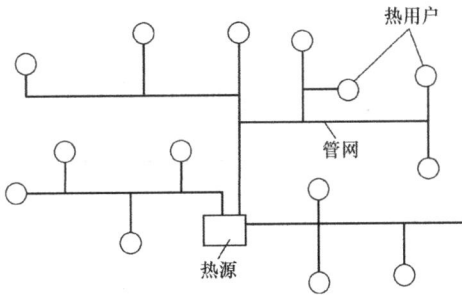

图 14-6　枝状管网

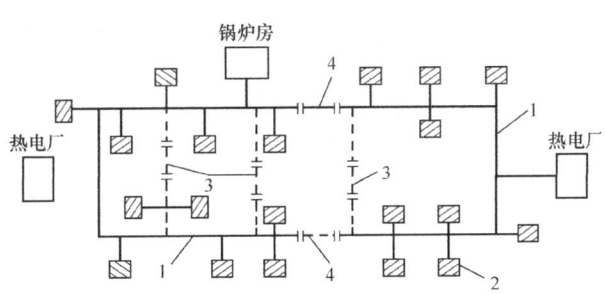

图 14-7　环状管网

1——级管网；2—热力站；3—使热网具有备用功能的跨接管；
4—使热源具有备用功能的跨接管

由于城市集中供热管网的规模较大，故从结构层次上又将管网分为一级管网和二级管网。一级管网是连接热源与区域热力站的管网，又称其为热力网；二级管网以热力站为起点，把热媒输配到各个热用户的热力引入口处，又称其为街区热水供热管网。一级管网的形式代表着供热管网的形式，如果一级管网为环状，就将供热管网称为环状管网；若一级管网为枝状，就将供热管网称为枝状管网。二级管网基本上都是枝状管网，它将热能由热力站分配到一个或几个街区的建筑物内。

还有一种环状管网分环运行的方案被广泛采用，在管网的供回水干管上装设具有通断作用的跨接管，如图 14-7 所示，跨接管 3 为热网提供备用功能，当某段管路、阀门或附件发生故障时，利用它来保证供热的可靠性。跨接管 4 为热源提供备用功能，当某个热源发生故障时，可通过跨接管 4 把这个热源区的热网与另一个热源区的热网连通，以保证供热不间断。跨接管 4 在正常工况下是关断、不参与运行的，每个热源保证各自供热区的供热，任何用户都不得连接到跨接管上。

2. 供热管网的平面布置

进行供热管网的平面布置就是要选定从热源到用户之间管道的走向和平面管线位置，又叫管网选线。供热管网的平面布置应根据城市或厂区的总平面图和地形图，用户热负荷的分布，热源的位置，以及地上、地下构筑物的情况，供热区域的水文地质条件等因素按照下述原则确定。

（1）技术上可靠。供热管道应尽量布置在地势平坦、土质好、地下水位低的地区，应考虑如果出现故障与事故能迅速排除。地下敷设热力网管道与建筑物（构筑物）或其他管线的最小距离见表 14-1，地上敷设热力网管道与建筑物（构筑物）或其他管线的最小距离见表 14-2。

（2）经济上合理。供热管网主干线应尽量布置在热负荷集中的地区，应力求管线短而直，减少金属的耗量。要注意管道上阀门（分段阀、分支管阀、放水阀、放气阀等）和附件（补偿器和疏水器等）应合理布置。阀门和附件通常设在检查室内（地下敷设时）或检查平台上（地上敷设时），应尽可能减少检查室和检查平台的数量。管网应尽量避免穿过铁路、交通主干线和繁华街道，一般平行于道路中心线并尽量敷设在车行道以外的地方。

（3）注意对周围环境的影响。供热管道不应妨碍市政设施的功用及维护管理，不影响环境美观。

根据上述要求确定的供热管网应标注在地形平面图上。

地下敷设热力网管道与建筑物（构筑物）或其他管线的最小距离（m）　　　表 14-1

建筑物、构筑物或管线名称			最小水平净距	最小垂直净距
建筑物基础	管沟敷设热力网管道		0.5	—
	直埋闭式热水热力网管道	$DN \leqslant 250$	2.5	—
		$DN \geqslant 300$	3.0	—
	直埋开式热水热力网管道		5.0	—
铁路钢轨			钢轨外侧 3.0	轨底 1.2
电车钢轨			钢轨外侧 2.0	轨底 1.0
铁路、公路路基边坡底脚或边沟的边缘			1.0	—
通信、照明或 10kV 以下电力线路的电杆			1.0	—
桥墩（高架桥、栈桥）边缘			2.0	—
架空管道支架基础边缘			1.5	—
高压输电线铁塔基础边缘 35～220kV			3.0	—
通信电缆管块			1.0	0.15
直埋通信电缆（光缆）			1.0	0.15
电力电缆和控制电缆	35kV 以下		2.0	0.5
	110kV		2.0	1.0

建筑物、构筑物或管线名称		最小水平净距	最小垂直净距
燃气管道	管沟敷设热力网管道 燃气压力<0.01MPa	1.0	钢管 0.15 聚乙烯管在上 0.2 聚乙烯管在下 0.3
	燃气压力≤0.4MPa	1.5	
	燃气压力≤0.8MPa	2.0	
	燃气压力>0.8MPa	4.0	
	直埋敷设热水热力网管道 燃气压力≤0.4MPa	1.0	钢管 0.15 聚乙烯管在上 0.5 聚乙烯管在下 1.0
	燃气压力≤0.8MPa	1.5	
	燃气压力>0.8MPa	2.0	
给水管道		1.5	0.15
排水管道		1.5	0.15
地铁		5.0	0.8
电气铁路接触网电杆基础		3.0	—
乔木（中心）		1.5	
灌木（中心）		1.5	
车行道路面		—	0.7

注：1. 表中不包括直埋敷设蒸汽管道与建（构）筑物或其他管线的最小距离的规定；

2. 当热力网管道的埋设深度大于建（构）筑物基础深度时，最小水平净距应按土壤内摩擦角计算确定；

3. 热力网管道与电力电缆平行敷设时，电缆处的土壤温度与月平均土壤自然温度比较。全年任何时候对于电压 10kV 的电缆不高出 10℃，对于电压 35～110kV 的电缆不高出 5℃时，可减小表中所列距离；

4. 在不同深度并列敷设各种管道时，各种管道间的水平净距不应小于其深度差；

5. 热力网管道检查室、方形补偿器壁龛与燃气管道最小水平净距亦应符合表中规定；

6. 在条件不允许时，可采取有效技术措施并经有关单位同意后，可以减小表中规定的距离，或采用埋深较大的暗挖法、盾构法施工。

地上敷设热力网管道与建筑物（构筑物）或其他管线的最小距离（m）　　表 14-2

建筑物、构筑物或管线名称		最小水平净距	最小垂直净距
铁路钢轨		轨外侧3.0	轨顶一般 5.5 电气铁路6.55
电车钢轨		轨外侧2.0	—
公路边缘		1.5	—
公路路面		—	4.5
架空输电线（水平净距：导线最大风偏时；垂直净距：热力网管道在下面交叉通过导线最大垂度时）	<1kV	1.5	1.0
	1～10kV	2.0	2.0
	35～110kV	4.0	4.0
	220kV	5.0	5.0
	330kV	6.0	6.0
	500kV	6.5	6.5
树冠		0.5（到树中不小于2.0）	—

3. 供热管道的敷设

供热管道的敷设可分为地上敷设和地下敷设两大类，地上敷设是将供热管道敷设在地面上一些独立的或桁架式的支架上，故又称架空敷设。地下敷设分为地沟敷设和直埋敷设，地沟敷设是将管道敷设在地下管沟内，直埋敷设是将管道直接埋设在土壤里。

1）地上敷设

地上敷设多用于城市边缘，无居住建筑的地区和工业厂区。地上敷设按支承结构高度的不同分为低支架敷设、中支架敷设和高支架敷设。

（1）低支架敷设

管道保温结构底部距地面的净高不小于0.3m，以防雨、雪的侵蚀。支架一般采用毛石砌筑或混凝土浇筑，如图14-8所示。这种敷设方式建设投资较少，维护管理容易，但适用范围较小，在不妨碍交通，不影响厂区、街区扩建的地段可采用低支架敷设。低支架敷设大多沿工厂围墙或平行于公路、铁路布置。

（2）中支架敷设

如图14-9所示，中支架敷设的管道保温结构底部距地面的净高为2.5～4.0m，在人行频繁，需要通行车辆的地方采用。支架一般采用钢筋混凝土浇（或预）制或钢结构。

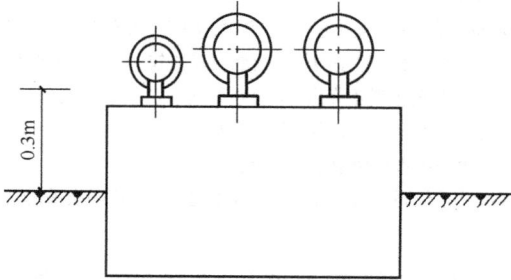

图14-8 低支架敷设

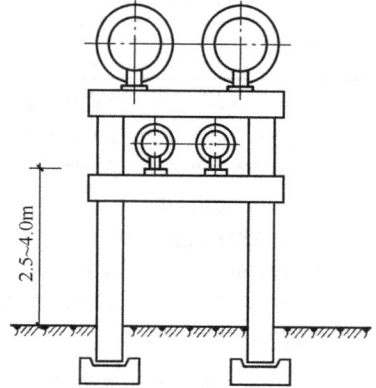

图14-9 中支架敷设

（3）高支架敷设

如图14-10所示，高支架敷设的管道保温结构底部距地面的净高为4.5～6.0m，在管道跨越公路或铁路时采用。支架通常采用钢结构或钢筋混凝土结构。

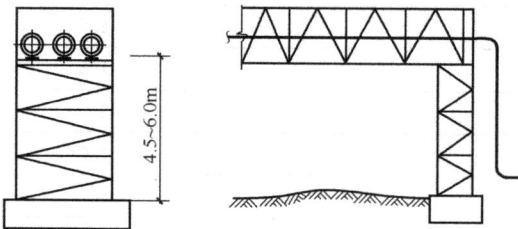

图14-10 高支架敷设

地上敷设的管道不受地下水的侵蚀，使用寿命长，管道坡度易于保证，所需的放水、排气设备少，可充分使用工作可靠、构造简单的方形补偿器，且土方量小，维护管理方便，但占地面积大，管道热损失大，不够美观。

地上敷设适用于地下水位高，地下土质为湿陷性黄土或腐蚀性土壤，沿管线地下设施密度大以及地下敷设时土方工程量太大的地区，是一种比较经济的敷设形式。

2）地沟敷设

为保证管道不受外力的作用和水的侵袭，保护管道的保温结构，并使管道能自由伸

194

缩，可将管道敷设在专用的地沟内。管道的地沟底板采用素混凝土或钢筋混凝土结构，沟壁采用砖砌结构或毛石砌筑，地沟盖板为钢筋混凝土结构。供热管道的地沟按其功用和结构尺寸，分为通行地沟、半通行地沟和不通行地沟。

（1）通行地沟

通行地沟内工作人员可自由通过，并能保证检修、更换管道和设备等作业。其土方工程量大，建设投资高，仅在特殊或必要场合采用，多用在热源出口及不允许开挖路面的地方。在地下管线密集的城市中心区，供热管道也可以与其他管道一起敷设在通行的综合地沟内。

通行地沟的净高为 1.8～2.0m，人行通道净宽不小于 0.6m，如图 14-11 所示。沟内可两侧安装管道，地沟断面尺寸应保证管道和设备检修及换管的需要，有关规定尺寸见表 14-3。通行地沟应设事故人孔，设有蒸汽管道的通行地沟，事故人孔间距不应大于100m；热水管道的通行地沟，事故人孔间距不应大于400m。整体浇筑的钢筋混凝土通行地沟每隔 200m 宜设置一个安装孔，其长度至少应保证 6m 长的管子进入地沟，宽度不应小于 0.6m 且应大于地沟内最大管道的外径加 0.1m。

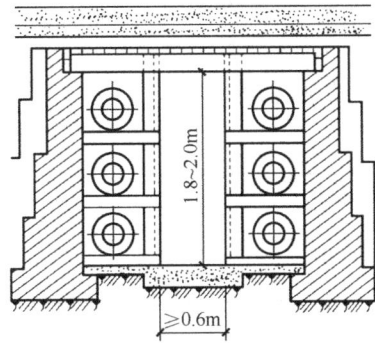
图 14-11　通行地沟

工作人员经常进入的通行地沟应有照明设备和良好的通风，以保证人员在管沟内工作时地沟内空气温度不超过 40℃。

（2）半通行地沟

在半通行地沟内，工作人员能弯腰行走，能进行一般的管道维修工作。地沟净高不小于 1.4m，人行通道净宽为 0.5～0.7m，如图 14-12 所示。半通行地沟，每隔 60m 应设置一个检修出入口。半通行地沟敷设的有关尺寸见表 14-3。

（3）不通行地沟

如图 14-13 所示，设不通行地沟时，人员不能在沟内通行，其断面尺寸以满足管道施工安装要求来决定，见表 14-3。管道的中心距离，应根据管道上阀门或附件的法兰盘外缘之间的最小操作净距离的要求确定。当沟宽超过 1.5m 时，可考虑采用双槽地沟。不通行地沟造价较低，占地较小，是城镇供热管道经常采用的地沟敷设方式，但管道检修时必须掘开地面。

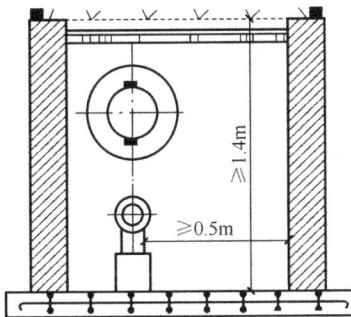
图 14-12　半通行地沟

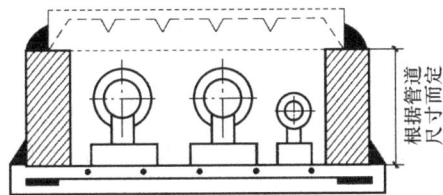
图 14-13　不通行地沟

供热管道地沟内积水时，极易破坏保温结构，增大散热损失，腐蚀管道，缩短使用寿命。管道地沟底应敷设在最高地下水位以上，地沟内壁表面应用防水砂浆抹面，地沟盖板之间、盖板与沟壁之间应用水泥砂浆或沥青封缝。尽管地沟是防水的，但含在土壤中的自然水分会通过盖板或沟壁渗入沟内，蒸发后使沟内空气饱和，当湿空气在地沟内壁面上冷凝时，就会产生凝结水并沿壁面下流到沟底，因此地沟应有纵向坡度，以使沟内的水流入检查室内的集水坑里，坡度和坡向通常与管道的坡度和坡向相同（坡度不得小于 0.002）。如果地下水位高于沟底，则必须采取防水或局部降低地下水位的措施。为减小外部荷载对地沟盖板的冲击，使盖板受力均匀，盖板上的覆土厚度不得小于 0.3m。如地沟内热力管道的分支处装有阀门、仪表、疏排水装置、除污器等附件时，应设置检查井或人孔。在热力管沟内严禁敷设易燃易爆、易挥发、有毒、腐蚀性的液体或气体管道。如必须穿越地沟，应加装防护套管。

地沟敷设的有关尺寸（m）   表 14-3

管沟类型	相 关 尺 寸					
	管沟净高	人行通道宽	管道保温表面与沟墙净距	管道保温表面与沟顶净距	管道保温表面与沟底净距	管道保温表面间的净距
通行管沟	≥1.8	≥0.6*	≥0.2	≥0.2	≥0.2	≥0.2
半通行管沟	≥1.2	≥0.5	≥0.2	≥0.2	≥0.2	≥0.2
不通行管沟	—	—	≥0.1	≥0.05	≥0.15	≥0.2

注：*指当必须在沟内更换钢管时，人行通道宽度还不应小于管子外径加 0.1m。

3）无沟直埋敷设

直埋敷设是将管道直接埋设在土壤里，管道保温结构外表面与土壤直接接触的敷设方式。此种方式的敷设要求管道保温结构具有低的导热系数、高的耐压强度和良好的防火性能。在补偿器、阀门等易损部件处，应设置检查井。

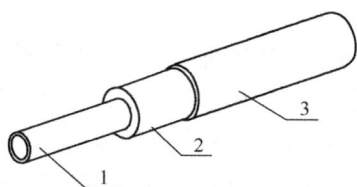

图 14-14　预制保温管

1—工作钢管；2—聚氨酯硬质泡沫塑料保温层；3—高密度聚乙烯保护外壳

在热水供热管网中，直埋敷设最多采用的方式是供热管道、保温层和保护外壳三者紧密粘结在一起，形成整体式的预制保温管结构形式，如图 14-14 所示。

预制保温管（也称为"黑夹克管"）的保温层多采用硬质聚氨酯泡沫塑料作为保温材料。硬质聚氨酯泡沫塑料的密度小，导热系数低，保温性能好，吸水性小，并且有足够的机械强度，但耐热温度不高。预制保温管保护外壳多采用高密度聚乙烯硬质塑料管。高密度聚乙烯管具有较高的机械性能，耐磨损，抗冲击性能较好，化学稳定性好，具有良好的耐腐蚀性和抗老化性能，可以焊接，便于施工。预制保温管一般在工厂预制，现场安装。

整体式预制保温管直埋敷设与地沟敷设相比有如下特点：

（1）不需要砌筑地沟，土方量及土建工程量减小，管道可以预制，现场安装工作量减少，施工进度快，可节省供热管网的投资费用。

（2）占地小，易与其他地下管道的设施相协调。

（3）整体式预制保温管严密性好，水难以从保温材料与钢管之间渗入，管道不易腐蚀。

（4）根据预制保温管受到土壤摩擦力约束的特点，实现了无补偿直埋敷设方式。在管网直管段上可以不设置补偿器和固定支座，简化了系统，节省了投资。

（5）聚氨酯保温材料导热系数小，供热管道的散热损失小于地沟敷设。

（6）预制保温管结构简单，采用工厂预制，易于保证工程质量。

任务 15　集中供热管网的保温及主要设备

【教学目的】通过项目教学活动，培养学生掌握进行室外供热管道保温的方法；掌握集中供热管网的换热器、补偿器、室外供热管道支吊架、室外供热管网附属设施的设置要求。培养学生良好的职业道德、自我学习能力、实践动手能力和耐心细致分析处理问题的能力，以及诚实、守信、善于沟通和合作的专业素养。

【知识目标】

1. 掌握室外供热管道保温的方法。
2. 掌握集中供热管网换热器的设置要求。
3. 掌握集中供热管网补偿器的设置要求。
4. 掌握室外供热管道支吊架的设置要求。
5. 掌握室外供热管网附属设施的设置要求。

【主要学习内容】

15.1　集中供热管网的保温

1. 保温概述

绝热，俗称保温。工程上分为保温绝热和保冷绝热，保温绝热是减少系统内介质的热能向外界环境传递；保冷绝热是减少环境中的热能向系统内的介质传递。保温层的作用是减少能量损失、节约能源，提高经济效益，保障介质的运行参数，满足用户生产生活要求。对于保温绝热层来说，还可降低保温层外表面温度，改善环境工作条件，避免烫伤事故发生；对于保冷绝热层来说，可提高保温层外表面温度，改善环境工作条件，防止保温层外表面结露结霜。对于寒冷地区，管道保温层，能保障系统内的介质水不被冻结、保证管道安全运行。室外架空管道由于要防雨防雪，就要在保温绝热层外设防潮防水层，这时保温绝热层和保冷绝热层构造就基本相同了，统一称为绝热。

2. 保温层的设计要求

保温层能否取得满意效果，关键在于保温材料的选用和保温层的施工质量。保温层的设计要求是：

（1）散热损失低于标准热损失。管道四周的散热损失值要尽可能一致，其表面平均热流值应小于标准中规定的允许散热损失值。表 15-1 给出了最大允许热损失量。

最大允许热损失量　　　　　　　　　　　　　　　　　　　　　　表 15-1

设备管道外表面温度	隔热层表面最大允许热损失量 Q（W/m²）	
t（℃）	常年运行	季节运行
50	58	116

设备管道外表面温度	隔热层表面最大允许热损失量 Q（W/m²）	
t（℃）	常年运行	季节运行
100	93	163
150	116	203
200	140	244
250	163	279
300	186	308
350	209	—
400	227	—
450	244	—
500	262	—
550	279	—
600	296	—
650	314	—
700	330	—
750	345	—
800	360	—
850	375	—

注：《设备及管道绝热技术通则》GB/T 4272 中仅有外表面温度 50～650℃的数据，而且两标准相同。

（2）有足够的机械强度。绝热结构必须有足够的机械强度，要在自重的作用下或偶尔受到外力冲击时不致脱落下来。《设备及管道绝热技术通则》规定硬质绝热制品的抗压强度不应小于 0.3MPa。

（3）有良好的保护层（面层），使外部的水汽、雨水以及潮湿泥土中的水分都不能进入绝热材料内。因为水分进入后，不仅使绝热材料的热导率增加，还会使绝热材料变软，破坏了绝热结构的完整性，降低了机械强度，同时也增加了散热损失。

（4）绝热结构不能使管道和设备受到腐蚀。

（5）绝热结构所产生的应力不要传到管道或设备上。尤其是间歇运行的系统，温差变化较大，在考虑绝热结构时必须注意这个问题。

（6）绝热结构要简单。绝热结构简单不但可减少材料消耗，节省投资，而且也使施工方便，维修简便。

（7）设计绝热结构时要考虑管道或设备振动情况。在管道弯曲部分、管道与泵或其他转动设备相连接处，由于管道伸缩以及泵或设备产生振动，传到管道上来，绝热结构如不牢固，时间一长就会产生裂缝，以致脱落。此时，不宜使用预制绝热材料，最好采用毡材来包扎。

（8）绝热结构的外表面应整齐、美观。

3. 保温材料的种类和选用

保温材料种类繁多，工程上使用不同的保温材料时，保温层采用不同的构造形式，其施工方法也不同。

1）保温材料的种类

（1）早期的保温材料：多为天然矿物和自然资源原材料，如石棉、硅藻土、软木、草绳、锯末等。这些材料一般经简单加工就可使用，其保温结构多为涂抹或填充形式。

（2）人工生产的保温材料有：玻璃棉、矿渣棉、珍珠岩、蛭石等。这些保温材料一般为工厂生产的原料或预制半成品，其保温结构多为捆绑和砌筑形式。

（3）20世纪70年代以来研制开发的保温材料有：聚苯乙烯泡沫塑料、聚氨酯泡沫塑料、泡沫玻璃、泡沫石棉等，其保温层的结构多为喷涂或灌注成型的形式。

2）保温材料的选用

管道系统的工作环境多种多样，有高温、低温、空中、地下、干燥、潮湿等。所选用的保温材料要求能适应这些条件，在选用保温材料时首先考虑其热工性能，然后还要考虑施工作业条件，如：高温系统应考虑材料的热稳定性；振动管道应考虑材料的强度；潮湿的环境应考虑材料的吸湿性；间歇运行的系统应考虑材料的热容量等。保温材料的品种、规格、性能等应符合现行国家产品标准和设计要求，产品应有质量合格证明文件（出厂合格证、有资质的检测机构的检测报告等），并应符合环保要求。

在工程上，可根据保温材料适应的温度范围进行保温材料的应用分类，如表15-2所示，供选用参考。

保温材料应用温度分类 表15-2

序号	介质温度（℃）	绝热材料
1	0～250（常温）	酚醛玻璃棉制品、水玻璃珍珠岩制品、水泥珍珠岩制品、沥青及玻璃棉制品
2	250～350	矿渣棉制品、水玻璃珍珠岩制品、水泥珍珠岩制品、沥青及玻璃棉制品
3	350～450	矿渣棉制品、水玻璃珍珠岩制品、水泥珍珠岩制品、水玻璃蛭石制品、水泥蛭石制品
4	450～600	矿渣棉制品、水玻璃珍珠岩制品、水泥珍珠岩制品、水玻璃蛭石制品、水泥蛭石制品
5	600～800	磷酸盐珍珠岩制品、水玻璃蛭石制品
6	−20～0	酚醛玻璃棉制品、淀粉玻璃棉制品、水泥珍珠岩制品、水玻璃珍珠岩制品
7	−40～−20	聚苯乙烯泡沫塑料、水玻璃珍珠岩制品
8	−196～−40	膨胀珍珠岩制品

4. 保温结构的组成

保温结构一般由保温层、防潮层、保护层等部分组成，进行保温结构施工前应先做防锈层。

防锈层：即管道及设备表面除锈后涂刷的防锈底漆，一般涂刷1～2遍。

保温层：是减少能量损失，起保温保冷作用的主体层，附着于防锈层外面。

防潮层：防止空气中的水汽浸入保温层的构造层，常用沥青油毡、玻璃丝布、塑料薄膜等材料制作。

保护层：保护防潮层和保温层不受外界机械损伤，保护层的材料应有较高的机械强度，常用石棉石膏、石棉水泥、玻璃丝布、塑料薄膜、金属薄板等制作。

防腐及识别标志：它可以保护保护层不受环境侵蚀和腐蚀，用不同颜色的油漆涂料涂抹制成，既作防腐层又作识别标志。

5. 保温设计计算的相关规定

保温计算应根据工艺要求和技术经济分析选择保温计算公式以及计算参数。当无特殊工艺要求时，保温的厚度应采用"经济厚度"法计算，但若经济厚度偏小以致散热损失量超过最大允许散热损失量标准时，应采用最大允许散热损失量下的厚度。

1) 保温设计的基本规定

保温设计应符合减少散热损失、节约能源、满足工艺要求、保持生产能力、提高经济效益、改善工作环境、防止烫伤等基本原则。

(1) 具有下列情况之一的设备、管道、管件、阀门等必须保温：

① 外表面温度大于 50℃（指环境温度为 25℃时的表面温度）以及根据需要要求外表面温度小于或等于 50℃的设备和管道。

② 介质凝固点高于环境温度的设备和管道或工艺生产中需要减少介质的温度降或延迟介质凝结的部位。

(2) 常压立式圆筒形钢制储罐具有下列要求之一者，应进行绝热：

① 介质储存温度等于或大于 50℃。

② 介质储存温度小于 50℃，储罐绝热后有利于满足生产工艺要求，并有明显的经济效益时。

③ 储存于浮顶罐、内浮顶罐的液体因降温在罐内壁产生凝结物而影响浮盘正常运行时。

④ 储罐罐壁外侧设有加热盘管时。

(3) 储罐的绝热设计应与储存液体的加热方案统一考虑，并同时进行设计。

(4) 储罐的绝热设计应按罐壁、罐顶分别进行，并符合下列要求：

① 罐壁绝热厚度应按液体储存温度计算。

② 罐顶绝热厚度应按液面以上气体空间的平均温度计算。

③ 液体储存温度等于或高于 120℃时，应对储罐罐顶、罐壁全部绝热。液体储存温度低于 95℃时，应仅对储罐罐壁绝热。

(5) 储罐罐壁的绝热层高度，应高于储存液体的设计最高液位 50mm。

(6) 除防烫伤要求保温的部位外，具有下列情况之一的设备和管道可不保温：

① 要求散热或必须裸露的设备和管道。

② 要求及时发现泄漏的设备和管道上的连接法兰。

③ 要求经常监测，防止发生损坏的部位。

④ 工艺生产中排气、放空等不需要保温的设备和管道。

(7) 表面温度超过 60℃的不保温设备和管道，需要经常维护又无法采用其他措施防止烫伤的部位应在下列范围内设置防烫伤保温：

① 距离地面或工作平台的高度小于 2.1m。

② 靠近操作平台距离小于 0.75m。

2) 计算保温层厚度的规定

首先，根据生产运行的实际需要合理选择设计参数，确定介质温度、压力、流量、温降或允许散热损失、管径及走向等，使设计负荷与实际运行负荷尽可能接近，减少浪费。其次，合理选材，进行保温厚度的计算。保温厚度计算一般推荐经济保温厚度的计算公式较为合理，但我国目前热价不统一，投资偿还年限和利率取法也各不相同，很难准确计算。目前，较多采用的是控制表面散热损失或控制外表面温度的方法来计算保温层厚度。

保温层厚度的计算应符合下列规定：

（1）管道和圆筒设备外径大于 1020mm 者，可按平面计算保温层厚度；其余均按圆筒面计算保温层厚度。

（2）为减少散热损失的保温层厚度应按经济厚度方法计算。

① 对于热价低廉，保温材料制品或施工费用较高，根据公式计算得出的经济厚度偏小以致散热损失超过表 15-3 或表 15-4 规定的最大允许散热损失时，应重新按表内最大允许散热损失的 80%～90% 计算其保温层厚度。

② 对于热价偏高、保温材料制品或施工费用低廉、并排敷设的管道，尚应考虑支撑结构、占地面积等综合经济效益，其厚度可小于经济厚度。

季节运行工况允许最大散热损失值   表 15-3

设备、管道及其附件外表面温度 K（℃）	323 (50)	373 (100)	423 (150)	473 (200)	523 (250)	573 (300)
允许最大散热损失（W/m²）	104	147	183	220	251	272

常年运行工况允许最大散热损失值   表 15-4

设备、管道及其附件外表面温度 K（℃）	323 (50)	373 (100)	423 (150)	473 (200)	523 (250)	573 (300)	623 (350)	693 (400)	723 (450)	773 (500)	823 (550)	873 (600)	923 (650)
允许最大散热损失（W/m²）	52	84	104	126	147	167	188	204	220	236	251	266	283

保温层厚度的计算原则为：

（1）为减少保温结构散热损失的保温层厚度应按"经济厚度"的方法计算，并且其散热损失不得超过表 15-3 或表 15-4 的数值。

只有在用"经济厚度"的方法计算无法满足规定或无条件使用"经济厚度"公式时方可按允许散热损失计算。

（2）设备及管道内介质在允许或指定温度降条件下输送时，保温层厚度按热平衡方法计算。

（3）为延迟管道内介质冻结、凝固的保温层厚度按热平衡方法计算。

（4）防止烫伤的保温层厚度按表面温度计算。保温层外表面温度不得超过 60℃。

（5）加热伴热保温及保温保冷双重结构按各专业部门规定的方法计算。

（6）锅炉及工业炉窑的保温按各专业部门规定的方法计算。

3）保温结构设计

（1）保温结构一般由保温层和保护层组成。保温结构的设计应符合保温效果好、施工方便、防火、耐久、美观等要求。基本要求为：

① 保温结构一般不考虑可拆卸性，但需要经常维修的部位宜采用可拆卸式的保温结构。

② 保温结构设计必须保证其在经济寿命年限内的完整性。

③ 保温结构设计应保证其有足够的机械强度，不允许有在自重或偶然轻微外力作用下被破坏的现象发生。

（2）保温层：

① 设备、直管道、管件等无需检修处宜采用固定式保温结构；法兰、阀门、人孔等处宜采用可拆卸式的保温结构。

② 保温厚度宜按 10mm 为分级单位。

③ 保温层设计厚度大于 100mm 时，保温结构宜按双层考虑；双层的内外层缝隙应彼此错开。

④ 使用软质和半硬质保温材料时，设计应根据材料的最佳保温密度或保证其在长期运行中不致塌陷的密度而规定其施工压缩量。

（3）保温层的支撑及紧固：

① 高于 3m 的立式设备、垂直管道以及与水平夹角大于 45°，长度超过 3m 的管道应设支撑圈，其间距一般为 3~6m。

② 硬质材料施工中应预留伸缩缝。设置支撑圈者应在支撑圈下预留伸缩缝。缝宽应按金属壁和保温材料的伸缩量之间的差值考虑。伸缩缝间应填塞与硬质材料厚度相同的软质材料，该材料使用温度应大于设备和管道的表面温度。

③ 保温层应采取适当措施进行紧固。

（4）保护层：

① 保护层必须切实起到保护保温层的作用，以阻挡环境和外力对保温材料的影响，延长保温结构的寿命，并使保温结构外形整齐、美观。

② 保护层材料应具有防水、防湿性，不燃性和自熄性，化学稳定性好，强度高，不易开裂，使用年限长等性能。

③ 一般金属保护层应采用 0.3~0.8mm 厚的镀锌薄钢板或防锈铝板制成外壳，壳的接缝处必须搭接以防雨水进入。

④ 玻璃布保护层一般在室内使用。石棉水泥类抹面保护层不得在室外使用。

⑤ 可采用其他已被确认可靠的新型外保护层材料。

4）保温计算主要数据的选取

（1）表面温度 T

① 无衬里的金属设备和管道的表面温度 T，取介质的正常运行温度。

② 有内衬的金属设备和管道的外表面温度 T，应按有外保温层存在的条件进行传热计算而确定。

（2）环境温度 T_a

① 设置在室外的设备和管道在经济保温厚度和散热损失计算中，环境温度 T_a 常年运行的取历年年平均温度的平均值；季节性运行的取历年运行期日平均温度的平均值。各地环境温度、相对湿度表见附录 27。

② 设置在室内的设备和管道在经济保温厚度及散热损失计算中，环境温度 T_a 均取 20℃。

③ 设置在地沟中的管道，当介质温度 $T=80℃$ 时，环境温度 T_a 取 20℃；当介质温度 $T=81~110℃$ 时，环境温度 T_a 取 30℃；当介质温度 $T \geqslant 110℃$ 时，环境温度 T_a 取 40℃。

④ 在校核有工艺要求的各保温层计算中环境温度 T_a 应按最不利的条件取值。如：

a. 在防止人身烫伤的厚度计算中，环境温度 T_a 应取历年最热月平均温度值。

b. 在防止设备管道内介质冻结的计算中，T_a 应取冬季历年极端平均最低温度。

（3）界面温度

对于异材复合保温结构在内外两种不同材料界面处以摄氏度（℃）计的温度，必须控制在低于或等于外层保温材料安全使用温度的 0.9 倍以内。

（4）保温结构表面放热系数

保温结构表面放热系数 α_s 的取值应符合下列规定：

① 在进行经济厚度、最大允许热损失下的厚度、表面放热损失量和保温结构外表面温度的计算中，室外 α_s 应按下式计算，即

$$\alpha_s = 1.163 \times (10 + 6\sqrt{\omega}) \tag{15-1}$$

式中 ω——年平均风速（m/s）。

当无风速值时，α_s 可取为 $11.63 \text{W}/(\text{m}^2 \cdot \text{℃})$。

② 保温结构表面温度现场校核计算中，一般情况按 $\alpha = 1.163 \times (6 + 3\sqrt{\omega})$ 计算，式中 ω 为风速，单位 m/s。

③ 防烫伤计算中，α_s 可取为 $8.141 \text{W}/(\text{m}^2 \cdot \text{℃})$。

④ 防冻计算中，用式（15-1）计算 α_s 时，风速 ω 取冬季最多风向平均风速。

⑤ 在保温效果检测研究中进行保温计算时，外表面放热系数 α_s 应为表面材料的辐射放热系数 α_r 与对流放热系数 α_c 之和。

（5）热导率

热导率 λ 应取保温材料在平均设计温度下的热导率，对软质材料应取安装密度下的热导率。保温材料制品的热导率或热导率方程应由制造厂提供。

（6）热价

热价 P_H 应按建设单位所在地实际价格取值，在无实际热价时，可按下式计算：

$$P_H = 1000 \frac{C_1 C_2 P_F}{q_F \eta_B} \tag{15-2}$$

式中 P_H——热价（元/106kJ）；

P_F——燃料到厂价（元/t）；

q_F——燃料收到基低位发热量（kJ/kg）；

η_B——锅炉热效率（$\eta_B = 0.76 \sim 0.92$），对大容量、高参数锅炉 η_B 取值应取上限，反之应取下限；

C_1——工况系数（$C_1 = 1.2 \sim 1.4$）；

C_2——㶲值系数。C_2 应按表 15-5 取值。

㶲 值 系 数

表 15-5

设备及管道种类	㶲值系数	设备及管道种类	㶲值系数
利用锅炉出口新蒸汽的设备及管道	1	疏水管道，连续排污及扩容器	0.50
抽汽管道，辅助蒸汽管道	0.75	通大气的放空管道	0

（7）保温结构单位造价（P_T）计算公式

① 管道保温结构单位造价（P_T）应按下式计算：

$$P_T = (1 + D_X) \left[F_i P_i + F_{ia} + \frac{4 \times F_1 D_1}{D_1^2 - D_0^2} \times (F_9 \times P_9 + F_{91}) \right] \qquad (15\text{-}3)$$

② 设备保温结构单位造价（P_T）应按下式计算：

$$P_T = (1 + D_x) \left[F_i P_i + F_{ia} + \frac{F_1}{\delta} \times (F_9 \times P_9 + F_{92}) \right] \qquad (15\text{-}4)$$

式中　P_T——保温结构单位造价（元/m³）；

P_i——保温层材料到厂单价（元/m³）；

P_9——保护层材料单价（元/m²）；

D_x——固定资产投资方向调节税（以下简称"定向税"）税率（%）；

F_i——保温层材料损耗及费税系数，$F_i = 1.10 \sim 1.18$；

F_{ia}——保温层每立方米人工、管理等附加费，F_{ia} 应按表 15-6 取值；

F_1——保护层费税系数，$F_1 = 1.08$；

F_9——保护层材料损耗、重叠系数，$F_9 = 1.20 \sim 1.30$；

F_{91}——管道保护层每平方米人工、管理等附加费，$F_{91} = 4 \sim 7$ 元/m²；

F_{92}——设备保护层每平方米人工、管理等附加费，$F_{92} = 4 \sim 6$ 元/m²（钉口），

　　　$F_{92} = 9 \sim 13$ 元/m²（咬口）。

每立方米保温层人工、管理附加费 F_{ia} 　　　　　　　表 15-6

项　目	F_{ia}（元/m³）
$\varphi 426 \sim \varphi 76$ 管道	$43 \sim 96$
小于等于 $\varphi 57$ 的管道的泡沫玻璃	160
小于 $\varphi 57$ 管道的泡沫玻璃	320

（8）年运行时间

对常年运行的应按 8000h 计，对非常年运行的应按实际运行时间计。

（9）计息年数 n

指计算期年数。根据不同情况取 5～10 年。

（10）年利率 i

取 6%～10%（复利）。

6. 设备和管道的保温计算

1）保温层厚度计算

圆筒形保温层厚度公式

$$\delta = \frac{1}{2}(D_1 - D_0) \text{（保温，单层时厚度）} \qquad (15\text{-}5)$$

$$\delta = \frac{1}{2}(D_2 - D_0) \text{（保温，双层时总厚度）} \qquad (15\text{-}6)$$

$$\delta_1 = \frac{1}{2}(D_1 - D_0) \text{（保温，双层中的内层厚度）} \qquad (15\text{-}7)$$

$$\delta_2 = \frac{1}{2}(D_2 - D_1)(保温，双层中的外层厚度) \tag{15-8}$$

式中　D_0——管道或设备外径（m）。

　　　　D_1——内层保温层外径，当为单层时，D_1 即保温层外径（m）。

　　　　D_2——外层保温层外径（m）。

　　　　δ——保温层厚度，当保温层为两种不同保温材料组合的双层保温结构时，为双层总厚度（m）；保温层厚度应按每一档为 10mm 取整，如 10、20、30、40、50……

　　　　δ_1——内层保温层厚度（m）；

　　　　δ_2——外层保温层厚度（m）。

2）保温层的经济厚度计算

（1）在圆筒形保温层经济厚度计算中，应使保温层外径 D_1 满足下式要求，即

$$D_1 \ln\frac{D_1}{D_0} = 3.795 \times 10^{-3}\sqrt{\frac{P_E \lambda t\,|\,T_0 - T_a\,|}{P_T S}} - \frac{2\lambda}{\alpha_s} \tag{15-9}$$

式中　P_E——能量价格（元/10^6 kJ）；

　　　　P_T——保温结构单位造价（元/m^3）；

　　　　λ——保温材料在平均温度下的热导率 [W/（m·℃）]；

　　　　α_s——保温层外表面向周围环境的放热系数 [W/（m^2·℃）]。

　　　　t——年运行时间（h）；

　　　　T_0——管道或设备的外表面温度（℃）；

　　　　T_a——环境温度（℃），运行期间平均气温；

　　　　S——保温工程投资年摊销率（%），宜在设计使用年限内按复利率计算；

$$S = \frac{i(1+i)^n}{(1+i)^n - 1} \tag{15-10}$$

　　　　i——年利率（复利率）（%）；

　　　　n——计息年数（年）。

（2）平面形保温层经济厚度应按下式计算，即

$$\delta = 1.8975 \times 10^{-3}\sqrt{\frac{P_E \lambda t\,|\,T_0 - T_a\,|}{P_T S}} - \frac{\lambda}{\alpha_s} \tag{15-11}$$

（3）圆筒形单层最大允许热损失下保温层厚度计算

最大允许热损失量在按规定取值时，保温层厚度计算中，应使其外径 D_1 满足下式要求，即

$$D_1 \ln\frac{D_1}{D_0} = 2\lambda\left[\frac{(T_0 - T_a)}{[Q]} - \frac{1}{\alpha_s}\right] \tag{15-12}$$

式中　$[Q]$——以每平方米保温层外表面积为单位的最大允许热损失量（W/m^2）$[Q]$ 应按规范取值。

（4）圆筒形双层热损失下的保温层厚度计算

当最大允许热损失量按规定取值时，双层保温层总厚度计算中，应使外层保温层外径 D_2 满足下式的要求，即

$$D_2 \ln \frac{D_2}{D_0} = 2 \left[\frac{\lambda_1 (T_0 - T_1) + \lambda_2 (T_1 - T_2)}{[Q]} - \frac{\lambda_2}{\alpha_s} \right] \qquad (15\text{-}13)$$

内层厚度计算中，应使内层保温层外径 D_1 满足下式的要求，即

$$\ln \frac{D_1}{D_0} = \frac{2\lambda_1}{D_2} \cdot \frac{T_0 - T_1}{[Q]} \qquad (15\text{-}14)$$

式中　T_1——内层保温层外表面温度（℃）。式中 T_1 的绝对值应小于以℃计的外层保温材料的允许使用温度 T_2 的 0.9 倍。其正负号与 T_2 的符号一致。

　　T_2——外层保温层外表面温度（℃）；

　　λ_1——内层保温材料热导率 [W/（m·℃）]；

　　λ_2——外层保温材料热导率 [W/（m·℃）]。

（5）平面形单层最大允许热损失下保温厚度计算

$$\delta = \lambda \left[\frac{(T_0 - T_a)}{[Q]} - \frac{1}{\alpha_s} \right] \qquad (15\text{-}15)$$

3）根据允许或给定的介质温降计算保温层厚度

当允许或给定介质温降时，保温厚度不能按经济厚度方法计算，而应由允许或给定温降的条件用稳定传热的热平衡方法计算。

（1）无分支管道

输送介质的无分支保温管道全程散失热量为

$$Q = qL_c = \frac{\Delta t_m}{R} L_c \qquad (15\text{-}16)$$

式中　Q——全程散失热量（W）；

　　q——单位长度管道平均散热量（W/m）；

　　L_c——管道全程计算长度（m）；

　　Δt_m——管内介质与环境的平均温差（℃）；

　　R——单位管长的总热阻 [m·℃/W]。

$$L_c = KL + \Sigma l \qquad (15\text{-}17)$$

式中　L_c——管道的计算长度（m）；

　　K——由于管道上设有支、吊架，管道散（吸）热的附加系数，见表 15-7；

支吊架散（吸）热附加系数 K 表 15-7

类别 \ 场所	室内	室外
吊架	1.10	1.15
支架	1.15	1.20

注：SH/T 3010—2013 规定 $K = 1.05 \sim 1.15$。

l——阀门、法兰管件的当量长度（m），见表 15-8；

L——管道的实际长度（m）。

阀门、法兰的当量长度（m）

表 15-8

管径 DN	室内		室外	
	$t=100℃$	$t=400℃$	$t=100℃$	$t=400℃$
100	2.3	4.8	4.5	6.2
500	3.0	7.5	5.5	8.5

当 $\dfrac{t_1-t_a}{t_2-t_a} \geqslant 2$ 时：

$$\Delta t_m = \frac{t_1-t_2}{\ln \dfrac{t_1-t_a}{t_2-t_a}} \tag{15-18}$$

当 $\dfrac{t_1-t_a}{t_2-t_a} < 2$ 时：

$$\Delta t_m = \frac{1}{2}(t_1+t_2)-t_a \tag{15-19}$$

式中 t_1、t_2、t_a——分别为介质在起点、终点的温度和环境温度（℃）；

　　　Δt_m——管内介质与环境的平均温度（℃）。

一般忽略管内介质与内表面的换热热阻、金属管壁内部的导热热阻以及外护层的导热热阻，单位长度管道的总热阻为：

$$R = \frac{1}{2\pi\lambda}\ln\frac{D_0}{D_i} + \frac{1}{\pi D_0 \alpha} \tag{15-20}$$

按热平衡，可得全程散热量 Q 为：

$$Q = G\bar{c}(t_1-t_2) \tag{15-21}$$

式中 G——管内介质的质量流量（kg/h）；

　　　$\bar{c}$——管内介质在 t_1 至 t_2 温度区间内的定压比热 [J/（kg·℃）]。

当 $\dfrac{t_1-t_a}{t_2-t_a} \geqslant 2$ 时：

$$G\bar{c}(t_1-t_2) = \frac{\Delta t_m}{R}L_c = \frac{t_1-t_2}{\ln\dfrac{t_1-t_a}{t_2-t_a}}\frac{L_c}{\dfrac{1}{2\pi\lambda}\ln\dfrac{D_0}{D_i}+\dfrac{1}{\pi D_0\alpha}}$$

经整理得

$$\ln\frac{D_0}{D_i} = 2\pi\lambda\left(\frac{L_c}{G\bar{c}\ln\dfrac{t_1-t_a}{t_2-t_a}} - \frac{1}{\pi D_0\alpha}\right) \tag{15-22}$$

当 $\dfrac{t_1 - t_a}{t_2 - t_a} < 2$ 时：

$$\bar{Gc}(t_1 - t_2) = \dfrac{\left[\dfrac{1}{2}(t_1 + t_2) - t_a\right]L_c}{\dfrac{1}{2\pi\lambda}\ln\dfrac{D_0}{D_i} + \dfrac{1}{\pi D_0 \alpha}} = \dfrac{(t_m - t_a)L_c}{\dfrac{1}{2\pi\lambda}\ln\dfrac{D_0}{D_i} + \dfrac{1}{\pi D_0 \alpha}}$$

经整理得

$$\ln\dfrac{D_0}{D_i} = 2\pi\lambda\left(\dfrac{(t_m - t_a)L_c}{\bar{Gc}(t_1 - t_2)} - \dfrac{1}{\pi D_0 \alpha}\right) \tag{15-23}$$

又有保温层厚度
$$\delta = \dfrac{D_0 - D_i}{2} \tag{15-24}$$

式中　t_m——算术平均温度，即 $\dfrac{1}{2}(t_1 + t_2)$（℃）；

　D_i、D_0——分别为管外直径、保温后外直径（m）；

　　　L_c——管道全程长度（m）；

　　　λ——保温材料的平均温度热导率［W/（m·℃）］；

　　　α——外表面散热系数［W/（m·℃）］；

　　　δ——保温层厚度（m）。

可联立式（15-22）与式（15-24）、式（15-23）与式（15-24）求解不同条件下的保温层厚度，式（15-22）与式（15-23）中的 D_0、λ 均为未知数，故在计算 $\ln\dfrac{D_0}{D_i}$ 时要用试算法，其步骤如下：

① 假设 D_0 值；

② 根据给定的介质温降要求，确定 t_1 和 t_2；

③ 根据 $\dfrac{t_1 - t_a}{t_2 - t_a}$ 值计算平均温差；

④ 确定介质平均温度，由式 $\dfrac{1}{2}(t_1 + t_2) = \Delta t_m + t_a$ 求得；

⑤ 计算单位长度在单位时间的散热量 q，$q = \dfrac{\bar{Gc}(t_1 - t_2)}{L_c}$；

⑥ 确定 α 值，并计算保温层外表面温度 t_s（其中，用到假设的 D_0 值）；

$$t_s = t_a + \dfrac{q}{\pi D_0 \alpha}$$

⑦ 取保温层内表面温度，$t_i = \dfrac{1}{2}(t_1 + t_2)$；

⑧ 按保温层平均温度 $t_m = \dfrac{1}{2}\left[\dfrac{1}{2}(t_1 + t_2) + t_s\right]$ 计算平均热导率 λ，$\lambda = \lambda_0 + bt_m$；

⑨ 将 D_0、λ 值代入式（15-22）或式（15-23）计算 $\ln\dfrac{D_0}{D_i}$ 值而求得 D_0，逐次逼近。

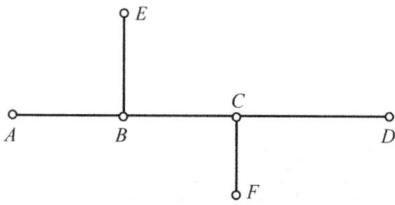

图 15-1 有分支的管道

（2）有分支（结点）管道

首先将各结点处的温度求出，然后分段按式（15-22）或式（15-23）进行保温厚度计算。

图 15-1 所示有分支的管道中 $A—B—C—D$ 为主管，A 为起点，介质温度 T_A，D 为终点、设定温度为 T_D，B、C 为支管的结点，E、F 为支管的终点，其介质温度均为设定的。

根据热量平衡

$$Gc\Delta T = qL_c \tag{15-25}$$

式中　G——介质质量流量（kg/h）；

c——介质比热 [J/（kg·℃）]；

ΔT——介质温降（℃）；

q——散热热量（J/h）；

L_c——管段长度（m）。

式（15-25）中的 $\bar{c}$、q 为常数，则温降 ΔT 与 L_c/G 比值成正比。

因此，主管的某一管段内介质的温降可由下式求得：

$$\frac{\Delta T_{AB}}{\left(\dfrac{L_c}{G}\right)_{AB}} = \frac{\Delta T_{BC}}{\left(\dfrac{L_c}{G}\right)_{BC}} = \frac{\Delta T_{CD}}{\left(\dfrac{L_c}{G}\right)_{CD}} = \frac{T_A - T_D}{\left(\dfrac{L_c}{G}\right)_{AB} + \left(\dfrac{L_c}{G}\right)_{BC} + \left(\dfrac{L_c}{G}\right)_{CD}} \tag{15-26}$$

式中　ΔT_{AB}、ΔT_{BC}、ΔT_{CD}——分别为 AB 段、BC 段、CD 段的温降（℃），可写成 $T_A - T_B$、$T_B - T_C$、$T_C - T_D$；

$\left(\dfrac{L_c}{G}\right)_{AB}$、$\left(\dfrac{L_c}{G}\right)_{BC}$、$\left(\dfrac{L_c}{G}\right)_{CD}$——分别为 AB 段、BC 段、CD 段的管长与流量的比值；

T_A——主管起点介质温度（℃）；

T_D——主管终点介质温度（℃），是设定的。

由式（15-26）可求得 B、C 点的温度 T_B、T_C：

$$T_B = T_A - (T_A - T_D)\frac{\left(\dfrac{L_c}{G}\right)_{AB}}{\left(\dfrac{L_c}{G}\right)_{AB} + \left(\dfrac{L_c}{G}\right)_{BC} + \left(\dfrac{L_c}{G}\right)_{CD}}$$

$$T_C = T_B - (T_A - T_D)\frac{\left(\dfrac{L_c}{G}\right)_{BC}}{\left(\dfrac{L_c}{G}\right)_{AB} + \left(\dfrac{L_c}{G}\right)_{BC} + \left(\dfrac{L_c}{G}\right)_{CD}}$$

由此可导出管段上任一结点的通式：

$$T_{i+1} = T_i - (T_i - T_n)\frac{\left(\dfrac{L_c}{G}\right)_{i\Rightarrow i+1}}{\sum\limits_{i=1}^{n}\left(\dfrac{L_c}{G}\right)_i} \tag{15-27}$$

式中　T_i——管道起点的介质温度（℃）；

T_n——管道终点的介质温度（℃）；

T_{i+1}——管道第 i 点后一结点的介质温度（℃）；

$\left(\dfrac{L_c}{G}\right)_{i \Rightarrow i+1}$——第 i 点至 $i+1$ 点间的管段长度（m）与其流量（kg/h）的比值。

4）地下敷设管道的保温计算

地下管道有三种敷设方法，保温计算也因敷设情况不同而有所区别。

在通行地沟中敷设的管道，其保温计算可按前述室内管道的保温计算方法进行计算。

无沟直埋敷设的管道以及在不通行地沟敷设的管道，保温计算方法如下。

（1）无沟直埋敷设管道的保温计算

直埋管道在城市供热工程的热力管网中应用较广，在稳定传热情况下的保温计算，基本原则与一般保温管道相同，但有一些具体特点：一般热力管道的表面散热由外界空气吸收，而直埋管道由周围土壤吸收；一般管道属于无限空间放热，直埋管道散热与管道埋设深度有关。因此，直埋管道散热热阻，除管壁和保温层外，还有土壤的热阻。一般直埋管道埋设深度都大于 4 倍管外径，可按下式计算其保温层厚度：

① 单层保温结构的保温层厚度应按下列公式计算：

$$\ln D_w = \frac{\lambda_g(t_w - t_s)\ln D_0 + \lambda_1(t_0 - t_w)\ln 4H_1}{\lambda_1(t_0 - t_w) + \lambda_g(t_w - t_s)} \tag{15-28}$$

当 $\dfrac{H}{D_w} < 2$ 时，$H_1 = H + \dfrac{\lambda_g}{\alpha}$，$t_s$ 取地面大气温度（℃）；

当 $\dfrac{H}{D_w} \geqslant 2$ 时，$H_1 = H$，t_s 取直埋管中心埋设深度处的自然地温（℃）。

$$\delta = \frac{D_w - D_0}{2} \tag{15-29}$$

式中　D_w——保温层外径（m）。

D_0——工作管外径（m）。

H_1——管道当量埋深（m）。

H——管道中心埋设深度（m）。

λ_g——土的热导率 [W/（m·℃）]，见表 15-9；干土壤 $\lambda_g = 0.5$，不太湿的土壤 $\lambda_g = 1.0$，较湿的土壤 $\lambda_g = 1.5$，很湿的土壤 $\lambda_g = 2.0$。

t_0——工作管外表面温度（℃），可按介质温度取值。

t_s——直埋管道周边环境温度（℃），见附录 28，全国主要城市实测地温月平均值。

t_w——保温管外表面温度（℃），按设计要求确定。

δ——保温层厚度（m）。

常用地质资料　　　　　　　　　　　　表 15-9

名称	密度 γ (kg/m³)	热导率 λ [W/（m·K）]	质量比热容 C [kJ/（kg·℃）]	导温系数 a (m²/h)
砂岩、石英岩	2400	2.035	0.92	0.0003
重石灰岩	2000	1.163	0.92	0.00227

名称	密度 γ (kg/m³)	热导率 λ [W/ (m·K)]	质量比热容 C [kJ/ (kg·℃)]	导温系数 a (m²/h)
贝壳石灰岩	1400	0.639	0.92	0.00179
石灰重火山灰岩	1300	0.523	0.92	0.00157
大理石、花岗石	2800	3.489	0.92	0.00487
石灰岩	2000	3.024	0.92	0.0045
灰质页岩	1765	0.837	1.036	0.00166
片麻岩	2700	3.489	1.036	0.00463
钢筋混凝土	2400	1.547	0.836	0.00277
混凝土	—	1.279	—	—
沥青混凝土	2100	1.047	1.673	—
砾石混凝土	2200	1.628	0.837	0.0025
碎石混凝土	1800	0.872	0.837	0.00208
水泥砂浆粉刷	1800	0.930	0.837	
轻砂浆砖砌体	—	0.756	—	—
重砂浆砖砌体	—	0.814	—	—
黄土（湿）	1910	1.651	—	—
黄土（干）	1440	0.628	—	—
黏土	1457	—	0.878	0.0036
软黏土（湿）	1770	—	—	—
硬黏土（湿）	2000	—	—	—
硬黏土（干）	1610	1.163	—	—
砂土（干）	—	0.349	—	—
砂土（湿）	—	2.326	—	—
砂土（中等湿度）	—	1.745	—	—
黏土及砂质黏土（湿）	—	1.861	—	—
砂质黏土（中等湿度）	—	1.396	—	—
砂质黏土（干）	—	1.407	—	—

② 多层保温结构的保温层厚度计算应符合下列要求：

a. 散热损失（初算值）应按下式计算：

$$q = \frac{t_{\mathrm{w}} - t_{\mathrm{s}}}{\dfrac{1}{2\pi\lambda_{\mathrm{g}}}\ln\dfrac{4H_1}{D'_{\mathrm{w}}}} \tag{15-30}$$

式中 q——单位管长热损失（初算值）（W/m）；

D'_{w}——根据经验设定的保温层外径（m）。

b. 第一层保温材料厚度应按下列公式计算：

$$\ln D_1 = \ln D_0 + \frac{2\pi\lambda_1(t_0 - t_1)}{q} \tag{15-31}$$

$$\delta_1 = \frac{D_1 - D_0}{2} \tag{15-32}$$

式中 D_1——第一层保温材料外径（m）;

      λ_1——第一层保温材料在运行温度下的热导率 [W/（m·℃）];

      t_1——第一层保温材料外表面温度（℃），按设计要求确定;

      δ_1——第一层保温层厚度（m）。

     c. 第 i 层保温材料厚度应按下列公式计算:

$$\ln D_i = \ln D_{i-1} + \frac{2\pi\lambda_i(t_{i-1} - t_i)}{q} \tag{15-33}$$

$$\delta_i = \frac{D_i - D_{i-1}}{2} \tag{15-34}$$

式中 D_i——第 i 层保温材料外径（m）;

      λ_i——第 i 层保温材料在运行温度下的热导率 [W/（m·℃）];

      t_i——第 i 层保温材料外表面温度（℃），按设计要求确定;

      δ_i——第 i 层保温层厚度（m）。

     d. 计算得到的 D_i，应校核计算散热损失，其校核值与式（15-30）计算的散热损失初算值相比较，两个值的相对差值应小于或等于 5%。

     e. 当相对差值大于 5% 时，应将按式（15-33）计算得到的保温层外径，作为新设定的保温层外径，代入式（15-30）、式（15-31）、式（15-33）重新计算散热损失（初算值）、D_1 和 D_i，并应符合上一条的规定。

     （2）不通行地沟中管道的保温计算

     已知数据: 允许热损失 q [W/（m·℃）]; 载热介质温度 t_f（℃）; 管道外径 D_0（m）; 管沟深度 h（土壤表面至管沟水平对称轴心的距离）（m）; 管沟的主要尺寸（横截面尺寸）（m）; 土壤特性（土壤种类、温度）; 管沟埋设处的土壤温度 t_g（℃），见附录 27，各地环境温度、相对湿度表。

     保温层厚度计算:

$$\ln\frac{D_1}{D_0} = 2\pi\lambda\left[R - (R_s + R_{aw} + R_g)\right]$$
$$= 2\pi\lambda\left[\frac{t_f - t_g}{q} - \left(\frac{1}{\alpha_1 \pi D_1} + \frac{1}{\alpha_{aw} \pi D_{ag}} + \frac{1}{2\pi\lambda_g}\ln\frac{4h}{D_{ag}}\right)\right] \tag{15-35}$$

式中 R——总热阻（m·h·℃/kJ）;

      R_s——保温层表面放热阻（m·h·℃/kJ）;

      R_{aw}——管沟内空气至管沟内壁的热阻（m·h·℃/kJ）;

      R_g——分别为保温层及土壤热阻（m·h·℃/kJ）;

      α_{aw}——管沟内空气至管沟壁的换热系数，取 $\alpha_{aw} = \alpha_1 = 37.7$ kJ/（m·h·℃）;

      D_{ag}——管沟的当量直径（m）。

$$D_{ag} = \frac{4F}{u} \tag{15-36}$$

式中 F——管沟截面积（m²）;

u——截面周边长（m）。

实际计算时，管沟壁的热阻 R_{aw} 可略去不计。

计算求得 $\ln \dfrac{D_1}{D_0}$ 值后，即可由式（15-5）确定保温层厚度 δ。

15.2 换 热 器

换热器是用来把温度较高流体的热能传递给温度较低流体的一种热交换设备，特别是被加热介质是水的换热器，在供热系统中得到了广泛的应用。换热器可集中设在热电厂或锅炉房内，也可以根据需要设在热力站或用户引入口处。

根据热媒种类的不同，换热器可分为汽—水换热器（以蒸汽为热媒），水—水换热器（以高温热水为热媒）；根据换热方式的不同，换热器可分为表面式换热器（被加热水与热媒不接触，通过金属表面进行换热，如壳管式、容积式、板式和螺旋板式换热器等），混合式换热器（冷热两种介质直接接触，进行热交换，如淋水式换热器、喷管式换热器等）。目前，供热系统常用的表面式换热器有用蒸汽作为热媒的汽—水换热器，也有用高温水作为热媒的水—水换热器。

1. 壳管式换热器

1）壳管式汽—水换热器

（1）固定管板式汽—水换热器

固定管板式汽—水换热器构造示意图如图 15-2（a）所示。蒸汽在管束外表面流过，被加热水在管束的小管内流过，通过管束的壁面进行热交换。管束通常采用铜管、黄铜管或锅炉碳素钢钢管，少数采用不锈钢管，钢管承压能力高，但易腐蚀；铜管、黄铜管导热性能好，耐腐蚀，但造价高，一般超过 140℃ 的高温热水换热器最好采用钢管。为了强化传热，通常在前室、后室中间加隔板，使水由单流程变成多流程，流程通常取偶数，这样进出水口在同一侧，便于管道布置。

固定管板式汽—水换热器结构简单，造价低，但蒸汽和被加热水之间温差较大时，由于壳、管膨胀性不同，热应力大，会引起管子弯曲或造成管束与管板、管板与管壳之间开裂，此外管间污垢较难清理。

这种形式的汽—水换热器只适用于小温差，压力低，结垢不严重的场合。为解决外壳和管束热膨胀不同的缺点，常需在壳体中部加波形膨胀节，以达到热补偿的目的，如图15-2（b）所示，是带膨胀节的壳管式汽—水换热器构造示意图。

（2）U 形壳管式汽—水换热器

U 形壳管式汽—水换热器构造示意图如图 15-2（c）所示。它是将换热器换热管弯成U 形，两端固定在同一管板上，由于每个换热管均可以自由地伸缩，解决了热膨胀问题，且管束可以随时从壳体中整体抽出进行清洗。缺点是管内无法用机械方法清洗，管板上布置的管子数目少，使单位容量和单位重量的传热量少，多用于温差大、管束内流体较干净、不易结垢的场合。

（3）浮头式壳管汽—水换热器

浮头式壳管汽—水换热器构造示意图如图 15-2（d）所示。为解决热应力问题，可将

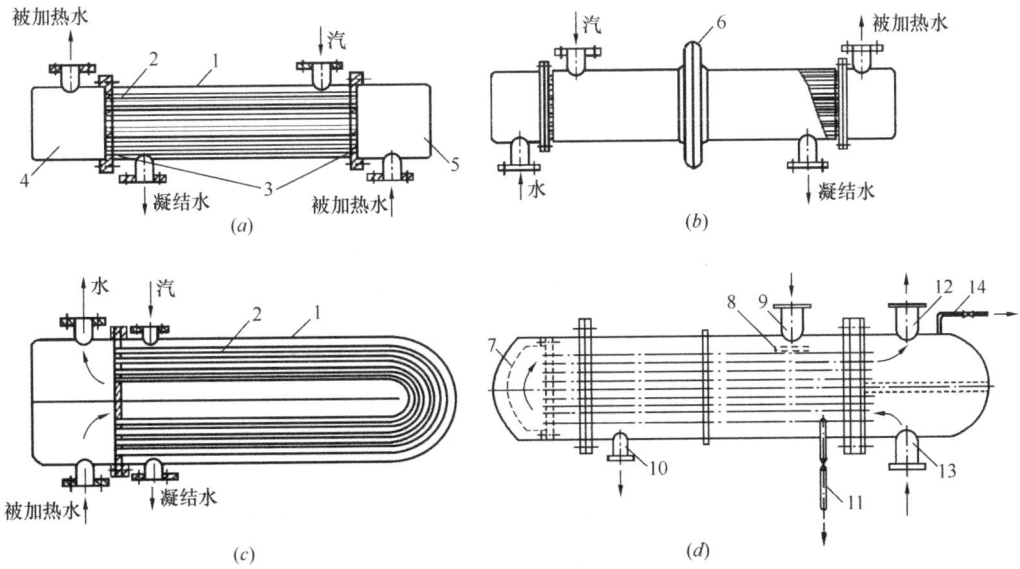

图 15-2　壳管式汽—水换热器

(a) 固定管板式汽—水换热器；(b) 带膨胀节的壳管式汽—水换热器；
(c) U 形壳管式汽—水换热器；(d) 浮头壳管汽—水换热器

1—外壳；2—管束；3—固定管栅板；4—前水室；5—后水室；6—膨胀节；7—浮头；8—挡板；
9—蒸汽入口；10—凝水出口；11—汽侧排气管；12—被加热水出口；13—被加热水入口；14—水侧排气管

一端管板与壳体固定，而另一端的管板可以在壳体内自由浮动，不相连的一头称为浮头，即使两介质温差较大，管束和壳体之间也不产生温差应力。浮头式汽—水换热器除补偿好外，还可以将管束从壳体中整个拔出，便于检修和清洗，但其结构较复杂。

2）壳管式水—水换热器

（1）分段式水—水换热器

分段式水—水换热器是将壳管式的整个管束分成若干段，将各段用法兰连接起来。每段采用固定管板，外壳上有波形膨胀节，以补偿管子的热膨胀。分段既能使流速提高，又能使冷、热水的流动方向接近于纯逆流的方式，传热效果较好。此外，换热面积的大小还可以根据需要的分段数来调节。为了便于清除水垢，高温水多在管外流动，被加热水则在管内流动。分段式水—水换热器的构造示意图如图 15-3 所示。

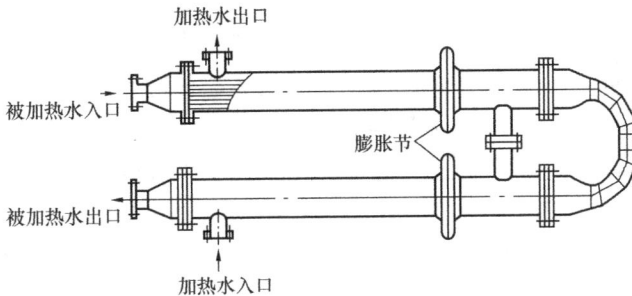

图 15-3　分段式水—水换热器

（2）套管式水—水换热器

套管式水—水换热器是由若干个标准钢管做成的套管焊接而成，形成"管套管"的形式，是一种最简单的壳管式；与分段式水—水换热器一样，为提高传热效果，换热流体为逆向流动；其缺点是占地面积大。套管式水—水换热器构造示意图如图15-4所示。

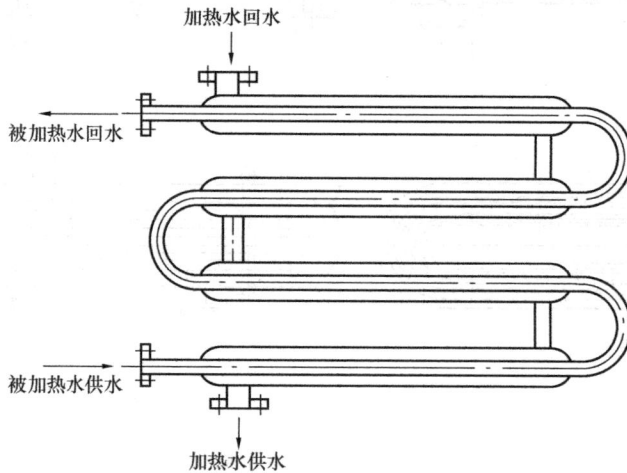

图15-4　套管式水—水换热器

2. 板式换热器

板式换热器是一种传热系数高、结构紧凑、容易拆卸、热损失小、不需保温、重量轻、体积小、适用范围大的新型换热器。板式换热器的缺点是板片间截面积较小，易堵塞，且周边很长、密封麻烦、容易渗漏、金属板片薄、刚性差。不适用于高温高压系统，主要应用于水—水换热系统。

板式换热器是由许多平行排列的传热板片叠加而成，板片之间用密封垫密封，冷、热水在板片之间的间隙里流动，两端用盖板加螺栓压紧。如图15-5所示。

板式换热器换热板片的结构形式有很多种，板片的形状既要有利于增强传热，又要使板片的刚性好，目前我国生产的主要是"人字形换热板片"，它是一种典型的"网状板"板片，左侧上下两孔通加热流体，右侧上下两孔通被加热流体。安装时应注意水流方向要和人字纹路的方向一致，板片两侧的冷、热水应逆向流动。如图15-6所示。

板片之间密封用的垫片形式如图15-7所示，密封垫片的作用不仅把流体密封在换热器内，而且使加热和被加热流体分隔

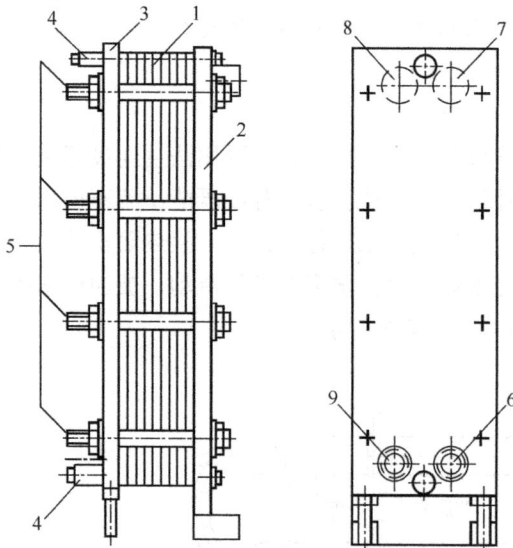

图15-5　板式换热器

1—加热板片；2—固定盖板；3—活动盖板；4—定位螺栓；5—压紧螺栓；6—被加热水进口；7—被加热水出口；8—加热水进口；9—加热水出口

开，不互相混合。通过改变垫片的左右位置，可以使加热与被加热流体在换热器中交替通过人字形板面。信号孔可检查内部是否密封，如果密封不好而有渗漏时，信号孔就会有流体流出。

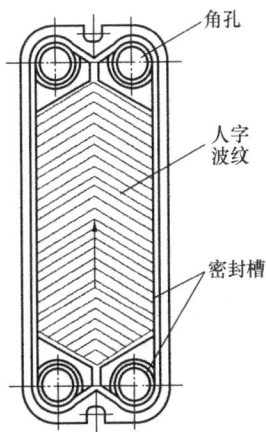

图 15-6　人字形换热板片　　　　　　　　图 15-7　密封垫片

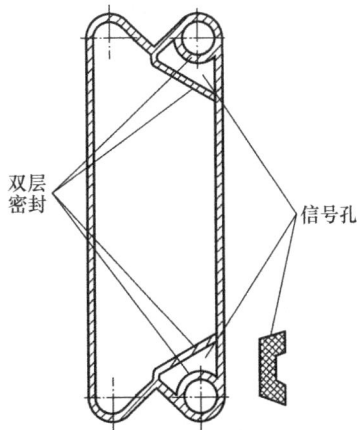

3. 容积式换热器

容积式换热器分为容积式汽—水换热器（图 15-8）和容积式水—水换热器。容积式换热器兼起储水箱的作用，外壳大小应根据储水的容量确定，换热器中 U 形弯管管束并联在一起，蒸汽或加热水自管内流过。

容积式换热器易于清除水垢，主要用于热水供应系统，但其传热系数比壳管式换热器低。

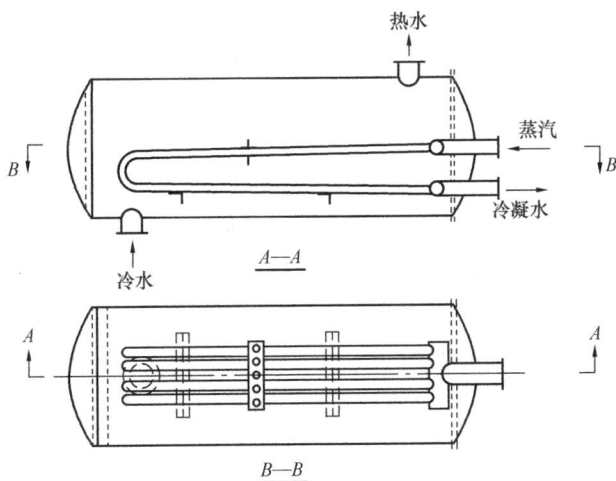

图 15-8　容积式汽—水换热器

4. 混合式换热器的形式及构造特点

混合式换热器是冷热两种流体直接接触进行混合而实现热交换的换热器，属于一种直接式热交换器。如淋水式、喷管式换热器等。

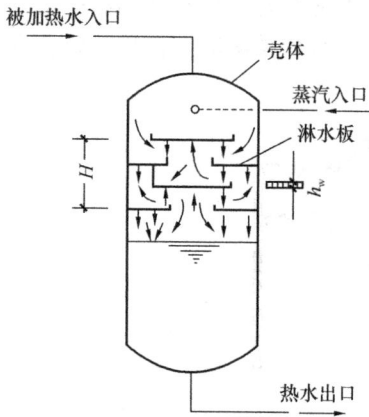

图 15-9 淋水式换热器

1) 淋水式换热器

淋水式换热器是由壳体和带有筛孔的淋水板组成的圆柱形罐体,淋水式换热器的示意图如图 15-9 所示。蒸汽从换热器上部进入,被加热水也从上部进入,为了增加水和蒸汽的接触面积,在加热器内装了若干级淋水盘,水通过淋水盘上的细孔分散地落下和蒸汽进行热交换,加热器的下部用于蓄水并起膨胀容积的作用。

淋水式换热器的特点是容量大,可兼作膨胀水箱起储水、定压作用;由于汽水之间直接接触换热,换热效率高,在同样热负荷时换热面积小,设备紧凑。也正是由于采用直接接触式换热,凝结水不能回收,增加了集中供热系统热源处的水处理量。由于不断凝结的凝水,使加热器水位升高,通常设水位调节器控制循环水泵将多余的水送回锅炉。

2) 喷管式汽—水换热器

喷管式汽—水换热器的构造如图 15-10 所示,被加热水从左侧进入喷管,蒸汽从喷管外侧进入,通过喷管壁上的倾斜小孔射出,形成许多蒸汽细流,在高速流动中,蒸汽凝结放热,变成凝结水;被加热水吸收热量,与凝水混合。在混合过程中,蒸汽多余的势能和动能用来引射水做功,从而消耗了产生振动和噪声的那部分能量。蒸汽与水正常混合时,要求蒸汽压力至少应比换热器入口水压高 0.1MPa 以上。

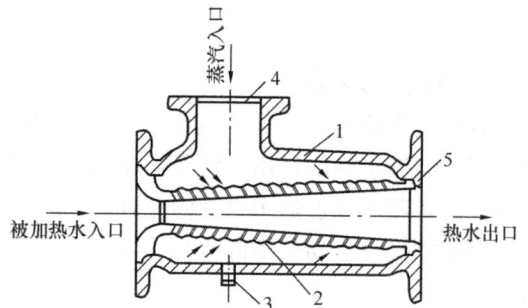

图 15-10 喷管式汽—水换热器
1—外壳;2—多孔喷管;3—泄水阀;
4—网盖;5—填料

喷管式汽—水换热器体积小、制造简单、安装方便、加热效率高、调节灵敏、加热温差大、运行平稳。但换热量不大,一般只用于热水供应和小型热水供暖系统上。用于供暖系统时,多设于循环水泵的出水口侧。

5. 换热器的计算

换热器的计算是在换热量和结构已经确定,换热器出入口的加热介质和被加热介质温度已知的条件下,确定换热器必需的换热面积,或校核已选用的换热器是否满足需要。

换热器的换热面积:

$$F = \frac{Q}{K\Delta t_{pj}B} \tag{15-37}$$

式中 F——换热器的换热面积(m^2)。

Q——被加热水所需的热量(W)。

K——换热器的传热系数[W/($m^2 \cdot °C$)]。

B——考虑水垢影响而取的系数,汽—水换热器时 $B=0.9\sim0.85$;水—水换热器时，$B=0.8\sim0.7$；

Δt_{pj}——加热与被加热流体间的对数平均温差（℃）。

式中各项系数确定如下：

对数平均温差 Δt_{pj}

$$\Delta t_{pj} = \frac{\Delta t_a - \Delta t_b}{\ln \dfrac{\Delta t_a}{\Delta t_b}} \tag{15-38}$$

式中　Δt_a、Δt_b——换热器进、出口处热媒的最大、最小温差（℃），见图 15-11。

当 $\dfrac{\Delta t_a}{\Delta t_b} \leqslant 2$ 时，对数平均温差 Δt_{pj} 可近似按算术平均温差计算，这时的误差小于 4%，即

$$\Delta t_{pj} = \frac{(\Delta t_a + \Delta t_b)}{2} \tag{15-39}$$

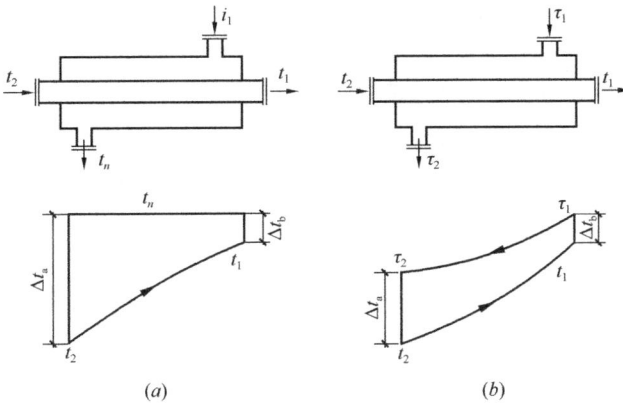

图 15-11　换热器内热媒的温度变化图

（a）汽—水换热器内的温度变化；（b）水—水换热器内的温度变化

传热系数 K

$$K = \cfrac{1}{\cfrac{1}{\alpha_1} + \cfrac{\delta}{\lambda} + \cfrac{1}{\alpha_2}} \tag{15-40}$$

式中　K——换热器的传热系数 $[W/(m^2 \cdot ℃)]$；

α_1——热媒和管壁间的换热系数 $[W/(m^2 \cdot ℃)]$；

α_2——管壁和被加热水之间的换热系数 $[W/(m^2 \cdot ℃)]$；

δ——管壁厚度（m）；

λ——管壁的导热系数 $[W/(m \cdot ℃)]$。

一般钢管 $\lambda=45\sim58W/(m \cdot ℃)$；黄铜管 $\lambda=81\sim116W/(m \cdot ℃)$；紫铜管 $\lambda=348\sim465W/(m \cdot ℃)$。

换热系数 α

计算传热系数 K 时，又需要计算换热系数 α_1 和 α_2，可用下列简化公式计算。

水在管内或管间沿管壁作紊流运动（$Re \leqslant 10^4$）时的换热系数为

$$\alpha = 1.163 \times (1400 + 18t_{pj} - 0.035t_{pj}^2) \frac{v^{0.8}}{d^{0.2}} \tag{15-41}$$

水横穿过管束作紊流流动时的换热系数为

$$\alpha = 1.163 \times (1000 + 15t_{pj} - 0.04t_{pj}^2) \frac{v^{0.64}}{d^{0.36}} \tag{15-42}$$

式中 t_{pj}——水的平均温度（℃），即进出口水温的算术平均值，$t_{pj} = \frac{(t_j + t_c)}{2}$。

v——水的流速（m/s），通常管内水流速在 $1 \sim 3$m/s，管外水流速在 $0.5 \sim 1.5$m/s。

d——计算管径（m），当水在管内流动时，采用管内径，即 $d = d_n$；当水在管间流动时，采用管束间的当量直径，即

$$d = d_d = \frac{4f}{s} \tag{15-43}$$

式中 f——水在管间流动的流通截面积（m²）；

s——在流动断面上和水接触的那部分长度（m），即湿周，湿周包括水和换热管束的接触周缘和壳体与水的接触周缘。

水蒸气在竖壁（管）上膜状凝结，且流速 $v \leqslant 1 \sim 2$m/s 时的换热系数为

$$\alpha = 1.163 \times \frac{(5689 + 76.3t_m - 0.2118t_m^2)}{[H(t_b - t_{bm})]^{0.25}} \tag{15-44}$$

水蒸气在水平管束上呈膜状凝结时的换热系数为

$$\alpha = 1.163 \times \frac{(4320 + 47.5t_m - 0.14t_m^2)}{[md_w(t_b - t_m)]^{0.25}} \tag{15-45}$$

式中 H——竖壁（管）上层流液膜高度，一般即竖管的高度（m）。

d_w——管子外径（m）。

m——沿垂直方向管子的平均根数，$m = \frac{n}{n}$，其中 n 为管束的总根数；n' 为最宽的横排中管子的根数。

t_b——蒸汽的饱和温度（℃）。

t_{bm}——管壁壁面的温度（℃）。

t_m——凝结水薄膜温度，即饱和蒸汽温度 t_b 与管壁壁面温度 t_{bm} 的平均温度（℃）。

式（15-44）和式（15-45）中管束的壁面温度也是未知的，计算时可采用试算法求解，先假定一个 t_{bm}，求出 α 值后，再根据热平衡关系式求出管束壁面的试算温度 t'_{bm}，满足设计精度要求，则试算成功，否则应重新假设 t_{bm}，再确定 t'_{bm} 值，直到满足要求为止。热平衡关系式为

当蒸汽在管内流动时 $$t'_{bm} = t_b - \frac{K\Delta t_p}{\alpha_n} \tag{15-46}$$

当蒸汽在管外流动时 $$t'_{bm} = t_b - \frac{K\Delta t_p}{\alpha_w} \tag{15-47}$$

式中 Δt_p——换热器内换热流体之间的对数平均温差（℃）；

α_n——流体在管内的换热系数 $[W/(m^2 \cdot ℃)]$；

α_w——流体在管外的换热系数 $[W/(m^2 \cdot ℃)]$；

K——换热器的传热系数 $[W/(m^2 \cdot ℃)]$。

考虑到换热器换热面上机械杂质、污泥、水垢的影响，以及流体在换热器内分布不均匀等因素，设计换热器的换热面积应比计算值大。对于钢管换热器，换热面积一般增加 25%～30%；对于铜管换热器，换热面积一般增加 15%～20%。

表 15-10 给出了常用换热器传热系数 K 值的范围，表中数值也可作为估算时的参考值。

常用换热器的传热系数 K 值

表 15-10

设备名称	传热系数 $K [W/(m^2 \cdot ℃)]$	备　注
壳管式水一水换热器	2000～4000	$v_n=1～3m/s$
分段式水一水换热器	1150～2300	$v_w=0.5～1.5m/s$；$v_n=1～3m/s$
容积式汽一水换热器	700～930	
容积式水一水换热器	350～465	$v_n=1～3m/s$
板式水一水换热器	2300～4000	$v=0.2～0.8m/s$
螺旋板式水一水换热器	1200～2500	$v=0.4～1.2m/s$
淋水式换热器	5800～9300	

注：v_n—管内水流速（m/s）；v_w—管间内流速（m/s）。

换热器热媒耗量的计算：

汽一水换热器蒸汽的耗量

$$G_q = \frac{Q}{277.7 \times (h_o - 4.187t_n)} \tag{15-48}$$

式中　G_q——蒸汽耗量（t/h）；

　　　Q——被加热水的热量（W）；

　　　h_o——蒸汽进入换热器时的比焓（kJ/kg）；

　　　t_n——流出换热器的凝结水温度（℃）。

水一水换热器中热媒水的耗量

$$G_s = \frac{Q}{1.163 \times (\tau_1 - \tau_2)} \tag{15-49}$$

式中　G_s——加热水的流量（kg/h）；

　　τ_1、τ_2——加热水的进、出水温（℃）。

换热器的压力损失：

流体在管内流动时的压力损失

$$\Delta p_n = \left(\lambda \frac{L}{d_n} + \Sigma \xi\right)\frac{\rho v^2}{2} \tag{15-50}$$

流体在管间流动时的压力损失

$$\Delta p_j = \left(\lambda \frac{L}{Zd_{di}} + \Sigma \xi\right)\frac{\rho v_1^2}{2} \tag{15-51}$$

式中　Δp_n——管内流体的压力损失（Pa）；

　　　Δp_j——管间流体的压力损失（Pa）；

　　　L——管束的总长度（m）；

Z——行程数；

d_n——管子内径（m）；

d_{di}——管段断面的当量直径（m）；

v——管内流体的流速（m/s）；

v_1——管间流体的流速（m/s）；

ρ——热水的密度（kg/m³）；

λ——沿程阻力系数，钢管 $\lambda=0.029\sim0.035$，黄铜管 $\lambda=0.023$；

$\sum\xi$——流体通过换热器时的局部阻力系数之和，见表 15-11。

局部阻力系数之和 $\sum\xi$（相应管内流体） 表 15-11

局部阻力形式	$\sum\xi$
水室的进口和出口	1.0
由一管束经过水室转 180°进入另一管束	2.5
由一管束经过弯头转 180°进入另一管束	2.0
水进入管间（其方向与管子垂直）	1.5
由管子之间转 90°排出	1.0
U 形管的 180°弯头	0.5
管间流体从一分段过渡到另一分段	2.5
绕过管子挡板	0.5
管子与管子之间转 180°弯头	1.5

定型标准换热器的压力损失一般由实验测定，可按下列数值估算：

汽—水换热器 $20\sim120$kPa；

水—水换热器 $10\sim30$kPa。

当管间为蒸汽时，蒸汽通过换热器的压降是不大的，一般为 $5\sim10$kPa。

15.3 补 偿 器

补偿器又称为伸缩器、伸缩节或膨胀节，是设置在管道上吸收管道热胀、冷缩和其他位移的元件。主要用于补偿管道受温度变化而产生的变形。如果温度变化时管道不能完全自由地膨胀或收缩，管道中将产生温度应力。在管道设计中必须考虑这种应力，否则它可能导致管道的破裂，影响生产的正常运行。

1. 热力管道线膨胀及应力计算

1）热力管道线膨胀计算

管道安装完毕投入运行时，常因管内介质的温度与安装时环境温度的差异而产生伸缩。另外，由于管道本身工作温度的高低，也会引起管道的伸缩。实验证明，温度变化会引起管道长度成比例的变化。管道温度升高，由于膨胀，长度增加；温度下降，则由于收缩，长度缩短。温度变化 1℃相应的长度成比例变化量称为管材的线膨胀系数。不同材质的材料线膨胀系数也不同。

为了防止供热管道升温时，由于热伸长或温度应力的作用而引起管道变形或破坏，需要在管道上设置补偿器，以补偿管道的热伸长，从而减小管壁的应力或作用在阀件、支架结构上的作用力。管道受热的自由伸长量可按下式计算

$$\Delta L = \alpha(t_1 - t_2)L \tag{15-52}$$

式中　ΔL——管道的热伸长量（m）；

　　α——管材的线膨胀系数，即温度每升高1℃每米管子的膨胀量 [mm/（m·℃）]，见表15-12；

　　t_1——管壁最高温度，可取热媒的最高温度（℃）；

　　t_2——管道安装时的温度，在温度不能确定时，可取最冷月平均温度（℃）；

　　L——计算管段的长度（m）。

管材的线膨胀系数　　　　　　表 15-12

管道材质	线膨胀系数 α 值		管道材质	线膨胀系数 α 值	
	m/（m·℃）	mm/（m·℃）		m/（m·℃）	mm/（m·℃）
碳素钢	12×10^{-6}	0.012	紫铜	16.4×10^{-6}	0.0164
铸铁	11.4×10^{-6}	0.0114	黄铜	18.4×10^{-6}	0.0184
中铬钢	11.4×10^{-6}	0.0114	铝	24×10^{-6}	0.024
不锈钢	10.3×10^{-6}	0.0103	聚氯乙烯	80×10^{-6}	0.08
镍钢	13.1×10^{-6}	0.0131	氯乙烯	10×10^{-6}	0.01
奥氏体钢	17×10^{-6}	0.017	玻璃	5×10^{-6}	0.005

如果管道中通过介质的温度低于环境温度，则计算出来的是缩短量。

【例1】有一段室外碳素钢热水供热管道，管长100m，输送热水温度为95℃，管道安装时的温度为－5℃，试计算此段管道的热伸长量。

【解】根据钢管的热膨胀伸长量计算式（15-52），可得

$$\Delta L = 12 \times 10^{-6}(t_2 - t_1)L$$
$$= 12 \times 10^{-6} \times (95 + 5) \times 100\text{m}$$
$$= 0.12\text{m}$$

表15-13为根据式（15-52）制成水和蒸汽管道的热伸长量 ΔL 值。

水和蒸汽管道的热伸长量 ΔL 值（mm）　　　　表 15-13

管段长 L（m）	热水温度（℃）																	
	60	70	80	90	95	100	110	120	130	140	143	151	158	164	170	175	179	183
	蒸汽表压（MPa）																	
							0.049	0.098	0.176	0.265	0.294	0.392	0.49	0.588	0.686	0784	0.882	0.98
5	4	4	5	6	6	6	7	8	8	9	9	10	10	10	11	11	11	12
10	8	9	10	11	12	13	14	15	16	18	18	19	20	21	21	22	22	23
15	11	13	15	17	18	19	21	23	24	26	27	28	30	31	32	33	33	34
20	15	18	20	23	24	25	28	30	33	35	36	38	40	41	43	44	45	46
25	19	22	25	28	30	31	34	38	41	44	45	47	50	51	53	55	56	57
30	23	26	30	34	36	38	41	45	49	53	54	57	60	62	64	66	67	69

管段长 L（m）	热水温度（℃）																	
	60	70	80	90	95	100	110	120	130	140	143	151	158	164	170	175	179	183
	蒸汽表压（MPa）																	
							0.049	0.098	0.176	0.265	0.294	0.392	0.49	0.588	0.686	0784	0.882	0.98
35	26	31	35	40	42	44	48	53	57	61	63	66	70	72	74	77	79	80
40	30	35	40	45	48	50	55	60	65	70	72	76	80	82	85	88	90	92
45	34	40	45	51	54	56	62	68	73	79	81	85	90	93	96	99	101	103
50	38	44	50	57	60	63	69	75	81	88	89	95	99	103	106	110	112	114
55	41	48	55	62	66	69	76	83	89	96	99	104	109	113	117	120	123	126
60	45	53	60	68	71	75	83	90	98	105	107	114	119	123	128	131	134	137
65	49	57	65	74	77	81	89	98	106	114	116	123	129	133	138	142	145	148
70	53	62	70	79	83	88	96	105	113	123	125	132	139	144	149	154	157	160
75	56	66	75	85	89	94	103	113	122	131	134	142	148	154	159	164	168	172
80	60	70	80	90	95	100	110	120	130	140	143	152	158	164	170	175	180	183
85	64	75	85	96	101	106	117	128	138	149	152	161	168	174	180	186	190	194
90	68	79	90	102	107	113	124	135	146	157	161	171	178	185	191	197	200	205
95	71	83	95	107	113	119	130	143	154	166	170	180	188	195	202	208	212	217
100	75	88	100	113	119	125	137	150	163	175	179	190	198	205	212	219	224	229
105	79	92	109	119	125	131	144	158	170	184	188	199	208	215	223	230	235	240
110	83	96	110	124	131	138	151	165	180	194	197	208	218	226	234	240	246	252

2）管道受热时所产生的应力计算

供热管道输送的介质温度很高，运行时势必引起管道的热膨胀，当变形受约束时，使管壁内产生巨大的应力，如果此应力超过了管材的强度极限，就会对管道造成破坏。所以，必须了解管道受热时所产生应力的大小。如果管道两端不固定，允许它自由伸缩，那么热伸缩量对管子的强度没有什么影响。若在管子的两端加以限制，阻止管子伸缩，这时在管道内部将产生很大的热应力，热应力按下式计算。

$$\sigma = E\varepsilon$$

$$\varepsilon = \frac{\Delta L}{L} \tag{15-53}$$

式中　σ——管材受热时所产生的热应力（MPa）；

　　　E——管材的弹性模量（MPa），碳素钢的弹性模量 $E=20.104\times10^4$MPa；

　　　ε——管段的相对变形量；

　　　ΔL——管段的热膨胀量（m）；

　　　L——某安装环境下的管段原长度（m）。

由式（15-53）可见，管道受热时所产生的热应力，仅与管材的弹性模量、线膨胀系数、管段的长度及管道受热时温度的变化幅度有关，而与管径大小及管壁厚薄无关。

将式（15-52）代入 $\varepsilon = \dfrac{\Delta L}{L}$ 中，则

$$\varepsilon = \alpha \Delta t$$

那么热应力的计算式应为

$$\sigma = E\alpha \Delta t \tag{15-54}$$

由此可知，当管道材质确定以后，温度差 Δt 是决定热应力的最主要的因素。对于碳素钢管，线膨胀系数取 $12 \times 10^{-6}\mathrm{m/（m \cdot ℃）}$，弹性模量取 $20.104 \times 10^4\mathrm{MPa}$。那么钢管的热应力计算式可简化为

$$\sigma = 2.4125\Delta t \tag{15-55}$$

利用式（15-55）可以很容易地计算出钢管受热时所产生的热应力。该热应力应小于钢材的许用应力。表 15-14 为常用钢材的许用应力表。

常用钢材的许用应力表　　　　　　表 15-14

钢号	使用温度（℃）	下列温度下的许用应力 [σ]													
		0～50	100	150	200	250	300	350	375	400	425	450	475	500	510	520
10	−40～450	110.7	103.9	100.0	95.1	91.1	86.2	82.3	80.4	73.5	64.7	54.9				
20	−40～450	130.3	130.3	124.5	119.6	113.7	107.8	102.9	97.0	89.2	74.5	61.7				
12CrMo	−40～510	137.2	133.3	129.4	125.4	121.5	117.6	113.7	111.7	109.8	106.8	10.0	90.2	75.5	67.6	
15CrMo	−40～530	147.0	142.1	137.2	132.3	127.4	122.5	117.6	115.6	112.7	107.8	100.9	93.1	82.3	75.5	68.6
Cr5Mo	−40～550	122.5	122.5	117.6	111.7	106.8	100.9	96.0	93.1	91.1	88.2	86.2	80.4	73.5	68.6	63.7
16Mn	−40～450	169.5	169.5	169.5	158.8	147.0	134.3	122.5	115.6	110.7	93.1	61.7				
1Cr18Ni9Ti	−196～600	130.3	127.4	116.6	109.8	105.8	103.9	101.9	101.9	100.9	100.0	99.0	97.0	96.0	95.1	94.1
Q235 钢板	−15～300	124.5	119.6	114.7	109.8	104.9	99.0									
ZD$_g$ 钢板	−40～480	130.3	130.3	124.5	119.6	113.7	107.8	102.9	97.0	89.2	74.5	61.7	49.0			

【例2】 有一段两端固定的碳素钢管（Q235），安装时环境温度为−5℃，投入运行后管子温度为150℃，求该管道由于热膨胀所产生的热应力。

【解】 管道投入运行后与安装时的温度差为

$$\Delta t = \left[150 - (-5)\right]℃ = 155℃$$

因此，热膨胀应力

$$\sigma = 2.4125\Delta t = 2.4125 \times 155\mathrm{MPa} = 373.94\mathrm{MPa}$$

由以上计算可以看出，管道受热后所产生的热应力远远超过了钢管及接头等配件的许用应力（$\sigma_{钢}=114.7\mathrm{MPa}$）。不允许使用任何固定支架及构筑物阻止管道的伸缩，只有选用适当的补偿装置，吸收管道的热伸长，消除热应力，才能确保管道系统的安全运行。

2. 补偿器的选用

供热管道采用的补偿器种类很多，主要包括管道自然补偿和补偿器补偿。通常情况下，管道的变形产生的位移可以由管道自己一定程度内的变形得到补偿，即所谓的自然补

偿，主要有 L 形和 Z 形两种形式；当管道变形比较大，管道自身不能在安全使用的条件下补偿的时候，就需要额外设置补偿器来补偿形变，我们称之为补偿器补偿，主要有方形补偿器、波纹管补偿器、套筒补偿器和球形补偿器等。其中，自然补偿器、方形补偿器、波纹管补偿器是利用补偿材料的变形来吸收热伸长的，套筒补偿器、球形补偿器是利用管道的位移来吸收热伸长的。

补偿器的选用原则见表 15-15。

补偿器的选用原则 表 15-15

种类	选 用 原 则
自然补偿器	1. 管道布置时，应尽量利用所有管路原有弯曲的自然补偿，当自然补偿不能满足要求时，才考虑装设其他类型的补偿器。 2. 当弯管转角小于 150°时，可用自然补偿；大于 150°时，不能用自然补偿。 3. 自然补偿器的管道臂长不应超过 20～25m，弯曲应力不应超过 80MPa
方形补偿器	1. 供热管网一般采用方形补偿器，只有在方形补偿器不便使用时，才选用其他类型的补偿器。 2. 方形补偿器的自由臂（导向支架至补偿器外臂的距离），一般为 40 倍公称直径的长度。 3. 方形补偿器须用优质无缝钢管制作，DN＜150mm 时，用冷弯法制作；DN＞150mm 时，用热弯法制作；弯头弯曲半径通常为 3DN～4DN
波纹管补偿器	1. 波纹管补偿器补偿能力较小，轴向推力较大，相同补偿量的情况下其尺寸比套筒补偿器要大。 2. 波纹管补偿器用不锈钢制作，钢板厚度一般采用 3～4mm。 3. 波纹管补偿器的波节以 3～4 个为宜
套筒补偿器	1. 套筒补偿器一般用于管径大于 100mm、工作压力小于 1.3MPa（铸铁制）及 1.6MPa（钢制）的管道上。 2. 由于使用填料密封，一定时期必须向其填充填料，因此不宜用于不通行地沟内敷设的管道上。 3. 钢制套筒补偿器有单向和双向两种，一个双向补偿器的补偿能力相当于两个单向补偿器的补偿能力，可用于工作压力不大于 1.6MPa、安装方形补偿器有困难的供热管道上
球形补偿器	1. 球形补偿器是利用球形管的随机弯转来解决管道的热补偿问题，对于定向位移的蒸汽和热水管道最宜采用。 2. 球形补偿器可以安装于任何位置，工作介质可以由任意一端出入，其缺点是存在侧向位移，易漏，要求加强维修。 3. 安装前须将两端封堵，存放于干燥通风的室内。长期保存时，应经常检查，防止锈蚀

3. 补偿器的构造特点及安装要求

1) 管道自然补偿器

自然补偿是利用管道自然转弯构成的几何形状所具有的弹性来补偿管道的热膨胀，使管道应力得以减小。为了防止管道受热后上下左右移动，在管道系统中通常会设置固定支架。由于固定支架间的管道因受热膨胀会产生伸长量，管道会变形，为了解决由于这种变形而带来的应力变化，通常会由管道本身的弯曲部件或管道中设置的伸缩器来进行补偿。

管道系统中弯曲部件的转角小于 150°时，均可作为自然补偿装置。其优点是简单、可靠。但弯管转角大于 150°时，不能作为自然补偿装置，否则会产生侧移，严重时破坏管道系统。此外，在自然补偿弯管的拐弯处附近，最好采用焊接，不应采用法兰连接，尤其不能采用法兰连接的弯头。因为有法兰连接的接头时，由于管道热膨胀所产生的剪切力的作用，法兰处容易发生事故。

常见的自然补偿器有 L 形和 Z 形两种。

（1）L 形自然补偿器

L 形自然补偿器实际上是一个 L 形弯管，弯管距两个固定端的长度多数情况下是不相等的，有长臂和短臂之分，如图 15-12 所示。L_1 为短臂，L_2 为长臂，其夹角为 $90°\sim150°$。受热后，产生图中虚线所示的变形，由于长臂 L_2 的热变形量大于短臂 L_1，所以最大弯曲应力发生在短臂一端的固定点 A 处，短臂 H 愈短，弯曲应力越大。因此，选用 L 形补偿器的关键是确定或核定短臂的长度 H 值。在实际工作中，常常根据长臂的热伸长量和管材的许用弯曲应力反求出短臂的最小长度，看其是否合适。若不合适，则可适当调整两固定点的位置，增加短壁长度或减小长臂长度，使两臂长度相适应。

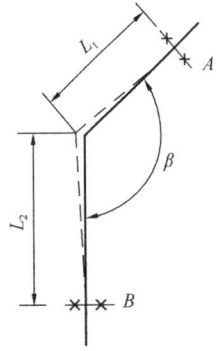

图 15-12　L 形自然补偿器

对于两臂夹角为 $90°$ 的 L 形碳素钢管，当已知长臂的长度并计算出其热伸长量时，可用下式粗略地计算出自然补偿所需短臂的长度。

$$L_1 = 1.1\sqrt{\frac{\Delta L D_w}{300}} \tag{15-56}$$

式中　L_1——短臂长度（m）；

　　　ΔL——长臂上的热伸长量（mm）；

　　　D_w——管子外径（mm）。

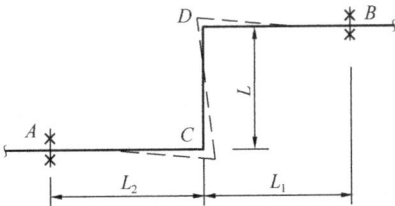

图 15-13　Z 形自然补偿器

（2）Z 形自然补偿器

Z 形自然补偿器是一个 Z 形弯管，可把它看作是两个 L 形弯管的组合体，其中间臂长度 H（即两弯管间的管道长度）越短，弯曲应力越大。因此，选用 Z 形自然补偿器的关键是确定或核定中间臂长度 H 值，如图 15-13 所示，受热后产生如图中虚线所示的弹性变形。

根据该管段所产生的弯曲应力不应大于管材的许用弯曲应力的要求，可以推算出其垂直臂长 L 的计算公式

$$L = \sqrt{\frac{6\Delta L E D_w}{\sigma(1+12k)}} \tag{15-57}$$

式中　L——垂直臂长度（m）；

　　　ΔL——热伸长量（mm），$\Delta L = \Delta L_1 + \Delta L_2$；

　　　E——材料的弹性模量（MPa）；

　　　D_w——管子外径（mm）；

　　　σ——管子的弯曲许用应力（MPa）；

　　　k——短臂与垂直臂长之比，$k = L_1/L$。

当实际垂直臂长小于计算出来的上值时，应适当调整两平行管段的长度，即缩短长臂，加长短臂，使其总长不变，或者适当加长垂直臂。

为了简化计算，也可以用线算图来确定 L 形补偿器的短臂长度和 Z 形补偿器的中间臂长度（图中 H 表示臂的长度）。图 15-14 所示是 L 形弯管段自然补偿线算图。

图 15-15 所示是 Z 形弯管段自然补偿线算图。

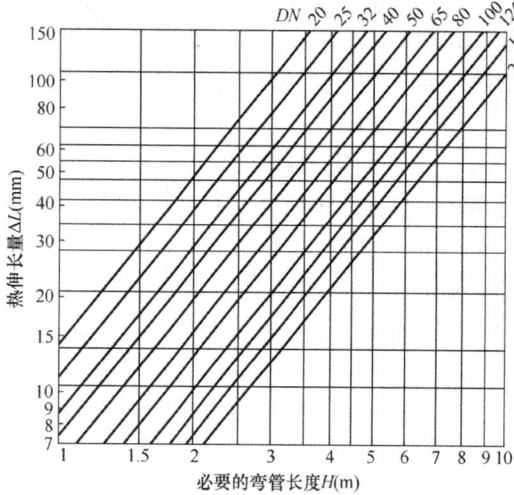

图 15-14　L 形弯管段自然补偿线算图

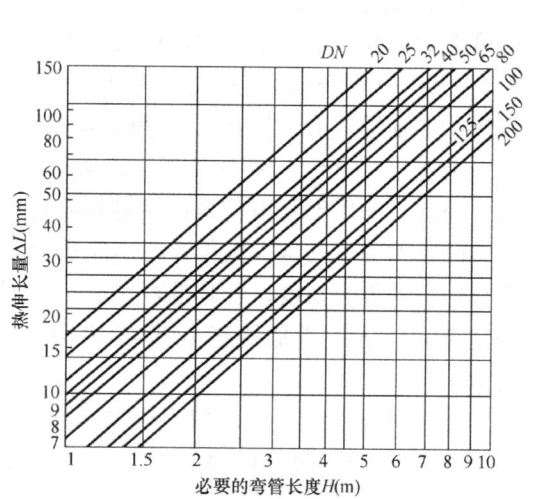

图 15-15　Z 形弯管段自然补偿线算图

2）方形补偿器

（1）方形补偿器的构造特点

方形补偿器通常是由四个 90°无缝钢管揻弯或机制弯头构成的 U 形补偿器，依靠弯管的变形来补偿管段的热伸长。方形补偿器制造安装方便，不需要经常维修，补偿能力大，作用在固定点上的推力（即补偿器的弹性力）较小，可用于各种压力和温度条件；缺点是补偿器外形尺寸大，占地面积多。为了提高补偿器的补偿能力（或减少其位移量）常采用预先冷拉的办法，一般预拉伸量为管道伸长量的 50%，在极限情况下，其补偿能力可比无预拉时提高一倍。图 15-16 所示是方形补偿器的类型。图 15-17 所示是方形补偿器的结构。

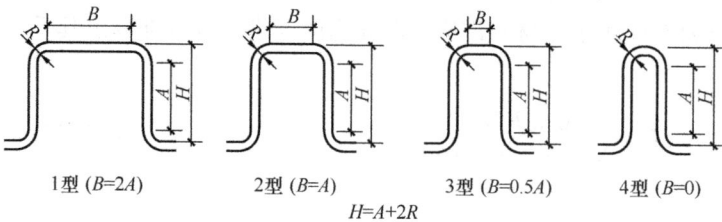

1型 (B=2A)　　2型 (B=A)　　3型 (B=0.5A)　　4型 (B=0)

H=A+2R

图 15-16　方形补偿器的类型

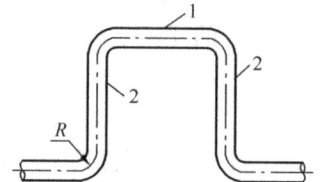

图 15-17　方形补偿器的结构

1—水平臂（平行臂）；2—外伸臂；

R—弯曲半径

图 15-18 所示是计算钢制方形补偿器的线算图。

表 15-16 给出了方形补偿器的补偿能力。

228

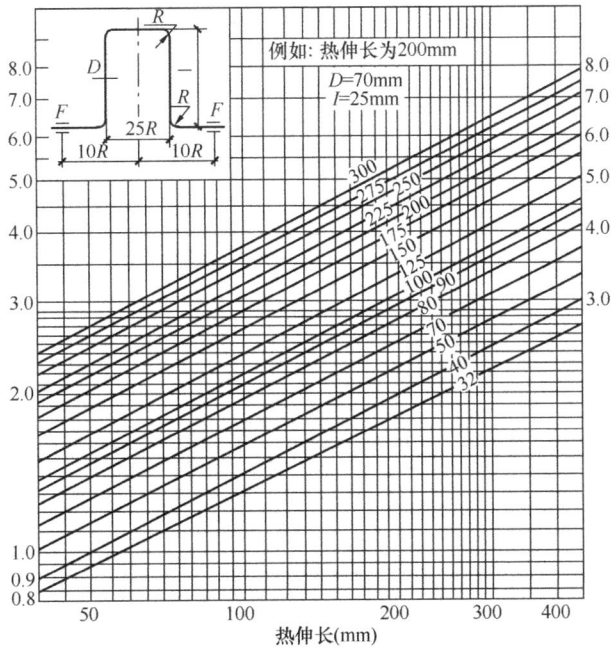

图 15-18　方形补偿器线算图

方形补偿器的补偿能力　　　　　　　　　　　　　　　　　表 15-16

补偿能力 ΔL (mm)	型号	公称直径（mm）											
		20	25	32	40	50	65	80	100	125	150	200	250
		外升臂长 $H=A+2R$（mm）											
30	1	450	520	570	—	—	—	—	—	—	—	—	—
	2	530	580	630	670	—	—	—	—	—	—	—	—
	3	600	760	820	850	—	—	—	—	—	—	—	—
	4	—	760	820	850	—	—	—	—	—	—	—	—
50	1	570	650	720	760	790	860	930	1000	—	—	—	—
	2	690	750	830	870	880	910	930	1000	—	—	—	—
	3	790	850	930	970	970	980	980	—	—	—	—	—
	4	—	1060	120	140	1050	1240	1240	—	—	—	—	—
75	1	680	790	860	920	950	1050	1100	1200	1380	1530	1800	—
	2	830	930	1020	1070	1080	1150	1200	1300	1380	1530	1800	—
	3	980	1060	1150	1220	1180	1220	1250	1350	1450	1600	—	—
	4	—	1350	1410	1430	1450	1450	1350	1450	1530	1650	—	—
100	1	780	910	980	1050	1100	1200	1270	1400	1590	1730	2050	—
	2	970	1070	1170	1240	1250	1330	1400	1530	1670	1830	2100	2300
	3	1140	1250	1360	1430	1450	1470	1500	1600	1750	1830	2100	—
	4	—	1600	1700	1780	1700	1710	1720	1730	1840	1980	2190	—

补偿能力 ΔL (mm)	型号	公称直径（mm）											
		20	25	32	40	50	65	80	100	125	150	200	250
		外升臂长 $H=A+2R$（mm）											
150	1	—	1100	1260	1270	1310	1400	1570	1730	1920	2120	2500	—
	2	—	1330	1450	1540	1550	1660	1760	1920	2100	2280	2630	2800
	3	—	1560	1700	1800	1830	1870	1900	2050	2230	2400	2700	2900
	4	—	—	—	2070	2170	2200	2200	2260	2400	2570	2800	3100
200	1	—	1240	1370	1450	1510	1700	1830	2000	2240	2470	2840	—
	2	—	1540	1700	1800	1810	2000	2070	2250	2500	2700	3080	3200
	3	—	—	2000	2100	2100	2220	2300	2450	2670	2850	3200	3400
	4	—	—	—	—	2720	2750	2770	2780	2950	3130	3400	3700
250	1	—	—	1530	1620	1700	1950	2050	2230	2520	2780	3160	—
	2	—	—	1900	2010	2040	2260	2340	2560	2800	3050	3500	3800
	3	—	—	—	—	2370	2500	2600	2800	3050	3300	3700	3800
	4	—	—	—	—	—	3000	3100	3230	3450	3640	4000	4200

（2）方形补偿器的制作要求

① 方形补偿器的椭圆度、波浪度和角度偏差等应符合弯管制作的相应规定。

② 搣弯组合的补偿器、弯管之间的连接点应放在各臂的中部。

③ 用冲压弯管或焊制弯管组焊的方形补偿器各臂应采用整管制作。

④ 管子的材质应优于或相同于相应管道的材质；管子的壁厚，宜厚于相应管道的管材壁厚。组对时，应在平台上进行，四个弯头均为90°，且在一个平面上，其扭曲偏差不应大于 3mm/m，且总偏差不大于 10mm。两条垂直臂的长度应相等，允许偏差为±10mm，平行臂长度允许偏差±20mm。

⑤ 补偿器的安装，应在固定支架及固定支架间的管道安装完毕后进行，且阀件和法兰上螺栓要全部拧紧，滑动支架要全部装好。补偿器的两侧应安装导向支架，第一个导向支架应放在距弯曲起点 40 倍公称直径处。在靠近弯管设置的阀门、法兰等连接件处的两侧，也应设导向支架，以防管道过大的弯曲变形而导致法兰等连接件泄漏。补偿器两边的第一个支架，宜设在距弯曲起点 1m 处。

⑥ 补偿器两侧的导向支架和活动支架在安装时，应考虑偏心，其偏心的长度应视该点距固定点的管道热伸长量而定。偏心的方向都应以补偿器的中心为基准。

⑦ 为了减少热状态下（即运行时）补偿器的弯曲应力，提高其补偿能力，安装方形补偿器时应进行预拉伸或预撑（即不加热进行冷拉或冷撑）。预拉伸（或预撑）量为补偿管段（两固定支架之间管段）热延伸量的1/2。

补偿器的冷拉方法有两种：

a. 用带螺栓的冷拉器进行冷拉。采用冷拉器进行冷拉时，将一块厚度等于预拉伸量的木块或木垫圈夹在冷拉接口间隙中，再在接口两侧的管壁上分别焊上挡环，然后把冷拉器的法兰管卡卡在挡环上，在法兰管卡孔内穿入加长双头螺栓，用螺母上紧，并将木垫块夹紧，如图 15-19 所示。待管道上其他部件全部安装好后，把冷拉口中的木垫拿掉，均匀地调紧螺母，使接口间隙达到焊接时的对口要求。焊口焊好后才可松开螺栓，取下冷拉器。

b. 用带螺栓的撑拉工具或千斤顶将补偿器的两垂直臀撑开以实现冷拉。图 15-20 所示为常用的撑拉器，使用时只要旋动螺母使其沿螺杆前进或后退，就能使补偿器的两臂撑开或放松。

⑧ 补偿器做好预拉伸，按位置固定好，然后再与管道相连。补偿器的冷拉接口位置通常在施工图中给出，如果设计未作明确规定，为避免补偿器出现歪斜，冷拉接口应选在距补偿器弯曲起点 2～3m 处的直线管段上，或在与其邻近的管道接口处预留出冷拉接口间隙，不得过于靠近补偿器，如图 15-21 所示。

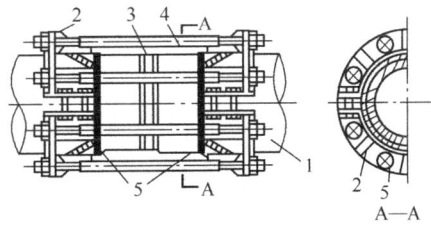

图 15-19　双头螺栓冷拉器

1—管子；2—对开卡箍；3—木垫环；4—双头螺栓；5—挡环（环形堆焊凸肩）

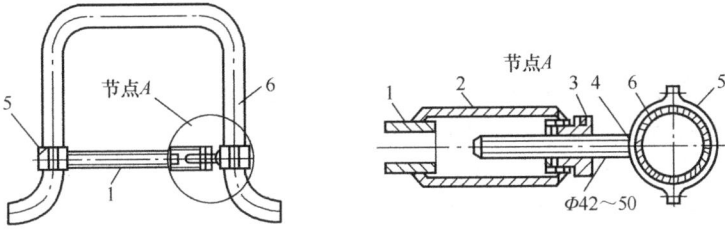

图 15-20　方形补偿器的撑拉器

1—拉杆；2—短管；3—调节螺母；4—螺杆；5—卡箍；6—补偿器

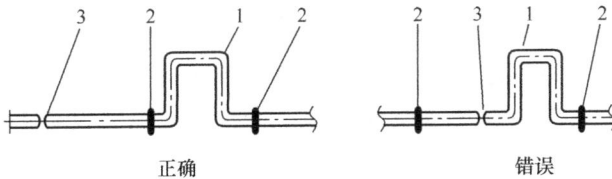

图 15-21　补偿器冷拉口位置

1—补偿器；2—焊口；3—紧口

方形补偿器可水平安装，也可垂直安装。水平安装时，外伸的垂直臂应水平，突出的平行臂的坡度和坡向与管道相同；垂直安装时，最高点应设放气装置，最低点应设放水装置。

⑨ 为了使管道伸缩时不致破坏保温层，滑动支架的高度应大于保温层的厚度。

3）波纹管补偿器

（1）波纹管补偿器的构造特点

波纹管补偿器是用多层或单层薄壁金属管（通常为不锈钢）制成的具有轴向波纹的管状补偿设备。主要是利用波纹变形进行管道热补偿，供热管道上使用的波纹管，多用不锈钢制造。图 15-22 所示的是供热管道上常用的轴向型波纹管补偿器，用在管道上进行轴向长度补偿。这种补偿器优点是节省空间，节约材料，易于布置，安装方便。在波纹管内侧

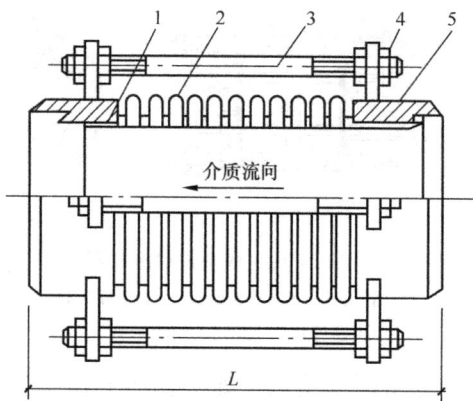

图 15-22 轴向型波纹管补偿器
1—导流管；2—波纹管；3—限位拉杆；
4—限位螺母；5—端管

装有导流管，减小了流体的流动阻力，同时也避免了介质流动时对波纹管壁面的冲刷，延长了波纹管的使用寿命。波纹管补偿器具有良好的密封性能，不需要进行维修，承压能力和工作温度较高，但其补偿能力小，价格也较高。轴向补偿器的最大补偿能力，可从产品样本上查出选用。

为使轴向波纹管补偿器严格地按管道轴向热胀或冷缩，补偿器应靠近一个固定支架设置，并设置导向支座，导向支座宜采用整体箍住管子的方式以控制横向位移和防止管子纵向变形。常用的轴向波纹管补偿器通常都作为标准的管配件，用法兰或焊接的形式与管道连接。

波纹管补偿器的适用范围为：

① 用于工艺要求阻力降及湍流程度尽可能小的管道；

② 不允许有接管负荷加在设备上的设备进口管道；

③ 要求吸收隔离高频机械振动的管道；

④ 变形与位移量大而空间位置受到限制的管道；

⑤ 变形与位移量大而工作压力低的管道；

⑥ 考虑吸收地震或地基沉陷的管道。

(2) 波纹管补偿器的安装要求

① 波纹管补偿器安装首先应进行质量检查，并进行水压试验。

② 在任意直管段上两固定支架之间只能安装一组波纹管补偿器。轴向型波纹管补偿器一端应布置在离固定支架 4DN 处，另一端长距离管线应安装防止波纹管失稳的导向支座。

③ 安装波纹管补偿器时，应使套管的焊缝端与介质流动方向相迎。

④ 波纹管补偿器安装时应考虑预拉伸量 50%，拉伸量应根据补偿零点温度来定位。所谓补偿零点温度就是管道设计最高温度和最低温度的中点温度。安装环境温度等于补偿零点温度时，不拉伸；大于零点温度时，压缩；小于零点温度时，拉伸。波纹管补偿器的预压或预拉，应当在平地上进行，逐渐增加作用力，尽量保证波纹管的圆周面受力均匀，拉伸或压缩量的偏差应小于 5mm。当拉伸或压缩到要求数值时应当安装固定。

⑤ 波纹管补偿器必须与管道保持同心，不得偏斜。

⑥ 安装过程中，不允许焊渣飞溅到波壳表面，不允许波壳受到其他机械损伤。

⑦ 当管道内有凝结水产生时，需在波纹管补偿器的每个波节下方安装放水阀，北方寒冷地区非保温管道如不能保证波节内及时排水，应预先将波纹管内灌密度大于水的防冻油，防止波节冻裂。

⑧ 吊装波纹管补偿器时，不能把支撑件焊在波纹管上，也不能把吊索绑扎到波纹

管上。

⑨ 管系安装完毕后，应尽快拆除波纹管补偿器上用作安装运输的黄色辅助定位构件及紧固件，并按设计要求将限位装置调到规定位置，使管系在环境条件下有充分的补偿能力。

4）套筒补偿器

（1）套筒补偿器的构造特点

套筒补偿器又叫填料函式补偿器，它以填料函来实现密封，以插管和套筒的相对运动来补偿管道的热伸缩量。套筒补偿器是由填料密封的套管和外壳管组成的，两者同心套装并可轴向补偿，有单向和双向两种形式，单向伸缩器应安装在固定支架旁边的平直管道上，双向伸缩器应安装在两固定支架的中间。图 15-23 所示是单向套筒补偿器。套筒与外壳体之间用填料圈密封，填料被紧压在端环和压盖之间，以保证封口紧密。填料采用石棉夹铜丝盘根，更换填料时需要松开压盖，维修方便。

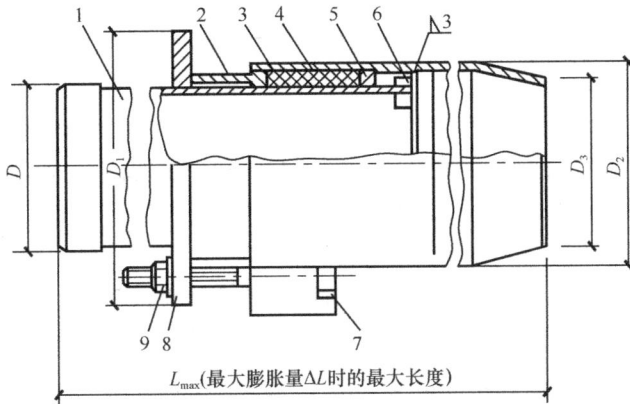

图 15-23　单向套筒补偿器
1—套管；2—前压法兰；3—壳体；4—填料圈；
5—后压法兰；6—防脱肩；7—T 形螺栓；8—垫圈；9—螺母

套筒补偿器的补偿能力大，一般可达 250～400mm，占地小，介质流动阻力小，造价低，适用于工作压力小于或等于 1.6MPa，工作温度低于 300℃的管路上，补偿器与管道采用焊接连接。

套筒补偿器轴向推力大，易发生介质渗漏，而且其压紧、补充和更换填料的维修工作量大，管道在地下敷设时，要增设检查室。如果管道变形有横向位移时，易造成填料圈卡住，它只能用在直线管段上，当其使用在阀门或弯管处时，其轴向产生的盲板推力（由内压引起的不平衡）也较大，需要设置加强的固定支座。套筒补偿器的最大补偿量，可从产品样本上查出。

（2）套筒补偿器的安装要求

① 安装前应将伸缩器拆开，检查内部零件及填料是否齐备，质量是否符合要求。安装时，要求管道中心线与伸缩器中心线一致时，方能正常工作，故不适用于在悬吊式支架上安装。补偿器两侧，必须各设一个导向支座，使其运行时不致偏离中心线。

② 安装前须检查补偿器的规格及套管、芯子的加工精度、间隙等是否符合设计要求。

校核尺寸后，填满填料盒中填料，并进行压紧。

③ 安装前必须做好预拉伸，如设计无明确要求，按表 15-17 规定进行。

套筒补偿器预拉伸长度 表 15-17

补偿器规格（mm）	15	20	25	32	40	50	65	75	80	100	125	150
拉出长度（mm）	20	20	30	30	40	40	56	56	59	59	59	63

④ 套筒补偿器应安装在介质的流入端，安装时应使芯子与外套的间隙不大于 2mm。

⑤ 采用套筒补偿器时，应计算各种安装温度下的补偿器安装长度，安装长度应考虑气温变化，留有剩余的伸缩量，可不经计算，按表 15-18 采用。

套筒补偿器剩余伸缩量（安装间隙）（mm） 表 15-18

两固定支架间的管段长度（m）	安装时温度		
	低于−5℃	−5～20℃	20℃以上
100	30	50	60
75	30	40	50

⑥ 校核尺寸后，填满填料盒中填料，并进行压紧。填塞的石棉绳应涂以石墨粉，各层填料环的接口应错开放置。介质温度在 100℃ 以内时，允许采用麻、棉质填料。外套拉紧时，其压盖插入套筒补偿器的外皮不超过 30mm。

⑦ 单向套筒补偿器应安装在固定支架附近，套管外壳一端朝向管道固定支架，伸缩端与产生热胀缩的管子相连。如固定点与套筒补偿器间的管道不直，从固定点到套筒补偿器间有较大距离时，为保证管子与补偿器同心，补偿器的伸缩端方向必须设 1～2 个导向支架。

⑧ 双向套筒补偿器应装在两固定支架间中部，同时两侧均应设 1～2 个导向支架。

⑨ 焊制套筒补偿器的安装应符合下列规定：

a. 焊制套筒补偿器应与管道保持同轴。

b. 焊制套筒补偿器芯管外露长度应大于设计规定的伸缩长度，芯管端部与套管内挡圈之间的距离应大于管道冷收缩量。

c. 采用成型填料圈密封的焊制套筒补偿器，填料的品种及规格应符合设计规定，填料圈的接口应做成与填料箱圆柱轴线成 45° 的斜面，填料应逐圈装入，逐圈压紧，各圈接口应相互错开。

d. 采用非成型填料的补偿器，填注密封填料时应按规定压力依次均匀注压。

5）球形补偿器

（1）球形补偿器的构造特点

球形补偿器结构如图 15-24 所示。它由外壳、球体、密封圈、压紧法兰和连接法兰等主要部件组成。外壳一般为铸铁件，球体可由钢板冲压成半球体，再经拼焊、研磨、电镀而成。球体与外壳可相对折曲或旋转一定的角度（一般可达 30°），它是靠一组两个或三个球形接头的灵活转动及其所构成的相应角度变化来补偿管道的热膨胀。在压紧法兰的压力下，球体通过两个密封圈嵌固在外壳里。密封圈是用加填充剂的聚四氟乙烯制成的。其特点是不但密封性好，而且有自润滑作用，密封圈在正常的情况下不易损坏，一旦损坏时可拆下压紧法兰予以更换。

球形补偿器不应单个使用，可根据具体情况以 2～4 个连成一组使用，见图 15-25，球形补偿器具有很好的耐压和耐温性能，能适应 230℃ 的高温和 0.4MPa 的压力，使用寿命长，运行可靠，占地面积小，基本上无需维修，补偿能力大。工作时变形应力小，减少了对支座的要求。

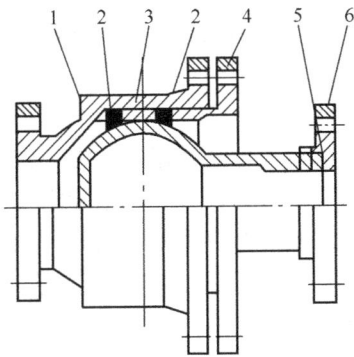

图 15-24　球形补偿器结构图
1—外壳；2—密封圈；3—球体；4—压
紧法兰；5—垫片；6—螺纹连接法兰

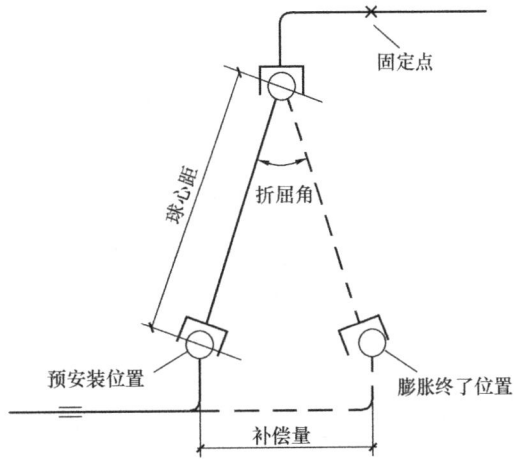

图 15-25　球形补偿器安装

（2）球形补偿器的安装要求

① 球形补偿器必须设置两个一组使用，安装时须仔细核对器体上的标志，使其符合使用要求。

② 球形补偿器的球体与外壳间的密封性能良好，能作空间变形，补偿能力大，适用于架空敷设。

③ 球形补偿器一般只用在有三向位移的蒸汽和热水管道上。介质可由任何一端进出。

④ 球形补偿器安装前，须将通道两端封堵，存放在干燥通风的室内，应严防锈蚀。这种补偿器使用中极易漏水、漏汽，应安装在便于经常检修和操作的位置上。

⑤ 补偿器可以在管道直线段水平、垂直安装，为减少摩擦力，滑动支座宜采用滚动支座。

⑥ 安装球形补偿器要正确地分段和合理地确定固定支架位置，以减少固定支架的推力。

⑦ 由于补偿管段长（直线段可达 400～500m），所以应考虑设导向支架。

⑧ 采用球形补偿器、铰链型波纹管补偿器，且补偿管段较长时，宜采取减小管道摩擦力的措施。

⑨ 与球形补偿器相连接的两垂直臂的倾斜角度应符合设计要求，外伸部分应与管道坡度保持一致。

⑩ 试运行期间，应在工作压力和工作温度下进行观察，应转动灵活，密封良好。

15.4 室外供热管道支吊架

1. 热力管道支吊架

管道支架是指能支撑管道，并限制管道的变形和位移的一种支撑结构。管道支架是管道安装工程中的重要构件之一。除埋地管道外，管道支架制作与安装是管道安装中的第一道工序。

按支架对管道的约束作用不同，可分为活动支架和固定支架两大类；按结构形式可以分为托架、吊架和管卡三种。其中，固定支架常用的有夹环式固定支架、焊接角钢固定支架、曲面槽固定支架和挡板式固定支架；活动支架常用的有滑动支架、滚动支架、悬吊支架及导向支架四种形式。

1) 固定支架

主要用于固定管道，均匀分配补偿器之间管道的伸缩量，保证补偿器正常工作。由于在固定支架之间的管段被牢牢地固定住，不能有任何位移，管道只能在两个固定支架间伸缩，因此，固定支架不仅承受管道、附件、管内介质及保温结构的重量，同时还承受管道因温度、压力的影响而产生的轴向伸缩推力和变形应力，并将这些力传到支承结构上去，所以固定支架必须有足够的强度。常用的固定支架如图 15-26 所示。

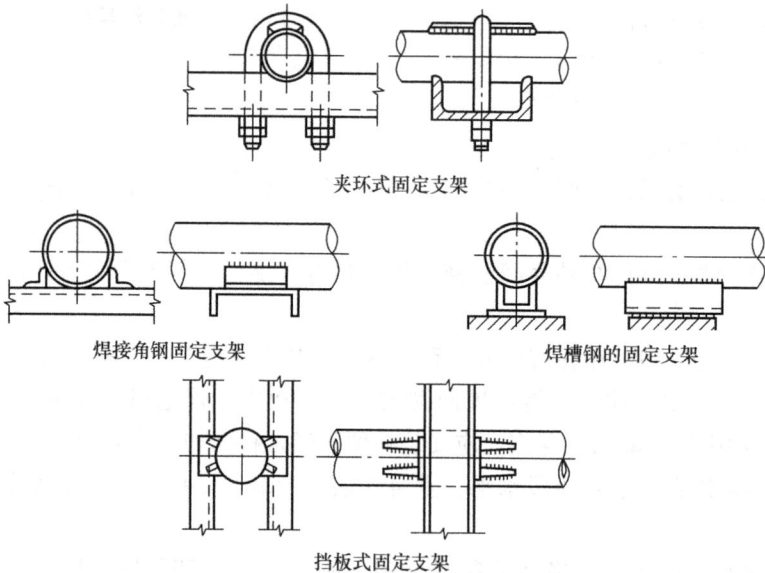

夹环式固定支架

焊接角钢固定支架　　　　　　焊槽钢的固定支架

挡板式固定支架

图 15-26　固定支架的结构形式

2) 活动支架

活动支架是指直接承受管道及保温结构的重量，并允许管道在温度作用下，沿管轴线自由伸缩。活动支架的类型较多，有滑动支架、导向支架、滚动支架、悬吊支架等。

(1) 滑动支架

是能使管子与支架结构间自由滑动的支架。由安装（采用卡固或焊接方式）在管子上的钢制管托与下面的支承结构构成。可以分为低位支架和高位支架。前者适用于室外不保温管道，后者适用于室外保温管道。

低支架按其构造形式又分为卡环式和弧形板式两种。图15-27所示为卡环式，用圆钢揻制U形管卡，一端套丝固定，另一端不套丝；图15-28所示为弧形板式，在管壁与支承结构间垫上弧形板，并与管壁焊接，当管子伸缩时，弧形板在支承结构上来回滑动。

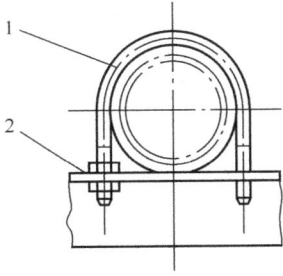

图 15-27　卡环式低滑动支架
1—管卡；2—螺母

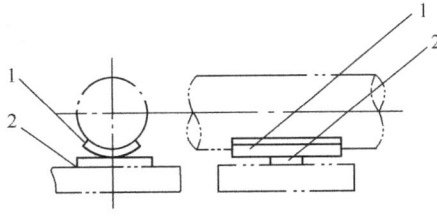

图 15-28　弧形板式低滑动支架
1—弧形板；2—托架

高支架是利用焊在管道上的高支座在支承结构上滑动，来防止管道移动摩擦损坏保温层，其结构形式如图15-29所示。

（2）导向支架

导向支架是滑动支架的一种，主要是为使管道在支架上滑动时，不至于偏离管轴线而设置的。一般设置在补偿器、铸铁阀门两侧。导向支架一般只允许管道有轴向位移，而不允许有径向位移，是以滑动支架为基础，在滑动支架两侧的横梁上各焊上一块导向板，如图15-30所示。导向板通常采用扁钢或角钢，导向板长度与支架横梁的宽度相等，导向板与滑动支座间应有3mm的空隙。

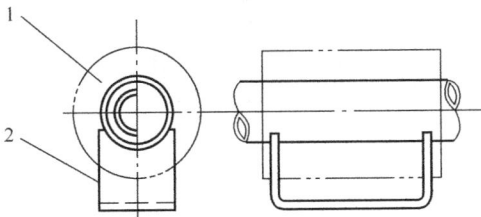

图 15-29　高滑动支架
1—绝热层；2—管子托架

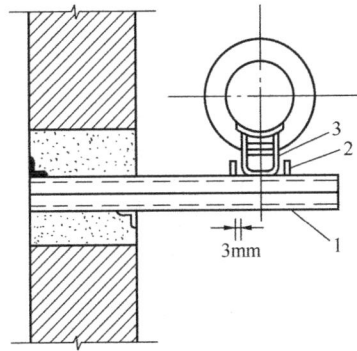

图 15-30　导向支架
1—支梁；2—导向板；3—支座

（3）滚动支架

滚动支架是在管道滑脱与支架之间加入滚柱或滚珠，使管道与支架之间的相对运动为

237

滚动，以滚动摩擦代替滑动摩擦，来减少管道热伸缩时的摩擦力。可分为滚柱支架及滚轴支架两种。滚柱支架用于直径较大而无横向位移的管道；滚轴支架用于介质温度较高、管径较大而无横向位移的管道。如图 15-31 所示。

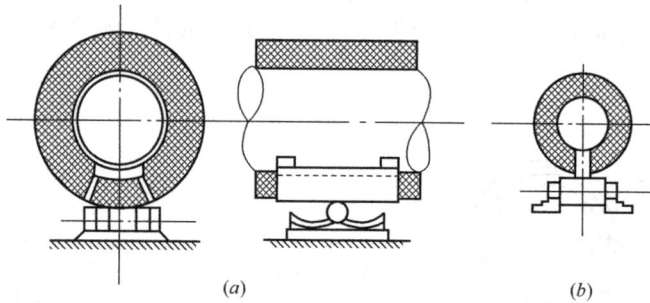

图 15-31　滚动支架

(a) 滚柱支架；(b) 滚轴支架

（4）悬吊支架

悬吊支架结构简单，摩擦力小。可分为普通吊架和弹簧吊架。普通吊架主要用于伸缩量较小的管道，管道在运行过程中，由于各点的热变形量不同，造成各悬吊支架的偏移幅度也不一样，会使管道产生扭曲，如图 15-32 所示；如果管道有垂直位移，而又不允许产生扭曲，则可采用弹簧吊架，弹簧吊架适用于伸缩性和振动性较大的管道，如图 15-33 所示。

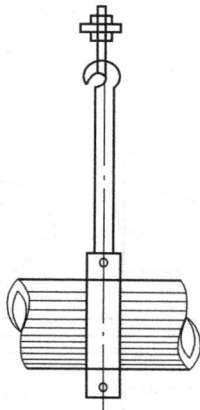

图 15-32　悬吊架

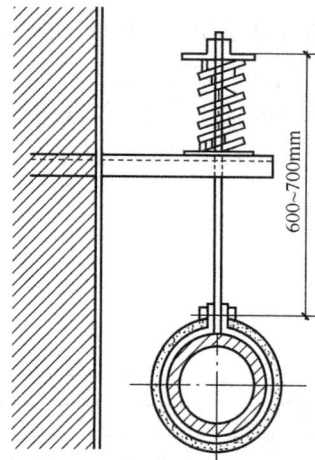

图 15-33　弹簧悬吊支架

因悬吊支架管道有易产生扭曲的特点，所以选用补偿器时应加以注意。例如：只能选用可抗扭曲的方形补偿器，而不能选用套管补偿器。

2. 管道支吊架选用原则

（1）管托一般与管道焊接，支架一般与支撑件焊接，管托常与支架组合使用，滑动、导向支架和管托一般需限位，管托无论是否保温都可以分为滑动、固定、导向三种，不管选择哪一种，管托是不变的，只是管托与钢结构或支架的连接上有改变。

（2）水平敷设在支架上的有隔热层的管道应设置管托，当管道热胀量超过 100mm 时，应选用加长管托。

（3）管道的支承点在垂直方向无位移时可采用刚性支吊架；有位移时应采用可变弹簧支吊架；位移量大时应采用恒力弹簧支吊架。

（4）下列情况不宜采用焊接型管托和吊托支架：

① 介质温度不小于 400℃的碳钢管道；

② 输送冷冻介质管道；

③ 输送浓碱液管道；

④ 合金钢管道；

⑤ 生产中需要经常拆卸检修的管道；

⑥ 不易焊接施工和不宜与管托、支架直接焊接的管道。

（5）允许管道有轴向位移，而对横向位移需要加以限制时，在下列情况下应设置导向支架：

① 安全阀出口的高速放空管道和可能产生振动的两相流管道。

② 横向位移过大可能影响邻近管道时；固定支架之间的距离过长，可能产生横向不稳定时。

③ 为防止法兰和活接头泄漏要求管道不宜有过大的横向位移时。

④ 方形补偿器两侧的管道上应设导向支架，其位置距补偿器弯头宜为管道公称直径的 40 倍。

⑤ 导向支架不宜设置在靠近弯头和支管的连接处。

（6）需要限制管道位移量时，应设置限位支架。

（7）直接与设备相接或靠近设备管口的 $DN \geqslant 150mm$ 的水平安装的阀门应考虑支撑。

（8）靠近弯头的地方最好用滑动支架，一般位置要大于 6 倍的管道直径，管道的两个膨胀节之间要用固定支架。

（9）表 15-19 所示是由固定点起，允许不装补偿器的直管段长度 L，该表同时适用于带有支管的干管，固定点指固定支架节点处。

由固定点起，允许不装补偿器的直管段的最大长度（m）　　　　　　表 15-19

建筑物性质	热水温度（℃）												
	60	70	80	90	95	100	110	120	130	140	143	151	158
	蒸汽压力（MPa）												
	—	—	—	—	—	—	0.05	0.1	0.18	0.27	0.3	0.4	0.5
民用建筑	55	45	40	35	33	32	30	26	25	22	22	22	—
工业建筑	65	57	50	45	42	40	37	32	30	27	27	27	25

（10）当受热管段本身弯曲部件的补偿能力不能满足要求时，在管道中必须设置补偿装置，其固定支架间的最大间距见表 15-20。

管道公称直径 DN（mm）		25	32	40	50	70	80	100	125	150	200	250	300	350	400	450	500	600
方形补偿器	地沟或架空敷设（m）	30	35	45	50	55	60	65	70	80	90	100	115	130	145	160	180	200
	无地沟敷设（m）	—	—	45	50	55	60	65	70	70	90	90	110	110	110	125	125	125

15.5　室外供热管网附属设施

1. 供热管道的排水、放气装置

为了在需要时排除管道内的水，放出管道内聚集的空气，供热管道必须敷设一定的坡度，并配置相应的排水、放气装置。在确定管网线路时，要根据地形情况在适当部位设置排水点和放气点，并应使排水点邻近城市或厂区的排水管道。

为了检修时减少热水的损失和缩短放水时间，应在供、回水干管上每隔 800～1000m 设一分段阀，如图 15-34 所示。热水低点处（包括分段阀门划分的每个管段的低点处），应安装排水装置。放水阀门的直径一般选用热水管道直径的 1/10 左右，但最小不应小于 20mm。放水不应直接排入下水管或雨水管道内，而必须先排入集水坑。排水装置应保证一个排水段的排水时间不超过下面的规定：对于 $DN \leqslant 300$mm 的管道，排水时间为 2～3h；对于 $DN350 \sim 500$mm 的管道，排水时间为 4～6h；对于 $DN \geqslant 600$mm 的管道，排水时间为 5～7h，规定排水时间主要是考虑在冬季出现事故时能迅速排水，缩短抢修时间，以免供暖系统和管路冻结。

放气装置应设在管段的最高点，一般排气阀门直径选用 15～25mm 的。如图 15-34 所示，放气管直径需根据管道直径来确定。

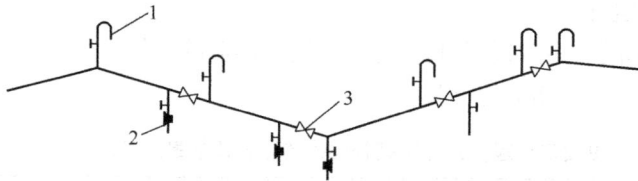

图 15-34　热水或凝结水管道排水和放气装置
1—放气阀；2—排水阀；3—阀门

表 15-21 给出了常见规格管道所需放气管的直径，表中还给出了管道排水管直径的选择范围，供选用时参考。

排水管、放气管直径选择表（mm）　表 15-21

热水管、凝水管公称直径	<80	100～125	150～200	250～300	350～400	450～550	>600
排水管公称直径	25	40	50	80	100	125	150
放气管公称直径	15	20	25		32		40

2. 供热管道的检查室及检查平台

在《城镇供热管网设计规范》CJJ 34 中明确规定："地下敷设管道安装套筒补偿器、波纹补偿器、阀门、放水和除污装置等设备附件时，应设检查室"。这里所说的检查室即检查井，对热力管道系统起到监控、检查、维护以及保证系统安全运行的重要作用，检查室还用来汇集和排除渗入地沟或由管道放出的网路水。检查室的结构尺寸，应根据管道的根数、管径、阀门及附件的数量和规格大小确定，既要考虑维护操作方便，又要尽可能地紧凑。

热力管道系统在其系统中设置的检查井按其功能可分为管阀布置井、补偿装置安装井、泄水放气专用井。

管阀布置井多布置在输配干管设置的分段阀或分支管接出处。在井内的干管、分支管上根据不同的载热体分别装有阀门、仪表、疏水系统、泄水放气装置等。

补偿装置安装井一般用于安装波纹补偿器或套筒补偿器。由于在城市热力管道系统中，补偿方式只能选用与管道一致的轴向型补偿器即波纹补偿器和套筒补偿器。为了保证补偿器与管道的同心度，消除垂直于补偿装置的侧向外力，不宜在该类型井内引出支管。

泄水井、放气井是室外地下敷设热力管道系统中布置的另外一种专用检查井。在系统运行中空气从放气井中设置的放气阀排出。泄水井的作用对不同的管道是不同的，对热水管道通常是在检修时需将水排干净，以利于检修；对蒸汽管道则是需要将运行中产生的凝结水排除掉，以防止在管道内形成水击。

检查室设置应符合下列规定：

（1）净空高度不应小于 1.8m；人行通道宽度不应小于 0.6m；干管保温结构表面与检查室地面距离不应小于 0.6m。

（2）检查室人孔直径不小于 0.7m，人孔数量不少于 2 个，并应对角布置。人孔应尽量避开检查室内的设备，当检查室净空面积小于 4m² 时，可只设一个人孔；在每个人孔处，应装设梯子或爬梯，以便工作人员出入。

（3）检查室内至少设一个集水坑，尺寸不小于 0.4m×0.4m×0.5m（长×宽×深），位于人孔的下方。检查室地面应坡向集水坑，其坡度为 0.01。检查室地面低于地沟内底应不小于 0.3m。

（4）检查室内装有电动阀门时，应采取措施，保证安装地点的空气温度、湿度满足电气装置的技术要求；公称直径大于或等于 300mm 的阀门应设支承。

（5）检查室内爬梯高度大于 4m 时应设护栏或在爬梯中间设平台。当检查室内需更换的设备、附件不能从人孔进出时，应在检查室顶板上设安装孔。安装孔的尺寸和位置应保证需更换设备的出入和便于安装。

（6）所有分支管路在检查室内均应装设关断阀和排水管，以便当支线发生事故时能及时切断管路，并将管道中的积水排除。检查室盖板上的覆土深度不得小于 0.3m。检查室布置图例如图 15-35 所示。

架空敷设的中、高支架敷设的管道，在安装阀门、排水、放气、除污装置的地方应设操作平台，操作平台的尺寸应保证维修人员操作方便，平台周围应设防护栏杆。

检查室或操作平台的位置及数量应在管道平面定线和设计时一起考虑，在保证安全运行和检修方便的前提下，尽可能减少其数目。

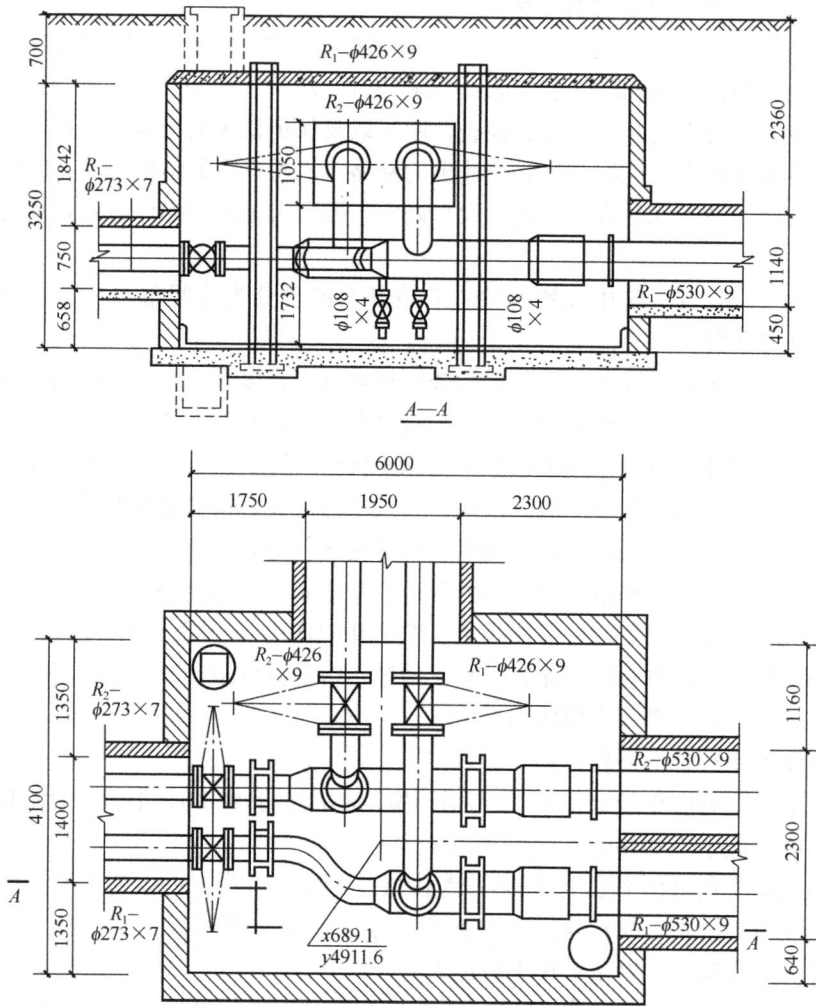

图 15-35 检查室布置图例

附　　录

附录1　自然循环上供下回双管热水供暖系统中水在管路内冷却而产生的附加压力 Δp_f（Pa）

系统的水平距离（m）	锅炉到散热器的高度（m）	自总立管至计算立管之间的水平距离（m）					
		<10	10~20	20~30	30~50	50~75	75~100
未保温的明装立管（1）1层或2层的房屋							
25 以下	7 以下	100	100	150	—		
25~50	7 以下	100	100	150	200		
50~75	7 以下	100	100	150	150	200	
75~100	7 以下	100	100	150	150	200	250
（2）3层或4层的房屋							
25 以下	15 以下	250	250	250	—	—	—
25~50	15 以下	250	250	300	350	—	—
50~75	15 以下	250	250	250	300	350	
75~100	15 以下	250	250	250	300	350	400
（3）高于4层的房屋							
25 以下	7 以下	450	500	550	—	—	—
25 以下	大于 7	300	350	450	—	—	—
25~50	7 以下	550	600	650	750		
25~50	大于 7	400	450	500	550		
50~75	7 以下	550	550	600	650	750	—
50~75	大于 7	400	400	450	500	550	
75~100	7 以下	550	550	550	600	650	700
75~100	大于 7	400	400	400	450	500	650
未保温的暗装立管（1）1层或2层的房屋							
25 以下	7 以下	80	100	130	—		
25~50	7 以下	80	80	130	150	—	
50~75	7 以下	80	80	100	130	180	—
75~100	7 以下	80	80	80	130	180	230

系统的水平距离（m）	锅炉到散热器的高度（m）	自总立管至计算立管之间的水平距离（m）					
		<10	10～20	20～30	30～50	50～75	75～100
（2）3 层或 4 层的房屋							
25 以下	15 以下	180	200	280	—	—	—
25～50	15 以下	180	200	250	300	—	—
50～75	15 以下	150	180	200	250	300	—
75～100	15 以下	150	150	180	230	280	330
（3）高于 4 层的房屋							
25 以下	7 以下	300	350	380	—	—	—
25 以下	大于 7	200	250	300	—	—	—
25～50	7 以下	350	400	430	530	—	—
25～50	大于 7	250	300	330	380	—	—
50～75	7 以下	350	350	400	430	530	—
50～75	大于 7	250	250	300	330	380	—
75～100	7 以下	350	350	380	400	480	530
75～100	大于 7	250	260	280	300	350	450

注：1. 在下供下回式系统中，不计算水在管路中冷却而产生的附加作用压力值。

2. 在单管式系统中，附加值采用本附录所示的相应值的 50%。

附录2　居住及公共建筑物供暖室内计算温度 t_n

序号	房间名称	室内温度（℃）		序号	房间名称	室内温度（℃）	
		一般	上下范围			一般	上下范围
一、居住建筑				6	消毒室、绷带保管室	18	16～18
1	饭店、宾馆的卧室与起居室	20	18～22	7	手术、分娩准备室	22	20～22
2	住宅、宿舍的卧室与起居室	18	16～20	8	儿童病房	22	20～22
3	厨房	10	5～15	9	病人厕所	20	18～22
4	门厅、走廊	16	14～16	10	病人浴室	25	21～25
5	浴室	25	21～25	11	诊室	20	18～20
6	盥洗室	18	16～20	12	病人食堂、休息室	20	18～22
7	公共厕所	15	14～16	13	日光浴室	25	
8	厨房的储藏室	5	可不采暖	14	医务人员办公室	18	18～20
9	楼梯间	14	12～14	15	工作人员厕所	16	14～16
二、医疗建筑				三、幼儿园、托儿所			
1	病房（成人）	20	18～22	1	儿童活动室	18	16～20
2	手术室及产房	25	22～26	2	儿童厕所	18	16～20
3	X 光室及理疗室	20	18～22	3	儿童盥洗室	18	16～20
4	治疗室	20	18～22	4	儿童浴室	25	
5	体育疗法	18	16～20	5	婴儿室、病儿室	20	18～22

序号	房间名称	室内温度（℃）一般	室内温度（℃）上下范围	序号	房间名称	室内温度（℃）一般	室内温度（℃）上下范围
6	医务室	20	18～22	2	阅览室	18	16～20
四、学校				3	目录厅、出纳厅	16	16～18
1	教室、学生宿舍	16	16～18	4	特藏库	20	18～22
2	化学实验室、生物室	16	16～18	5	胶卷库	15	12～18
3	其他实验室	16	16～18	6	展览厅、报告厅	16	14～18
4	礼堂	16	15～18	九、公共饮食建筑			
5	体育馆	15	13～18	1	餐厅、小吃部	16	14～18
6	医务室	18	16～20	2	休息厅	18	16～20
7	图书馆	16	16～18	3	厨房（加工部分）	16	
五、影剧院				4	厨房（烘烤部分）	5	
1	观众厅	16	14～18	5	干货储存	12	
2	休息厅	16	14～18	6	菜储存	5	
3	放映室	15	14～16	7	酒储存	12	
4	舞台（芭蕾舞除外）	18	16～18	8	小冷库		
5	化妆室（芭蕾舞除外）	18	16～20		水果、蔬菜、饮料	4	
6	吸烟室	14	12～16		食品剩余	2	
7	售票处（大厅）	12	12～16	9	洗碗间	20	
	售票处（小房间）	18	16～18	十、洗衣房			
六、商业建筑				1	洗衣车间	15	14～16
1	商店营业室（百货、书籍）	15	14～16	2	烫衣车间	10	8～12
2	副食商店营业室（油盐杂货）	12	12～14	3	包装间	15	
3	鱼肉、蔬菜营业室	10		4	接收衣服间	15	
4	鱼肉、蔬菜储藏室	5		5	取衣处	15	
5	米面储藏室	10		6	集中衣服处	10	
6	百货仓库	12		7	水箱间	5	
7	其他仓库	8	5～10	十一、澡堂、理发馆			
七、体育建筑				1	更衣	22	20～25
1	比赛厅（体操除外）	16	14～20	2	浴池	25	24～28
2	休息厅	16		3	淋浴室	25	
3	练习厅（体操除外）	16	16～18	4	浴池与更衣之间的门斗	25	
4	运动员休息室	20	18～22	5	蒸汽浴室	40	
5	运动员更衣室	22		6	盆塘	25	
6	游泳馆、室内游泳池	26	25～28	7	理发室	18	
八、图书资料馆建筑				8	消毒室		
1	书报资料库	16	15～18		干净区	15	

序号	房间名称	室内温度（℃） 一般	室内温度（℃） 上下范围	序号	房间名称	室内温度（℃） 一般	室内温度（℃） 上下范围
8	脏区	15			摄影室	18	
9	烧火间	15		4	洗印室（黑白）	18	18～20
十二、交通、通信建筑					洗印室（彩色）	18	18～20
1	火车站			十四、公共建筑的共同部分			
	候车大厅	16	14～16	1	门厅、走道	14	14～18
	售票、问讯（小房间）	16	16～18	2	办公室	18	16～18
	机场候机厅	20	18～20	3	厨房	10	5～15
2	长途汽车站	16	14～16	4	厕所	16	14～16
3	广播、电视台			5	电话机房	18	18～20
	演播室	20	20～22	6	配电间	18	16～18
	技术用房	20	18～22	7	通风机房	15	14～16
	布景、道具加工间	16	16～18	8	电梯机房	5	
十三、生活服务建筑				9	汽车库（停车场、无修理间）	5	5～10
1	衣服、鞋帽修理店	16	16～18	10	小型汽车库（一般检修）	12	10～14
2	钟表、眼镜修理店	18	18～20	11	汽车修理间	14	12～16
3	电视机、收音机修理店	18	18～20	12	地下停车库	12	10～12
4	照相馆			13	公共食堂	16	14～16

附录3 辅助用室的冬季室内空气温度 t_n

辅助用室名称	室内空气温度（℃）	辅助用室名称	室内空气温度（℃）
厕所、盥洗室	12	淋浴室	25
食堂	14	淋浴室的换衣室	23
办公室、休息室	16～18	女工卫生室	23
技术资料室	16	哺乳室	20
存衣室	16		

注：设计温度不得低于表中值。

附录4 室外气象参数

省/直辖市/自治区		北京(1)	天津(2)		河北(10)				
市/区/自治州		北京	天津	塘沽	石家庄	唐山	邢台	保定	张家口
台站名称及编号		北京	天津	塘沽	石家庄	唐山	邢台	保定	张家口
		54511	54527	54623	53698	54534	53798	54602	54401
台站信息	北纬	39°48′	39°05′	39°00′	38°02′	39°40′	37°04′	38°51′	40°47′
	东经	116°28′	117°04′	117°43′	114°25′	118°09′	114°30′	115°31′	114°53′
	海拔(m)	31.3	2.5	2.8	81	27.8	76.8	17.2	724.2
	统计年份	1971~2000	1971~2000	1971~2000	1971~2000	1971~2000	1971~2000	1971~2000	1971~2000
	年平均温度(℃)	12.3	12.7	12.6	13.4	11.5	13.9	12.9	8.8
室外计算温、湿度	供暖室外计算温度(℃)	−7.6	−7.0	−6.8	−6.2	−9.2	−5.5	−7.0	−13.6
	冬季通风室外计算温度(℃)	−3.6	−3.5	−3.3	−2.3	−5.1	−1.6	−3.2	−8.3
	冬季空气调节室外计算温度(℃)	−9.9	−9.6	−9.2	−8.8	−11.6	−8.0	−9.5	−16.2
	冬季空气调节室外计算相对温度(℃)	44	56	59	55	55	57	55	41.0
	夏季空气调节室外计算干球温度(℃)	33.5	33.9	32.5	35.1	32.9	35.1	34.8	32.1
	夏季空气调节室外计算湿球温度(℃)	26.4	26.8	26.9	26.8	26.3	26.9	26.6	22.6
	夏季通风室外计算温度(℃)	29.7	29.8	28.8	30.8	29.2	31.0	30.4	27.8
	夏季通风室外计算相对湿度(%)	61	63	68	60	63	61	61	50.0
	夏季空气调节室外计算日平均温度(℃)	29.6	29.4	29.6	30.0	28.5	30.2	29.8	27.0
风向、风速及频率	夏季室外平均风速(m/s)	2.1	2.2	4.2	1.7	2.3	1.7	2.0	2.1
	夏季最多风向	C SW	C S	SSE	C S	C ESE	C SSW	C SW	C SE
	夏季最多风向的频率(%)	18 10	15 9	12	26 13	14 11	23 13	18 14	19 15
	夏季室外最多风向的平均风速(m/s)	3.0	2.4	4.3	2.6	2.8	2.3	2.5	2.9
	冬季室外平均风速(m/s)	2.6	2.4	3.9	1.8	2.2	1.4	1.8	2.8
	冬季最多风向	C N	C N	NNW	C NNE	C WNW	C NNE	C SW	N
	冬季最多风向的频率(%)	19 12	20 11	13	25 12	22 11	27 10	23 12	35.0
	冬季室外最多风向的平均风速(m/s)	4.7	4.8	5.8	2	2.9	2.0	2.3	3.5
	年最多风向	C SW	C SW	NNW	C S	C ESE	C SSW	C SW	N
	年最多风向的频率(%)	17 10	16 9	8	25 12	17 8	24 13	19 14	26
	冬季日照百分率(%)	64	58	63	56	60	56	56	65.0
大气压力	最大冻土深度(cm)	66	58	59	56	72	46	58	136.0
	冬季室外大气压力(hPa)	1021.7	1027.1	1026.3	1017.2	1023.6	1017.7	1025.1	939.5
	夏季室外大气压力(hPa)	1000.2	1005.2	1004.6	995.8	1002.4	996.2	1002.9	925.0
设计计算用供暖期天数及其平均温度	日平均温度≤+5℃的天数	123	121	122	111	130	105	119	146
	日平均温度≤+5℃的起止日期	11.12~03.14	11.13~03.13	11.15~03.16	11.15~03.05	11.10~03.19	11.19~03.03	11.13~03.11	11.03~03.28
	平均温度≤+5℃期间内的平均温度(℃)	−0.7	−0.6	−0.4	0.1	−1.6	0.5	−0.5	−3.9
	日平均温度≤+8℃的天数	144	142	143	140	146	129	142	168.0
	日平均温度≤+8℃的起止日期	11.04~03.27	11.06~03.27	11.07~03.29	11.07~03.26	11.04~03.29	11.08~03.16	11.05~03.27	10.20~04.05
	平均温度≤+8℃期间内的平均温度(℃)	0.3	0.4	0.6	1.5	−0.7	1.8	0.7	−2.6
	极端最高气温(℃)	41.9	40.5	40.9	41.5	39.6	41.1	41.6	39.2
	极端最低气温(℃)	−18.3	−17.8	−15.4	−19.3	−22.7	−20.2	−19.6	−24.6

省/直辖市/自治区		河北(12)							
市/区/自治州		承德	秦皇岛	锦州	营口	阜新	铁岭	朝阳	葫芦岛
台站名称及编号		承德	秦皇岛	锦州	营口	阜新	开原	朝阳	兴城
		54423	54449	54337	54471	54237	54254	54324	54455
台站信息	北纬	40°58′	39°56′	41°08′	40°40′	42°05′	42°32′	41°33′	40°35′
	东经	117°56′	119°36′	121°07′	122°16′	121°43′	124°03′	120°27′	120°42′
	海拔(m)	377.2	2.6	65.9	3.3	166.8	98.2	169.9	8.5
	统计年份	1971~2000	1971~2000	1971~2000	1971~2000	1971~2000	1971~2000	1971~2000	1971~2000
	年平均温度(℃)	9.1	11.0	9.5	9.5	8.1	7.0	9.0	9.2
室外计算温、湿度	供暖室外计算温度(℃)	−13.3	−9.6	−13.1	−14.1	−15.7	−20.0	−15.3	−12.6
	冬季通风室外计算温度(℃)	−9.1	−4.8	−7.9	−8.5	−10.6	−13.4	−9.7	−7.7
	冬季空气调节室外计算温度(℃)	−15.7	−12.0	−15.5	−17.1	−18.5	−23.5	−18.3	−15.0
	冬季空气调节室外计算相对湿度(%)	51	51	52	62	49	49	43	52
	夏季空气调节室外计算干球温度(℃)	32.7	30.6	31.4	30.4	32.5	31.1	33.5	29.5
	夏季空气调节室外计算湿球温度(℃)	24.1	25.9	25.2	25.5	24.7	25	25	25.5
	夏季通风室外计算温度(℃)	28.7	27.5	27.9	27.7	28.4	27.5	28.9	26.8
	夏季通风室外计算相对湿度(%)	55	55	67	68	60	60	58	76
	夏季空气调节室外计算日平均温度(℃)	27.4	27.7	27.1	27.5	27.3	26.8	28.3	26.4
风向、风速及频率	夏季室外平均风速(m/s)	0.9	2.3	3.3	3.7	2.1	2.7	2.5	2.4
	夏季最多风向	C SSW	C WSW	SW	SW	C SW	SSW	C SSW	C SSW
	夏季最多风向的频率(%)	61 6	19 10	18	17.0	29 21	17.0	32 22	26 16
	夏季室外最多风向的平均风速(m/s)	2.5	2.7	4.3	4.8	3.4	3.1	3.6	3.9
	冬季室外平均风速(m/s)	1.0	2.5	3.2	3.6	2.1	2.7	2.4	2.2
	冬季最多风向	C NW	C WNW	C NNE	NE	C N	C SW	C SSW	C NNE
	冬季最多风向的频率(%)	66 10	19 13	21 15	16	36 9	16 15	40 12	34 13
	冬季室外最多风向的平均风速(m/s)	3.3	3.0	5.1	4.3	4.1	3.8	3.5	3.4
	年最多风向	C NW	C WNW	C SW	SW	C SW	SW	C SSW	C SW
	年最多风向的频率(%)	61 6	18 10	17 12	15	31 14	16	33 16	28 10
	冬季日照百分率(%)	65	64	67	67	68	62	69	72
	最大冻土深度(cm)	126	85	108	101	139	137	135	99
大气压力	冬季室外大气压力(hPa)	980.5	1026.4	1017.8	1026.1	1007.0	1013.4	1004.5	1025.5
	夏季室外大气压力(hPa)	963.3	1005.6	997.8	1005.5	988.1	994.6	985.5	1004.7
设计计算用供暖期天数及其平均温度	日平均温度≤+5℃的天数	145	135	144	144	159	160	145	145
	日平均温度≤+5℃的起止日期	11.03~03.27	11.12~03.26	11.06~03.28	11.06~03.29	10.27~04.03	10.27~04.04	11.04~03.28	11.06~03.30
	平均温度≤+5℃期间内的平均温度(℃)	−4.1	−1.2	−3.4	−3.6	−4.8	−6.4	−4.7	−3.2
	日平均温度≤+8℃的天数	166	153	164	164	176	180	167	167
	日平均温度≤+8℃的起止日期	10.21~04.04	11.04~04.05	10.26~04.06	10.26~04.07	10.18~04.11	10.16~04.13	10.21~04.05	10.26~04.10
	平均温度≤+8℃期间内的平均温度(℃)	−2.9	−0.3	−2.2	−2.4	3.7	−4.9	−3.2	−1.9
	极端最高气温(℃)	43.3	39.2	41.8	34.7	40.9	36.6	43.3	40.8
	极端最低气温(℃)	−24.2	−20.8	−22.8	−28.4	−27.1	−36.3	−34.4	−27.5

省/直辖市/自治区		辽宁(12)							
市/区/自治州		本溪	丹东	锡林郭勒盟		沈阳	大连	鞍山	抚顺
台站名称及编号		本溪	丹东	二连浩特	锡林浩特	沈阳	大连	鞍山	抚顺
		54346	54497	53068	54102	54342	54662	54339	54351
台站信息	北纬	41°19′	40°03′	43°39′	43°57′	41°44′	38°54′	41°05′	41°55′
	东经	123°47′	124°20′	111°58′	116°04′	123°27′	121°38′	123°00′	124°05′
	海拔(m)	185.2	13.8	964.7	989.5	44.7	91.5	77.3	118.5
	统计年份	1971~2000	1971~2000	1971~2000	1971~2000	1971~2000	1971~2000	1971~2000	1971~2000
室外计算温、湿度	年平均温度(℃)	7.8	8.9	4.0	2.6	8.4	10.9	9.6	6.8
	供暖室外计算温度(℃)	−18.1	−12.9	−24.3	−25.2	−16.9	−9.8	−15.1	−20.0
	冬季通风室外计算温度(℃)	−11.5	−7.4	−18.1	−18.8	−11.0	−3.9	−8.6	−13.5
	冬季空气调节室外计算温度(℃)	−21.5	−15.9	−27.8	−27.8	−20.7	−13.0	−18.0	−23.8
	冬季空气调节室外计算相对湿度(%)	64	55	69	72	60	56	54	68
	夏季空气调节室外计算干球温度(℃)	31.0	29.6	33.2	31.1	31.5	29.0	31.6	31.5
	夏季空气调节室外计算湿球温度(℃)	24.3	25.3	19.3	19.9	25.3	24.9	25.1	24.8
	夏季通风室外计算温度(℃)	27.4	26.8	27.9	26.0	28.2	26.3	28.2	27.8
	夏季通风室外计算相对湿度(%)	63	71	33	44	65	71	63	65
	夏季空气调节室外计算日平均温度(℃)	27.1	25.9	27.5	25.4	27.5	26.5	28.1	26.6
风向、风速及频率	夏季室外平均风速(m/s)	2.2	2.3	4.0	3.3	2.6	4.1	2.7	2.2
	夏季最多风向	C ESE	C SSW	NW	C SW	SW	SSW	SW	C NE
	夏季最多风向的频率(%)	19 15	17 13	8	13 9	16	19	13	15 12
	夏季室外最多风向的平均风速(m/s)	2.0	3.2	5.2	3.4	3.5	4.6	3.6	2.1
	冬季室外平均风速(m/s)	2.4	3.4	3.6	3.2	2.6	5.2	2.9	2.3
	冬季最多风向	ESE	N	NW	WSW	C NNE	NNE	NE	ENE
	冬季最多风向的频率(%)	25	21	16	19	13 10	24.0	14	20
	冬季室外最多风向的平均风速(m/s)	2.3	5.2	5.3	4.3	3.6	7.0	3.5	2.1
	年最多风向	ESE	C ENE	NW	C WSW	SW	NNE	SW	NE
	年最多风向的频率(%)	18	14 13	13	15 13	13	15	12	16
	冬季日照百分率(%)	57	64	76	71	56	65	60	61
大气压力	最大冻土深度(cm)	149	88	310	265	148	90	118	143
	冬季室外大气压力(hPa)	1003.3	1023.7	910.5	906.4	1020.8	1013.9	1018.5	1011.0
	夏季室外大气压力(hPa)	985.7	1005.5	898.3	895.9	1000.9	997.8	998.8	992.4
设计计算用供暖期天数及其平均温度	日平均温度≤+5℃的天数	157	145	181	189	152	132	143	161
	日平均温度≤+5℃的起止日期	10.28~04.03	11.07~03.31	10.14~04.12	10.11~04.17	10.30~03.30	11.16~03.27	11.06~03.28	10.26~04.04
	平均温度≤+5℃期间内的平均温度(℃)	−5.1	−2.8	−9.3	−9.7	−5.1	−0.7	−3.8	−6.3
	日平均温度≤+8℃的天数	175	167	196	209	172	152	163	182
	日平均温度≤+8℃的起止日期	10.18~04.10	10.27~04.11	10.07~04.20	10.01~04.27	10.20~04.09	11.06~04.06	10.26~04.06	10.14~04.13
	平均温度≤+8℃期间内的平均温度(℃)	−3.8	−1.7	−8.1	−8.1	−3.6	0.3	−2.5	−4.8
	极端最高气温(℃)	37.5	35.3	41.1	39.2	36.1	35.3	36.5	37.7
	极端最低气温(℃)	−33.6	−25.8	−37.1	−38.0	−29.4	−18.8	−26.9	−35.9

省/直辖市/自治区		内蒙古(12)						
市/区/自治州		乌兰察布	兴安盟	赤峰	通辽	鄂尔多斯	呼伦贝尔		巴彦淖尔
台站名称及编号		集宁	乌兰浩特	赤峰	通辽	东胜	满洲里	海拉尔	临河
		53480	50838	54218	54135	53543	50514	50527	53513
台站信息	北纬	41°02′	46°05′	42°16′	43°36′	39°50′	49°34′	49°13′	40°45′
	东经	113°04′	122°03′	118°56′	122°16′	109°59′	117°26′	119°45′	107°25′
	海拔(m)	1419.3	274.7	568.0	178.5	1460.4	661.7	610.2	1039.3
	统计年份	1971~2000	1971~2000	1971~2000	1971~2000	1971~2000	1971~2000	1971~2000	1971~2000
室外计算温、湿度	年平均温度(℃)	4.3	5.0	7.5	6.6	6.2	−0.7	−1.0	8.1
	供暖室外计算温度(℃)	−18.9	−20.5	−16.2	−19.0	−16.8	−28.6	−31.6	−15.3
	冬季通风室外计算温度(℃)	−13.0	−15.0	−10.7	−13.5	−10.5	−23.3	−25.1	−9.9
	冬季空气调节室外计算温度(℃)	−21.9	−23.5	−18.8	−21.8	−19.6	−31.6	−34.5	−19.1
	冬季空气调节室外计算相对湿度(%)	55	54	43	54	52	75	79	51
	夏季空气调节室外计算干球温度(℃)	28.2	31.8	32.7	32.3	29.1	29.0	29.0	32.7
	夏季空气调节室外计算湿球温度(℃)	18.9	23	22.6	24.5	19.0	19.9	20.5	20.9
	夏季通风室外计算温度(℃)	23.8	27.1	28.0	28.2	24.8	24.1	24.3	28.4
	夏季通风室外计算相对湿度(%)	49	55	50	57	43	52	54	39
	夏季空气调节室外计算日平均温度(℃)	22.9	26.6	27.4	27.3	24.6	23.6	23.5	27.5
风向、风速及频率	夏季室外平均风速(m/s)	2.4	2.6	2.2	3.5	3.1	3.8	3.0	2.1
	夏季最多风向	C WNW	C NE	C WSW	SSW	SSW	C E	C SSW	C E
	夏季最多风向的频率(%)	29 9	23 7	20 13	17	19	13 10	13 8	20 10
	夏季室外最多风向的平均风速(m/s)	3.6	3.9	2.5	4.6	3.7	4.4	3.1	2.5
	冬季室外平均风速(m/s)	3.0	2.6	2.3	3.7	2.9	3.7	2.3	2.0
	冬季最多风向	C WNW	C NW	C W	NW	SSW	WSW	C SSW	C W
	冬季最多风向的频率(%)	33 13	27 17	26 14	16	14	23	22 19	20 13
	冬季室外最多风向的平均风速(m/s)	4.9	4.0	3.1	4.4	3.1	3.9	2.5	3.4
	年最多风向	C WNW	C NW	C W	SSW	SSW	WSW	C SSW	C W
	年最多风向的频率(%)	29 12	22 11	21 13	11	17	13	15 12	24 10
	冬季日照百分率(%)	72	69	70	76	73	70	62	72
	最大冻土深度(cm)	184	249	201	179	150	389	242	138
大气压力	冬季室外大气压力(hPa)	860.2	989.1	955.1	1002.6	856.7	941.9	947.9	903.9
	夏季室外大气压力(hPa)	853.7	973.3	941.1	984.4	849.5	930.3	935.7	891.1
设计计算用供暖期天数及其平均温度	日平均温度≤+5℃的天数	181	176	161	166	168	210	208	157
	日平均温度≤+5℃的起止日期	10.16~04.14	11.17~04.10	10.26~04.04	10.21~04.04	10.20~04.05	09.30~04.27	10.01~04.26	10.24~03.29
	平均温度≤+5℃期间内的平均温度(℃)	−6.4	−7.8	−5.0	−6.7	−4.9	−12.4	−12.7	−4.4
	日平均温度≤+8℃的天数	206	193	179	184	189	229	227	175
	日平均温度≤+8℃的起止日期	10.03~04.26	10.09~04.19	10.16~04.12	10.13~04.14	10.11~04.17	09.21~05.07	09.22~05.06	10.16~04.08
	平均温度≤+8℃期间内的平均温度(℃)	−4.7	−6.5	−3.8	−5.4	−3.6	−10.8	−11.0	−3.3
	极端最高气温(℃)	33.6	40.3	40.4	38.9	35.3	37.9	36.6	39.4
	极端最低气温(℃)	−32.4	−33.7	−28.8	−31.6	−28.4	−40.5	−42.3	−35.3

省/直辖市/自治区		内蒙古(10)						
市/区/自治州		呼和浩特	包头	朔州	晋中	忻州	临汾	吕梁
台站名称及编号		呼和浩特	包头	右玉	榆社	原平	临汾	离石
		53463	53446	53478	53787	53673	53868	53764
台站信息	北纬	40°49′	40°40′	40°00′	37°04′	38°44′	36°04′	37°30′
	东经	111°41′	109°51′	112°27′	112°59′	112°43′	111°30′	111°06′
	海拔(m)	1063.0	1067.2	1345.8	1041.4	828.2	449.5	950.8
	统计年份	1971~2000	1971~2000	1971~2000	1971~2000	1971~2000	1971~2000	1971~2000
	年平均温度(℃)	6.7	7.2	3.9	8.8	9	12.6	9.1
室外计算温、湿度	供暖室外计算温度(℃)	−17.0	−16.6	−20.8	−11.1	−12.3	−6.6	−12.6
	冬季通风室外计算温度(℃)	−11.6	−11.1	−14.4	−6.6	−7.7	−2.7	−7.6
	冬季空气调节室外计算温度(℃)	−20.3	−19.7	−25.4	−13.6	−14.7	−10.0	−16.0
	冬季空气调节室外计算相对湿度(%)	58	55	61	49	47	58	55
	夏季空气调节室外计算干球温度(℃)	30.6	31.7	29.0	30.8	31.8	34.6	32.4
	夏季空气调节室外计算湿球温度(℃)	21.0	20.9	19.8	22.3	22.9	25.7	22.9
	夏季通风室外计算温度(℃)	26.5	27.4	24.5	26.8	27.6	30.6	28.1
	夏季通风室外计算相对湿度(%)	48	43	50	55	53	56	52
	夏季空气调节室外计算日平均温度(℃)	25.9	26.5	22.5	24.8	26.2	29.3	26.3
风向、风速及频率	夏季室外平均风速(m/s)	1.8	2.6	2.1	1.5	1.9	1.8	2.6
	夏季最多风向	C SW	C SE	C ESE	C SSW	C NNE	C SW	C NE
	夏季最多风向的频率(%)	36 8	14 11	30 11	39 9	20 11	24 9	22 17
	夏季室外最多风向的平均风速(m/s)	3.4	2.9	2.8	2.8	2.4	3.0	2.5
	冬季室外平均风速(m/s)	1.5	2.4	2.3	1.3	2.3	1.6	2.1
	冬季最多风向	C NNW	N	C NW	C E	C NNE	C SW	NE
	冬季最多风向的频率(%)	50 9	21	41 11	42 14	26 14	35 7	26
	冬季室外最多风向的平均风速(m/s)	4.2	3.4	5.0	1.9	3.8	2.6	2.5
	年最多风向	C NNW	N	C WNW	C E	C NNE	C SW	NE
	年最多风向的频率(%)	40 7	16	32 8	38 9	22 12	31 9	20
	冬季日照百分率(%)	63	68	71	62	60	47	58
	最大冻土深度(cm)	156	157	169	76	121	57	104
大气压力	冬季室外大气压力(hPa)	901.2	901.2	868.6	902.6	926.9	972.5	914.5
	夏季室外大气压力(hPa)	889.6	889.1	860.7	892.0	913.8	954.2	901.3
设计计算用供暖期天数及其平均温度	日平均温度≤+5℃的天数	167	164	182	144	145	114	143
	日平均温度≤+5℃的起止日期	10.20~04.04	10.21~04.02	10.14~04.13	11.06~03.28	11.03~03.27	11.13~03.06	11.06~03.27
	平均温度≤+5℃期间内的平均温度(℃)	−5.3	−5.1	−6.9	−2.6	−3.2	−0.2	−3
	日平均温度≤+8℃的天数	184	182	208	168	168	142	166
	日平均温度≤+8℃的起止日期	10.12~04.13	10.13~04.12	10.01~04.26	10.20~04.06	10.20~04.06	11.06~03.27	10.20~04.03
	平均温度≤+8℃期间内的平均温度(℃)	−4.1	−3.9	−5.2	−1.3	−1.9	1.1	−1.7
	极端最高气温(℃)	38.5	39.2	34.4	36.7	38.1	40.5	38.4
	极端最低气温(℃)	−30.5	−31.4	−40.4	−25.1	−25.8	−23.1	−26.0

省/直辖市/自治区		山西(10)							
市/区/自治州		运城	晋城	沧州	廊坊	衡水	太原	大同	阳泉
台站名称及编号		运城	阳城	沧州	霸州	饶阳	太原	大同	阳泉
		53959	53975	54616	54518	54606	53772	53487	53782
台站信息	北纬	35°02′	35°29′	38°20′	39°07′	38°14′	37°47′	40°06′	37°51′
	东经	111°01′	112°24′	116°50′	116°23′	115°44′	112°33′	113°20′	113°33′
	海拔(m)	376.0	659.5	9.6	9.0	18.9	778.3	1067.2	741.9
	统计年份	1971～2000	1971～2000	1971～2000	1971～2000	1971～2000	1971～2000	1971～2000	1971～2000
	年平均温度(℃)	14.0	11.8	12.9	12.2	12.5	10.0	7.0	11.3
室外计算温、湿度	供暖室外计算温度(℃)	−4.5	−6.6	−7.1	−8.3	−7.9	−10.1	−16.3	−8.3
	冬季通风室外计算温度(℃)	−0.9	−2.6	−3.0	−4.4	−3.9	−5.5	−10.6	−3.4
	冬季空气调节室外计算温度(℃)	−7.4	−9.1	−9.6	−11.0	−10.4	−12.8	−18.9	−10.4
	冬季空气调节室外计算相对湿度(%)	57	53	57	54	59	50	50	43
	夏季空气调节室外计算干球温度(℃)	35.8	32.7	34.3	34.4	34.8	31.5	30.9	32.8
	夏季空气调节室外计算湿球温度(℃)	26.0	24.6	26.7	26.6	26.9	23.8	21.2	23.6
	夏季通风室外计算温度(℃)	31.3	28.8	30.1	30.1	30.5	27.8	26.4	28.2
	夏季通风室外计算相对湿度(%)	55	59	63	61	61	58	49	55
	夏季空气调节室外计算日平均温度(℃)	31.5	27.3	29.7	29.6	29.6	26.1	25.3	27.4
风向、风速及频率	夏季室外平均风速(m/s)	3.1	1.7	2.9	2.2	2.2	1.8	2.5	1.6
	夏季最多风向	SSE	C SSE	SW	C SW	C SW	C N	C NNE	C ENE
	夏季最多风向的频率(%)	16	35 11	12	12 9	15 11	30 10	17 12	33 9
	夏季室外最多风向的平均风速(m/s)	5.0	2.9	2.7	2.5	3.0	2.4	3.1	2.3
	冬季室外平均风速(m/s)	2.4	1.9	2.6	2.1	2.0	2.0	2.8	2.2
	冬季最多风向	C W	C NW	SW	C NE	C SW	C N	N	C NNW
	冬季最多风向的频率(%)	24 9	42 12	12	19 11	19 9	30 13	19	30 19
	冬季室外最多风向的平均风速(m/s)	2.8	4.9	2.8	3.3	2.6	2.6	3.3	3.7
	年最多风向	C SSE	C NW	SW	C SW	C SW	C N	C NNE	C NNW
	年最多风向的频率(%)	18 11	37 9	14	14 10	15 11	29 11	16 15	31 13
	冬季日照百分率(%)	49	58	64	57	63	57	61	62
	最大冻土深度(cm)	39	39	43	67	77	72	186	62
大气压力	冬季室外大气压力(hPa)	982.0	947.4	1027.0	1026.4	1024.9	933.5	899.9	937.1
	夏季室外大气压力(hPa)	962.7	932.4	1004.0	1004.4	1002.8	919.8	889.1	923.8
设计计算用供暖期天数及其平均温度	日平均温度≤+5℃的天数	101	120	118	124	122	141	163	126
	日平均温度≤+5℃的起止日期	11.22～03.02	11.14～03.13	11.15～03.12	11.11～03.14	11.12～03.13	11.06～03.26	10.24～04.04	11.12～03.17
	平均温度≤+5℃期间内的平均温度(℃)	0.9	0.0	−0.5	−1.3	−0.9	−1.7	−4.8	−0.5
	日平均温度≤+8℃的天数	127	143	141	143	143	160	183	146
	日平均温度≤+8℃的起止日期	11.08～03.14	11.06～03.28	11.07～03.27	11.06～03.27	11.05～03.27	10.23～03.31	10.14～04.14	11.04～03.29
	平均温度≤+8℃期间内的平均温度(℃)	2.0	1.0	0.7	−0.3	0.2	−0.7	−3.5	0.3
	极端最高气温(℃)	41.2	38.5	40.5	41.3	41.2	37.4	37.2	40.2
	极端最低气温(℃)	−18.9	−17.2	−19.5	−21.5	−22.6	−22.7	−27.2	−16.2

附录 5　温差修正系数 α 值

围护结构特征	α
外墙、屋顶、地面以及与室外相通的楼板等	1.00
闷顶和室外空气相通的非供暖地下室上面的楼板等	0.90
非供暖地下室上面的楼板、外墙有窗时	0.75
非供暖地下室上面的楼板、外墙上无窗且位于室外地坪以上时	0.60
非供暖地下室上面的楼板、外墙上无窗且位于室外地坪以下时	0.40
与有外门窗的非供暖房间相邻的隔墙	0.70
与无外门窗的非供暖房间相邻的隔墙	0.40
伸缩缝墙、沉降缝墙	0.30
防震缝墙	0.70
与有外窗的不供暖楼梯间相邻的隔墙	—
1～6 层建筑	0.60
7～30 层建筑	0.50

附录 6　一些建筑材料的热物理特性表

材料名称	密度(kg/m³)	导热系数 [W/(m·℃)]	蓄热系数 (24h)[W/(m²·℃)]	比热 [J/(kg·℃)]
混凝土				
钢筋混凝土	2500	1.74	17.20	920
碎石、卵石混凝土	2300	1.51	15.36	920
加气泡沫混凝土	700	0.22	3.56	1050
砂浆和砌体				
水泥砂浆	1800	0.93	11.26	1050
石灰、水泥、砂、砂浆	1700	0.87	10.79	1050
石灰、砂、砂浆	1600	0.81	10.12	1050
重砂浆黏土砖砌体	1800	0.81	10.53	1050
轻砂浆黏土砖砌体	1700	0.76	9.86	1050
热绝缘材料				
矿棉、岩棉、玻璃棉板	<150	0.064	0.93	1218
	150～300	0.07～0.093	0.98～1.60	1218
水泥膨胀珍珠岩	800	0.26	4.16	1176
	600	0.21	3.26	1176
木材、建筑板材				
橡木、枫木（横木纹）	700	0.23	5.43	2500
橡木、枫木（顺木纹）	700	0.41	7.18	2500
松枞木、云杉（横木纹）	500	0.17	3.98	2500
松枞木、云杉（顺木纹）	500	0.35	5.63	2500
胶合板	600	0.17	4.36	2500
软木板	300	0.093	1.95	1890

材料名称	密度(kg/m³)	导热系数 [W/(m·℃)]	蓄热系数 24(h)[W/(m²·℃)]	比热 [J/(kg·℃)]
纤维板	1000	0.34	7.83	2500
石棉水泥隔热板	500	0.16	2.48	1050
石棉水泥板	1800	0.52	8.57	1050
木屑板	200	0.065	1.41	2100
松散材料				
锅炉渣	1000	0.29	4.40	920
膨胀珍珠岩	120	0.07	0.84	1176
木屑	250	0.093	1.84	2000
卷材、沥青材料				
沥青油毡、油毡纸	600	0.17	3.33	1471

附录7 常用围护结构的传热系数 K 值

类　　型		K	类　　型		K
A. 门			金属框	单层	6.40
实体木制外门	单层	4.65		双层	3.26
	双层	2.33	单框二层玻璃窗		3.49
带玻璃的 阳台外门	单层（木框）	5.82	商店橱窗		4.65
	双层（木框）	2.68	C. 外墙		
	单层（金属框）	6.40	内表面抹灰砖墙	24 砖墙	2.03
	双层（金属框）	3.26		37 砖墙	1.57
单层内门		2.91		49 砖墙	1.27
B. 外窗及天窗			D. 内墙 （双面抹灰）	12 砖墙	2.31
木框	单层	5.82		24 砖墙	1.72
	双层	2.68			

附录8 渗透空气量的朝向修正系数 n 值

地区及台站名称		朝　　向							
		N	NE	E	SE	S	SW	W	NW
北京	北京	1.00	0.50	0.15	0.10	0.15	0.15	0.40	1.00
天津	天津	1.00	0.40	0.20	0.10	0.15	0.20	0.40	1.00
	塘沽	0.90	0.55	0.55	0.20	0.30	0.30	0.70	1.00

地区及台站名称		朝　向							
		N	NE	E	SE	S	SW	W	NW
河北	承德	0.70	0.15	0.10	0.10	0.10	0.40	1.00	1.00
	张家口	1.00	0.40	0.10	0.10	0.10	0.10	0.35	1.00
	唐山	0.60	0.45	0.65	0.45	0.20	0.65	1.00	1.00
	保定	1.00	0.70	0.35	0.35	0.90	0.90	0.40	0.70
	石家庄	1.00	0.70	0.50	0.65	0.50	0.55	0.85	0.90
	邢台	1.00	0.70	0.35	0.50	0.70	0.50	0.30	0.70
山西	大同	1.00	0.55	0.10	0.10	0.10	0.30	0.40	1.00
	阳泉	0.70	0.10	0.10	0.10	0.10	0.35	0.85	1.00
	太原	0.90	0.40	0.15	0.20	0.30	0.40	0.70	1.00
	阳城	0.70	0.15	0.30	0.25	0.10	0.25	0.70	1.00
内蒙古	通辽	0.70	0.20	0.10	0.25	0.35	0.40	0.85	1.00
	呼和浩特	0.70	0.25	0.10	0.15	0.20	0.15	0.70	1.00
辽宁	抚顺	0.70	1.00	0.70	0.10	0.10	0.25	0.30	0.30
	沈阳	1.00	0.70	0.30	0.30	0.40	0.35	0.30	0.70
	锦州	1.00	1.00	0.40	0.10	0.20	0.25	0.20	0.70
	鞍山	1.00	1.00	0.40	0.25	0.50	0.50	0.25	0.55
	营口	1.00	1.00	0.60	0.20	0.45	0.45	0.20	0.40
	丹东	1.00	0.55	0.40	0.10	0.10	0.10	0.40	1.00
	大连	1.00	0.70	0.15	0.10	0.15	0.15	0.15	0.70
吉林	通榆	0.60	0.40	0.15	0.35	0.50	0.50	1.00	1.00
	长春	0.35	0.35	0.15	0.25	0.70	1.00	0.90	0.40
	延吉	0.40	0.10	0.10	0.10	0.10	0.65	1.00	1.00
黑龙江	爱辉	0.70	0.10	0.10	0.10	0.10	0.10	0.70	1.00
	齐齐哈尔	0.95	0.70	0.25	0.25	0.40	0.40	0.70	1.00
	鹤岗	0.50	0.15	0.10	0.10	0.10	0.55	1.00	1.00
	哈尔滨	0.30	0.15	0.20	0.70	1.00	0.85	0.70	0.60
	绥芬河	0.20	0.10	0.10	0.10	0.10	0.70	1.00	0.70
山东	烟台	1.00	0.60	0.25	0.15	0.35	0.60	0.60	1.00
	莱阳	0.85	0.60	0.15	0.10	0.10	0.25	0.70	1.00
	潍坊	0.90	0.60	0.25	0.35	0.50	0.35	0.90	1.00
	济南	0.45	1.00	1.00	0.40	0.55	0.55	0.25	0.15
	青岛	1.00	0.70	0.10	0.10	0.20	0.20	0.40	1.00
	菏泽	1.00	0.90	0.40	0.25	0.35	0.35	0.20	0.70
	临沂	1.00	1.00	0.45	0.10	0.10	0.15	0.20	0.40

附录9 一些铸铁散热器规格及其传热系数 K 值

型号	散热面积 (m²/片)	水容量 (L/片)	质量 (kg/片)	工作压力 (MPa)	传热系数计算公式 [W/(m²·℃)]	热水热媒当 $\Delta t=64.5℃$ 时的 K 值 [W/(m²·℃)]	不同蒸汽表压力(MPa)下的 K 值[W/(m²·℃)]		
							0.03	0.07	≥0.1
TC$_{0.28/5-4}$，长翼型(大60)	1.16	8	28	0.4	$K=1.743\Delta t^{0.28}$	5.59	6.12	6.27	6.36
TZ$_{2-5-5}$ (M-132型)	0.24	1.32	7	0.5	$K=2.426\Delta t^{0.286}$	7.99	8.75	8.97	9.10
TZ$_{4-6-5}$ (四柱760型)	0.235	1.16	6.6	0.5	$K=2.503\Delta t^{0.293}$	8.49	9.31	9.55	9.69
TZ$_{4-5-5}$ (四柱640型)	0.20	1.03	5.7	0.5	$K=3.663\Delta t^{0.16}$	7.13	7.51	7.61	7.67
TZ$_{2-5-5}$ (二柱700型，带腿)	0.24	1.35	6	0.5	$K=2.02\Delta t^{0.271}$	6.25	6.81	6.97	7.07
四柱813型(带腿)	0.28	1.4	8	0.5	$K=2.237\Delta t^{0.302}$	7.87	8.66	8.89	9.03
圆翼型	1.8	4.42	38.2	0.5					
单排						5.81	6.97	6.97	7.79
双排						5.08	5.81	5.81	6.51
三排						4.65	5.23	5.23	5.81

注：1. 本表前四项由原哈尔滨建筑工程学院 ISO 散热器试验台测试，其余柱型由清华大学 ISO 散热器试验台测试。

2. 散热器表面喷银粉漆、明装、同侧连接上进下出。

3. 圆翼型散热器因无试验公式，暂按以前一些手册数据采用。

4. 此为密闭试验台测试数据，在实际情况下，散热器的 K 和 Q 值，约比表中数值增大 10%。

附录10　60℃热水管道水力计算表

G	DN=15 $d=15.75$	DN=15 $d=15.75$	DN=20 $d=21.25$	DN=20 $d=21.25$	DN=25 $d=27.00$	DN=25 $d=27.00$	DN=32 $d=35.75$	DN=32 $d=35.75$	DN=40 $d=41.00$	DN=40 $d=41.00$	DN=50 $d=53.00$	DN=50 $d=53.00$	DN=70 $d=68.00$
	ΔP_m	v	ΔP_m	v	ΔP_m	v	ΔP_m	v	ΔP_m	v	ΔP_m	v	ΔP_m
24	2.11	0.03											
28	2.47	0.04											
32	2.82	0.05											
36	3.17	0.05											

G	DN=15 d=15.75 ΔP_m	DN=15 d=15.75 v	DN=20 d=21.25 ΔP_m	DN=20 d=21.25 v	DN=25 d=27.00 ΔP_m	DN=25 d=27.00 v	DN=32 d=35.75 ΔP_m	DN=32 d=35.75 v	DN=40 d=41.00 ΔP_m	DN=40 d=41.00 v	DN=50 d=53.00 ΔP_m	DN=50 d=53.00 v	DN=70 d=68.00 ΔP_m
40	3.52	0.06	1.06	0.03									
44	3.88	0.06	1.17	0.04									
48	4.23	0.07	1.28	0.04									
52	6.00	0.08	1.38	0.04									
56	7.14	0.08	1.49	0.04									
60	8.38	0.09	1.60	0.05									
64	9.75	0.09	1.70	0.05	0.65	0.03							
68	11.23	0.10	2.27	0.05	0.69	0.03							
72	12.83	0.10	2.60	6.06	0.73	0.04							
76	14.56	0.11	2.95	0.06	0.78	0.04							
80	16.41	0.12	3.32	0.06	0.82	0.04							
84	23.75	0.12	3.72	0.07	1.04	0.04							
88	25.88	0.13	4.15	0.07	1.16	0.04							
95	29.81	0.14	4.96	0.08	1.38	0.05							
105	35.89	0.15	6.26	0.08	1.75	0.05							
115	39.13	0.16	6.98	0.09	1.95	0.05	0.44	0.03					
125	46.03	0.17	10.17	0.10	2.38	0.06	0.53	0.03					
135	53.47	0.19	11.76	0.10	2.87	0.06	0.64	0.04					
145	61.45	0.20	13.47	0.11	3.42	0.07	0.76	0.04					
155	69.98	0.22	15.29	0.12	4.63	0.07	0.90	0.04	0.43	0.03			
165	79.00	0.23	17.22	0.13	5.21	0.08	1.04	0.05	0.50	0.03			
175	88.61	0.25	19.26	0.14	5.81	0.08	1.20	0.05	0.58	0.04			
185	98.76	0.26	21.41	0.14	6.45	0.09	1.37	0.05	0.66	0.04			
195	109.45	0.28	23.68	0.15	7.11	0.09	1.56	0.05	0.75	0.04			
210	120.69	0.29	26.05	0.16	7.82	0.10	1.95	0.06	0.85	0.04			
230	144.78	0.32	31.14	0.18	9.31	0.11	2.31	0.06	1.18	0.05			
250	171.04	0.35	36.65	0.19	10.92	0.12	2.70	0.07	1.38	0.05	0.33	0.03	
270	199.46	0.38	42.59	0.21	12.66	0.13	3.12	0.07	1.59	0.06	0.40	0.03	
290	230.05	0.41	49.00	0.22	14.52	0.14	3.57	0.08	1.82	0.06	0.47	0.04	
310	262.81	0.43	55.83	0.24	16.50	0.15	4.05	0.08	2.06	0.06	0.59	0.04	
330	297.71	0.46	63.10	0.25	18.62	0.16	4.56	0.09	2.31	0.07	0.66	0.04	
350	334.76	0.49	70.81	0.27	20.84	0.17	5.09	0.10	2.58	0.07	0.73	0.04	
370	373.97	0.52	78.92	0.29	23.20	0.18	5.65	0.10	2.86	0.08	0.81	0.05	

G	DN=15 d= 15.75 ΔP_m	DN=15 d= 15.75 v	DN=20 d= 21.25 ΔP_m	DN=20 d= 21.25 v	DN=25 d= 27.00 ΔP_m	DN=25 d= 27.00 v	DN=32 d= 35.75 ΔP_m	DN=32 d= 35.75 v	DN=40 d= 41.00 ΔP_m	DN=40 d= 41.00 v	DN=50 d= 53.00 ΔP_m	DN=50 d= 53.00 v	DN=70 d= 68.00 ΔP_m
390	415.66	0.55	87.50	0.30	25.67	0.19	6.24	0.11	3.16	0.08	0.89	0.05	
410	459.22	0.58	96.58	0.32	28.27	0.20	6.86	0.11	3.47	0.09	0.98	0.05	0.29
430	504.95	0.61	106.02	0.33	31.00	0.21	7.50	0.12	3.79	0.09	1.07	0.05	0.32
450	552.83	0.64	115.90	0.35	33.84	0.22	8.18	0.12	4.13	0.09	1.16	0.06	0.35
470	602.89	0.67	126.23	0.37	36.81	0.23	8.88	0.13	4.48	0.10	1.26	0.06	0.37
490	655.10	0.70	136.99	0.38	39.90	0.24	9.61	0.14	4.84	0.10	1.36	0.06	0.40
520	709.48	0.72	148.19	0.40	43.11	0.25	10.37	0.14	5.22	0.11	1.46	0.06	0.43
560	824.40	0.78	171.92	0.43	49.90	0.27	11.97	0.15	6.01	0.12	1.68	0.07	0.50
600	948.31	0.84	197.38	0.46	57.18	0.29	13.67	0.16	6.86	0.12	1.91	0.07	0.56
660	1150.40	0.93	238.85	0.51	69.01	0.32	16.44	0.18	8.24	0.14	2.29	0.08	0.67
700	1295.93	0.99	268.68	0.54	77.49	0.34	18.43	0.19	9.22	0.15	2.56	0.09	0.75
740	1450.10	1.04	300.24	0.57	86.53	0.36	20.52	0.20	10.26	0.15	2.84	0.09	0.83
780	1613.17	1.10	333.56	0.61	95.99	0.37	22.73	0.21	11.35	0.16	3.14	0.10	0.92
820	1784.95	1.16	368.63	0.64	105.98	0.39	25.04	0.23	12.49	0.17	3.45	0.10	1.01
860	1963.83	1.22	405.44	0.67	116.41	0.41	27.47	0.24	13.69	0.18	3.77	0.11	1.10
900	2152.63	1.28	444.00	0.70	127.33	0.43	30.01	0.25	14.93	0.19	4.11	0.11	1.19
1000	2504.36	1.38	515.67	0.76	147.62	0.47	34.71	0.27	17.25	0.20	4.73	0.12	1.37
1100	3052.65	1.52	627.33	0.84	179.31	0.52	42.00	0.30	20.85	0.22	5.69	0.13	1.65
1200	3652.23	1.67	749.90	0.92	213.96	0.57	50.01	0.32	24.77	0.25	6.75	0.15	1.94
1300	4308.38	1.81	883.38	1.00	251.68	0.62	58.62	0.35	29.02	0.27	7.88	0.16	2.27
1400	5018.68	1.96	1027.76	1.08	292.44	0.67	68.02	0.38	33.61	0.29	9.11	0.17	2.61
1500	5782.58	2.10	1182.99	1.15	336.25	0.72	78.06	0.41	38.54	0.31	10.42	0.19	2.98
1600	6600.32	2.25	1349.23	1.23	383.11	0.76	88.78	0.44	43.79	0.33	11.81	0.20	3.37
1700	7472.09	2.39	1526.33	1.31	433.00	0.81	100.18	0.46	49.40	0.35	13.29	0.21	3.78
1800	8397.90	2.54	1714.27	1.39	485.93	0.86	112.27	0.49	55.32	0.37	14.86	0.22	4.22
1900	9377.68	2.68	1913.18	1.47	541.91	0.91	125.09	0.52	61.57	0.40	16.51	0.24	4.68
2000	10411.47	2.83	2122.99	1.55	600.94	0.96	138.55	0.55	68.16	0.42	18.25	0.25	5.17
2200			2458.10	1.67	695.19	1.04	160.04	0.59	78.62	0.45	21.01	0.27	5.93
2400			2942.78	1.83	831.56	1.13	191.20	0.65	93.77	0.49	24.99	0.29	7.04
2600			3472.65	1.99	980.14	1.23	255.00	0.70	110.24	0.53	29.31	0.32	8.24
2800			4043.83	2.15	1140.92	1.33	261.55	0.76	128.05	0.58	33.98	0.35	9.53
3000			4662.28	2.31	1313.90	1.43	300.83	0.82	147.17	0.62	38.99	0.37	10.91
3200			5321.78	2.47	1497.67	1.53	342.85	0.87	167.62	0.66	44.33	0.40	12.38

G	DN=15 $d=$ 15.75 ΔP_m	DN=15 $d=$ 15.75 v	DN=20 $d=$ 21.25 ΔP_m	DN=20 $d=$ 21.25 v	DN=25 $d=$ 27.00 ΔP_m	DN=25 $d=$ 27.00 v	DN=32 $d=$ 35.75 ΔP_m	DN=32 $d=$ 35.75 v	DN=40 $d=$ 41.00 ΔP_m	DN=40 $d=$ 41.00 v	DN=50 $d=$ 53.00 ΔP_m	DN=50 $d=$ 53.00 v	DN=70 $d=$ 68.00 ΔP_m
3400			6024.88	2.63	1694.87	1.63	387.61	0.93	189.40	0.71	50.02	0.42	13.95
3600			6771.58	2.79	1904.25	1.73	435.12	0.99	212.49	0.75	56.05	0.45	15.60
3800			7561.88	2.95	2125.83	1.83	485.36	1.04	236.92	0.79	62.42	0.47	17.35
4000					2359.60	1.92	538.12	1.10	262.67	0.83	69.13	0.50	19.19
4200					2605.55	2.02	593.82	1.15	289.74	0.88	76.18	0.53	21.12
4400					2863.70	2.12	652.26	1.21	318.13	0.92	83.56	0.55	23.14
4600					3134.04	2.22	713.44	1.27	347.70	0.96	91.29	0.58	25.25
4800					3416.56	2.32	777.36	1.32	378.73	1.01	99.36	0.60	27.46
5000					3711.28	2.42	844.02	1.38	411.08	1.05	107.77	0.63	29.75
5400					4176.21	2.57	949.14	1.46	462.09	1.11	121.02	0.67	33.37
5800					4838.79	2.76	1098.89	1.58	534.74	1.20	139.88	0.72	38.51
6200					5550.12	2.96	1259.59	1.69	612.68	1.28	160.10	0.77	44.01
6600							1431.25	1.80	695.91	1.37	181.68	0.82	49.88
7000							1613.86	1.91	784.44	1.46	204.62	0.87	56.11
7400							1807.42	2.03	878.26	1.54	228.92	0.92	62.71
7800							2011.94	2.14	977.38	1.63	254.58	0.97	69.67
8200							2227.41	2.25	1081.78	1.71	281.59	1.02	76.99
8600							2453.83	2.36	1191.49	1.80	309.97	1.08	84.75
9000							2691.21	2.48	1306.48	1.88	339.71	1.13	92.80
10000							3132.99	2.67	1520.46	2.03	395.02	1.22	107.78
11000							3822.28	2.96	1854.26	2.25	481.26	1.34	131.11
12000									2221.15	2.46	575.99	1.47	156.71
13000									2621.12	2.67	679.23	1.60	184.60
14000									3054.17	2.89	790.95	1.73	214.76
15000											911.18	1.86	247.19
16000											1039.90	1.98	281.91
17000											1177.12	2.11	318.90
18000											1322.84	2.24	358.17
19000											1477.05	2.37	399.71

G	DN＝70 d＝ 68.00		DN＝80 d＝ 80.50		DN＝80 d＝ 80.50		DN＝100 d＝ 106.00		DN＝100 d＝ 106.00		DN＝125 d＝ 131.00		DN＝125 d＝ 131.00		DN＝150 d＝ 156.00		DN＝150 d＝ 156.00		DN＝200 d＝ 207.00		DN＝200 d＝ 207.00
	v	ΔP_m	v	ΔP_m	v	ΔP_m	v	ΔP_m	v	ΔP_m	v										
4400	0.33	9.78	0.24	2.44	0.14	0.85	0.09	0.36	0.06	0.09	0.04
4600	0.35	10.67	0.25	2.66	0.14	0.93	0.09	0.39	0.07	0.10	0.04
4800	0.37	11.59	0.26	2.89	0.15	1.00	0.10	0.42	0.07	0.11	0.04
5000	0.38	12.55	0.27	3.12	0.16	1.08	0.10	0.46	0.07	0.11	0.04
5400	0.40	14.06	0.29	3.49	0.17	1.21	0.11	0.51	0.08	0.13	0.04
5800	0.44	16.20	0.31	4.01	0.18	1.39	0.12	0.58	0.08	0.15	0.50
6200	0.47	18.51	0.33	4.57	0.19	1.58	0.13	0.66	0.09	0.17	0.05
6600	0.50	20.95	0.36	5.16	0.20	1.78	0.13	0.75	0.09	0.19	0.05
7000	0.53	23.54	0.38	5.79	0.22	1.99	0.14	0.84	0.10	0.21	0.06
7400	0.56	26.29	0.40	6.45	0.23	2.22	0.15	0.93	0.11	0.23	0.06
7800	0.59	29.18	0.42	7.16	0.24	2.46	0.16	1.03	0.11	0.25	0.06
8200	0.62	32.22	0.44	7.88	0.26	2.71	0.17	1.13	0.12	0.28	0.07
8600	0.65	35.40	0.47	8.65	0.27	2.97	0.18	1.24	0.12	0.30	0.07
9000	0.68	38.74	0.49	9.46	0.28	3.24	0.18	1.35	0.13	0.33	0.07
10000	0.74	44.95	0.53	10.95	0.30	3.74	0.20	1.56	0.14	0.38	0.08
11000	0.82	54.65	0.58	13.27	0.34	4.52	0.22	1.88	0.16	0.46	0.09
12000	0.89	65.20	0.64	15.82	0.37	5.38	0.24	2.23	0.17	0.54	0.10
13000	0.97	76.77	0.69	18.57	0.40	6.30	0.26	2.61	0.18	0.63	0.10
14000	1.05	89.27	0.75	21.55	0.43	7.30	0.28	3.02	0.20	0.73	0.11
15000	1.13	102.58	0.80	24.75	0.46	8.37	0.30	3.45	0.21	0.84	0.12
16000	1.21	116.95	0.86	28.17	0.50	9.52	0.32	3.92	0.23	0.95	0.13
17000	1.28	132.19	0.92	31.81	0.53	10.73	0.35	4.41	0.24	1.06	0.14
18000	1.36	148.50	0.97	35.66	0.56	12.02	0.37	4.94	0.26	1.19	0.15
19000	1.44	165.57	1.03	39.74	0.59	13.38	0.39	5.50	0.27	1.32	0.16
20000	1.52	183.57	1.08	44.03	0.62	14.81	0.41	6.08	0.29	1.46	0.16
22000	1.63	212.59	1.17	50.89	0.67	17.09	0.44	7.00	0.31	1.67	0.18
24000	1.79	254.23	1.28	60.79	0.74	20.38	0.48	8.34	0.34	1.99	0.19
26000	1.94	299.70	1.39	71.58	0.80	23.99	0.52	9.79	0.37	2.33	0.21
28000	2.10	348.90	1.50	83.24	0.86	27.85	0.57	11.35	0.40	2.70	0.23
30000	2.26	401.83	1.61	95.78	0.93	31.99	0.61	13.05	0.43	3.09	0.24
32000	2.33	429.69	1.67	102.38	0.96	34.21	0.63	13.94	0.44	3.29	0.25
34000	2.49	488.22	1.78	116.24	1.02	38.80	0.67	15.79	0.47	3.73	0.27
36000	2.64	551.21	1.89	130.97	1.09	43.67	0.71	17.77	0.50	4.19	0.29
38000	2.80	617.28	2.00	146.58	1.15	48.84	0.75	19.85	0.53	4.67	0.30

G	DN=70 $d=68.00$	DN=80 $d=80.50$	DN=80 $d=80.50$	DN=100 $d=106.00$	DN=100 $d=106.00$	DN=125 $d=131.00$	DN=125 $d=131.00$	DN=150 $d=156.00$	DN=150 $d=156.00$	DN=200 $d=207.00$	DN=200 $d=207.00$
	v	ΔP_m	v	ΔP_m	v	ΔP_m	v	ΔP_m	v	ΔP_m	v
40000	2.96	687.10	2.11	163.06	1.22	54.29	0.80	22.06	0.56	5.19	0.32
42000		760.64	2.22	180.43	1.28	60.03	0.84	24.38	0.59	5.72	0.34
44000		837.93	2.33	198.67	1.34	66.05	0.88	26.81	0.62	6.28	0.35
46000		918.95	2.44	217.76	1.41	72.35	0.92	29.36	0.65	6.87	0.37
48000		1003.70	2.55	237.78	1.47	78.96	0.96	31.97	0.68	7.49	0.39
50000		1092.20	2.66	258.65	1.54	85.85	1.01	34.75	0.71	8.13	0.40
52000		1184.42	2.78	280.36	1.60	93.02	1.05	37.64	0.74	8.80	0.42
54000		1280.38	2.89	302.96	1.66	100.64	1.09	40.65	0.77	9.49	0.44
56000		1380.08	3.00	326.42	1.73	108.40	1.13	43.77	0.80	10.21	0.45
58000				350.77	1.79	116.45	1.17	47.01	0.83	10.96	0.47
60000				376.00	1.86	124.79	1.22	50.36	0.86	11.73	0.49
62000				402.11	1.92	133.42	1.26	53.83	0.89	12.52	0.50
64000				429.09	1.98	142.34	1.30	57.41	0.92	13.35	0.52
66000				456.95	2.05	151.55	1.34	61.11	0.95	14.20	0.54
68000				485.68	2.11	161.04	1.38	64.93	0.98	15.08	0.55
70000				515.29	2.18	170.82	1.43	68.86	1.01	15.98	0.57
75000				545.77	2.24	180.89	1.47	72.90	1.03	16.91	0.59
80000				626.70	2.40	207.32	1.57	83.52	1.11	19.35	0.63
85000				711.99	2.56	235.56	1.68	94.86	1.18	21.94	0.67
90000				802.52	2.72	265.60	1.78	106.92	1.26	24.70	0.71
95000				899.74	2.88	297.43	1.89	119.70	1.33	27.62	0.76
100000						331.07	1.99	133.20	1.40	30.71	0.80
105000						366.51	2.10	147.42	1.48	33.96	0.84
110000						403.75	2.20	162.36	1.55	37.37	0.88
115000						442.79	2.31	178.03	1.63	40.94	0.92
120000						483.63	2.41	194.41	1.70	44.68	0.97
130000						526.28	2.52	211.52	1.27	48.58	1.01
140000						616.96	2.72	247.67	1.92	56.87	1.09
150000						714.86	2.93	286.79	2.07	65.85	1.18
160000								328.70	2.22	75.45	1.26
170000								373.74	2.36	85.70	1.34
180000								421.58	2.51	96.61	1.43
190000								472.30	2.66	108.16	1.51
200000								525.85	2.81	120.37	1.59
220000								582.28	2.96	133.22	1.68
240000										160.90	1.85

附录11 热水及蒸汽供暖系统局部阻力系数 ξ 值

局部阻力名称	ξ	说明	局部阻力系数	在下列管径(DN)时的ξ值					
				15	20	25	32	40	≥50
双柱散热器 铸铁锅炉 钢制锅炉	2.0 2.5 2.0 }	以热媒在导管中的流速计算局部阻力							
突然扩大 突然缩小	1.0 0.5 }	以其中较大的流速计算局部阻力	截止阀	16.0	10.0	9.0	9.0	8.0	7.0
			旋塞	4.0	2.0	2.0	2.0		
			斜杆截止阀	3.0	3.0	3.0	2.5	2.5	2.0
直流三通(图①)	1.0		闸阀	1.5	0.5	0.5	0.5	0.5	0.5
旁流三通(图②)	1.5		弯头	2.0	2.0	1.5	1.5	1.0	1.0
合流三通 (图③) 分流三通	3.0		90°揻弯及乙字管	1.5	1.5	1.0	1.0	1.0	0.5
直流四通(图④)	2.0		括弯(图⑥)	3.0	2.0	2.0	2.0	2.0	2.0
分流四通(图⑤)	3.0		急弯双弯头	2.0	2.0	2.0	2.0	2.0	2.0
方形补偿器	2.0		缓弯双弯头	1.0	1.0	1.0	1.0	1.0	1.0
套管补偿器	0.5								

（说明栏附图：① ② ③ ④ ⑤ ⑥）

附录12 热水供暖系统局部阻力系数 ξ=1 的局部损失(动压力)值

$$\Delta p_d = \rho v^2/2 (Pa)$$

v	Δp_d	v	Δp_d	v	Δp_d	v	Δp_d	v	Δp_d	v	Δp_d
0.01	0.05	0.13	8.31	0.25	30.73	0.37	67.30	0.49	118.04	0.61	182.93
0.02	0.2	0.14	9.64	0.26	33.23	0.38	70.99	0.50	122.91	0.62	188.98
0.03	0.44	0.15	11.06	0.27	35.84	0.39	74.78	0.51	127.87	0.65	207.71
0.04	0.79	0.16	12.59	0.28	38.54	0.40	78.66	0.52	132.94	0.68	227.33
0.05	1.23	0.17	14.21	0.29	41.35	0.41	82.64	0.53	138.10	0.71	247.83
0.06	1.77	0.18	15.93	0.30	44.25	0.42	86.72	0.54	143.36	0.74	269.21
0.07	2.41	0.19	17.75	0.31	47.25	0.43	90.90	0.55	148.72	0.77	291.48
0.08	3.15	0.20	19.66	0.32	50.34	0.44	95.18	0.56	154.17	0.80	314.64
0.09	3.98	0.21	21.68	0.33	53.54	0.45	99.55	0.57	159.73	0.85	355.20
0.10	4.92	0.22	23.79	0.34	56.83	0.46	104.03	0.58	165.38	0.90	398.22
0.11	5.95	0.23	26.01	0.35	60.22	0.47	108.6	0.59	171.13	0.95	443.70
0.12	7.08	0.24	28.32	0.36	63.71	0.48	113.27	0.60	176.98	1.0	491.62

注：本表是按 $t'_g=95℃$、$t'_h=70℃$，整个供暖季的平均水温 $t≈60℃$，相应水的密度 $\rho=983.284kg/m^3$ 编制的。

附录 13 供暖系统中沿程损失与局部损失的概略分配比例 α

供暖系统形式	沿程损失(%)	局部损失(%)
自然循环热水供暖系统	50	50
机械循环热水供暖系统	50	50
低压蒸汽供暖系统	60	40
高压蒸汽供暖系统	80	20
室内高压凝结水管路系统	80	20

附录 14 室内低压蒸汽供暖系统水力计算表

(表压力 $p_b = 5 \sim 20kPa$, $K = 0.2mm$)

比摩阻 (Pa/m)	水煤气管公称直径						
	15	20	25	32	40	50	70
5	790	1510	2380	5260	8010	15760	30050
	2.92	2.92	2.92	3.67	4.23	5.1	5.75
10	918	2066	3541	7727	11457	23015	43200
	3.43	3.89	4.34	5.4	6.05	7.43	8.35
15	1090	2400	4395	10000	14260	28500	53400
	4.07	4.88	5.45	6.65	7.64	9.31	10.35
20	1239	2920	5240	11120	16720	33050	61900
	4.55	5.65	6.41	7.8	8.83	10.85	12.1
30	1500	3615	6350	13700	20750	40800	76600
	5.55	7.01	7.77	9.6	10.95	13.2	14.95
40	1759	4220	7330	16180	24190	47800	89400
	6.51	8.2	8.98	11.30	12.7	15.3	17.35
60	2219	5130	9310	20500	29550	58900	110700
	8.17	9.94	11.4	14	15.6	19.03	21.4
80	2570	5970	10630	23100	34400	67900	127600
	9.55	11.6	13.15	16.3	18.4	22.1	24.8
100	2900	6820	11900	25655	38400	76000	142900
	10.7	13.2	14.6	17.9	20.35	24.6	27.6
150	3520	8323	14678	31707	47358	93495	168200
	13	16.1	18	22.15	25	30.2	33.4
200	4052	9703	16975	36545	55568	108210	202800
	15	18.8	20.9	25.5	29.4	35	38.9
300	5049	11939	20778	45140	68360	132870	250000
	18.7	23.2	25.6	31.6	35.6	42.8	48.2

注：表中数值，上行为通过水煤气管的热量(W)，下行为蒸汽流速(m/s)。

附录15 室内低压蒸汽供暖管路水力计算用动压头

v(m/s)	$\dfrac{v^2}{2}\rho$(Pa)	v(m/s)	$\dfrac{v^2}{2}\rho$(Pa)	v(m/s)	$\dfrac{v^2}{2}\rho$(Pa)	v(m/s)	$\dfrac{v^2}{2}\rho$(Pa)
5.5	9.58	10.5	34.93	15.5	76.12	20.5	133.16
6.0	11.4	11.0	38.34	16.0	81.11	21.0	139.73
6.5	13.39	11.5	41.9	16.5	86.26	21.5	146.46
7.0	15.53	12.0	45.63	17.0	91.57	22.0	153.36
7.5	17.82	12.5	49.5	17.5	97.04	22.5	160.41
8.0	20.28	13.0	53.75	18.0	102.66	23.0	167.61
8.5	22.89	13.5	57.75	18.5	108.44	23.5	174.98
9.0	25.66	14.0	62.1	19.0	114.38	24.0	182.51
9.5	28.6	14.5	66.6	19.5	120.48	24.5	190.19
10.0	31.69	15.0	71.29	20.0	126.74	25.0	198.03

附录16 蒸汽供暖系统干式和湿式自流凝结水管管径选择表

凝结水管径(mm)	形成凝结水时，由蒸汽放出的热量(kW)					
	干式凝结水管			湿式凝结水管(垂直或水平的)		
	低压蒸汽		高压蒸汽	计算管段的长度(m)		
	水平管段	垂直管段		50 以下	50～100	100 以上
1	2	3	4	5	6	7
15	4.7	7	8	33	21	9.3
20	17.5	26	29	82	53	29
25	33	49	45	145	93	47
32	79	116	93	310	200	100
40	120	180	128	440	290	135
50	250	370	230	760	550	250
76×3	580	875	550	1750	1220	580
89×3.5	870	1300	815	2620	1750	875
102×4	1280	2000	1220	3605	2320	1280
114×4	1630	2420	1570	4540	3000	1600

注：1. 第5、6、7栏计算管段的长度系指由最远散热器到锅炉的长度。

2. 干式水平凝结水管坡度为0.005。

附录17 室内高压蒸汽供暖系统管径计算表($p=200$kPa，$K=0.2$mm)

公称直径		10		15		20		25		32		40	
内径(mm)		12.50		15.75		21.25		27		35.75		41	
外径(mm)		17		21.25		26.75		33.50		42.25		48	
Q	G	Δp_m	v	Δp_m	v	Δp_m	v	Δp_m	v	Δp_m	v	Δp_m	v
2000	3	72	6	22	3.8	—	—	—	—	—	—	—	—
3000	5	192	10	59	6.3	13	3.5	—	—	—	—	—	—
4000	7	369	14	113	8.8	24	4.9	7	3	—	—	—	—
5000	8	479	16	146	10.1	32	5.5	9	3.4	—	—	—	—
6000	10	742	20	225	12.6	48	6.9	14	4.3	—	—	—	—
7000	11	894	22.1	271	13.9	58	7.6	17	4.7	—	—	—	—
8000	13	—	—	376	16.4	80	9	24	5.6	5	3.2	—	—
9000	15	—	—	497	18.9	106	10.4	31	6.4	7	3.7	—	—
10000	16	—	—	564	20.2	120	11.1	35	6.9	8	3.9	—	—
12000	20	—	—	—	—	186	13.9	54	8.6	13	4.9	6	3.7
14000	23	—	—	—	—	244	16	71	9.8	17	5.6	8	4.3
16000	26	—	—	—	—	310	18	90	11.2	21	6.4	10	4.8
18000	29	—	—	—	—	384	20.1	112	12.5	26	7.1	13	5.4
20000	33	—	—	—	—	496	22.9	144	14.2	34	8.1	17	6.1
24000	39	—	—	—	—	688	27.1	199	16.8	47	9.6	23	7.3
28000	46	—	—	—	—	953	31.9	275	19.8	65	11.3	32	8.6
32000	52	—	—	—	—	1215	36.1	350	22.3	82	12.7	40	9.7
36000	59	—	—	—	—	—	—	449	25.4	105	14.5	52	11
40000	65	—	—	—	—	—	—	543	27.9	127	15.9	62	12.1
44000	72	—	—	—	—	—	—	665	30.9	155	17.6	76	13.4
48000	78	—	—	—	—	—	—	779	33.5	181	19.1	89	14.5
55000	90	—	—	—	—	—	—	1033	38.7	240	22.1	118	16.8
65000	106	—	—	—	—	—	—	1428	45.6	332	26	163	19.8
75000	123	—	—	—	—	—	—	—	—	445	30.1	218	22.9
85000	139	—	—	—	—	—	—	—	—	566	34.1	278	25.9
95000	155	—	—	—	—	—	—	—	—	702	38	344	28.9
110000	180	—	—	—	—	—	—	—	—	944	44.1	462	33.5
130000	213	—	—	—	—	—	—	—	—	1318	52.2	645	39.7
150000	245	—	—	—	—	—	—	—	—	—	—	851	45.7
170000	278	—	—	—	—	—	—	—	—	—	—	1093	51.8
190000	311	—	—	—	—	—	—	—	—	—	—	1366	58

公称直径		50		70		89×4		108×4		133×4		159×4	
内径(mm)		53		68		81		100		125		151	
外径(mm)		60		75.50		89		108		133		159	
Q	G	Δp_m	v	Δp_m	v	Δp_m	v	Δp_m	v	Δp_m	v	Δp_m	v
17000	28	3	3.1	—	—	—	—	—	—	—	—	—	—
19000	31	4	3.5	—	—	—	—	—	—	—	—	—	—
22000	36	5	4	—	—	—	—	—	—	—	—	—	—
26000	43	7	4.8	—	—	—	—	—	—	—	—	—	—
30000	49	9	5.5	2	3.3	—	—	—	—	—	—	—	—
34000	56	12	6.2	3	3.8	—	—	—	—	—	—	—	—
38000	62	15	6.9	4	4.2	—	—	—	—	—	—	—	—
42000	69	19	7.7	5	4.7	2	3.4	—	—	—	—	—	—
46000	75	22	8.3	6	5.1	2	3.6	—	—	—	—	—	—
50000	82	26	9.1	7	5.6	3	3.9	—	—	—	—	—	—
60000	98	37	10.9	10	6.6	4	4.7	1	3.1	—	—	—	—
70000	114	50	12.7	14	7.7	5	5.4	2	3.6	—	—	—	—
80000	131	65	14.6	18	8.8	7	6.3	2	4.1	—	—	—	—
90000	147	82	16.4	22	10	9	7	3	4.6	—	—	—	—
100000	163	100	18.2	27	11	11	7.8	3	5.1	1	3.3	—	—
120000	196	144	21.9	39	13.3	16	9.3	5	6.1	1	3.9	—	—
140000	229	196	25.5	54	15.5	22	10.9	7	7.2	2	4.6	0	3.2
160000	262	255	29.2	70	17.7	28	12.5	9	8.2	3	5.3	1	3.6
180000	294	321	32.8	88	19.9	35	14	12	9.2	3	5.9	1	4.1
200000	327	396	36.5	108	22.2	44	15.6	14	19.2	4	6.6	1	4.6
240000	392	566	43.7	155	26.6	62	18.7	21	12.3	5	7.9	2	5.5
280000	458	771	51.1	210	31	85	21.9	28	14.3	9	9.2	3	6.4
320000	523	1003	58.3	273	35.4	110	25	37	16.4	11	10.5	4	7.3
360000	589	1271	65.7	346	39.9	139	28.1	46	18.5	14	11.8	5	8.2
400000	654	—	—	426	44.3	171	31.2	57	20.5	18	13.1	7	9.1
440000	719	—	—	514	48.7	206	34.3	69	22.5	21	14.4	8	10
480000	785	—	—	612	53.2	246	37.5	82	24.6	26	15.7	10	10.9
550000	899	—	—	801	60.9	321	42.9	107	28.2	33	18	13	12.5
650000	1063	—	—	1117	72	448	50.8	149	33.3	47	21.3	18	14.8
750000	1226	—	—	—	—	595	58.5	198	38.4	62	24.6	24	17.1
850000	1390	—	—	—	—	763	66.4	254	43.5	79	27.9	31	19.4
950000	1553	—	—	—	—	951	74.2	316	48.7	99	31.1	38	21.6
1100000	1798	—	—	—	—	—	—	423	56.3	132	36	51	25

公称直径		50		70		89×4		108×4		133×4		159×4	
内径(mm)		53		68		81		100		125		151	
外径(mm)		60		75.50		89		108		133		159	
Q	G	Δp_m	v	Δp_m	v	Δp_m	v	Δp_m	v	Δp_m	v	Δp_m	v
1300000	2125	—		—		—		590	66.6	184	42.6	71	29.6
1500000	2452	—	—	—	—	—	—	784	76.8	244	49.2	94	34.1
1700000	2779								—	313	55.7	121	38.7
1900000	3106									391	62.3	151	43.2
2200000	3597									523	72.1	202	50.1
2600000	4251									—	—	281	59.2
3000000	4905											374	68.3

注：① 制表时假定蒸汽运动黏度为 $11.4 \times 10^{-4} m^2/s$，汽化潜热为 2202kJ/kg，密度为 $1.129kg/m^3$。

② λ 按下式计算：

层流区 $\quad \lambda = \dfrac{64}{Re}$

阻力平方区 $\quad \lambda = 0.11\left(\dfrac{K}{d} + \dfrac{68}{Re}\right)^{0.25}$

③ 表中符号

Q—管段热负荷(W)；Δp_m—单位长度摩擦压力损失(Pa/m)；

G—管段蒸汽流量(kg/h)；v—流速(m/s)

附录18 室内高压蒸汽供暖管路局部阻力当量长度

局部阻力名称	在下列管径(mm)时的 l_d 值							
	20	25	32	40	50	70	80	100
$\zeta=1$	0.597	0.83	1.22	1.39	1.82	2.81	4.05	4.95
柱形散热器	0.7	1.2	1.7	2.4	—	—	—	—
钢制锅炉	—	—	2.4	2.8	3.6	5.6	8.1	9.9
突然扩大	0.6	0.8	1.2	1.4	1.8	2.8	4.1	5.0
突然缩小	0.3	0.4	0.6	0.7	0.9	1.4	2.0	2.5
直流三通	0.6	0.8	1.2	1.4	1.8	2.8	4.1	5.0
旁流三通	0.9	1.2	1.8	2.1	2.7	4.2	6.1	7.4
分(合)流三通	1.8	2.5	3.7	4.2	5.5	8.4	12.2	14.9
直流四通	1.2	1.7	2.4	2.8	3.6	5.6	8.1	9.9
分(合)流四通	1.8	2.5	3.7	4.2	5.5	8.4	12.2	14.9
"Π"形补偿器	1.2	1.7	2.4	2.8	3.6	5.6	8.1	9.9
集气罐	0.9	1.2	1.8	2.1	2.7	4.2	6.1	7.4
除污器	6.0	8.3	12.2	13.9	18.2	28.1	40.5	49.5

局部阻力名称	在下列管径(mm)时的 l_d 值							
	20	25	32	40	50	70	80	100
截止阀	6.0	7.5	11.0	11.1	12.7	19.7	28.4	34.7
闸阀	0.3	0.4	0.6	0.7	0.9	1.4	2.0	2.5
弯头	1.2	1.2	1.8	1.4	1.9	2.8	—	—
90°揻弯	0.9	0.8	1.2	0.7	0.9	1.4	2.0	2.5
乙字弯	0.9	0.8	1.2	0.7	0.9	1.4	2.0	2.5
括弯	1.2	1.6	2.4	2.8	3.6	5.6	—	—
急弯双弯头	1.2	1.6	2.4	2.8	3.6	5.6	—	—
缓弯双弯头	0.6	0.8	1.2	1.4	1.8	2.8	4.1	5.0

附录 19 疏水器的排水系数 A_p 值

排水阀孔直径(mm)	$\Delta p = p_1 - p_2$ (kPa)									
	100	200	300	400	500	600	700	800	900	1000
2.6	25	24	23	22	21	20.5	20.5	20	20	19.8
3	25	23.7	22.5	21	21	20.4	20	20	20	19.5
4	24.2	23.5	21.6	20.6	19.6	18.7	17.8	17.2	16.7	16
4.5	23.8	21.3	19.9	18.9	18.3	17.7	17.3	16.9	16.6	16
5	23	21	19.4	18.5	18	17.3	16.8	16.3	16	15.5
6	20.8	20.4	18.8	17.9	17.4	16.7	16	15.5	14.9	14.3
7	19.4	18	16.7	15.9	15.2	14.8	14.2	13.8	13.5	13.5
8	18	16.4	15.5	14.5	13.8	13.2	12.6	11.7	11.9	11.5
9	16	15.3	14.2	13.6	12.9	12.5	11.9	11.5	11.1	10.6
10	14.9	13.9	13.2	12.5	12	11.4	10.9	10.4	10	10
11	13.6	12.6	11.8	11.3	10.9	10.6	10.4	10.2	10	9.7

附录 20　室外热水网路水力计算表

(K=0.5mm, t=100℃, ρ=958.38kg/m³, ν=0.295×10⁻⁶m²/s)

水流量 G (t/h)，流速 v (m/s)，比摩阻 R (Pa/m)

公称直径 (mm)	25		32		40		50		70		80		100		125		150	
外径×壁厚 mm×mm	32×2.5		38×2.5		45×2.5		57×3.5		76×3.5		89×3.5		108×4		133×4		159×4.5	
G	v	R	v	R	v	R	v	R	v	R	v	R	v	R	v	R	v	R
1.0	0.51	214.8	0.34	73.1	0.23	24.4	0.15	8.6										
1.4	0.71	420.7	0.47	143.2	0.32	47.4	0.21	19.8	0.11	3.0								
1.8	0.91	695.3	0.61	236.3	0.42	84.2	0.27	26.1	0.14	5								
2.0	1.01	858.1	0.68	292.2	0.46	104	0.3	31.9	0.16	6.1								
2.2	1.11	1038.5	0.75	353	0.51	125.5	0.33	36.2	0.17	7.4								
2.6			0.88	493.3	0.6	175.5	0.38	53.4	0.2	10.1								
3.0			1.02	657	0.69	234.4	0.44	71.2	0.23	13.2								
3.4			1.15	844.4	0.78	301.1	0.5	91.4	0.26	17								
4.0					0.92	415.8	0.59	126.5	0.31	22.8	0.22	9						
4.8					1.11	599.2	0.71	182.4	0.37	32.8	0.26	12.9						
5.6							0.83	252	0.43	44.5	0.31	17.5	0.21	6.4				
6.2							0.92	304	0.48	54.6	0.34	21.8	0.23	7.8	0.15	2.5		
7.0							1.03	387.4	0.54	69.6	0.38	27.9	0.26	9.9	0.17	3.1		

公称直径 (mm)	25		32		40		50		70		80		100		125		150	
外径×壁厚 mm/mm	32×2.5		38×2.5		45×2.5		57×3.5		76×3.5		89×3.5		108×4		133×4		159×4.5	
G	v	R	v	R	v	R	v	R	v	R	v	R	v	R	v	R	v	R
8.0							1.18	506	0.62	90.9	0.44	36.3	0.3	12.7	0.19	4.1		
9.0							1.33	640.4	0.7	114.7	0.49	46	0.33	16.1	0.21	5.1		
10.0							1.48	790.4	0.78	142.2	0.55	56.8	0.37	19.8	0.24	6.3		
11.0							1.63	957.1	0.85	171.6	0.6	68.6	0.41	23.9	0.26	7.6		
12.0										205	0.66	81.7	0.44	28.5	0.28	8.8	0.2	3.5
14.0									1.09	278.5	0.77	110.8	0.52	38.8	0.33	11.9	0.23	4.7
15.0									1.16	319.7	0.82	127.5	0.55	44.5	0.35	13.6	0.25	5.4
16.0									1.24	363.8	0.88	145.1	0.59	50.7	0.38	15.5	0.26	6.1
18.0									1.4	459.9	0.99	184.4	0.66	64.1	0.43	19.7	0.3	7.6
20.0									1.55	568.8	1.1	227.5	0.74	79.2	0.47	24.3	0.33	9.3
22.0									1.71	687.4	1.21	274.6	0.81	95.8	0.52	29.4	0.36	11.2
24.0									1.86	818.9	1.32	326.6	0.89	113.8	0.57	35	0.39	13.3
26.0									2.02	961.1	1.43	383.4	0.96	133.4	0.62	41.1	0.43	16.7
28.0											1.54	445.2	1.03	154.9	0.66	47.6	0.46	18.1
30.0											1.65	510.9	1.11	178.5	0.71	54.6	0.49	20.8
32.0											1.76	581.5	1.18	203	0.76	62.2	0.53	23.7
34.0											1.87	656.1	1.26	228.5	0.8	70.2	0.56	26.8
36.0											1.98	735.5	1.33	256.9	0.85	78.6	0.59	30
38.0											2.09	819.8	1.4	286.4	0.9	87.7	0.62	33.4

续表

公称直径 (mm)	100		125		130		200		250		300	
外径×壁厚 mm/mm	108×4		133×4		159×4.5		219×6		273×8		325×8	
G	v	R	v	R	v	R	v	R	v	R	v	R
40	1.48	316.8	0.95	97.2	0.66	37.1	0.35	6.8	0.22	2.3		
42	1.55	349.1	0.99	106.9	0.68	40.8	0.36	7.5	0.23	2.5		
44	1.63	383.4	1.04	117.7	0.72	44.8	0.38	8.1	0.25	2.7		
45	1.66	401.1	1.06	122.6	0.74	46.9	0.39	8.5	0.25	2.8		
48	1.77	456	1.13	140.2	0.79	53.3	0.41	9.7	0.27	3.2		
50	1.85	495.2	1.18	152.0	0.82	57.8	0.43	10.6	0.28	3.5		
54	1.99	577.6	1.28	177.5	0.89	67.5	0.47	12.4	0.3	4.0		
58	2.14	665.9	1.37	204	0.95	77.9	0.5	14.2	0.32	4.5		
62	2.29	761	1.47	233.4	1.02	88.9	0.53	16.3	0.35	5.0		
66	2.44	862	1.56	264.8	1.08	101	0.57	18.4	0.37	5.7		
70	2.59	969.9	1.65	297.1	1.15	113.8	0.6	20.7	0.39	6.4		
74			1.75	332.4	1.21	126.5	0.64	23.1	0.41	7.1		
78			1.84	369.7	1.28	141.2	0.67	25.7	0.44	8.2		
80			1.89	388.3	1.31	148.1	0.69	27.1	0.45	8.6		

公称直径 (mm)	100		125		130		200		250		300	
外径×壁厚 mm/mm	108×4		133×4		159×4.5		219×6		273×8		325×8	
G	v	R	v	R	v	R	v	R	v	R	v	R
90			2.13	491.3	1.48	187.3	0.78	34.2	0.5	11		
100			2.36	607	1.64	231.4	0.86	42.3	0.56	13.5	0.30	5.1
120			2.84	873.8	1.97	333.4	1.03	60.9	0.67	19.5	0.46	7.4
140					2.3	454	1.21	82.9	0.78	26.5	0.54	10.1
160					2.63	592.3	1.38	107.9	0.89	34.6	0.62	13.1
180							1.55	137.3	1.01	43.8	0.7	16.6
200							1.72	168.7	1.12	54.1	0.77	20.5
220							1.9	205	1.23	65.4	0.85	24.7
240							2.07	243.2	1.34	72.9	0.93	29.5
260							2.24	285.4	1.45	91.4	1.01	34.7
280							2.41	331.5	1.57	105.9	1.08	40.2
300							2.59	380.5	1.68	121.6	1.16	46.2
340							2.93	488.4	1.9	155.9	1.32	55.9
380							3.28	611	2.13	195.2	1.47	74
420							3.62	745.3	2.35	238.3	1.62	90.5
460									2.57	286.4	1.78	108.9
500									2.8	348.1	1.93	128.5

附录 21　室外热水网路局部阻力当量长度表（$K=0.5$mm；用于蒸汽网路 $K=0.2$mm，乘修正系数 $\beta=1.26$）

名称	局部阻力系数 ξ	32	40	50	70	80	100	125	150	175	200	250	300	350	400	450	500	600	700	800
截止阀	4~9	6	7.8	8.4	9.6	10.2	13.5	18.5	24.6	39.5	—	—	—	—	—	—	—	—	—	—
闸阀	0.5~1	—	—	0.65	1	1.28	1.65	2.2	2.24	2.9	3.36	3.73	4.17	4.3	4.5	4.7	5.3	5.7	6	6.4
旋启式止回阀	1.5~3	0.98	1.26	1.7	2.8	3.6	4.95	7	9.52	13	16	22.2	29.2	33.9	46	56	66	89.5	112	133
升降式止回阀	7	5.25	6.8	9.16	14	17.9	23	30.8	39.2	50.6	58.8	—	—	—	—	—	—	—	—	—
套筒补偿器（单向）	0.2~0.5						0.66	0.88	1.68	2.17	2.52	3.33	4.17	5	10	11.7	13.1	16.5	19.4	22.8
套筒补偿器（双向）	0.6						1.98	2.64	3.36	4.34	5.04	6.66	8.34	10.1	12	14	15.8	19.9	23.3	27.4
波纹管补偿器（无内套）	1.7~1						5.57	7.5	8.4	10.1	10.9	13.3	13.9	15.1	16					
波纹管补偿器（有内套）	0.1						0.38	0.44	0.56	0.72	0.84	1.1	1.4	1.68	2					
方形补偿器																				
三缝焊弯 $R=1.5d$	2.7								17.6	22.1	24.8	33	40	47	55	67	76	94	110	128
锻压弯头 $R=(1.5\sim2)d$	2.3~3	3.5	4	5.2	6.8	7.9	9.8	12.5	15.4	19	23.4	28	34	40	47	60	68	83	95	110
焊弯 $R\geqslant4d$	1.16	1.8	2	2.4	3.2	3.5	3.8	5.6	6.5	8.4	9.3	11.2	11.5	16	20					
弯头																				
45°单缝焊接弯头	0.3								1.68	2.17	2.52	3.33	4.17	5	6	7	7.9	9.9	11.7	13.7
60°单缝焊接弯头	0.7								3.92	5.06	5.9	7.8	9.7	11.8	14	16.3	18.4	23.2	27.2	32
锻压弯头 $R=(1.5\sim2)d$	0.5	0.38	0.48	0.65	1	1.28	1.65	2.2	2.8	3.62	4.2	5.55	6.95	8.4	10	11.7	13.1	16.5	19.4	22.8
焊弯 $R=4d$	0.3	0.22	0.29	0.4	0.6	0.76	0.98	1.32	1.68	2.17	2.52	3.3	4.17	5	6					
除污器	10	—	—	—	—	—	—	—	56	72.4	84	111	139	168	200	233	262	331	388	456

名称	当量长度(m) 公称直径(mm)	局部阻力系数 ξ	32	40	50	70	80	100	125	150	175	200	250	300	350	400	450	500	600	700	800
分流三通直通管		1.0	0.75	0.97	1.3	2	2.55	3.3	4.4	5.6	7.24	8.4	11.1	13.9	16.8	20	23.3	26.3	33.1	38.8	45.7
分支管		1.5	1.13	1.45	1.96	3	3.82	4.95	6.6	8.4	10.9	12.6	16.7	20.8	25.2	30	35	39.4	49.6	58.2	68.6
合流三通直流管		1.5	1.13	1.45	1.96	3	3.82	4.95	6.6	8.4	10.9	12.6	16.7	20.8	25.2	30	35	39.4	49.6	58.2	68.6
分支管		2.0	1.5	1.94	2.62	4	5.1	6.6	8.8	11.2	14.5	16.8	22.2	27.8	33.6	40	46.6	52.5	66.2	77.6	91.5
三通汇流管		3.0	2.25	2.91	3.93	6	7.65	9.8	13.2	16.8	21.7	25.2	33.3	41.7	50.4	60	69.9	78.7	99.3	116	137
三通分流管		2.0	1.5	1.94	2.62	4	5.1	6.6	8.8	11.2	14.5	16.8	22.2	27.8	33.6	40	46.6	52.5	66.2	77.6	91.5
焊接异径接头(按小管径计算)	$\frac{F_1}{F_0}$																				
$F_1/F_0=2$		0.1	—	0.1	0.13	0.2	0.26	0.33	0.44	0.56	0.72	0.84	1.1	1.4	1.68	2	2.4	2.6	3.3	3.9	4.6
$F_1/F_0=3$		0.2~0.3	—	0.14	0.2	0.3	0.38	0.98	1.32	1.68	2.17	2.52	3.3	4.17	5	5.7	5.9	6.0	6.6	7.8	9.2
$F_1/F_0=4$		0.3~0.49	—	0.19	0.26	0.4	0.51	1.6	2.2	2.8	3.62	4.2	5.55	6.85	7.4	7.8	8	8.9	9.9	11.6	13.7

附录 22 热网管道局部损失与沿程损失的估算比值

补偿器类型	公称直径（mm）	估计比值 a_j	
		蒸汽管道	热水和凝结水管道
输送干线			
套筒或波纹管补偿器（带内衬筒）	≤1200	0.2	0.2
方形补偿器	200～350	0.7	0.5
方形补偿器	400～500	0.9	0.7
方形补偿器	600～1200	1.2	1.0
输配干线			
套筒或波纹管补偿器（带内衬筒）	≤400	0.4	0.3
（带内衬筒）	450～1200	0.5	0.4
方形补偿器	150～250	0.8	0.6
方形补偿器	300～350	1.0	0.8
方形补偿器	400～500	1.0	0.9
方形补偿器	600～1200	1.2	1.0

注：本表摘自《城镇供热管网设计规范》CJJ 34。本规范规定：有分支管接出的干线称输配干线；长度超过 2km 无分支管的干线称输送干线。

附录 23 室外高压蒸汽管路水力计算表

（K=0.2mm, ρ=1kg/m³）

公称直径 (mm)	65		80		100		125		150		175		200		250	
外径 (mm) × 壁厚 (mm)	73×3.5		89×3.5		108×4		133×4		159×4.5		194×6		219×6		273×7	
G (t/h)	v (m/s)	R (Pa/m)	v (m/s)	R (Pa/m)	v (m/s)	R (Pa/m)	v (m/s)	R (Pa/m)	v (m/s)	R (Pa/m)	v (m/s)	R (Pa/m)	v (m/s)	R (Pa/m)	v (m/s)	R (Pa/m)
2.0	164	5213.6	105	1666	70.8	585.1	45.3	184.2	31.5	71.4	21.4	26.5	—	—	—	—
2.1	171.6	5754.6	111	1832.6	74.3	644.8	47.6	201.9	33.0	78.8	22.4	28.9	—	—	—	—
2.2	180.4	6310.2	116	2018.8	77.9	707.6	49.8	220.53	34.6	86.7	23.5	31.6	—	—	—	—
2.3	188.1	6902.1	121	2205	81.4	774.2	52.1	240.1	36.2	94.6	24.6	34.4	—	—	—	—
2.4	195.8	7507.8	126	2401	85	842.8	54.4	260.7	37.8	102.65	25.6	37.2	—	—	—	—
2.5	204.6	8149.7	132	2597	88.5	914.3	56.6	282.2	39.3	110.7	26.7	41.1	20.7	21.8	—	—
2.6	212.3	8816.1	137	2812.6	92	989.8	59.9	311.6	40.9	119.6	27.8	43.5	21.5	23.5	—	—
2.7	221.1	9508	142	3038	95.6	1068.2	62.2	329.3	42.5	129.4	28.9	47	22.3	25.5	—	—
2.8	228.8	10224.3	147	3263.4	99.1	1146.6	63.4	354.7	44.1	138.2	29.9	51	23.1	27.2	—	—
2.9	237.6	10965.2	153	3498.6	103	1234.8	67.7	380.2	45.6	145.0	31	53.9	24	28.4	—	—
3.0	245.3	11730.6	158	3743.6	106	1313.2	68	406.7	47.2	156.3	32.1	57.8	24.8	30.4	—	—
3.1	253	12533	163	3998.4	110	1401.4	70.2	434.1	48.8	167.6	33.1	61.7	25.6	32.1	—	—
3.2	261.8	13349	168	4263	113	1499.4	72.5	462.6	50.3	179.3	34.2	65.7	26.4	34.8	—	—
3.3	269.5	14200	174	4527.6	117	1597.4	74.8	492	51.9	190.1	35.3	69.6	27.3	37.0	—	—
3.4	278.3	15072	179	4811.8	120	1695.4	77	522.3	53.5	200.9	36.3	73.7	28.1	39.2	—	—

公称直径 (mm)	65		80		100		125		150		175		200		250	
外径 (mm) × 壁厚 (mm)	73×3.5		89×3.5		108×4		133×4		159×4.5		194×6		219×6		273×7	
G (t/h)	v (m/s)	R (Pa/m)	v (m/s)	R (Pa/m)	v (m/s)	R (Pa/m)	v (m/s)	R (Pa/m)	v (m/m)	R (Pa/m)	v (m/s)	R (Pa/m)	v (m/s)	R (Pa/m)	v (m/s)	R (Pa/m)
3.5	286	15966	184	5096	124	1793.4	79.3	555.15	55.1	212.7	37.4	78.4	29	41.9	—	—
3.6	—	—	190	5390	127	1891.4	81.6	588	56.6	224.4	38.5	83.3	30	44.1	—	—
3.7	—	—	195	5693.8	131	1999.2	83.8	619.4	58.2	237.4	39.5	87.2	30.6	46.1	—	—
3.8	—	—	200	6007.4	135	2116.8	86.1	652.7	59.8	250.9	40.6	92.6	31.4	49	—	—
3.9	—	—	205	6330.8	138	2224.6	88.4	688	61.4	263.6	41.7	97.5	32.2	51.7	—	—
4.0	—	—	211	6664	142	2342.2	90.6	723.2	62.9	277.3	42.7	99.6	33	54.4	—	—
4.2	—	—	221	7340.2	149	2577.4	97.4	835.9	66.1	305.8	44.9	112.7	34.7	58.8	—	—
4.4	—	—	232	8055.6	156	2832.2	99.7	875.1	69.2	336.1	47.0	122.5	36.4	64.7	—	—
4.6	—	—	242	8810.2	163	3096.8	104	956.5	72.4	366.5	49.1	133.3	38	70.1	—	—
4.8	—	—	253	9584.4	170	3371.2	109	1038.8	75.5	399.8	51.3	145.0	39.7	76.4	—	—
5.0	—	—	263	10407.6	177	3655.4	113	1127	78.7	433.2	53.4	157.8	41.3	84.3	—	—
6.0	—	—	—	—	210	5262.6	136	1626.8	94.4	624.3	64.1	226.4	49.6	117.1	31.7	37
7.0	—	—	—	—	248	8232	170	2538.2	118	975.1	80.2	253.8	62	180.3	39.6	57
8.0	—	—	—	—	283	9359	181	2891	126	1107.4	85.5	401.8	66.1	204.8	42.2	64.4
9.0	—	—	—	—	319	11848	204	3665.2	142	1401.4	96.2	508.6	74.4	259.7	47.5	81.1
10.0	—	—	—	—	—	—	227	4517.8	157	1734.6	107	628.6	82.6	320.5	52.8	99
11.0	—	—	—	—	—	—	249	5468.4	173	2097.2	118	760.5	90.9	387.1	58	119.6
12.0	—	—	—	—	—	—	272	6507.2	189	2499	128	905.5	99.1	460.6	63.3	142.1

注：编制本表时，假定蒸汽动力黏滞性系数 $\mu=2.05\times10^{-6}$ kg·s/m。验算蒸汽流态，对阻力平方区，沿程阻力系数可用尼古拉兹公式 $\lambda=\dfrac{1}{\left(1.14+2\log\dfrac{d}{k}\right)^{2}}$ 计算；对紊流过渡区，查得数值有误差，但不大于5%。

附录24 饱和水与饱和蒸汽的热力特性表

压力($\times 10^5$Pa)	饱和温度($^\circ$C)	比体积(m^3/kg)		焓(kJ/kg)		
p	t	饱和水 v_i	饱和蒸汽 v_q	饱和水 i_i	汽化潜热 Δi	饱和蒸汽 i_q
1.0	99.63	0.0010434	1.6946	417.51	2258.2	2675.7
1.2	104.81	0.0010476	1.4289	439.36	2244.4	2683.8
1.4	109.32	0.0010513	1.2370	458.42	2232.4	2690.8
1.6	113.32	0.0010547	1.0917	475.38	2221.4	2696.8
1.8	116.93	0.0010579	0.9778	490.70	2211.4	2702.1
2.0	120.23	0.0010608	0.8859	504.7	2202.2	2706.9
2.5	127.43	0.0010675	0.7188	535.4	2181.8	2717.2
3.0	133.54	0.0010735	0.6059	561.4	2164.1	2725.2
3.5	138.88	0.0010789	0.5243	584.3	2148.2	2732.5
4.0	143.62	0.0010839	0.4624	604.7	2133.8	2738.5
4.5	147.92	0.0010885	0.4139	623.2	2120.6	2743.8
5.0	151.85	0.0010928	0.3748	640.1	2108.4	2748.5
6.0	158.84	0.0011009	0.3156	670.4	2086.0	2756.4
7.0	164.96	0.0011082	0.2727	697.1	2065.8	2762.9
8.0	170.42	0.0011150	0.2403	720.9	2047.5	2768.4
9.0	175.36	0.0011213	0.2148	742.6	2030.4	2773.0
10.0	179.88	0.0011274	0.1943	762.6	2014.4	2777.0
11.0	184.06	0.0011331	0.1774	781.1	1999.3	2780.4
12.0	187.96	0.0011386	0.1632	798.4	1985.0	2783.4
13.0	191.60	0.0011438	0.1511	814.7	1971.3	2786.0

附录25 二次蒸汽数量 x_2 [kg（蒸汽）／（kg）]

始端压力 (abs) p_1 ($\times 10^5$Pa)	末端压力(abs) p_s($\times 10^5$Pa)										
	1	1.2	1.4	1.6	1.8	2.0	3.0	4.0	5.0	6.0	7.0
1.2	0.01	—	—	—	—	—	—	—	—	—	—
1.5	0.022	0.012	0.004	—	—	—	—	—	—	—	—
2	0.039	0.029	0.021	0.013	0.006	—	—	—	—	—	—
2.5	0.052	0.043	0.034	0.027	0.02	0.014	—	—	—	—	—
3	0.064	0.054	0.046	0.039	0.032	0.026	—	—	—	—	—
3.5	0.074	0.064	0.056	0.049	0.042	0.036	0.01	—	—	—	—
4	0.083	0.073	0.065	0.058	0.051	0.045	0.02	—	—	—	—
5	0.098	0.089	0.081	0.074	0.067	0.061	0.036	0.017	—	—	—
8	0.134	0.125	0.117	0.11	0.104	0.098	0.073	0.054	0.038	0.024	0.012
10	0.152	0.143	0.136	0.129	0.122	0.117	0.093	0.074	0.058	0.044	0.032
15	0.188	0.18	0.172	0.165	0.161	0.154	0.13	0.112	0.096	0.083	0.071

附录26 凝结水管水力计算表

$$(\rho_b = 10.0 \text{kg/m}^3,\ K = 0.5 \text{mm})$$

流量 (t/h)	管径(mm)								
	25	32	40	57×3	76×3	89×3.5	108×4	133×4	159×4.5
0.2	9.711 626.0	5.539 182.1	4.21 87.5	—					
0.4	19.43 3288.9	11.07 732.6	8.42 350	5.45 109	2.89 20.2				
0.6	29.14 7397.0	16.62 1590.5	12.63 787.2	8.17 245.2	4.34 45.4	3.16 19.6	—		
0.8	38.85 13151.6	22.16 2914.5	16.84 1400.4	10.88 436	5.78 80.7	4.21 34.5	—		
1.0	48.56 20540.8	27.69 4555.0	21.06 2186.4	13.61 681.3	7.33 126.1	5.26 54.4	3.54 18.96	—	
1.5	—	41.54 10250.8	31.58 4919.6	20.41 1532.7	10.84 283.7	7.9 122.4	5.31 42.7	—	
2.0	—	—	42.12 8747.5	27.22 2725.4	14.45 504.2	10.52 217.5	7.08 75.9	4.53 23.3	—
2.5	—	—	—	34.02 4258.1	18.06 787.9	13.17 339.8	8.85 118.6	5.66 36.3	3.93 13.9
3.0	—	—	—	40.83 6132.8	21.67 1133.9	15.79 489.3	10.62 170.6	6.8 52.3	4.72 20.0
3.5	—	—	—	47.64 8345.7	25.29 1543.5	18.42 666.6	12.39 232.4	7.93 71.3	5.51 27.2
4.0	—	—	—	—	28.9 2016.8	21.06 869.8	14.16 303.4	9.06 94.45	6.3 35.5
4.5	—	—	—	—	32.51 2552	23.69 1100.5	15.93 384.0	10.13 117.7	7.08 44.9
5.0	—	—	—	—	36.12 3151.7	26.33 1359.3	17.7 474.0	11.33 145.3	7.87 55.4
6.0	—	—	—	—	43.35 4538.4	31.58 1958.0	21.24 682.8	13.6 209.3	9.44 79.8
7.0	—	—	—	—	—	36.85 2663.6	24.78 929.2	15.85 284.9	11.01 108.7
8.0	—	—	—	—	—	42.12 3479	28.32 1213.2	18.13 372.1	12.59 142
9.0	—	—	—	—	—	47.38 4404.1	31.86 1536.6	20.39 471	14.10 179.6
10.0	—	—	—	—	—	—	35.4 1896.3	22.66 581.5	15.73 221.8
11.0	—	—	—	—	—	—	38.94 2295.2	24.93 703.6	17.31 268.2
12.0	—	—	—	—	—	—	42.48 2730.3	27.18 837.3	18.88 319.2
13.0	—	—	—	—	—	—	46.02 3205.6	29.46 982	20.45 374.8

注：表中数值，上行为流速(m/s)；下行为比摩阻(Pa/m)。

附录 27　各地环境温度、相对湿度表

序号	地名	大气压力 hPa (mbar) 冬季	大气压力 hPa (mbar) 夏季	保温 常年运行季 T_a 年平均温度 (℃)	保温 采暖运行季 日平均温度 ≤5(℃)	保温 采暖运行季 日平均温度 ≤8(℃)	保温 防霉伤 T_a 最热月平均 (℃)	保冷 防结露 T_a 夏季空调室外计算干球温度 (℃)	保冷 相对湿度 最热月平均 (%)	室外风速 W 冬季最多风向平均值 (m/s)	室外风速 W 冬季平均 (m/s)	室外风速 W 夏季平均 (m/s)	保温 防冻 T_a 极低温 (℃)	保温 极端最高温度平均值 (℃)	最大冻土深度 (cm)
1	2	3	4	5	6		7	8	9	10	11	12	13	14	15
01	北京市	1020.4	998.6	11.4	−1.6	−0.2	25.8	33.2	78	4.8	2.8	1.9	−17.1	37.1	15
02	天津市	1026.6	1004.0	12.2	−0.9	0.3	26.4	33.4	78	6.0	3.4	2.6	−11.7	37.1	85
03	河北省														69
03.1	承德	989.0	962.3	8.9	−4.2	−3.0	21.4	32.3	72	4.0	1.4	1.1	−21.3	36.0	126
03.2	唐山	1023.4	1002.2	11.1	−1.5	−0.6	25.5	32.7	79	3.0	2.6	2.3	−17.8	36.3	73
03.3	石家庄	1016.9	995.6	12.9	−0.2	1.0	26.6	35.1	75	2.3	1.8	1.5	−16.6	39.2	54
04	山西省														
04.1	大同	899.2	888.6	6.5	−5.0	−3.7	21.8	30.3	66	3.5	3.0	3.4	−25.1	34.5	186
04.2	太原	932.9	919.2	9.5	−2.1	−1.2	23.5	31.2	72	3.3	2.6	2.1	−21.4	35.2	77
04.3	运城	982.1	962.8	13.6	0.3	1.7	27.3	35.5	69	5.3	2.6	3.4	−14.7	39.2	43
05	内蒙古自治区														
05.1	海拉尔	947.2	935.5	−2.1	−14.2	−12.3	19.6	28.1	71	2.4	2.6	3.2	−41.2	33.2	242
05.2	二连浩特	910.1	898.1	3.4	−9.0	−7.4	22.9	32.6	49	2.8	3.9	3.9	−33.7	37.0	337
05.3	呼和浩特	900.9	889.4	5.8	−5.9	−4.8	21.9	29.9	64	4.6	1.6	1.5	−27.0	34.1	143

序号	地名	大气压力 hPa(mbar) 冬季	大气压力 hPa(mbar) 夏季	保温 常年运行 T_a 年平均温度 (℃)	保温 采暖运行季 T_a 日平均温度 ≤5(℃)	保温 采暖运行季 T_a 日平均温度 ≤8(℃)	保温 防缓伤 T_a 最热月平均 (℃)	保冷 防结露 T_a 夏季空调室外计算干球温度 (℃)	保冷 相对湿度 T_a 最热月平均 (%)	室外风速 W 冬季最多风向平均值 (m/s)	室外风速 W 冬季平均 (m/s)	室外风速 W 夏季平均 (m/s)	保温 防冻 T_a 极低温 (℃)	极端 最高温度平均值 (℃)	最大冻土深度 (cm)
1	2	3	4	5	6	7		8	9	10	11	12	13	14	15
06	辽宁省														
06.1	开原	1013.0	994.3	6.5	−6.9	−5.4	23.8	30.9	80	3.6	3.3	3.0	−30.3	33.5	143
06.2	沈阳	1020.8	1000.7	7.8	−5.7	−4.0	24.6	31.4	78	3.2	3.1	2.9	−26.8	34.0	118
06.3	锦州	1017.6	997.4	9.0	−3.9	−2.5	24.3	31.0	80	6.8	3.9	3.8	−21.4	31.6	113
06.4	鞍山	1117.5	997.1	8.8	−4.5	−2.9	24.8	31.2	76	4.7	3.5	3.1	−25.5	34.5	118
06.5	大连	1013.8	994.7	10.2	−1.5	−0.1	23.9	28.4	83	7.4	5.8	4.3	−16.2	31.5	93
07	吉林省														
07.1	吉林	1001.3	984.7	4.4	−9.0	−7.1	22.9	30.3	79	4.5	3.0	2.5	−35.0	33.7	190
07.2	长春	994.0	977.0	4.9	−8.0	−6.6	23.0	30.5	78	5.1	4.2	3.5	−30.2	33.8	180
07.3	通化	974.5	960.7	4.9	−7.4	−5.9	22.2	29.4	80	3.3	1.3	1.7	−32.8	32.5	133
08	黑龙江省														
08.1	齐齐哈尔	1004.6	987.7	3.2	−9.8	−8.5	22.8	30.6	73	3.0	2.8	3.2	−32.6	35.2	225
08.2	哈尔滨	1001.5	985.1	3.6	−9.5	−7.6	22.8	30.3	77	4.7	3.8	3.5	−33.4	34.2	205
08.3	牡丹江	992.1	978.7	3.5	−9.1	−7.5	22.0	30.3	76	2.5	2.3	2.1	−33.1	34.3	191
09	山东省														
09.1	烟台	1021.0	1001.0	12.4	0.3	1.5	25.2	30.7	80	4.2	3.3	4.8	−10.4	35.2	43
09.2	济南	1020.2	998.5	14.2	0.9	1.8	27.4	34.8	73	4.3	3.2	2.8	−13.7	38.6	41
09.3	青岛	1016.9	997.2	12.2	0.9	2.2	25.1	29.0	85	6.5	5.7	4.9	−10.2	32.6	49

附录28 全国主要城市实测地温月平均值(深度0.0～3.2m)(℃)

地名	深度(m)	1月	2月	3月	4月	5月	6月	7月	8月	9月	10月	11月	12月
北京	0.0	−5.3	−1.5	5.8	16.1	23.7	28.2	29.1	27.0	21.5	13.1	3.5	−3.6
	−0.8	2.6	1.7	3.6	9.4	15.1	20.2	22.8	23.9	21.5	16.9	11.2	5.6
	−1.6	7.4	5.6	5.4	8.0	11.9	15.6	18.6	21.0	20.6	18.3	14.7	10.6
	−3.2	12.7	11.0	9.8	9.5	10.4	12.1	13.9	16.3	17.3	17.3	16.4	14.8
上海	0.0	4.4	6.2	9.5	15.2	20.2	25.1	30.4	29.9	25.0	18.9	12.8	6.7
	−0.8	9.7	8.9	10.2	13.4	16.7	20.3	24.2	25.9	25.0	21.5	17.5	13.0
	−1.6	13.2	11.4	11.4	12.8	15.2	17.7	20.7	22.9	23.4	21.9	19.4	16.2
	−3.2	17.2	15.8	14.8	14.4	14.8	15.5	16.7	18.2	19.4	19.9	19.7	18.8
天津	0.0	−5.0	−1.0	5.8	16.2	23.2	28.0	29.4	27.2	22.4	13.5	4.0	−2.4
	−0.8	3.2	2.3	4.5	10.3	15.5	19.9	23.0	23.9	21.9	17.8	12.4	7.3
	−1.6	8.1	6.2	6.3	8.9	12.5	16.1	18.9	20.6	20.4	18.7	15.6	11.7
	−3.2	12.9	11.3	10.1	9.8	10.6	12.0	13.7	15.2	16.3	16.7	16.2	14.8
哈尔滨	0.0	−20.8	−15.4	−4.8	6.9	16.8	23.2	25.9	24.1	15.7	5.9	−6.2	−16.7
	−0.8	−4.3	−4.8	−2.9	−0.6	2.4	9.7	15.1	17.3	15.4	10.4	4.8	0.3
	−1.6	2.0	0.3	−0.2	0.1	0.2	3.1	8.8	12.2	12.9	11.1	7.9	4.5
	−3.2	6.0	4.7	3.0	2.4	2.1	2.1	4.0	6.6	8.5	9.2	8.6	7.3
长春	0.0	−17.3	−12.7	−3.7	7.4	16.7	22.7	26.0	23.7	16.3	7.2	−4.0	−13.5
	−0.8	−1.3	−2.0	−1.0	0.0	5.2	12.2	17.1	18.9	16.7	12.1	6.4	2.1
	−1.6	3.3	1.6	1.0	1.0	2.5	7.3	11.5	14.5	14.6	12.7	9.4	6.1
	−3.2	7.2	5.8	4.7	4.0	3.8	4.6	6.5	8.6	10.2	10.6	10.1	8.8
沈阳	0.0	−12.5	−7.8	−0.1	9.8	18.2	23.9	26.9	25.7	18.5	9.6	−0.6	−9.4
	−0.8	1.0	−0.7	−0.6	0.9	7.8	14.5	18.8	20.7	18.6	13.8	8.3	3.9
	−1.6	5.0	3.2	2.3	2.6	5.4	10.6	14.5	17.2	17.3	14.8	11.3	7.6
	−3.2	9.2	7.8	6.8	6.2	6.3	7.9	10.0	12.4	14.0	14.1	12.9	11.0
石家庄	0.0	−3.5	0.2	8.5	18.1	24.5	28.8	29.7	27.6	23.4	14.9	5.1	−2.0
	−0.8	3.4	3.5	7.0	12.9	18.2	22.8	25.6	25.6	23.1	18.2	11.9	6.5
	−1.6	8.0	6.5	7.5	11.1	15.2	19.0	22.0	23.5	22.7	20.2	11.1	11.6
	−3.2	13.9	12.1	11.2	11.4	12.7	14.4	16.3	18.1	18.1	18.9	17.8	16.0
呼和浩特	0.0	−12.8	−7.9	1.8	9.9	18.4	24.4	26.5	23.6	16.5	7.9	−2.4	−10.7
	−0.8	1.3	0.6	0.9	1.4	8.3	14.2	17.6	18.7	16.8	12.9	7.8	3.8
	−1.6	4.1	2.6	1.9	1.7	4.6	9.1	12.1	14.2	14.1	12.5	9.6	6.5
	−3.2	7.8	6.5	5.4	4.6	4.6	6.0	7.8	9.5	10.8	11.3	10.8	9.5

地名	深度(m)	1月	2月	3月	4月	5月	6月	7月	8月	9月	10月	11月	12月
西安	0.0	−0.6	3.6	10.4	17.6	22.4	28.8	30.5	28.6	22.8	15.3	7.4	0.6
	−0.8	4.6	5.0	8.4	12.9	17.0	21.4	24.2	25.1	12.6	18.5	13.2	8.2
	−1.6	8.9	7.6	8.7	11.3	14.4	17.7	20.5	22.4	21.9	19.8	16.5	12.3
	−3.2	14.4	12.8	11.9	12.0	12.9	14.3	15.9	17.7	18.8	18.9	18.1	16.3
银川	0.0	−9.4	−3.8	4.4	12.8	20.6	27.1	30.2	26.9	20.0	10.3	−0.2	−5.9
	−0.8	1.7	0.4	1.4	6.5	11.9	16.8	20.1	20.9	19.4	15.5	9.5	4.3
	−1.6	5.6	3.9	3.4	5.3	8.8	12.4	15.4	17.3	17.4	15.9	12.5	8.5
	−3.2	10.1	8.6	7.4	6.9	7.6	9.1	10.9	12.6	13.8	14.2	13.6	12.1
西宁	0.0	−8.2	−2.5	6.1	12.2	16.6	21.1	22.2	20.0	15.9	8.6	0.6	−5.8
	−0.8	−0.7	−0.9	2.0	7.1	11.4	15.0	17.0	17.1	15.4	12.0	6.8	2.5
	−1.6	3.4	1.9	2.5	5.3	8.8	11.5	13.7	14.8	14.4	12.8	9.7	6.3
	−3.2	7.9	6.4	5.6	5.8	7.0	8.4	9.8	11.0	11.7	11.7	11.0	9.7
兰州	0.0	−7.4	−1.0	7.9	16.3	20.5	25.7	27.3	24.3	19.5	10.8	2.0	−6.2
	−0.8	1.4	−0.7	4.4	10.6	14.4	18.1	20.9	21.1	19.1	15.1	9.4	4.1
	−1.6	6.2	4.6	5.1	8.4	11.4	14.0	16.5	17.9	17.6	15.9	12.6	8.9
	−3.2	10.7	9.2	8.3	8.5	9.7	11.0	12.3	13.8	14.6	14.7	13.9	12.5
乌鲁木齐	0.0	−18.3	−12.7	−3.0	10.4	17.5	24.2	27.2	24.8	17.9	7.7	−3.8	−12.4
	−0.8	−0.1	−0.7	0.4	5.0	10.5	15.2	18.4	19.1	17.6	12.7	7.0	2.8
	−1.6	4.6	3.2	2.7	4.3	7.6	11.1	14.0	16.1	16.1	14.0	10.7	7.4
	−3.2	8.8	7.3	6.1	5.6	6.4	7.9	9.9	11.9	13.1	13.2	12.7	11.0
济南	0.0	−1.8	1.5	8.3	17.7	24.9	29.5	30.3	28.8	24.2	16.6	7.4	0.3
	−0.8	5.1	4.8	7.6	13.5	19.0	23.0	26.0	26.4	23.9	20.1	14.8	8.8
	−1.6	10.7	9.4	10.1	12.5	16.6	20.5	22.8	24.5	23.9	21.3	18.3	15.2
	−3.2	16.1	14.4	13.5	13.5	14.7	16.6	18.5	19.9	20.9	20.7	19.7	18.3

参 考 文 献

[1] 中华人民共和国住房和城乡建设部. 城市热力网设计规范：CJJ 34—2010[S]. 北京：中国建筑出版社，2011

[2] 中华人民共和国住房和城乡建设部，中华人民共和国国家质量监督检验检疫总局. 暖通空调制图标准：GB/T 50114—2010[S]. 北京：中国建筑工业出版社，2011

[3] 陆耀庆. 供暖通风设计手册[M]. 北京：中国建筑工程出版社，1987

[4] 中华人民共和国住房和城乡建设部. 供热术语标准：CJJ/T 55—2011[S]. 北京：中国建筑工程出版社，2012

[5] 中华人民共和国住房和城乡建设部，中华人民共和国国家质量监督检验检疫总局. 暖通空调制图规范：GB/T 50114—2010[S]. 北京：中国建筑工程出版社，2011

[6] 张德姜. 石油化工装置工艺管道安装设计施工图册[S]. 北京：中国石化出版社，2005

[7] 沈阳市城乡建设委员会. 建筑给排水与采暖工程施工质量验收规范：GB 50242—2002[S]. 北京：中国标准出版社，2004

[8] 中华人民共和国住房和城乡建设部. 民用建筑供暖通风与空气调节设计规范：GB 50736—2012[S]. 北京：中国建筑工业出版社，2012

[9] 中华人民共和国住房和城乡建设部. 辐射供暖供冷技术规程：JGJ 142—2012[S]. 北京：中国建筑出版社，2013

[10] 中华人民共和国住房和城乡建设部. 供热计量技术规程：JGJ 173—2009[S]. 北京：中国建筑工业出版社，2009

[11] 中华人民共和国住房和城乡建设部. 严寒和寒冷地区居住建筑节能设计标准：JGJ 26—2010[S]. 北京：中国建筑工程出版社，2010

[12] 中华人民共和国住房和城乡建设部. 城镇供热管网工程施工管理及验收规范：CJJ 28—2014[S]. 北京：中国建筑工程出版社，2014

[13] 中华人民共和国住房和城乡建设部. 城镇供热直埋蒸汽管道技术规程：CJJ/T 104—2014[S]. 北京：中国建筑工程出版社，2014

[14] 中华人民共和国住房和城乡建设部. 城镇供热系统运行维护技术规程：CJJ 88—2014[S]. 北京：中国建筑工程出版社，2014

[15] 中华人民共和国住房和城乡建设部. 公共建筑节能设计标准：GB 50189—2015[S]. 北京：中国建筑工程出版社，2015

[16] 中华人民共和国住房和城乡建设部. 建筑工程施工管理质量验收统一标准：GB 50300—2013[S]. 北京：中国建筑工程出版社，2014

[17] 中华人民共和国建设部. 建筑节能工程施工质量验收规范：GB 50411—2007[S]. 北京：中国建筑工程出版社，2007

[18] 贺平　孙刚. 供热工程(第三版)[M]. 北京：中国建筑工程出版社，1993

[19] 王宇清. 室内供暖工程施工[M]. 哈尔滨：哈尔滨工业大学出版社，2011

[20] 王宇清. 采暖及供热管网系统安装[M]. 北京：机械工业出版社，2010